OPEL

NUR FLIEGEN IST SCHÖNER

Alexander F. Storz

Motor
buch
Verlag

Einbandgestaltung: Luis dos Santos

Bildnachweis:
Archiv Matthias Braun: 5, Archiv Citroën: 5, Archiv Daimler: 1,
Archiv Klaus Holl: 6, Archiv Opel und Werksfotos Opel: 141,
Archiv Porsche: 1, Archiv Rainer Simons: 2, Archiv Südwestrundfunk: 4,
Archiv Storz: 396, Archiv Vauxhall: 7, Reinhard Bartel: 1,
Eckhart Bartels: 1, Waldemar Behn: 1, Carsten D. Brink: 6,
Wolfgang Diem: 34, Frank Dolz: 4, Holden: 1, Matthias Schmidt: 1,
Paul Simsa: 3, Alexander Franc Storz: 119, Frank Wirkus: 4.

ISBN: 978-3-613-04195-0

1. Auflage 2019

Sie finden uns im Internet unter www.motorbuch-verlag.de

Lektorat: Joachim Kuch
Innengestaltung: IPa, 71665 Vaihingen/Enz und tebitron gmbh, 70839 Gerlingen
Druck und Bindung: Conzella, 85609 Aschheim-Dornach
Printed in Germany

Inhalt

Einleitung

Drei radikale Einschnitte erlebte das nunmehr 157 Jahre alte Unternehmen Opel: Die Aufnahme der Automobilproduktion vor genau 120 Jahren, die Übernahme durch General Motors vor 91 Jahren und die Übernahme durch den PSA-Konzern 2017. Seine automobile Geschichte war während des ersten Jahrhunderts sehr erfolgreich, nahezu keine Rückschläge, dafür etliche Superlative. Bis zum Ausbruch des Ersten Weltkriegs dominierte Opel im deutschen Motorsport und war Hoflieferant des Kaisers. Mit dem Laubfrosch revolutionierte Opel nicht nur herstellungstechnisch durch die Fließbandproduktion das Automobilwesen, sondern auch sozial. Denn der kleine Opel Laubfrosch machte erstmals das bisherige Luxusgut Automobil für breite Schichten erreichbar. Dem großen Herstellersterben im Zuge der Weltwirtschaftskrise ab 1929 trotzte Opel durch den klugen Schachzug, sich in den Schoß des amerikanischen General-Motors-Konzerns zu begeben. Dadurch war Opel zwar nicht mehr selbständig, aber vital. Konstruktionen aus Detroit machten Opel zum erfolgreichsten deutschen Autoproduzenten der 30er Jahre und zum stärksten Autoexporteur, Opel stellte nicht nur die meisten Pkws im Deutschen Reich, sondern mit dem Blitz auch die meisten Lastwagen der leichten Klasse bis 3 Tonnen. Auch den Zweiten Weltkrieg überlebte Opel, trotz Rückschlägen und Bombardierungen, mit halbwegs heiler Haut, und in den 50er Jahren waren der Rekord und der Kapitän nach dem Volkswagen die meist verkauften Fahrzeuge in der Bundesrepublik, und weiterhin waren sie Exportschlager. In den 60er Jahren machte sich Opel auf, mit dem Kadett dem Volkswagen Paroli zu bieten. Ihn zu überflügeln, gelang letztlich nie, aber bis heute ist der Kadett und in seiner Nachfolge der Astra dem Volkswagen Käfer respektive Golf auf Schlagdistanz auf den Fersen. Die beiden früheren Bestseller, der Rekord und der Kapitän (respektive das Trio Kapitän/Admiral/Diplomat) bildeten ab den 70er Jahren nicht mehr die Stütze der Produktion, und mit deren Nachfolger Omega und Senator gab Opel dieses Segment sogar auf. Der Große Opel konnte nicht gegen die Premiummarken Mercedes, Audi und BMW bestehen, und die

Als Autotransporter noch Kunstwerke der Karosseriebaukunst waren: Büssing mit Fahrerhaus und geschlossenem Autotransport-Auflieger von Kässbohrer.

Winterurlaubsidylle: Rekord P I an einer Gasolin-Station im oberbayerischen Reit im Winkl.

Des Enthusiasten Traum: Brandneu, rostfrei in allen Hohlräumen und freie Farbauswahl: Neuwagenlagerplatz 1969. Interessant: Die schwarzen Vinyldächer sind mit einer Zellophanfolie geschützt.

Picknick Ende der 50er Jahre mit Rekord P I vor den Toren der Stadt. Ein bisschen Wochenende, ein bisschen Landschaft, ein bisschen Freiheit – einfach die Seele baumeln lassen im Kreise der Lieben.

Eine typische 50er-Jahre-Tankstelle in München, das Nierentisch-Flair in Reinkultur. Diese DEA-Tankstelle stand im Münchner Stadtteil Pasing und ist Jahrgang 1953. Aufnahme von 1959.

Natürlich werden in diesem Buch Werksfotos verwendet. Aber sie sind gewaltig in der Minderheit. Das Buch lebt von authentischen Aufnahmen, meist aus privaten Beständen, auch von Profifotografen. Diese Fotos sind nicht sattsam bekannt wie die Werksfotos. Die meisten werden hier erstmals veröffentlicht. Und manchmal findet sich darauf auch ein Kinderlachen.

Das Werk anno 1955: Für die Rüsselsheimer nicht nur Teil ihres Lebens, sondern das Leben selbst. Hier kommen sie her, die meisten Opel aus diesem Buch. Und was nicht aus Rüsselsheim kommt, kommt aus Bochum.

Schaufenster-Impression vom Winter 1959/60: Der Händler wirbt auf der Scheibe für den Kapitän 1960 und hat saisonal dekoriert. Der viertürige Rekord P I als Geschenk verpackt, rechts der beleuchtete Oh Tannenbaum.

Der Chrom des beginnenden Wirtschaftswunders, der westdeutsche Optimismus nach entbehrungsreichen Jahren: Präsentation von Olympia '51 und Kapitän '51 bei Opel-Häusler im repräsentativen Verkaufsraum am Münchner Lenbachplatz.

ehemals gehobene Mittelklasse, der Rekord bzw. Omega, ebenso wenig. Doch in diesem Segment ist nun der Insignia in der Folge des Ascona/Vectra unterwegs, und der Astra ist nach wie vor der Bestseller aus Rüsselsheim – wenngleich er derzeit weder aus Rüsselsheim noch überhaupt aus Deutschland kommt, sondern im polnischen Gleiwitz gebaut wird. Ende der 60er Jahre begann Opel, sein etwas verstaubtes Image des Autos für Männer mit Hut und Hosenträgern abzulegen und brachte betörende, sportliche Fahrzeuge auf den Markt, vom Opel GT über den Manta bis hin zum äußerst potenten Commodore GS/E. Opel schaffte es durch diesen Imagewandel, sich quasi neu zu erfinden, machte aber nicht den Fehler, die angestammte, konservative Kundschaft zu vergraulen. Opel war und blieb bis zum Ende des Jahrhunderts (und Jahrtausends) letztlich das, was Opel immer war: Opel der Zuverlässige. Letztlich war die Opel-Geschichte, von kleinen Rückschlägen und Fehlentscheidungen abgesehen, eine Erfolgsgeschichte mit kontinuierlichem Wachstum, die Kurve zeigte stets nach oben. Das Vierteljahrhundert zwischen der Mitte der 90er Jahre und 2017, der Übernahme Opels durch den PSA-Konzern, allerdings war das genaue Gegenteil, eine Geschichte des Abstiegs, des Verlustes von Marktanteilen, von Vertrauen, ja sogar des Verlustes des guten Renommees. Der Anfang vom Ende war die Lopez-Affäre um den Opel-Chefeinkäufer, der die sprichwörtliche Opel-Qualität dem billigen Einkauf opferte. Und dann kam die große Krise 2009, von

der sich Opel nicht wieder erholte, die Banken- und in deren Folge die Wirtschaftskrise. Hier rächte sich, dass Opel ein Kind amerikanischer Eltern war, denn General Motors ließ Opel hängen. Der deutsche Staat musste Opel mit Steuergeldern stützen, um Arbeitsplätze zu sichern (2009 war ein Wahlkampfjahr!), und Opel hätte verkauft werden sollen. Doch kein Interessent war gut oder solvent genug, und so dümpelte Opel am langen Arm des damals nahezu insolventen Mutterkonzerns dahin. Es gab Sanierungen, es gab die Schließung des Werkes Bochum, es kamen Erholungen von der Krise und Rückfälle, Sparprogramme und Arbeitsplatzabbau, zehn Jahre lang drohte Opel der Niedergang der Marke, der Posten des Opel-Bosses glich einem Schleudersitz.
Dann kam im Februar 2017 die Meldung, der Peugeot-Konzern plane einen beispiellosen Coup und wolle Opel übernehmen – just zu einem Zeitpunkt, da (wieder mal) Licht am Ende des Tunnels zu sehen war, denn Opel hätte fast wieder schwarze Zahlen geschrieben (erstmals nach zehn Jahren), wenn nicht das britische Pfund im Zuge der Brexit-Verhandlungen geschwächelt hätte. Was kaum jemand glauben mochte, wurde Wirklichkeit, der »Deal« kam zum 1. August 2017 zustande. Und seitdem geht es mit Opel aufwärts. PSA tut Opel gut. Natürlich gab es anfangs Reibungsverluste, nicht zuletzt, weil die Rechte an allen Opel-Konstruktionen bei General Motors lagen, und auch heute, im Jahre des 120sten Opel-Autogeburtstages, ist Opel noch nicht komplett überm Berg. Noch sind etliche Fragen offen, nicht nur jene der Zukunft des Opel-Entwicklungszentrums. Aber der PSA-Sanierungsplan mit Namen Pace (= Tempo) hat gegriffen. Künftige Opel werden gemeinsam mit Peugeot- und Citroën-Fahrzeugen auf gleichen Plattformen konstruiert, Synergien werden genutzt, die Produktion wird effizienter. Opel scheint auf einem guten Wege zu sein nach der Übernahme durch PSA, wie weiland auch nach der Übernahme durch General Motors.
In die Zukunft können wir nicht blicken. Aber in die Vergangenheit. Dieses Buch blickt auf die Opel-Geschichte zurück, von der Gründung über die ersten automobilen Gehversuche mit dem Opel Lutzmann und den Darracq-Lizenzen und frühe Motorsporterfolge bis zur Entwicklungszäsur durch den Ersten Weltkrieg. In den 20er Jahren war Opel durch rechtzeitiges Umstellen auf die Fließbandproduktion der deutsche Superlativ, der erfolgreichste deutsche Autobauer, und nach der Übernahme durch General Motors wurde Opel noch größer und moderner durch den amerikanischen Einfluss. Die »Messing-Zeit« ist passé, und dieses Buch beleuchtet nicht jeden Typ aus der Anfangszeit. Spannend für den Leser ist jene Zeit, die heute glorifiziert wird: Die 50er, 60er, 70er und nunmehr auch die 80er Jahre, und die legendären Opel-Typen Olympia, Rekord, Kapitän und ab 1962 auch der Kadett werden ausgiebig gewürdigt. Was danach kam, das sind aus der Sicht des Automobilhistorikers eher die Gebrauchtwagen, aber lange noch keine Klassiker. Ohne sie wäre dieses Buch nicht komplett, und der Blick zurück endet in der Gegenwart mit dem Modelljahrgang 2019, ohne allerdings die neuen Modelle ausführlich zu würdigen. Für Kaufempfehlungen sind die einschlägigen Kataloge zuständig. Und nicht zuletzt die Autoprospekte vom freundlichen Opel-Händler vor Ort.
Die Opel-Krise seit 2009 und ihre auf den so genannten Lopez-Effekt zurückzuführende Ursache hingegen ist es wert, ausführlich dokumentiert zu werden.
Aus der Hand des Autors erschienen 2007 und 2017 bereits Bücher über die Opel-Geschichte im Motorbuch-Verlag. Letzteres ist nicht nur ausverkauft und verlangt deswegen einen Nachfolger. Es wurde auch zu einem Zeitpunkt geschrieben, als die Übernahme Opels durch PSA gerade ruchbar wurde, aber noch nicht eingeordnet werden konnte. Dies geschieht in vorliegendem Buch, das obendrein deutlich überarbeitet wurde und großteils neues Bildmaterial bietet.

Ulm, im Herbst 2019
Alexander Franc Storz

Kapitel 1:

Opel jenseits von Autos: Nähmaschinen, Zweiräder mit und ohne Motor

Adam Opel hatte niemals einen Opel-Wagen gesehen. Nähmaschinen, Fahrräder - das war sein Metier. Die Firma Opel hatte ein Leben vor dem Auto. Firmengründer Adam Opel, ein Selfmade Man wie er im Buche steht, brachte seine Firma zur Blüte, ohne jemals einen Opel-Motorwagen gehabt zu haben. Womöglich ist das gut so. Denn der erste automobile Ausflug Opels mit dem Motorwagen System Lutzmann geriet zum Flop, und der Firmenchef hätte die Ambitionen seiner Söhne zum Automobilbau durchaus stoppen können, hätte er noch gelebt. Was wäre aus Opel dann geworden?

Der Stammbaum der Familie Opel reicht zurück bis ins Mittelalter. Aus bäuerlichen Wurzeln erwuchsen Handwerker, Philipp Wilhelm Opel war der Schlosser von Rüsselsheim. Er ist der Vater jenes Adam Opel, der als Gründer der Opel-Werke in die Annalen einging. Adam Opel, am 9. Mai 1837 geboren und in der väterlichen Tradition Schlosser geworden, zog auf seiner Wanderschaft in die Metropolen. Dort sah er die mechanische Nähmaschine. Zurück in Rüsselsheim entstand seine erste Eigenkonstruktion, ab Frühjahr 1863 in Serie gebaut. Das Geschäft boomte. Fünf Söhne gebar seine Frau Sophie zwischen 1869 und 1880: Carl, Wilhelm, Heinrich, Friedrich und Ludwig. 1911 ruinierte ein großer Brand die gesamten Werkanlagen für den Nähmaschinenbau, nach 49 Produktionsjahren und einer Million Exemplaren stellte Opel diese Branche ein.

Die fünf Gebrüder waren, dem Geist der beginnenden Gründerzeit entsprechend, aufgeschlossen und begeisterungsfähig. Aus England bestellte Adam Opel ein Hochrad, probierte es aus, stürzte und verkaufte es wütend weiter. Dabei stellte er fest, dass die Gewinnspanne höher als bei Nähmaschinen war und beschloss, weitere Exemplare zu beziehen. 1887 stiegen die Rüsselsheimer in die Massenfertigung ein. Opel wurde zum größten Fahrradhersteller weltweit und trennte sich erst 1936 von dieser Sparte.

Ende des 19. Jahrhunderts ereilte den Fahrradboom ein jähes Ende. Der Markt war satt. Opel suchte weitere Standbeine und setzte auf den Motorradbau. Drei Mal engagierte sich Opel im Motorradbau,

Der Gründer: Adam Opel im Alter von 31 Jahren anno 1868, dem Jahr, als er Sophie Scheller heiratete.

Nun mit weißen Haaren: Adam Opel gründete die Nähmaschinenfabrik, er setzte auf das Veloziped. Nur 58jährig starb er 1895 an Typhus. Er sah nie ein Opel-Automobil.

Die Gebrüder Opel, Adam Opels Söhne. Sie machten die Firma als Automobilkonzern groß. Von links Wilhelm, Fritz, Ludwig, Carl und Heinrich. Aufnahme 1912.

Die Fahrrad-Montagehalle 1912.

Festschrift von 1877 anlässlich 15 Jahre Opel-Nähmaschinen.

und drei Mal mit ordentlichem Erfolg. Die 500er Motoclub von 1928 bis 1930 ist wegen ihrer revolutionären Bauweise und ihrem unkonventionellen Aussehen noch heute Legende.

Opel stieg 1901 in den Motorradbau ein – zwei Jahre nach dem Lutzmann-Desaster und gleichzeitig mit der Produktionsaufnahme der erfolgreichen Opel-Darracq-Wagen. Bis 1907 produzierte Opel Ein- und Zweizylinder-Motorräder, bis diese Branche wegen einer Flaute aufgegeben wurde. Das erste Opel-Motorrad aus dem Jahre 1901 war quasi ein Fahrrad mit Motor und Tank. Der Antrieb, ein 1,75 PS starker Einzylindermotor, saß im vorderen Rahmenteil, also vor den Beinen des Pedalritters. Eine völlige Neukonstruktion war das Nachfolgemodell von 1902 mit 2 PS starkem, luftgekühltem Einzylindermotor. Er saß nun dort, wo er hin gehörte: in Rahmenmitte an der tiefsten Stelle. Die Motorradentwicklung ging zu Beginn des neuen Jahrhunderts rasant vor sich. Die Inspirationen kamen aus England, Opel reagierte und blieb mit qualitativ einwandfreien Produkten auf der Höhe der Zeit. 1907 stellte Opel die Motorradfertigung ein. Andere Bereiche bündelten die Arbeitskraft. Nach dem Ersten Weltkrieg nahm Opel die Motorradfabrikation bis 1925 wieder auf – populäre Kleinkrafträder, deren Rahmenproduktion einfach in die Fahrradherstellung integriert werden konnte. Das erste Opel-Motorfahrrad von 1919 hatte einen 140-cm³-Viertaktmotor mit 1,1 PS, links neben dem Hinterrad situiert. Aus dem Mofa wurde 1924 ein Kleinkraftrad mit konventionellem Layout. Erneut gab Opel den Motorradbau auf, alle Kapazitäten wurden für die Fließbandfertigung des Typs Laubfrosch gebündelt.

Die Elite-Automobilwerke mit ihrer Diamant-Motorradabteilung gingen infolge der Inflationsjahre Pleite. Opel übernahm das Diamant-Werk im sächsischen Reichenbrand bei Chemnitz. Fritz Opel, Motorradmann aus Leidenschaft, verhandelte mit Ernst Neumann-Neander, um dessen revolutionäre Pressstahl-Konstruktion unter Opel-Label in Lizenz zu bauen. Die Neander-Motorräder, deren Rahmen weder geschweißt noch gelötet werden mussten, liefen ab Herbst 1928 in Sachsen vom Band. Auf der Berliner Automobil-Ausstellung 1928 sorgte die Opel Motoclub für Furore, denn sie war eine unerhörte Interpretation des Themas Motorrad. Es ging mit der Lackierung los: Ihre Metallteile waren in mattem Silber gehalten, die Kunststoffteile einschließlich der Reifen (!) knallrot. Durch den Pressstahlrahmen sah die Maschine anders aus als alles Dagewesene, auch Tank, Sattel und Lenker

Gruppenbild mit Monteuren von 1875. Diese Männer bauten die Opel-Nähmaschinen.

Ein unpraktisches Ding! Wilhelm Opel leistet einem Sportkameraden Hilfe auf dem Hochrad.

Ein Niederrahmenfahrrad von Opel aus dem Jahre 1929. Im Prinzip sahen Fahrräder bis in die 80er Jahre so und nicht anders aus.

Opel-Motorrad von 1905 mit Zweizylindermotor, Leistung 12 PS.

Eine Einzylindermaschine von 1903, 3,5 PS stark. Aus heutiger Sicht eine ungewöhnliche Sitzposition, weder ergonometrisch ausgefeilt noch sportlich. Ein bisschen Ähnlichkeit zum Chopper kann böswillig attestiert werden.

Anders als alles andere: Die Motoclub 500 SS von 1929 mit extravagantem Design, eine Harmonie in Silber und Rot.

Tageszeitungsannonce von 1928. Vier Worte drücken den Superlativ aus.

markierten einen neuen Stil im Motorradbau. Die revolutionäre Bauweise machte die Motoclub auch stabiler als ein Motorrad mit konventionell zusammengeschweißtem und gelötetem Rohrrahmen. Doch die Umstände waren gegen die Motoclub: Opel wurde von GM übernommen, die Diamant-Werke machten große Verluste: Opel stieß sie auf Druck der GM-Führung ab und setzte die Motoclub-Montage bis Mitte 1930 im Stammwerk fort.

Das erste Motorrad der Welt: Die Hildebrand & Wolfmüller

Das erste Fahrzeug der Welt, dem der Name Motorrad gebührt, kommt aus Deutschland. Es ist das Gefährt der Münchner Firma Hildebrand & Wolfmüller aus dem Jahre 1894. Der eigens konstruierte Zweizylindermotor mit 1498 cm³ Hubraum leistete 2,5 PS bei 240 U/min und war liegend angeordnet. Frankreich war damals am reifsten für die motorisierte Fortbewegung. Das Land bot die meisten Möglichkeiten, entsprechende Erfindungen kommerziell auszunutzen. Den Anfang in einer langen Reihe großer Zuverlässigkeitsfahrten bildete das erste Langstreckenrennen Paris-Rouen im Jahre 1894. Hier startete ein Hildebrand-&-Wolfmüller-Motorrad und sorgte für internationale Bekanntheit. Die französische Firma Duncan, Suberbie & Co. erwarb die Herstellungsrechte. Doch das Hildebrand-&-Wolfmüller-Geschöpf war unzuverlässig und zu kompliziert konstruiert, bereits 1895 wurde die Produktion links- und rechtsrheinisch eingestellt.

Eines der innovativen Hildebrand-&-Wolfmüller-Motorräder von 1894 ist im Deutschen Museum in München zu bewundern. Unbekannt ist, wie viele Exemplare jemals fabriziert wurden. Der Motorrad-Historiker Erwin Tragatsch spricht von rund 800 Exemplaren.

Der geniale N²

Ernst Neumann-Neander, von seinen Freunden N² genannt, war eine der schillernden Figuren der Auto- und Motorrad-Szene in den 20er und 30er Jahren. Er war gleichsam technisches Genie und Perfektionist, ein begnadeter Tüftler und Erfinder mit ins Utopische reichenden Ideen. Ernst Neumann wurde am 3. September 1871 in Kassel geboren. Er lernte und lehrte Graphik, erradelte Rekorde auf dem Hochrad, zeichnete Werbung und Karikaturen, stand als Kabarettist auf der Bühne und entwarf teils bizarre Automobilkarosserien für die Schönen und Reichen. Weil ihm sein Name zu banal für seine Kunst klang, hängte er das aus dem Griechischen kommende Pseudonym Neander an, übersetzt »Neuer Mann« oder eben Neumann. Neumann-Neander verstand zu leben und besaß eine Hochsee-Motoryacht und eine selbst entworfene Villa. 1925 trat der Mittfünfziger als Motorrad-Konstrukteur auf, und seine Kreationen waren zumindest eigenwillig. Er ist der Erfinder des Pressstahlrahmens, konstruierte einen Schwingachs-Seitenwagen für Motorräder, und noch heute sind seine Fahrmaschinen Legende. Das waren frontgetriebene Kombinationen aus Auto und Motorrad, die trotz oder wegen ihres revolutionären Charakters das Prototypenstadium nicht überwanden. Nach dem Zweiten Weltkrieg sprudelte N² weiterhin vor Ideen und entwickelte so genannte Kurvenleger, eine industrielle Fertigung war ihnen nicht vergönnt. N² starb am 3. November 1954.

Ernst Neumann-Neander 1947 am Steuer einer Fahrmaschine, gedacht als dreirädriger Sportwagen mit den Kurveneigenschaften eines Motorrades.

Kapitel 2:

Opel als eigenständiger Automobilkonzern

Der erste Opel mit vier Rädern: Opel Motorwagen System Lutzmann (1899 bis 1901)

Opel gehörte zu den Pionieren. 1899, als der erste Motorwagen mit Opel-Signet gebaut wurde, gab es in Deutschland lediglich sieben Auto-Fabrikanten. Ein Automobil, gleich welcher Größenordnung, konnten sich zu Beginn der Motorisierung nur Angehörige der gutbürgerlichen oder Oberschicht leisten. So unzulänglich die frühen Automobile waren, so beschwerlich sich eine Reise auf unbefestigten Wegen gestaltete, so euphorisch begrüßten fortschrittliche Herrenfahrer das Automobil als Nachfolger des Pferdes.

Fritz und Wilhelm Opel besichtigten 1897 die erste deutsche Motorwagen-Ausstellung. Sie hatten schon im Vorfeld beschlossen, ihr Programm auszuweiten. Am besten gefiel ihnen der Wagen Friedrich Lutzmanns. Dieser Mann war, ebenso wie die Gebrüder Opel, vom Geist der Gründerzeit durchdrungen und betrieb in Dessau eine Motorwagenfabrik. Angeregt von einer Benz-Motorkutsche, konstruierte Lutzmann einen eigenen Motorwagen mit hinten liegendem Einzylinder-Viertaktmotor. Er leistete 5 PS aus 2540 cm³ und drehte 300 Mal in der Minute. Die Kraftübertragung erfolgte durch Riemen auf ein Vorgelege und von dort durch Ketten auf die differenziallose Hinterachse. Auf seine mit einer Kette betriebene Lenkung erhielt Lutzmann ein Patent. Er exportierte nach England und bot Zwei- und Viersitzer, Lieferwagen und Omnibusse an. Im Gegensatz zu Daimler und Benz gehörte Lutzmann zu den kleineren Motorwagenfabrikanten, seine Firma stand finanziell nicht gut da. Die Gebrüder Opel kauften das Geschäft, transferierten es inklusive einiger Facharbeiter nach Rüsselsheim und machten Lutzmann zum Betriebsleiter der neuen Motorwagenfabrikation.

1935: Der Lutzmann-Veteran trifft den damals neuen Olympia. Heute sind sie beide Veteranen, der eine alt, der andere uralt.

Zweisitziger Lutzmann, 1960 auf dem Hof des Münchner Opel-Händlers Häusler aufgenommen.

Der Opel-eigene Lutzmann-Viersitzer reiste im Herbst 1956 durch die Ausstellungsräume der großen Händler und begleitete den zweimillionsten Opel, den Kapitän Maingold.

»Man verlange Preisliste«: Die Zeitungsannonce aus dem Jahre 1900 spricht nicht mehr nur von Nähmaschinen und Fahrrädern, sondern auch vom Motorwagen System Lutzmann.

Werbung von 1901. Der Lutzmann-Preis immerhin »mit Pneumatik«. Mit anderen Worten: Der Motorwagen verfügte über Luftreifen, nicht Vollgummi.

Der bei Opel verwandte Lutzmann-Motor leistete 3,5 PS aus 1545 cm³ Hubraum, der erste Opel war also ein leichter und kleiner Wagen mit zwei, maximal vier Sitzplätzen. Der erste Opel Patent-Motorwagen System Lutzmann wurde im Frühjahr 1899 fertig. Motor und Getriebe waren von Unzulänglichkeiten geprägt, was seinen Vätern mehr Kummer als Stolz bescherte. Opel konnte im Gegensatz zur Konkurrenz auf keinen Erfahrungsschatz im Automobilbau zurückgreifen. Zudem war ein Auto schlichtweg komplexer als Fahrräder und Nähmaschinen; Werkzeugbau und Experimente mit alternativen Werkstoffen gestalteten sich entsprechend teurer. Im Jahr 1900 erlebte die deutsche Automobilindustrie einen gewaltigen Aufschwung, neue Hersteller drangen auf den Markt, die Franzosen begannen mit dem Export nach Deutschland. All diese Faktoren öffneten den Gebrüdern Opel die Augen: Mit dem Patent-Motorwagen System Lutzmann stand ihnen die Zukunft im Automobilbau nicht offen.

Ein konkurrenzfähiger Wagen benötigte einen Frontmotor, möglichst mit vier Zylindern, ein Viergang-Getriebe sowie eine Karosserie, die sich deutlich von der Kutschenbauweise unterschied. Friedrich Lutzmann musste 1901 gehen und starb 1930 als armer Mann. Für Opel brachte die Lutzmann-Episode mit 65 Fahrzeugen und hohen Verlusten eine ernüchternde Bilanz. Das Ziel blieb bestehen: Opel

Der Lutzmann aus Dessau

Ein Foto mit Seltenheitswert: Dies ist der originale Lutzmann Patent-Motorwagen von 1897, den Opel ab 1899 in Lizenz produzierte. Friedrich Lutzmann nannte ihn Pfeil 2. Restaurierte Exemplare der Opel-Version gibt es mehrere, auch im Besitz von Opel selbst. Ob ein originaler Lutzmann-Wagen überlebt hat, ist nicht bekannt, auch Fotos sind sehr rar. Der Pfeil 1 hatte einen schwächeren, aber hubraumgrößeren Motor als die spätere Opel-Version, Lutzmann bot ihn ebenfalls als Zwei- und Viersitzer sowie als Lieferwagen an.

Das Original: Lutzmann-Motorwagen vor der Übernahme des Herrn Lutzmann und seines Inventars durch Opel. Aufnahme in Dessau im März 1898.

Das Foto zeigt einen Opel Lutzmann während einer Pfingstveranstaltung in Freiburg im Breisgau anno 1933. Der damals 34 Jahre alte Wagen ist unrestauriert und befand sich in Privatbesitz. Damals gab es noch keine Oldtimer-Szene oder Schnauferlbewegung, und alte Autos waren extrem verschrottungsgefährdet, sie hatten keinerlei Wert. Dieses Exemplar kaufte Opel und restaurierte es, um bereits 1935 anlässlich der Olympia-Präsentation damit auf seine Tradition hinzuweisen.

Der erste Taxiunternehmer Deutschlands

1893 eröffnete Friedrich Lutzmann zusammen mit einem Partner den »Motorwagen-Fahr-Verkehr«, der mit Benz-Motorwagen die Strecken von Dessau nach Wörlitz und nach Aken befuhr. Im Folgejahr wurde er in Dessau der erste Taxiunternehmer Deutschlands, danach widmete er sich dem Automobilbau und stellte seine erste Eigenkonstruktion 1897 vor. Opel erinnert sich heute an seinen Automobil-Pionier. Die Postadresse der Opel-Werke lautet Friedrich-Lutzmann-Ring.

Der lange Weg zum »Pneu«

Der Opel Lutzmann trug anfangs Vollgummireifen, obwohl Luftreifen (»Pneus«) damals bereits erfunden waren, erst 1901 wurde er mit Pneus ausgestattet. 1844 erfand Charles Goodyear das Vulkanisieren von Gummi. 1888 patentierte John Dunlop den schlauchlosen Fahrrad-Luftreifen, 1889 erfanden Édouard und André Michelin den Luftreifen mit Schlauch. Der »Pneu« setzte sich erst langsam durch. Denn die Straßen waren nach wie vor voller Hufnägel, von Pferden unterwegs verloren. Deswegen war bei luftbereiften Autos in der Frühzeit Reifenwechsel an der Tagesordnung.

wollte ein erfolgreicher Automobilproduzent werden. Ohne eigenes Konzept begaben sich Fritz und Wilhelm Opel wieder auf die Suche nach einem neuen Automobil und wurden bei Alexandre Darracq in Suresnes bei Paris fündig. Mit Darracq-Lizenzen gelang Opel der Durchbruch zum erfolgreichen Automobilproduzenten.

Der vergessene Pionier

Der erste Opel-Motorwagen, der Lutzmann aus Dessau, war ein Fiasko. Opels neuer Kooperationspartner war Alexandre Darracq. Er hatte im Jahre 1900 sein erstes eigenes Auto mit sehr modernen Konstruktionsmerkmalen erstellt: Vorne stehend eingebauter Zweizylindermotor, sogar mit vier Zylindern beim Darracq Type E, Dreigang-Zahnradgetriebe und Kardan- statt Kettenantrieb. Zunächst übernahm Opel den Darracq-Vertrieb im Deutschen Reich und in Österreich-Ungarn. Ab 1901 lieferte Darracq unkarossierte Fahrzeuge, die in Rüsselsheim einen Aufbau erhielten, im Folgejahr startete die Lizenzproduktion. Sie endete 1906, als aus den Darracq-Lizenzen eigenständige Opel-Fahrzeuge wurden.

Alexandre Darracq gründete seine Motorfahrzeugfabrik 1896 in Suresnes, einer französischen Industriestadt, wenige Kilometer von Paris entfernt. Darracq kam, wie so viele Automobilpioniere, aus der Fahrradbranche und hatte mit seiner Gladiator-Fahrradfabrik und später mit Millet-Motorrädern ein Vermögen verdient. Als Motorwagenfabrikant startete er mit einem elektrisch betriebenen Stadtcoupé, mit dem er unzufrieden war. Für sein erstes Automobil mit Verbrennungsmotor bediente sich Darracq anno 1900 des Know-Hows eines anderen, nämlich von Léon Bollée aus Le Mans. Der zweite Darracq von 1901 war ein Dreirad-Fahrzeug. Doch Darracq sah, dass das Automobil der Zukunft auf jeden Fall einen Benzinmotor und vier Räder haben musste. So entstanden als Darracq-Eigenkonstruktionen jene Typen, deren Lizenz Darracq wiederum an Opel veräußerte.

Zunehmend verfeinerte Darracq seine Wagen optisch und technisch, und sein Typ Flying Fifteen von 1904 war qualitativ von erster Güte, Darracq eroberte damit zehn Prozent des französischen Neuwagenmarktes. Das motivierte ihn zur Expansion. 1905 gründete er die A. Darracq Company in England, 1906 die Societa Italiana Automobili Darracq im italienischen Portello bei Mailand, 1907 im spanischen Vitoria die S.A. Espanola de Automoviles Darracq. Während die italienische Dependenz ein Flop war (aus dem über Umwege die Marke Alfa Romeo hervorgehen sollte), erwies sich die englische Darracq Co. als Glückstreffer.

Weil sich das Automobil gegen das Pferdegespann durchzusetzen hatte und begründete Zweifel an seiner Zuverlässigkeit bestanden, waren damals Motorsportveranstaltungen absolut notwendig, um das neue Produkt am Markt durchzusetzen. Hochgeschwindigkeitsrennen waren zwar publikumswirksam, aber Langstreckenfahrten bewiesen die Zuverlässigkeit besser. Darracq beteiligte sich an beiden Genres. In Oostende an der

Eine Art Doktorwagen, wie der Opel 4/8 PS: Darracq Voiturette 8/10 PS von 1909. Ein reiner Zweisitzer mit Zweizylindermotor und Dreigang-Getriebe.

Gründerzeitliche Pracht: Die Münchner »Automobil-Centrale Joh. Häusler«, der Opel-Generalvertreter für Süddeutschland und Österreich-Ungarn, war mit Opel-Darracq-Fahrzeugen groß geworden. Aufnahme 1903.

belgischen Nordseeküste erzielte Paul Baras am 13. November 1904 auf Darracq den Straßen-Höchstgeschwindigkeitsrekord mit über 167 km/h, getoppt im Folgejahr von über 175 km/h, ebenfalls auf Darracq, nun von Victor Hémery im französischen Arles eingefahren. 1906 erreichte ein Darracq-Wagen fast Tempo 200. Die Marke war in aller Munde.
Mit französischen Darracq-Lizenzen avancierte Opel also zu dem, was das Unternehmen heute noch ist, zum arrivierten Automobilproduzenten. Alexandre Darracq verkaufte 1913 seine Firma. Am Ende des Ersten Weltkriegs übernahm Darracq die englische Firma Clemens Talbot, daraus wurden Fahrzeuge unter dem Label Talbot-Darracq. Im Folgejahr schlossen sich Talbot-Darracq und Sunbeam zusammen, es entstand die Sunbeam-Talbot-Darracq-Gruppe (STD). Danach hießen die französischen Wagen Talbot, die englischen Sunbeam und die Rennwagen Darracq. 1935 wurde die STD zahlungsunfähig und aufgesplittet. Der Italiener Antonio Lago übernahm das französische Talbot-Werk in Suresnes und produzierte hier bis 1959 Luxusfahrzeuge unter der Bezeichnung Talbot-Lago. Dann verkaufte er sein Unternehmen an Simca. Die englische Filiale, also Sunbeam, wurde nach der STD-Pleite 1935 von der Rootes-Gruppe übernommen (Marken Hillman, Sunbeam, Humber, Singer sowie die Nutzfahrzeugmarken Commer und Carrier). Beide Zweige, Simca in Frankreich sowie Rootes in Großbritannien, wurden peu-à-peu von Chrysler übernommen, und beide gingen gemeinsam mit dem spanischen Barreiros-Werk 1979 in den Besitz von PSA Peugeot-Citroën. So schließt sich der Kreis, auch wenn dieser Kreis nach innen durch Werksverflechtungen und häufig wandelnde Besitzverhältnisse äußerst bewegt (und kompliziert zu beschreiben) ist. Und 38 Jahre später übernahm PSA zusätzlich den Opel-Konzern. Letztlich ist jetzt, ganz grob gesprochen, alles wieder so wie früher, vor 120 Jahren: Opel und Darracq sind sozusagen unter einem Dach.

Haute Couture für Opel

Opel gehört zu den weltweit ersten Autoherstellern mit hauseigenem Karosseriebau. Wer aber Haute Couture statt prêt-à-porter wünschte, wandte sich an externe Karosseriekünstler. Sie schufen Kleinserien oder Einzelstücke.
Am Anfang war die Kutsche. Gebaut wurde sie von Stellmachern und Wagnern. Die ersten Automobile waren Kutschen mit Motor. Daran sollte sich zumindest bis zum Anfang des 20. Jahrhunderts nichts ändern. Kutschen waren wie die ersten Automobile reine Handarbeit. Es gab fähige Kutschenbauer, sie waren erfolgreich. Die Unfähigen wurden von der Geschichte überholt. Jede Kutsche und jedes Automobil der Frühzeit waren geprägt vom Geist ihres jeweiligen Schöpfers, von der Handwerkskunst und dem Material, vom Geschmack des Herstellers wie des Kunden. Zunächst waren die Automobile also motorisierte Kutschen und vom Aufbau her sehr fortschrittlich. Denn Kutschen sind selbst tragend konstruiert. Doch das Automobil trennte sich bald von der Kutsche. Die

Auslieferungsbereite Neuwagen im Jahre 1903, lauter Opel-Darracq mit 8 bis 9 PS Leistung, Zwei- und Viersitzer.

Der Rüsselsheimer Montageraum für große Wagen, Aufnahme um 1912.

Eine edle Limousine aus dem Jahre 1906: Opel 18/30 PS, im Fond Sophie Opel.

Opel-Darracq 8/9 PS Zweisitzer, gebaut von 1903 bis 1907.

Während des Ersten Weltkrieges waren Motorfahrzeuge selten in den Händen der Militärs. Sie setzten auf das Pferd, nur die fortschrittlich Denkenden vertrauten dem Automobil. Opel von 1908 im Felde, Aufnahme 1915.

klassische Automobil-Struktur war bis in den Zweiten Weltkrieg hinein gültig: Ein stabiles Kastenrahmenchassis aus Stahl, vier Räder, Motor vorne und Antrieb hinten. Das Ganze verkleidet mit einer Karosserie, die zum praktischen Zweck hatte, die Insassen und den Motor zu schützen und zum ästhetischen, möglichst elegant auszusehen.
Die Aufbauten unterlagen in den Anfangsjahren der Weiterentwicklung, später nur noch der Mode. Viele Fahrzeughersteller boten nur Chassis mit Motor und Mechanik an. Andere Hersteller arbeiteten mit einer Reihe von Karosseriebauern zusammen und boten deren Karosserien ab Werk an. Eine der wenigen Ausnahmen bildete Opel mit hauseigenem Karosseriebau ab 1903. Doch auch Opel-Kunden wünschten individuelle Aufbauten und ließen sie, je nach Geldbeutel und Geschmack, vom Stellmacher vor Ort oder vom überregional renommierten Karosserier anfertigen. Diese Arbeit war teuer, denn die handwerkliche Herstellung einer Karosserie war zeitintensiv.

Der erste Opel-Designer: Josef Riedl

Der Karosseriebau bei Opel begann unter Leitung des Münchner Stellmachers Josef Riedl anno 1903. Seine erste Karosserie in Opel-Diensten war ein Landaulet auf Opel-Darracq-Chassis, ausgeliefert am 12. August 1903. In diesem Jahr wurden bei Opel 103 Automobile eingekleidet, 1904 waren es 244. Riedls Arbeiten fanden großen Beifall, auch Kaiser, Könige und Herzöge ließen sich in Opel-Wagen mit Riedl-Aufbauten chauffieren. Sein Nachfolger wurde von 1934 bis 1959 Karl Stief.

Von Hickoryholz und Albertol

Der Karosseriebauer bevorzugte stets amerikanisches Hickoryholz, denn es ist fest, zäh und leicht und ermöglicht somit einen filigranen Gerippebau. Vor allem für die Anfertigung von Holzspeichenrädern schien es den Wagenbauern vom alten Schlage unersetzlich. Aber nach dem Ersten Weltkrieg war das begehrte Hickoryholz die gesamten 20er Jahre hindurch nicht lieferbar. Heimische Hölzer, vor allem Eiche und Esche, traten an seine Stelle.
Nicht nur die reine Fertigung einer Karosserie kostete Zeit, auch der Leerlauf zwischen den Arbeitsschritten. Ein Karosseriebauer, der seine Werkstatt nicht gut organisiert hatte, stolperte stets über halb ausgetrocknete Karosserien. Wichtig für ihn war, zeitversetzt mehrere Fahrzeuge zu erstellen, damit keine wertvolle Arbeitszeit durch Warten verloren ging.
Die Lacke der Kutschen bestanden aus Leinöl, Kopalen (in Alkohol lösliche Naturharze), Ruß und Farbrezepten. Bis eine Holzkarosserie

Farbfotografien gab es erst ab den 30er Jahren in der Werbung. Bunte Prospektillustrationen waren in der Frühzeit also gezeichnete Bilder. Fotos waren damals ausschließlich schwarz-weiß.

im fertigen Glanz dastand, mussten viele Vorarbeiten verrichtet, etliche Farbschichten aufgetragen, dazwischen die Unebenheiten geschliffen und gespachtelt werden und wieder lackieren und wieder lackieren. Dazwischen lag jeweils die Zeit, die die Substanzen zum Austrocknen brauchten. Ein Schritt in Richtung kürzere Austrocknungszeit war die Erfindung von Kurt Albert, das »Albertol«, ein Kunstharz. Durch diese Holzöle verkürzte sich die Zeit für die Lackierung beachtlich. Aber viele Tage dauerte sie dennoch.

Die Karosserien bestanden aus einem Holzgerüst, das verkleidet wurde. Als Verkleidung boten sich ebenfalls Holz, später dann Blech, aber auch Kunstleder oder andere Produkte an. Der Rahmen war aus Buchenholz, die Verkleidungen aus dünnen Pappelholztafeln. Unter Dampf wurden Rundungen gefertigt. Ein stetes Ausprobieren, Anpassen, Wegnehmen und Ändern war der Alltag des Karosseriebauers.

Im Prinzip sieht auch heute noch ein Fahrzeug mit Heckantrieb so aus wie dieses Chassis eines Opel Darracq 14/16 PS Type RRX von 1910: Motor vorne, dann das Getriebe, und eine Kardanwelle transportiert die Kraft zur Hinterachse, die ein Differenzial aufweist. Provokant kann man sagen: In 100 Jahren Automobilentwicklung hat sich nichts Grundlegendes geändert, nur die Aufbauten sind selbst tragend geworden.

Während zunächst der offene, viertürige Phaeton das Karosserie-Grundmodell und Limousinen teure Liebhabereien waren, setzte sich durch die Ganzstahlkarosserie ab Mitte der 30er Jahre der Trend zum geschlossenen Wagen durch. Jetzt wurden Cabriolets eine Liebhaber-Angelegenheit und von Spezial-Karosseriers gefertigt.
Bis zum Ausbruch des Zweiten Weltkriegs lebte die Karosseriebauzunft gut. Nach dem Krieg hatte sie ebenfalls noch Boom-Jahre, mussten doch die übrig gebliebenen und teilweise geschundenen Fahrzeuge wieder aufgerichtet werden. Doch die selbst tragenden Karosserien ab Anfang der 50er Jahre machten der Zunft den Garaus.

Ein 2,6-Liter-Wagen waren die Opel 10/24, 10/25 und 10/28 PS, gebaut in diversen Ausführungen von 1911 bis 1916. Im Bild ein stolzer Chauffeur vor einem 10/25 PS von 1912.

Erfolg mit eigenen Konstruktionen

Drei Anläufe nahm Opel, um vom Nähmaschinen- und Fahrradproduzenten zum Automobilbauer aufzusteigen. Der erste Versuch mit dem Dessauer Lutzmann-Wagen 1899/1900 schlug fehl. Ihm folgten Lizenzen der französischen Darracq-Konstruktion. Damit festigte Opel sein ohnehin bekannt gutes Image als Produzent hochwertiger technischer Geräte. Die Opel-Darracq waren dauerhafte und gebrauchstüchtige Fahrzeuge. Peu-à-peu wurden sie von Opel-Ingenieuren weiterentwickelt, bis daraus eigenständige Konstruktionen entstanden, und parallel dazu baute Opel eine eigene Entwicklungsabteilung auf.
1906 war Opel als Automobilhersteller arriviert, Darracq-Fahrzeuge verschwanden während der folgenden beiden Jahre aus dem Angebot. Zu dieser Zeit entwickelte sich das Auto zunehmend zum gesellschaftlich akzeptierten Fortbewegungsmittel, es verdrängte Pferd und Kutsche. Vorbei waren die Jahre, als Autos allenfalls das Spielzeug wohlhabender, sportbegeisterter Herren waren. Opel erkannte früh, dass auf dem Markt ein vollwertiges, aber preisgünstiges Auto fehlte. Damit sollte nicht die verwöhnte Luxus-Gesellschaft angesprochen werden, sondern Pragmatiker, die das Fahrzeug zur Berufsausübung brauchten, beispielsweise Landärzte oder Vertreter. Für diese Klientel gab es zwar vermeintlich billige Autos am Markt, doch ihr günstiger Preis wurde über eine fragwürdige Qualität und ein kaum vorhandenes Servicenetz erreicht. Opel brachte 1908 ein völlig neu konstruiertes Fahrzeug auf den Markt, den 4/8 PS alias Doktorwagen. Aus heutiger Sicht war das der erste brauchbare Kleinwagen der Automobilgeschichte. Opel war technisch in der Lage, moderne wassergekühlte Vierzylinder-Blockmotoren zu fertigen, deren Zylinder nicht mehr wie bisher paarweise gegossen und durch ein gemeinsames Kurbelgehäuse verbunden waren, sondern aus einem gusseisernen Motorblock bestanden. Der Kleinwagen 4/8 PS war ein grundsolides Fahrzeug ohne klapprige Karosserie, seine Verarbeitung war den größeren und teureren Opel-Wagen ebenbürtig. Er verkaufte sich bestens.
Opel entwickelte sich in den Jahren bis 1910 zum Vollsortimenter und bot Fahrzeuge aller Leistungsklassen an, vom kleinen 4/8

Einen derart gestalteten Viersitzer nannte man Doppelphaeton, und die Art des Verdecks trug das Attribut »amerikanisch«: Opel 16/35 PS, ein Vierzylinder mit Werkskarosserie von 1910.

Ebenfalls ein Doppelphaeton, die damals populärste Aufbauform, aber moderner gestaltet: Er trägt eine Windschutzscheibe: Opel 10/24 PS Vierzylinder von 1911.

Tierarzt Dr. Friedrich Dolz nebst Gattin Marie im Opel 4/8 PS Doktorwagen von 1909, aufgenommen während einer Ausfahrt in Lothringen 1913.

Ein kleiner Opel: Typ 5/12 PS von 1911 mit Windschutzscheibe, ein Zweisitzer mit 1,2 Litern Hubraum.

Ein wesentlicher Schritt zur Emanzipation von der Kutschbauform war der Torpedo. Das ist jenes Karosserieteil zwischen Motorhaube und Windschutzscheibe. Opel 8/20 PS, gebaut 1911 bis 1913.

Der Fiskus schlägt zu

Auch der Staat erkannte das Automobil als Einnahmequelle und führte die Kraftfahrzeugsteuer ein. Durch ein kompliziertes Steuersystem ergaben sich die heute absonderlich klingenden Typenbezeichnungen damaliger Autos, welche Steuer- und Brems-PS durch einen Schrägstrich trennten. So hieß ein 2-Liter-Opel damals 8/14 PS, weil 8 PS zu versteuern waren und 14 PS Motorleistung anstanden. Bis 1928 galt dieses Schema, dann bestand das bis 1985 gültige Hubraum-Steuersystem. Seitdem berechnet sich die Steuer nach Hubraum plus Schadstoffausstoß.

PS bis zum majestätischen 24/50 PS mit stattlichen 6,2 Litern Hubraum. 1907 brachte der Sieg beim Kaiserpreis-Rennen einen weiteren Renommee-Aufschwung, 1908 feierte Opel sein 1000stes Automobil (ein 10/18 PS Doppel-Phaeton). In dieser Zeit änderte sich auch das äußere Erscheinungsbild der Autos. Waren sie bis dahin eher Epigonen der Kutschenbauweise, so kam um 1910 die Torpedo-Karosserie in Mode. Als Torpedo wird der rundlich ansteigende Teil der Karosserie zwischen Motorhaube und Windschutzscheibe bezeichnet, zusammen mit der schräg ausstellbaren Scheibe ein erstes Zugeständnis an die Windschnittigkeit. Zeitgleich wanderten die Scheinwerfer von der Spritzwand weg und befanden sich zwischen Kühler und Kotflügeln. Und auch diese waren nicht mehr frei stehend mit Winkelblechen am Rahmen befestigt, sondern an den Innenseiten bis zum Rahmen verlängert – sie schirmten also die Räder zur Karosserie hin ab.

Der Doktorwagen brachte Opel an die Kapazitätsgrenze. Wilhelm Opel machte eine Studienreise in die USA, angespornt durch Henry Fords Fließbandproduktion des Modell T. Jenseits des Atlantiks erkannte Opel die Grundsätze amerikanischer Fertigungspolitik: So wenig Handarbeit und so viel Technik wie möglich, laufende Investitionen in moderne Maschinen für einen effizienten Fabrikationsablauf, professionelles Vertriebssystem und schlagkräftige Werbung. Wilhelm Opel kam geläutert aus den USA zurück und versuchte, so viel wie möglich von seiner Faszination in die Realität der Rüsselsheimer Fertigung einfließen zu lassen. Zeitgleich arbeitete Opel daran, die Mitarbeiter zu motivieren und an das Produkt zu binden. Ab 1911 gab es eine Betriebsrente.

Gleichsam saturiert wie aufstrebend waren die Opel-Werke am Ende des ersten Jahrzehnts des vergangenen Jahrhunderts. Da kam der Rückschlag: Im Sommer 1911 brannte das Werk. Das verheerende Feuer raffte die Produktionshallen für den Fahrrad- und Nähmaschinenbau völlig hinweg, nur die Automobilproduktion blieb verschont. Der Wiederaufbau begann sofort, doch die Nähmaschinenproduktion wurde nie wieder aufgenommen.1912 feierte Opel sein 50jähriges Betriebsjubiläum und den 10.000sten Opel-Wagen. Im letzten Friedensjahr 1913 verstarb Sophie Opel im Alter von 77 Jahren. Sie hatte in eher konservativer Manier stets über das Legat ihres Ehemannes, des Firmengründers Adam Opel, gewacht.

Die Opel-Feuerwehr: Aus der Not geboren

In der Nacht zum 20. August 1911 brannte es auf dem Rüsselsheimer Werksgelände verheerend. Die Fabrikfeuerwehr mit ihrem einfachen Gerät war überfordert, die Rüsselsheimer Berufsfeuerwehr nicht schnell genug in der Fabrik. In der Folge wurden weite Teile des Werksgeländes Opfer der Flammen. Nie wieder darf dies passieren, so der einhellige Tenor der Familie Opel: Wir helfen uns selbst.

In der Nacht vom 19. auf 20. August 1911 ruinierte ein Brand das Rüsselsheimer Werk. Die gesamten Produktionsanlagen für den Nähmaschinenbau lagen in Trümmern.

Der verheerende Brand im eigenen Werk veranlasste Opel zum Bau von motorisierten Feuerspritzen ab 1912.

Kurzerhand konstruierte Opel auf Basis des bestehenden Dreitonner-Lastwagens ein eigenes Feuerwehrauto, damals verwendete man den Begriff Motorspritze. Sie entstand auf Basis des vorhandenen Lastwagen-Fahrgestells mit 40-PS-Vierzylinder-Benzinmotor, Geschwindigkeit bis zu 40 km/h und somit viel schneller als jeder Pferdewagen. Die Hochdruck-Zentrifugalpumpe, eingebaut unter den hinteren Sitzbänken, hatte bis 15 Atmosphären Druck und pumpte bis zu 2000 Liter Wasser pro Minute. Die Leiter mit bis zu 20 Metern Steighöhe wurde manuell aufgerichtet und gedreht. Es handelte sich um eine Werkskonstruktion von Opel ohne Zuhilfenahme eines etablierten Feuerwehr-Ausstatters.

Dieser Feuerwehr-Lastwagen stand im Gegensatz zu den bis dato bekannten, pferdegezogenen Wagen. Das war der Trend der Zeit. In den ersten Jahren des 20. Jahrhunderts verabschiedeten sich alle Feuerwehren, der allgemeinen technischen Entwicklung folgend, vom Löschfahrzeug mit Pferdegespann. Damals stritten noch zwei prinzipielle Techniken miteinander um die Vorherrschaft, nämlich der Lastwagen mit Benzinmotor – für den Opel votierte –, und derjenige mit benzinelektrischem Antrieb. Hierin ein Vorreiter war die Firma Lohner im Wiener Floridsdorf, sie setzte auf Radnabenantrieb, und das war eine Erfindung Ferdinand Porsches. Er entwickelte ein Fahrzeug, das mit Hilfe eines Benzinmotors einen Generator betrieb, der seinerseits den Strom zum Aufladen der Akkumulatoren lieferte. Diese wiederum trieben die Fahrzeugachsen elektrisch an. Das ist der Radnabenantrieb System Lohner-Porsche (heute bezeichnet man das als Hybridantrieb). Dieser Antriebsart war keine Zukunft beschieden. Das Energie fressende Gewicht der Akkumulatoren-Batterie war zu hoch. Auch das reine Elektromobil befand sich längst über dem Zenit. Die fortschreitende Verbesserung des Benzinmotors drängte die Alternativformen des Autoantriebs in den Hintergrund. Bei den Feuerwehren hielt sich der benzinelektrische Antrieb länger als in anderen Bereichen. Denn sie waren fest stationiert und hatten in den Autohöfen ihrer Wachen Strom-Ladestellen mit Anschluss an das städtische Leitungsnetz.

Spätestens in den Jahren vor Ausbruch des Ersten Weltkriegs hingegen hatte sich der Benzinmotor durchgesetzt – also das System, auf das die Opel-Feuerwehrautos ab 1911 gesetzt hatten.

Die ersten Motorsporterfolge

Die immense Popularität der Siege erkannten die Gebrüder Opel sehr früh und beteiligten sich von Anfang an im Motorsport. Das bescherte ihnen nicht nur steigende Verkaufszahlen, sondern auch den Titel eines Hoflieferanten Ihrer Majestät des Kaisers Wilhelm II. von Deutschland.

Die fünf Gebrüder Opel waren Sportsmänner und starteten schon früh bei Autorennen. Das waren weniger Hochgeschwindigkeits-, sondern eher Zuverlässigkeitsfahrten. Sie fanden auf abgesperrten, öffentlichen Straßen statt. Richtige Rennstrecken, abgesperrt und in sich geschlossen, gab es noch nicht. Die Rennpremiere eines Opel fand im Mai 1899 statt. Heinrich Opel startete bei der Fernfahrt Aachen-Koblenz auf einem Lutzmann-Motorwagen. Den ersten Sieg fuhr ein Opel beim Bergrennen auf dem Königsstuhl bei Heidelberg 1901 ein. Der erste Opel auf einer Rennbahn, wenn auch für Pferde geschaffen, war der von Fritz Opel und dem Opel-Versuchsingenieur und späteren Werksfahrer Carl Jörns pilotierte 10/12 PS Tourenwagen. Er schaffte Rang Eins auf der Frankfurter Pferderennbahn im August 1903, und Opel erkannte, wie wertvoll sportliche Erfolge für die Publicity waren. Neben dem Prestige war der Rennsport auch Motor für Weiterentwicklungen zugunsten verbesserter Zuverlässigkeit. An der ersten Herkomer-Fahrt 1905 beteiligten sich etliche Opel-Wagen; Fritz Opel erreichte mit einem Darracq 35/40 PS den vierten Platz in der Gesamtwertung. Mit dem 18/30 PS nahm Opel an den Herkomer-Konkurrenzen 1906 und 1907 teil. Beim Kaiserpreisrennen 1907 im Taunus wurde Carl Jörns mit einem 8-Liter-Rennwagen mit 80 PS Dritter und empfing aus der Hand Kaiser Wilhelms II. den Pokal als bester deutscher Fahrer. Dieser Erfolg sicherte Opel den Titel des Hoflieferanten, und Wilhelm II. fuhr fortan Opel. Im selben Jahr wurde Heinrich Opel Dritter bei der letzten Herkomer-Fahrt. Das Sport-Engagement gab der Marke einen ungeheuren Popularitätsschub, und das Werk beteiligte sich an immer mehr deutschen und internationalen Wettbewerben. Die Siegesserie begann 1909. Opel war Erster bei der Eisenacher Sternfahrt, auf dem Mont Ventoux, am Semmering, beim Bergrennen auf dem Gaillon, Opel-Wagen siegten in Nizza und in Boulogne. Den größten Triumph feierte Opel bei der

Opel-Werksfahrer Carl Jörns am Steuer eines Opel 4,5 Liter Formelrennwagens 1914 in Frankreich.

Wilhelm Opel am Steuer eines Opel 21/45 PS nach der Siegerehrung der zweiten Prinz-Heinrich-Fahrt 1909 auf der Münchner Theresienwiese. Bemerkenswert: Nicht der Fahrer trägt den Siegerkranz, sondern der Wagen.

Der »Kurvenleger« ist eine Trockenübung im Hinterhof: Opel Grand Prix Rennwagen von 1908, eine Weiterentwicklung des erfolgreichen Kaiserpreis-Wagens mit 12-Liter-Vierzylinder-Motor.

Auf einem Opel 8 Liter Spezialrennwagen wird Carl Jörns Dritter beim Kaiserpreisrennen 1907.

Drastisch gewichtsreduzierter Opel-Rennwagen von 1903: Der Unterboden wurde auf das Notwendigste abgespeckt, die Karosserie fehlt gänzlich.

Dieser Mann heimste einen Pokal nach dem anderen für Opel ein: Carl Jörns (1875 bis 1969), der Opel-Werksfahrer.

Prinz-Heinrich-Fahrt. Wilhelm Opel fuhr den 21/45 PS mit Torpedo-Karosserie und leichten Drahtspeichenrädern auf das Podest. Bemerkenswert war dieser Sieg deshalb, weil die meisten Hersteller Spezialtypen für die Prinz-Heinrich-Fahrt bauten, während Opel einen Serienwagen ins Rennen schickte. Dabei zeigte sich, dass bei frühen Autorennen Zuverlässigkeit, eine robuste Konstruktion und Fahrkunst eine größere Rolle spielten als schiere Motorleistung.

Für die Prinz-Heinrich-Fahrt des Folgejahres 1910 entwickelte auch Opel einen speziellen Wagen mit 100 PS starkem 7,3-Liter-Vierzylindermotor und Torpedokarosserie. Bis zum Ausbruch des Ersten Weltkrieges spielten die weißen Opel-Rennwagen eine wichtige Rolle auf dem internationalen Rennparkett, und Carl Jörns holte die meisten Pokale nach Rüsselsheim. 1912, 1913 und 1914 beteiligte sich Opel am Grand Prix. Kurz nachdem Jörns im Juli 1914 in Dover einschiffte, um zum englischen GP anzutreten, brach der Erste Weltkrieg aus. Die Mannschaft musste Hals über Kopf aus England fliehen und drei Rennwagen zurücklassen. 1914 entstand der hubraumstärkste Wagen der Opel-Renngeschichte, ein 260 PS starker 12,3-Liter-Vierzylinder-Bolide mit 16 Ventilen und oben liegender Nockenwelle, technisch auf dem GP-Wagen aufbauend, aber in jeder Hinsicht größer. Noch in den 20er Jahren startete Jörns auf diesem Monstrum. Opel war damals der bedeutendste deutsche Rennstall und gehörte in der Zeit bis zum Ausbruch des Ersten Weltkriegs zu den führenden Rennställen Europas. Ab Mitte der 20er Jahre zog sich Opel vom Motorsport zurück. Die Großserienfabrikation stand im Vordergrund, und sie ließ nahezu keine Rennsport-Spezialtypen mehr zu.

Opel baut die erste Rennstrecke Deutschlands

1919 stellte Opel südlich von Rüsselsheim eine Versuchs- und Rennbahn fertig, das war die erste Rennstrecke Deutschlands. Das 1500 Meter lange und durchgängig zwölf Meter breite Beton-Oval mit seinen überhöhten Kurven genoss in den 20er Jahren im internationalen Motorsport einen sehr guten Ruf. Doch die Berliner Avus ab 1921 und der Nürburgring ab 1927 liefen der Opel-Rennstrecke den Rang ab. In den 30ern wurde der Circuit nur noch als Teststrecke genutzt, während des Krieges diente er der Flugabwehr. 1949 kündigte Opel den Grundstücks-Pachtvertrag, die maroden Holztribünen wurden abgerissen. Seitdem verfällt die Strecke, die Natur erobert sich ihr Terrain zurück. Das Motodrom ist, zumindest aus der Vogelperspektive, noch heute sichtbar, wenngleich vom Wald total überwuchert.

Die legendäre Opel-Rennbahn am Schönauer Hof bei Rüsselsheim, Aufnahme um 1931.

Da rannten sie, ganz nah an ihrer Geburtsstätte: Überhöhte Kurven auf dem Opel-Oval, im Bild Rennwagen der 4- und 5-PS-Klasse 1924.

Die Goldenen 20er: Opel wird Vollsortimenter

In den »Goldenen 20er Jahren« avancierte Opel zum Vollsortimenter. Das Programm startete mit dem kleinen Laubfrosch, Opel war sehr erfolgreich mit dem Mittelklassewagen 10/40 PS und rundete mit großen Sechszylindern ab.

Der Kleine war das richtige Auto zur richtigen Zeit: 1924 stellte Opel den 4 PS alias Laubfrosch vor. Mit ihm setzten die Rüsselsheimer erstmals auf das Fließband und avancierten damit zum veritablen Großserienhersteller und zur Nummer Eins in Deutschland. Diese Ehre hatte zuvor Brennabor in Brandenburg an der Havel gebührt. Der Sohn des Inhabers, Ernst Reichstein, hatte acht Jahre lang die Fertigungsprozesse bei General Motors in den USA studiert. So setzte Brennabor bereits 1921 auf rationelle Großserienfertigung und war von Zulieferern weitgehend unabhängig. Opel stellte aber etwas früher auf das laufende Band um als Brennabor, und die wenigen Monate Verzögerung machten es Brennabor unmöglich, den Vorsprung von Opel einzuholen. Die Brandenburger blieben noch einige Zeit die Nummer Zwei hinter Opel und stellten den Automobilbau dann in der Folge der Weltwirtschaftskrise ein.

Durch das Fließband und die rationelle Fertigung nahm Opel also den Spitzenplatz der deutschen Automobilindustrie ein (und sollte ihn bis zum Kriegsausbruch nicht mehr verlieren). Opel investierte viel Geld in der zweiten Hälfte der 20er Jahre und revolutionierte den Fahrzeugbau. Mittels neuartiger Tiefziehpressen konnten größere Formblechteile als zuvor verwendet werden, ein wesentlicher Schritt hin zur Ganzstahlkarosserie anstelle von handarbeitsaufwändigen Holzgerippen mit Stahlbeplankung. Weitere Neuerung: Opel stellte zunächst auf spritzlackierte, in Minutenschnelle trocknende Nitrolacke um, ab 1927 sogar auf eine Tauchbadgrundierung für die Karosserie-Einzelteile. Gleichzeitig ersetzten die Rüsselsheimer

Opel 10/40-PS Modell 80 mit kantiger Karosserie, also Version 1925 bis 1927, als Sechssitzer-Limousine.

Die Sechssitzer-Limousine des 10/40 PS hat einen um sechs Zentimeter verlängerten Radstand. Späte Version ab 1927 mit Karosserierundungen, denn Opel verfügte bereits über Tiefziehpressen.

Ein früher Bestattungswagen zu Zeiten, als so manch konservativer Bestatter noch auf das Pferdefuhrwerk setzte: Opel 10/40 PS, Version 1927 bis 1929, mit Aufbau von Oskar Menzel aus dem sächsischen Hartha.

Eine Kässbohrer-Konstruktion, bevor sich der Ulmer Karosseriebauer ausschließlich den Omnibussen zuwandte: Opel 15/60 PS Kombinationswagen von 1928/29. Das ist ein viertüriger, offener Tourenwagen, der sich in einen Pickup mit Heckklappe verwandeln lässt. Vulgo wurde diese Aufbauform »Metzgerwagen« genannt.

Ein großer Opel: 12/50 PS als offener, fünfsitziger Tourenwagen von 1927 mit einem sehr sportlich gedressten Herrn.

Opel 10/40 PS 1927 bis 1929, spezialkarossiert in der Art amerikanischer Vertreter-Coupés als Zweisitzer mit immensem Kofferraum.

Offener Tourenwagen mit Gepäckkoffer auf Opel 10/40 PS 1927 bis 1929.

Die vier- bis fünfsitzige 10/40 PS Limousine mit Normalradstand, späte Version mit Packard-Grill.

Handelsvertreter auf dem Gruppenfoto, mit den Emailleschildern demonstrieren sie, in wessen Auftrag sie unterwegs sind. Der Wagen ist ein zweitüriges Opel 10/40 PS Stadtcoupé mit Packard-Grill.

Ein noch größerer Opel: 15/60 PS Modell 90 als schwere Limousine.

die Magnet- durch die Batteriezündung, handbetriebene durch elektrische Scheibenwischer, prinzipiell wurden die Autos bedienungsfreundlicher und funktioneller. Parallel dazu baute das Werk sein Servicenetz aus, schulte Mechaniker und bot in Vertragswerkstätten originale Opel-Ersatzteile an. Bis Mitte der 30er Jahre schaffte es Opel, das umfangreichste Service-Netz in ganz Europa aufzubauen. Schon damals setzte Opel auf Festpreise für routiniert ausgeführte Reparaturen in Vertragswerkstätten.

Die deutsche Autoindustrie befand sich bis Mitte der 20er Jahre durch Importschutzbestimmungen auf einem Fixstern. Doch vor allem die Amerikaner umgingen diese Restriktionen und bauten Montagewerke in Deutschland: General Motors, Ford, Chrysler, Studebaker, Hudson-Essex, Willys-Overland, auch Citroën ließ sich in Deutschland nieder. Dadurch erwuchs den deutschen Autoherstellern große Konkurrenz. Ein neues Steuergesetz sollte den Fahrzeugabsatz in Deutschland ankurbeln. So entfiel die komplizierte Berechnung nach Steuer-PS zugunsten des Hubraumsteuergesetzes. Deswegen trugen die Fahrzeuge ab Mitte der 20er Jahre die Hubraumgröße als Typbezeichnung, aus dem Opel 4/20 PS wurde der Opel 1,1 Liter.

Nachdem sich der Geldmarkt nach der Hyperinflation beruhigt hatte, stillten die Deutschen ihren Nachholbedarf und kauften fleißig ein, auch Autos. Doch dieser Wohlstand war ein vermeintlicher, die Neuerwerbungen wurden auf Pump gekauft. Gleichzeitig gaben die Käufer einen Gebrauchtwagen in Zahlung, was die Kapitaldecke der meisten deutschen Unternehmen unterhöhlte. Auch Opel litt darunter. Dennoch investierte die Firma und modernisierte ihren Maschinenpark, um Neuerscheinungen auf den Markt zu bringen. Dadurch häufte Opel einen riesigen Schuldenberg an. Die Investitionen hatten die Reserven aufgebraucht, die Konkurrenzsituation zwang zu großen Preissenkungen, um überhaupt marktfähig zu sein, was wiederum die ohnehin kleinen Gewinne auffraß. Opel wäre Ende der 20er Jahre wie so viele andere Firmen ein Kandidat für den Kollaps gewesen. Doch General Motors übernahm Opel, und so wurden die Rüsselsheimer kein Opfer der Weltwirtschaftskrise 1929.

Der Laubfrosch war ein Plagiat. Eine unautorisierte Raubkopie des Citroën C2 5CV. André Citroën hatte als Erster in Europa das Fließband eingerichtet und wollte Deutschland mit seinem Kleinwagen überschwemmen. Die Importgesetze verzögerten die Absicht, Opel konterte rechtzeitig und baute den C2 nach (einzige Unterschiede: ein eigens konstruierter Motor und eine andere Kühlerform, zudem war der Opel grün, der Citroën hingegen gelb lackiert). Ein voller Erfolg! 4500 Mark konnten sich die Deutschen leisten, und sie bekamen dafür einen vollwertigen Kleinwagen, keinen Klapperkasten, sondern ebenso solide gebaut wie alle anderen Opel auch. Bis 1931 dauerte die Karriere des Opel Laubfrosch. Ein Riesenerfolg war auch der Mittelklasse-Opel 10/40 PS von 1925 bis 1929, ein reines Brot-und-Butter-Auto ohne jegliche Finessen, aber ausgereift und bewährt. Er avancierte zum

In der Werbung sprach Opel von den »auf der Sonnenseite des Lebens wandelnden« potenziellen Kunden für diesen Klassewagen: Opel 16/60 PS Salon Pullman Limousine mit 4,2-Liter-Motor.

beliebtesten Mittelklasse-Wagen seiner Zeit, quasi ein Vorbote des Nachkriegs-Rekord. Ihn nach oben zu ergänzen war die Aufgabe des sechszylindrigen 7/34 PS, später 7/40 PS, als billigster deutscher Sechszylinder sehr beliebt. Am oberen Ende der Skala platzierte Opel zwischen 1927 und 1929 die Typen 12/50, 15/60, 14/50 und 16/60 PS. Das waren große Luxuswagen mit repräsentativen Karosserien, gedacht als Konkurrenz zu den in Deutschland montierten, amerikanischen Fahrzeugen. Konstruktiv basierten sie auf dem anspruchslosen 10/40 PS, hatten aber neu konstruierte Reihen-Sechszylindermaschinen mit 3,1, 3,7 und 4,2 Litern Hubraum. Sie beglückten die auf der Sonnenseite lebenden, glücklichen Menschen, die das rauschende Leben der »roaring twenties« in vollen Zügen genossen – Wirtschaftsmagnaten, Bankiers, Fabrikbesitzer, Adelige, Politiker, Würdenträger waren die Klientel.

Opel »Laubfrosch«: Der Kadett der Frühzeit

In der ersten Hälfte der 20er Jahre herrschte in Europa ein Kleinautoboom. Ziel aller Kleinauto-Fabrikanten war ein niedriger Preis durch einfache Konstruktion und große Serie. Die einfache Konstruktion bewerkstelligten die meisten, scheiterten aber an der Großserie. Citroën und Opel hingegen nicht. Damals standen Kleinautomobile aus rein wirtschaftlichen Ursachen im Mittelpunkt des Interesses. Ein Auto, wenn auch noch so klein, war eine Kapitalanlage. Der Anschaffungspreis war damals weniger ein Kriterium, denn die wirtschaftliche Lage zwang die Deutschen in Zeiten absurder Inflation geradezu zur Flucht in Sachwerte. Der Hersteller war trotz Inflation an den Preis gebunden. Deswegen sind letztlich auch alle Kleinauto-Fabrikanten Pleite gegangen. Große Hersteller überlebten die Krise.

André Citroën betrieb den Autobau erst seit 1919. Aber er hatte Vollgas gegeben und die modernste Autofabrikation aus dem Boden gestampft, ganz nach dem Vorbild Henry Fords. Citroën war der erste europäische Autohersteller, der ausschließlich auf das Fließband setzte. Seine Mittelklassewagen Type A und Type B2 waren ein großer wirtschaftlicher Erfolg, und mit dem Kleinwagen 5 CV wollte er daran anknüpfen, sämtliche Konkurrenz in diesem Segment vom Markt drängen, Frankreich mobilisieren und Europa überschwemmen.

Ab März 1922 verbreitete sich der 5 CV in ganz Frankreich. Er hatte alles, was ein kleines Auto zum Fahren brauchte und verzichtete auf jedweden Luxus – bot also minimalistisches Fahren, war dafür zuverlässig, effizient, solide gebaut und für breite Schichten

1925 überarbeitete Opel den »Laubfrosch«, und der kleine grüne Zweisitzer verlor sein Spitzheck.

Ein blauer »Laubfrosch« ist natürlich paradox, aber der Viersitzer ab 1925 sollte und wollte eben nicht grün sein.

Von der Monokultur zum Modellprogramm: Ab 1925 offerierte Opel den 4/14 PS nicht nur als Zweisitzer, sondern auch als Viersitzer und als Lieferwagen.

finanzierbar. Durch die immer größer werdende Serienproduktion konnte Citroën den 5 CV immer preiswerter anbieten. Das sorgte für eine geradezu epidemische Verbreitung. Bis März 1926 blieb der 5 CV in Produktion und war bis nach dem Zweiten Weltkrieg vor allem im ländlichen Frankreich eine alltägliche Erscheinung.

Mit dem 5 CV wollte André Citroën auch die Deutschen beglücken. Doch es hat nicht sollen sein. Opel baute ab Herbst 1924 seinerseits den Typ 4 PS. Er war eine eins-zu-eins-Kopie des Citroën, hatte aber einen in Rüsselsheim konstruierten Motor mit etwas anderen Leistungsdaten sowie eine andere Kühlerform. André Citroën klagte. Doch die (deutschen!) Richter sahen seinen Vorwurf als ungerechtfertigt an. Die minimalen Unterschiede zwischen dem Opel und dem Citroën werteten sie als wichtig genug, um dem Opel seine Eigenständigkeit zu bescheinigen.

Rückblickend war der Opel Laubfrosch der erste Ernst zu nehmende deutsche Kleinwagen. Denn er war, im Gegensatz zum Großteil seiner Konkurrenten, keine windige Konstruktion. Vielmehr war er ein professionell konzipiertes Fahrzeug, am Fließband solide in großer Serie gebaut, und der damals schon weit fortgeschrittene Opel-Kundendienst ermöglichte, ihn während seines Autolebens aufrecht zu erhalten.

Der Opel 4 PS erblickte im Herbst 1924 das Licht der Welt als 4/12 PS und war ein konventionell gezeichneter Zweisitzer mit damals

Grün wie der Wald, in dem er abgelichtet wurde: Früher Opel »Laubfrosch« 4/12 PS mit Spitzheck, Baujahr 1924/25.

Opel 4/16 PS Viersitzer, Version Herbst 1927 bis Mitte 1928, vor dem Ulmer Rathaus.

Sechs Personen plus Hund: Das sind zwei Personen plus Hund zuviel für den 4/16 PS Viersitzer, Version 1927/28.

Sitzt sie nur für das Foto am Steuer oder ist sie selbst die Besitzerin? Zweisitziger Opel 4/16 PS 1926/27 in lauschiger Atmosphäre.

Er machte plötzlich Menschen mobil, die sich zuvor eine Automobilität nicht mal hätten träumen lassen: Opel 4/16 PS, Aufnahme Mai 1931.

Selbst junge Männer, zuvor Aspiranten auf (wenigstens motorisierte) Zweiräder, konnten sich einen Opel 4/20 PS leisten, wenn auch gebraucht.

Absoluter Endzustand und gleichzeitig Beweis für die Unverwüstlichkeit: Nach dem Krieg bei einem Bauern eingesetzter 4/16 PS als Behelfstraktor mit Mähbalken.

typischem Spitzheck, gerade mal 3,20 Meter lang und 1,35 Meter schmal. Er hatte das Steuerrad rechts, was damals schon unmodern war. Der Einstieg war links, also auf der Beifahrerseite. Rechts gab es keine Türe, statt ihrer das Reserverad. Die Konstruktion war denkbar einfach. Opel verzichtete auf alles Unnötige. So war der Benzintank direkt vor der Spritzwand im Motorraum angebracht (Einfüllstutzen direkt vor der Windschutzscheibe), sodass der Motor alleine durch das Gefälle tröpfchenweise mit Benzin versorgt wurde. So spart man eine Benzinpumpe. Das Chassis war ein stabiler U-Profil-Rahmen, die Bremse wirkte mechanisch auf die Kardanwelle, die Handbremse via Seilzug auf die Hinterräder. Von seiner Einfachheit abgesehen, war der Opel sehr solide konstruiert. Das war sein Vorzug im Vergleich mit der Konkurrenz: Opel sparte am Luxus, an der Größe, an der Motorleistung, aber nicht an der Solidität.

Wie Henry Ford in den USA und André Citroën in Frankreich setzte Opel auf das Fließband und damit die modernste Praxis. Dafür entstanden neue Fabrikhallen, der Maschinenpark kam aus den USA. Bis 1931 purzelten 119.484 Fahrzeuge aus den Rüsselsheimer Werkhallen – für damalige Zeiten eine enorme Zahl. Im Herbst 1925 überarbeitete Opel den 4/12 PS zum 4/14 PS mit längerem Radstand und offerierte zusätzlich einen grünen Dreisitzer, eine blaue Limousine und einen rotbraunen Kastenlieferwagen. Dem Motor wurde ein bisschen mehr Hubraum eingeschenkt (1018 statt 951 cm^3), verbesserte Bremsen. Bis Herbst 1925 war der kleine Opel am spitz zulaufenden Kühler zu identifizieren, ab Herbst 1927 erhielt er einen oben abgerundeten Flachkühler. Der Dreisitzer bekam einen zusätzlichen Sitzplatz, und das für den offenen Laubfrosch charakteristische Spitzheck wich einem abgerundeten Heck mit Reserverad. Ab November 1926 hatte er das Steuerrad auf der linken Seite, 16 PS und Vierradbremsen. Im Herbst 1927 hielt ein modischer Kühler Einzug, der so genannte Packard-Grill, zusätzliche Variante: Zweitürer-Coupé und Luxus-Limousine mit abgerundetem Dach und runden Kotflügeln, die bereits auf Tiefziehpressen hergestellt wurden. Ab 1929 wieder mehr Leistung (20 PS), der offene Zweisitzer kostete dank rationeller Fertigung nur noch 2000 Mark. 1930 erfolgten die letzten Änderungen (rundlichere Kotflügel, größere Scheinwerfer, neue Stoßdämpfer). Im Juni 1931 lief die Produktion aus.

Heute befindet sich wesentlicher Teil der Laubfrösche im Besitz von Opel-Händlern, teilweise seit Generationen. Denn der kleine Opel 4 PS war ein Meilenstein in der Opel-Geschichte. Ihn zu restaurieren ist ein überschaubares Unterfangen, seine Technik ist einfach und die Karosseriearbeiten sind übersichtlich. Unter der Aufsicht eines Meisters kann ein Laubfrosch von Kfz-Lehrlingen in Zeiten, da die Werkstatt nicht ausgelastet ist, peu-à-peu restauriert werden. Dabei lernen die Azubis primitive aber funktionierende Technik kennen. Das meist froschgrüne Resultat findet dann seinen Platz im Ausstellungsraum. Dort dient es als Sympathieträger und demonstriert die Verbundenheit des Händlers zu seiner Marke und

Wenn über Opel der End-Zwanziger gesprochen wird, so ist häufig vom »Packard-Grill« die Rede. Der Packard von 1925 hatte eine Grillform, die viele Hersteller inspirierte. Im Bild ein viertüriger Packard Tourenwagen von 1925.

deren Tradition. Am Tag der offenen Tür oder bei Festumzügen darf der Laubfrosch dann zur Freude des Publikums auf die Straße und vermittelt knatternd gute Laune.

Fritz von Opel als Rocket Man

Opel engagierte sich zwei Jahre lang zwischen Anfang 1928 und Herbst 1930 in den Sphären der Raketentechnik, und das mit sehr respektablen Ergebnissen. Kurt Volkhart war am Steuer von Opel Rak 0 der erste Mensch, der eine Raketenfahrt durchführte. Fritz von Opel gelang der Weltrekord im Rak 2, und die Draisine Rak 3 war das schnellste schienengebundene Fahrzeug der Welt. Das erste Flüssigkeitsraketentriebwerk weltweit lief 1929 auf dem Opel-Prüfstand, und am 30. September 1929 flog Fritz von Opel den ersten offiziellen Raketenflug eines Menschen mit Raketenstartkatapult. Max Valier schaffte 1930 mit Rak 6 die erste Raketenfahrt mittels Flüssigkeitsraketentriebwerk.
Max Valier hatte beste Voraussetzungen. Der Österreicher hatte Astronomie und Physik studiert und übte den Beruf eines

Seine Kletterfähigkeit demonstriert hier ein Citroën 5CV Type C, wegen seiner gelben Farbe auch »Le petit Citron« (Kleine Zitrone) genannt. Er ist das Vorbild des Opel 4/12 PS. Der Citroën wurde im Herbst 1921 auf dem Pariser Salon präsentiert, Konstruktion und Design stammen vom Citroën-Angestellten Edmond Moyet. Zusammen mit dem Citroën-Chefkonstrukteur Jules Salomon entwickelte Moyet den Type C, nachdem er Kleinwagen-Erfahrungen bereits beim Autobauer Amilcar in Saint-Denis erworben hatte. Von 1922 bis 1926 wurde die kleine Zitrone 80.232 Mal gebaut, plus rund 30.000 Lieferwagen-Varianten. Die Produktion wurde eingestellt, um Kapazitäten für den moderneren Citroën B14 mit Vierradbremsen und Ganzstahlkarosserie zu bekommen.

Dasselbe in Grün

Der Ursprung der Redewendung »Dasselbe in Grün« ist unter Philologen noch nicht ausdiskutiert, entstammt aber sicher der Zeit Mitte der 20er Jahre. Eine der bestehenden Thesen besagt, dieses geflügelte Wort beziehe sich auf den Opel Laubfrosch, der eine genaue Kopie des Citroën 5CV war und sich nur durch die grüne Farbe vom gelben Original unterschied.

Es grünt so grün…Frühe Laubfrösche, Typ 4/12 PS von 1924.

Rocket Man: Fritz von Opel, konzentriert, angespannt. Aufnahme vor der Rekordfahrt.

Das erste, raketengetriebene Automobil: Opel Rak 1. Am Steuer Kurt Volkhart vor der ersten Versuchsfahrt am 12. März 1928 auf der Opel-Rennbahn.

Potz Blitz! Fritz von Opel in voller Fahrt am 23. Mai 1928 auf der Avus.

Dies ist das erste Rak-2-Replikat, das Opel 1966/67 hergestellte und dem Deutschen Museum vermachte. Ein identisches, zweites Fahrzeug entstand damals auch, ist noch im Opel-Besitz, wird heute aber nicht mehr gezeigt.

militärischen Versuchspiloten aus. Scin Credo war, dass ein Propellerflugzeug ungeeignet sei, eine gewisse Höhe zu erreichen. Nur mittels einer Rakete könne dies geschehen. Das Thema wurde innerhalb der Wissenschaft kontrovers behandelt, es gab dogmatische Gegner der Idee des Raketenfluges und glühende Befürworter. Und es gab den Krieg zwischen Pulvermischungen als Antrieb (Prinzip Feuerwerksrakete) und Flüssigkeitsraketen (mit Kerosin betrieben). Valier vertrat die Ansicht, wissenschaftlich reproduzierbare Formeln könnten nur durch praktische Versuche entwickelt werden, und deshalb müsste zunächst die Physik der Pulverrakete erforscht werden. Dabei unterstützte ihn Fritz von Opel, quasi als Mäzen. Er war nicht nur ein Großindustrieller, sondern auch ein sensationslustiger Sportsmann.

Mit von Opel als Sponsor im Rücken kam Ende 1927 der Kontakt zu Friedrich Wilhelm Sander zustande, seines Zeichens Hersteller von Feststoffraketen für Signal- und Seenotrettungszwecke in Bremerhaven. Der Pyrotechniker sollte leistungsfähige Kurz- und Dauerbrandraketen beisteuern. Sander und Valier lieferten ihre Erkenntnisse in Form handfester Raketen nach Rüsselsheim. Dort war der Rak 1 bereits im Bau, Konstrukteur war der Opel-Ingenieur und Rennfahrer Kurt Volkhart. Aber er war noch nicht fertig. Also wurde flugs ein 4-PS-Laubfrosch umgebaut, und auf der Opel-Rennbahn startete der im Nachhinein als Rak 0 bezeichnete Raketen-Laubfrosch am 12. März 1928. Die Raketen zündeten und rauchten, der kleine Opel bewegte sich mit Fußgängertempo und rollte nach einer halben Minute und 150 Metern aus. Experiment missglückt! Wiederholung eine halbe Stunde später: Diesmal brachte Volkhart den Laubfrosch mit Motorkraft auf Tempo 30 und zündete dann die Raketen. Der Wagen schnellte nach vorne, beschleunigte innerhalb von anderthalb Sekunden auf 75 km/h und rollte dann aus. Fritz von Opel war zufrieden, Sander und Valier jubelten.

Einen Monat später stand Rak I bereit. Er basierte auf dem Laubfrosch, trug keine Karosserie, aber Drahtspeichenräder von Bugatti und hatte weder einen Motor noch ein Getriebe, dafür

Die dritte Replica, ein Nachbau von 1991, sogar fahrbereit. Und wie! Der Antrieb ist ein V8 aus der Corvette.

24 Raketen von hinten, die nacheinander gezündet wurden. Ein Wahnsinn!

spoilerartige Stummelflügel hinter den Vorderrädern. Sie sollten für zusätzlichen Achsdruck sorgen und das fehlende Motorgewicht kompensieren. Die Weltpresse war zu Gast in Rüsselsheim, als am 12. April 1928 Rak I nach einigen Versuchsfahrten offiziell auf der Opel-Rennbahn präsentiert wurde. Volkhart sollte alle zwölf Raketen paarweise zünden, Fritz von Opel schwebte vor, dass Rak I das 1500-Meter-Oval mit Tempo 120 umrunden sollte. Volkart erreichte nach acht Sekunden Tempo 100, doch eine Rakete zündete wegen eines durchgeschmorten Zündkabels nicht, Rak I rollte aus. Dennoch eine beachtliche Demonstration! Die Titelseiten aller deutschen Zeitungen waren voll.

Fritz von Opel war auf den Geschmack gekommen. Er wollte einen weiter entwickelten Raketenwagen selbst steuern, und zwar auf der Berliner Avus. Diese Rennstrecke existierte seit 1921. Am Steuer des Raketenwagens Rak 2 schrieb Fritz von Opel Automobilgeschichte. Die Vorführung des Rennwagens war für viele Besucher ein Ereignis, das sich fürs Leben einprägte. Vor 3000 geladenen Gästen (Pressevertreter, Prominenz) startete Fritz von Opel am 23. Mai 1928 zu seiner denkwürdigen Fahrt im Rak 2. Der ersten Fahrt sollte eine weitere, nunmehr mit Volkart am Steuer, folgen mit dem Ziel, den Geschwindigkeitsweltrekord zu brechen. Fritz von Opel hatte sich also Großes vorgenommen.

Fritz von Opel eröffnete das Spektakel mit einer umfassenden Rundfunkansprache, in welcher er auf zukünftige Raketenprojekte verwies, dann bestieg er in weißer Hose und leuchtend blauer Lederjacke den eindrucksvollen Wagen, der bis vor wenigen Sekunden von einer Plane bedeckt war. Hinter Fritz von Opels Rücken saßen 24 Raketen mit 120 Kilo Sprengkraft und einer mittleren Schubkraft von 6000 Kilo. Die Raketen steckten in 24 Eisenrohren im Heck des Fahrzeugs, sie wurden erst kurz vor dem Start eingeschoben und mit den Kabeln der Zündmaschine verbunden. Die Zündvorrichtung wurde über ein Pedal betätigt, pro Fußbewegung wurde eine Rakete gezündet.

Mit viel Lärm und Rauch setzte sich Rak 2 in Bewegung. Von Opel tritt nochmals, nochmals auf das Pedal, die Raketen zünden und zischen, sie spucken Feuer und machen ein fürchterliches Getöse. Der Wagen schießt mit unwirklicher Beschleunigung voran, erreicht Geschwindigkeitsregionen, die damals unvorstellbar waren. Während der Fahrt verfällt von Opel in einen Temporausch, in seinem Bericht erzählt er, wie enttäuscht er war, als alle 24 Raketen abgebrannt waren und die Fahrt unweigerlich zu Ende ging. Drei Kilometer weit rollt Rak 2 aus. Tempo 238 hatte er als Höchstgeschwindigkeit erreicht, in nur fünf Sekunden beschleunigte er auf Tempo 100. Fritz von Opel war erschöpft, ganz ruhig und glücklich. Er hatte Automobilgeschichte geschrieben.

Die beiden Flugzeugtragflächen hatten die Aufgabe, den Rak 2 an den Boden zu drücken. Die Gewichtsverteilung des Fahrzeugs war nämlich äußerst ungünstig: hinten alles, vorne nichts. Die Raketen und deren Halterungen (solide Eisenrohre) waren schwer, der Beschleunigungsschub enorm. Ohne Spoiler respektive Flugzeug-Tragflächen wäre der Rak 2 beim Beschleunigen unweigerlich mit der Front in die Höhe gestiegen, und auf der Strecke wäre er unlenkbar gewesen. Die Neigung der Tragflächen konnte von Opel von innen verstellen.

Dem Rak 2 folgte 1928/29 das Motoclub-Raketenmotorrad. Es war aber eher ein Werbegag für die von Opel neu lancierte 500-cm³-Motoclub. Die Versuche verliefen nicht befriedigend, und so blieb der angestrebte Rekordversuch aus. Fritz von Opel wollte aber

Das Raketenmotorrad auf Basis der Motoclub von 1928/29 war eher als Werbung für die Motoclub gedacht, nicht für ernsthafte Raketenversuche.

partout den Geschwindigkeitsrekord für Landfahrzeuge knacken. Mit dem Rak 2 war es ihm nicht gelungen, und so setzte er auf Schienendraisinen mit Raketenantrieb. Auf einer Gleisstrecke bei Hannover sollten drei Draisinenfahrzeuge starten, Rak 3 als bemanntes Mobil, Rak 4 und Rak 5 unbemannt. Bei der ersten Fahrt am 23. Juni 1928 stellte Rak 3 mit 256 km/h sofort den bis dato gültigen Schienenweltrekord (215 km/h) ein. Beim Testlauf zu einer zweiten Fahrt mit dem Ziel, Tempo 400 zu erreichen und den absoluten Geschwindigkeitsrekord zu durchbrechen, zerbarst Rak 3 völlig. Die Draisine war unbemannt, an Bord war lediglich eine Katze. An ihr sollte getestet werden, ob ein Lebewesen die ungeheure Beschleunigung überhaupt überlebt. Die Katze überlebte nicht nur die Beschleunigung, sondern sogar die Explosion der Draisine!
Im Herbst 1929 stellte Fritz von Opel jegliche Raketenversuche ein. Das lag daran, dass Opel von GM übernommen wurde, die Weltwirtschaftskrise ihre Auswirkungen zeigte und die Kassen von Opel ziemlich leer waren. Denn nach dem Tode der Gründersöhne Carl und Heinrich 1927 und 1928 musste die Familie Opel innerhalb kürzester Zeit gleich zwei Mal Erbschaftssteuer zahlen, was die Reserven völlig aufzehrte. Das Schicksal der Fahrzeuge: Rak 1 wurde um 1930 verschrottet. Rak 2 wurde bei Bombenangriffen auf das Werk während des Zweiten Weltkrieges zerstört. Vom Rak 2 gibt es drei Replikate. Zwei Exemplare wurden 1966/67 hergestellt, eines ist im Opel-Werksbesitz, wird aber heute nicht mehr ausgestellt. Das andere übergab Fritz von Opel dem Deutschen Museum. 1991 baute Opel das dritte Replikat, das Fahrzeug ist fahrbereit dank eines V8-Motors aus der Chevrolet Corvette. Kenner bezeichnen dieses Fahrzeug als den gelungensten und vorbildlichsten Nachbau. Wenn Opel heute einen Rak 2 ausstellt, so handelt es sich um den jüngsten Nachbau von 1991.

Nahezu einmalig in der Automobilgeschichte: Opel verschrottet jeden Regent

Selbst über den Typen 12/50, 15/60, 14/50 und 16/60 PS sah Opel noch Platz für ein weiteres Automobil, den superteuren

Profilzeichnung des Opel 24/110 PS auf dem Deckblatt des seltenen Regent-Prospektes von 1928.

Unerwünschte Konkurrenz für den Cadillac: Opel 24/110 PS Regent Pullman Luxus-Limousine mit Werkskarosserie von 1928.

Luxuswagen Regent mit 6-Liter-Achtzylinder-Motor. Damit wollte Opel die Obersten Zehntausend ansprechen und konkurrierte mit Kalibern wie Maybach, Horch, Mercedes und Cadillac.
In den 20er Jahren, vor der Weltwirtschaftskrise, ging es Opel gut wie nie, die Rüsselsheimer strotzten vor Kraft und weiteten ihr Programm immer mehr aus. Opel versuchte sogar, den in Deutschland montierten amerikanischen Wagen Paroli zu bieten und lancierte im November 1928 den Regent – einen superteuren Luxuswagen zu einem Zeitpunkt, als der Niedergang der deutschen Wirtschaft besiegelt und keinerlei Optimismus bei den potenziellen Käufern vorhanden war. Der Opel 24/110 PS Regent war der erste und einzige Opel mit Achtzylindermotor aus eigener Produktion. Opel gab Vollgas: Der 6-Liter-Reihenachtzylinder übertrumpfte Cadillac, der Radstand schlug Maybach und Mercedes SS, und preislich rangierte der Regent sogar unter dem Cadillac, der in der Riege der Luxusautomobile bereits als Sonderangebot galt. Opel packte in den Regent alles, was gut und teuer war: 16 Zündkerzen, Doppelzündung, Druckumlaufschmierung, ein 3-Gang-Getriebe mit Schnellgang, hydraulische Stoßdämpfer und vier hydraulische, am Fahrgestell fixierte Wagenheber. Der Opel Regent lebte sieben Monate lang, 25 Exemplare wurden zwischen April und Oktober 1929 ausgeliefert. Dann widerfuhr ihm ein Schicksal, das seinesgleichen in der Automobilbranche bis heute nicht gefunden hat: Opel kaufte sämtliche Exemplare zurück und verschrottete sie. Warum? Weil die Rüsselsheimer Marke zwischenzeitlich Bestandteil des GM-Konzerns geworden war und die neuen Herren in Detroit keine Konkurrenz ihres Cadillac auf dem deutschen Markt duldeten. Aber ein Erfolg wäre der Regent ohnehin nicht geworden. Denn damals wie heute haben Käufer eines Prestigeautomobils keinen Wagen derselben Marke fahren wollen wie die »einfachen Leute«.
Die Geschichte, dass Opel alle 25 Regent zurück kaufte und verschrottete, ist eine solche. Ob sie tatsächlich stimmt? Ob wirklich alle 25 Käufer bereit zur Rückgabe waren? Ob das Gerücht, ein Regent sei in die USA exportiert worden und wurde nicht Opfer der Verschrottungsaktion, stimmt? Ob überhaupt die Zahl von 25 Opel Regent stimmt? Vielleicht waren es weit weniger. Das alles

Fritz Opel ist stolz auf das Werk seiner Firma: Opel 24/110 PS Regent Sport Coupé mit Karosserie vom Aufbauhersteller Kruck aus Frankfurt/Main als Teilnehmer des Automobilturniers in Baden-Baden 1929.

ereignete sich in der Übergangszeit, als Opel von GM übernommen wurde. Nicht alle Vorgänge aus dieser Zeit sind belegt. Begnügen wir uns damit: Falls die Geschichte stimmt, so handelt es sich um einen einmaligen Vorgang. Falls die Geschichte nicht stimmt, so handelt es sich um eine faszinierende Geschichte.

Das Bemühen eines Automobilherstellers, alle produzierten Fahrzeuge eines Typs zurückkaufen zu wollen, ist übrigens nicht einmalig. Einmalig ist nur, dass dieses Vorhaben gelang. Nicht gelungen ist es Citroën in den 70er Jahren, alle GS Birotor zurückzukaufen, um keine Ersatzteilversorgung aufrechterhalten zu müssen. Einige Eigentümer weigerten sich. Aber beim GS Birotor ging es nicht um 25 Fahrzeuge, sondern um 847.

Opel baut den Elitewagen

In der turbulenten Zeit kurz vor der Weltwirtschaftskrise und dem daraus folgenden ökonomischen Zusammenbruch 1928/29 war Opel Eigentümer der Elitewerke im sächsischen Brand-Erbisdorf. Unter Ägide der Rüsselsheimer wurden dort der Elite S14 Pullman sowie das revolutionäre Motorrad Opel Motoclub 500 gebaut. Nach nur rund einem Jahr trennte sich Opel wieder vom Elite-Werk. Genau in dieser Zeit wurde Opel von General Motors übernommen. Elite-Wagen hatten einen hervorragenden Ruf. Elite war eine kleine, aber feine Marke. Keine Konkurrenz für Opel, nicht mal eine Alternative – zumal die Rüsselsheimer lange Zeit das Elite-Segment der unteren Oberklasse gar nicht abdeckten. Erst mit dem Modell 90, das im November 1926 erschien, stieß Opel auf das Niveau der Elite-Fahrzeuge vor. Dennoch blieb der Opel ein Großserienwagen und der Elite war ein Kleinserienprodukt, weitgehend in Handarbeit hergestellt – ein Individualistenauto eben.

Die Elite-Automobilwerke waren infolge der Inflationsjahre Pleite gegangen. Opel übernahm Elite, wurde aber seinerseits von General Motors übernommen und musste das sächsische Werk auf Druck der GM-Führung abstoßen. Heute sind Elite-Fahrzeuge automobilhistorisch beinahe im Nebel der Vergangenheit verschwunden. Auch das Ende der Marke war ohne Pathos. In den 20er Jahren war die Modellpolitik verfehlt. Während der Inflationsjahre hatte niemand Geld für elitäre Elite-Fahrzeuge, und Elite baute sogar parallel mehrere Versionen in derselben Größenkategorie. Spätestens 1925 war der Niedergang vorprogrammiert, und die Übernahme der Aktienmehrheit durch Opel verlängerte letztlich nur den Todeskampf, hielt ihn aber nicht auf. Nachdem sich Opel auf Druck von GM wieder von den

Elite 14/60 PS Typ S14 Limousine von 1929, fotografiert auf einer DDR-Oldtimer-Veranstaltung in den frühen 80er Jahren.

Elite-Werken getrennt hatte, dümpelte die Produktion vor sich hin und brach letztlich zusammen. Niemand interessierte sich für das nunmehr brach liegende Werk während der Jahre der Weltwirtschaftskrise. 1935 übernahm es DKW-Gründer Jørgen Skafte Rasmussen, um es der Auto-Union zur Teilefertigung einzugliedern.

Sachsen als Zentrum des deutschen Automobilbaus

Das sächsische Industriegebiet war ein Zentrum, in dem vor dem Krieg viele renommierte Autofabriken beheimatet waren – nicht nur die Auto-Union mit ihren Marken DKW, Wanderer, Horch und Audi, sondern auch viele damals bekannte und heute in Vergessenheit geratene Hersteller wie Elite, Presto, Dux, Rex-Simplex und Phänomen. Nach dem Krieg war Sachsen ein Mittelpunkt der DDR-Automobilproduktion. Aus dem Zusammenbruch des Elite-Konzerns konnte sich lediglich das Diamant-Zweiradwerk retten, das seine Fahrrad- und Motorradproduktion aufrechterhielt. Es geht auf das Jahr 1885 zurück, Fahrrad-Serienproduktion ab 1895, 1916 von den Elite-Werken übernommen. In der DDR war Diamant das qualitativ beste Fahrrad, die DDR-Radrenn-Nationalmannschaft fuhr Diamant. Nach dem Ende der DDR wurde der Betrieb privatisiert, gehört heute zu einem US-Konzern und produziert nach wie vor Fahrräder.

Der Weg in den Schoß von General Motors

General Motors kaufte 1928/29 der Familie Opel ihren Betrieb ab. Das rettete Opel vor dem sicheren Untergang und machte das Unternehmen fit, die Weltwirtschaftskrise zu überleben und neue Modelle zu konstruieren.

Während der 20er Jahre erfolgten im Automobilbau umwälzende Veränderungen. Die Moderne brach sozusagen an. Gleichzeitig verlor die deutsche Automobilindustrie den Anschluss an internationale Standards. Schuld waren der Erste Weltkrieg, der dadurch bedingte Entwicklungsstillstand und die wirtschaftlichen Verhältnisse in Deutschland bis zur Mitte des Jahrzehnts. Nach der Hyperinflation sorgte die Einführung der Rentenmark zwar für einen vermeintlichen wirtschaftlichen Aufschwung, der auch der Automobilindustrie nützte. Doch protektionistische Maßnahmen zum Schutze der deutschen Wirtschaft wurden aufgehoben, ausländische Konkurrenz überflutete den hiesigen Markt. Die beginnende Weltwirtschaftskrise machte der deutschen Industrie vollends den Garaus. Hätte General Motors anno 1928 Opel nicht übernommen, wäre die Rüsselsheimer Marke heute so vergessen wie viele andere, die damals nicht überlebten. General Motors hatte Opel gerettet.

Durch die frühe Entscheidung zur Großserienproduktion am Fließband und den professionellen Kundendienst verschaffte sich Opel Mitte der 20er Jahre einen immensen Vorsprung und wurde die Nummer Eins in Deutschland. Während hierzulande alles stagnierte, begaben sich die USA wirtschaftlich auf die Überholspur. Als die Hyperinflation zu Ende war, erließ der deutsche Staat hohe Schutzzölle gegen die Einfuhr ausländischer Autos. Ende 1925 wurden zwar die Grenzen geöffnet, die Zölle blieben aber hoch. Dennoch kauften diejenigen Deutschen, die es sich leisten konnten, lieber einen modernen amerikanischen Wagen als ein veraltetes deutsches Fabrikat. Darauf reagierten die deutschen Hersteller. Sie setzten nun auch auf das Fließband, was Opel schon zuvor getan hatte, und versuchten bei ihren Neukonstruktionen, die US-Cars zu imitieren. Das war aber falsch. Denn erstens waren sie schon damals zu groß für deutsche Straßenverhältnisse, zweitens schafften die deutschen Autobauer es innerhalb der kurzen Zeit weder, die dortigen Qualitätsstandards noch das gute Preis-Leistungsverhältnis zu erreichen.

Mit US-Cars handelte die Bayernauto GmbH in der Landsberger Straße in München. Buick, Maquette, La Salle und Cadillac waren ihr Gebiet, allesamt gehobene General-Motors-Marken.

Auf die Nutzfahrzeuge von Opel legte Detroit keinerlei Wert und etablierte den Blitz nach US-Vorbild auf dem deutschen Markt. Opel 12/50 PS als Pritschenwagen mit Plane, Aufbau von der Wagenbauanstalt Alois Träger in München. Leichte Nutzfahrzeuge teilten sich damals das Chassis mit Personenwagen. Nur der Aufbau war anders.

Die Invasion amerikanischer Autos beschränkte sich nicht nur auf den Import. Nein, die meisten US-Konzerne bauten deutsche Montagefabriken, in denen zunächst eingeführte Einzelteile montiert wurden. Zunehmend waren die US-Automobile komplett deutsche Fabrikationen, nur die Konstruktionen kamen aus Amerika. Besonders engagiert waren Ford sowie General Motors mit den Marken Chevrolet, Buick und Cadillac. Auch Chrysler, Studebaker, Hudson-Essex und Willys-Overland etablierten sich in Deutschland. Die GM-Montagewerkstatt baute zunächst Chevrolet-Lkw im Hamburger Freihafen zusammen, ab Anfang 1927 Personenwagen in Berlin. Vor allem der Chevrolet wurde immer deutscher: Die Rahmen kamen von Krupp, die Karosserien von Gläser, Ambi-Budd und Hubertia; Reifen, Scheinwerfer, Glas und Lacke waren ebenfalls made in Germany.

Ende 1929 setzte die Weltwirtschaftskrise ein und beendete den amerikanischen automobilen Siegeszug in Deutschland abrupt, im Herbst 1931 verließ der letzte hierzulande montierte GM die Montagehallen. Eben die auf Großserienfabrikation eingerichtete Firma Opel war in Zeiten schwindender Absätze besonders gefährdet. So verkaufte die Familie Opel ihr in eine Aktiengesellschaft umgewandeltes Unternehmen um die Jahreswende 1928/29 zu 80 Prozent an General Motors. Diese Transaktion wurde in Deutschland zunächst heftig kritisiert, erwies sich aber als einzige Rettung Opels und somit sehr gut für die deutsche Volkswirtschaft.

General Motors wurde 1908 mit den Marken Buick und Oldsmobile gegründet, 1909 kam Pontiac, 1918 Chevrolet dazu. Unter der Ägide des Konzernchefs Alfred Pritchard Sloan wurde die GM-typische Divisionalisierung und Markenhierarchie geschaffen: Unten stand der Chevy, nach oben geht es über Oakland/Pontiac und Buick zum Oldsmobile, oben thronten LaSalle und Cadillac, die Nutzfahrzeuge heißen GMC. Sloan war es auch, der 1928/29 Opel in Deutschland und drei Jahre zuvor Vauxhall in Großbritannien übernahm.

General Motors: Der Koloss

General Motors ist der weltweit bedeutendste Automobilkonzern und produzierte über Jahrzehnte die meisten Autos. 1908 gegründet, hat GM eine wechselvolle Geschichte hinter sich und so manche Marke kreiert und verschlissen.

Der Vater von General Motors heißt William Crapo Durant. Diesen Namen kennen heute nur noch Insider. Durant (1861–1947), zunächst einer der führenden Kutschbauer der USA, wurde 1904 Generaldirektor von Buick. 1908 gründete er General Motors (GM) und verleibte dem Konzern innerhalb kürzester Zeit bedeutende Marken ein. An Ford scheiterte er 1910 und wurde deshalb von GM entlassen. Darauf gründete er, zusammen mit Louis Chevrolet, die Marke Chevrolet. 1918 landete auch Chevrolet im Schoße von GM, und Durant stand erneut an der Spitze von GM.

In der Durant-losen Zeit (1910–1915) eliminierte der Konzern etliche heute nicht mehr bekannte Marken, die er nur geschluckt hatte, um die Konkurrenz zu beseitigen. Die GM-Kernmarken damals waren Buick, Oldsmobile und Cadillac. In den 20er Jahren kam die Busmarke Yellow Coach hinzu und GM gründete die Fernbuslinie Greyhound. Gleichzeitig kaufte GM Straßenbahnbauer, liquidierte sie und sorgte dafür, dass der US-Nahverkehr durch GM-Busse anstelle von Straßenbahnen betrieben wurde. Parallel bekamen die Kernmarken Schwestermarken zugeteilt, um das Zwischensegment zu bedienen. Diese Schwestermarken sind

Mittelklassewagen für gehobene Ansprüche: 1928er Chevrolet aus deutscher Produktion.

Ein »deutscher« Chevrolet war immerhin alltäglich genug, um als Arbeitstier karossiert zu werden: 1928er Chevrolet mit Stabholzaufbau eines Karosseriebauers. Wir konnten, trotz des gut leserlichen Firmenschildes, nicht herausbekommen, an welchem Ort die Firma existierte.

heute längst Geschichte, fast alle sind vergessen: Oakland als Nebenmarke zu Pontiac, Viking gehörte zu Oldsmobile, der La Salle war knapp unter dem Cadillac angesiedelt, der Maquette ergänzte den Buick. Letztere Marke ist in Europa noch bekannt, weil der erste Opel-Blitz-Sechszylindermotor eine Maquette-Konstruktion war und in Deutschland ein langes Leben hatte. Lediglich Chevrolet erhielt keine Schwestermarke. Durch diese Politik schaffte es GM, jede Nische abzudecken. Die Weltwirtschaftskrise 1929 machte vor allem den noch nicht etablierten Schwestermarken zu schaffen, und GM reduzierte sich wieder auf die Kernmarken Chevrolet, Buick, Pontiac, Oldsmobile und Cadillac, die Nutzfahrzeuge heißen seit jeher GMC.

Schon vor dem Zweiten Weltkrieg gründete GM außerhalb der USA etliche Montagewerke. Dort wurden Fahrzeuge nicht komplett gebaut, sondern montiert. GM umging damit Schutzzollbestimmungen. Ende der 20er Jahre etablierte sich GM in Europa durch die Übernahme von Vauxhall in England (1925) und Opel in Deutschland (1928) und ist seither ein »global player« – über die GM-Modellpolitik ließe sich eine Dissertation schreiben. Während des Zweiten Weltkrieges stand GM wegen seiner internationalen Beteiligungen zwischen den Fronten. Die einzelnen Betriebe belieferten beide Lager, die Alliierten und die Achsenmächte. Alleine in den USA war GM für immerhin zehn Prozent der Rüstungsproduktion zuständig. Nach dem Krieg wuchs GM und wuchs und wuchs. Es war das erste amerikanische Unternehmen, das einen Jahresumsatz von mehr als einer Milliarde US-Dollar vermeldete (1955), nach Verkaufszahlen war GM 77 Jahre lang der weltgrößte Autohersteller (bis 2008, dann ging der Titel an Toyota). Im neuen Jahrtausend verbuchte GM eine Verschuldung von 185 Milliarden und eine Überschuldung von 37 Milliarden Dollar. Schuld waren hohe Benzinpreise, die den Verkauf vor allem der in den USA allgegenwärtigen Offroader und Pickups ins Bodenlose sinken ließen, sowie die Finanzkrise, wegen derer GM keine neuen Kredite bekam. GM musste sich gesundschrumpfen, in der Folge wurden die Marken Hummer, Oldsmobile und Pontiac aufgegeben. Damals kam Opel ins Trudeln, Saab, ebenfalls GM-Tochter, ging Bankrott. Die US-Regierung pumpte Milliarden Dollar in GM, doch es reichte nicht. Die Aktien fielen um 90 Prozent, Topmanager saßen auf Schleudersesseln, und 101 Jahre nach der Konzerngründung musste GM im Juni 2009 Insolvenz anmelden. Der Konzern wurde verstaatlicht. Aber er befand sich nur kurz in staatlicher Hand. 16 Monate später, im Herbst 2010, kehrte GM an die Börse zurück. Mit einem Gesamtvolumen von über 23 Milliarden US-Dollar war dies der weltweit größte Börsengang aller Zeiten. Im August 2017 wurden Opel und Vauxhall vom PSA-Konzern übernommen.

Sonderangebot in der Luxuswagenklasse: Der Cadillac machte Ende der 20er Jahre den deutschen Oberklasseherstellern das Leben schwer. Er war deren Produkten ebenbürtig. Aber er war deutlich preiswerter. Wegen ihm musste der Opel Regent sterben.

Kapitel 3:

Opel selbst tragend und modern: Die 30er Jahre

Ein frischer Wind in Rüsselsheim

Ab 1930 schwingt die amerikanische Konzernmutter GM das Zepter bei Opel. Die neuen Konstruktionen kommen allesamt aus Amerika. Opel wandelt sein Image deutlich und macht einen gelungenen Neuanfang.

Im Zuge der Weltwirtschaftskrise ab 1929 dezimierte sich die Zahl der Automobilproduzenten. Einstmals bekannte Marken gingen unter, auch Brennabor, die ehemalige Nummer Eins in Deutschland. Gab es 1925 noch 65 Automarken im Deutschen Reich, so waren es 1931 nur noch 12. Dieses Schicksal blieb Opel erspart, weil die Gründerfamilie 80 Prozent ihrer Aktien rechtzeitig an General Motors verkauft hatte. Ende 1928 war der Deal perfekt, 1931 übernahm GM den Rest. Anfang der 30er Jahre wehte ein frischer Wind bei Opel. Die Rüsselsheimer Marke blieb bestehen, war aber Teil des amerikanischen Konzerns. Er regierte und bestimmte den Weg. Das ging los bei den Hierarchiestrukturen, über das Design und endete bei der Typenauswahl. Opel übernahm GM-Konstruktionen, um sie unter dem Zeichen des Blitzes zu verkaufen.

Das neue Management trimmte Opel nach neuesten Erkenntnissen um. Zunächst wurden Finanzierungsmöglichkeiten und eine hauseigene Versicherung angeboten, die Händler wurden mehr an die Kandare genommen und mussten richtig gehend Rapport leisten. Die größten unter ihnen wurden programmatisch vereinigt und nach einem Punktesystem für jeden verkauften Wagen bewertet. Sie profitierten aber auch vom neuen System. So erhielten sie umfangreiche Verkaufshilfen, wurden systematisch geschult.

GM führte bei Opel quasi die heute noch gültigen Absatzförderungen ein, wozu Karteien für potentielle Käufer ebenso zählen wie örtliche Erhebungen, Probefahrten, Produktpräsentationen in der Geschäftswelt und im Privatbereich, persönliche Anschreiben et cetera. Fortan leistete Opel professionelle Pressearbeit, warb zusätzlich zu den normalen Zeitschriften- und Zeitungsinseraten auch mit Plakaten im öffentlichen Raum und organisierte Sonderveranstaltungen. Auch nach innen verspürten die Mitarbeiter den neuen Wind. Sie wurden professionell motiviert und genossen Sozialleistungen (Werkswohnungen, Kantine, Lehrlingsbetreuung).

Opel 1,2 Liter Serie 12LG von 1933 als Sechsfenster-Limousine mit zehn Zentimetern mehr Radstand.

Opel 1,8 Liter Lieferwagen von 1933 in Diensten des Zirkus' Aeros. Er wurde 1941 in Leipzig gegründet und 1961 in den Staatszirkus der DDR eingegliedert. Aufnahme aus früher Nachkriegszeit.

Opel 1,8 Liter Serie 18B Cabriolet von 1931 bei gemeinsamer, generationenübergreifender und lustvoller Wagenwäsche.

Auch bei den Fahrzeugen hatte GM das Sagen. Die Neuentwicklungen kamen komplett konstruiert aus den USA, GM lieferte sogar die Produktionseinrichtungen. Die Deutschen durften die in Amerika entwickelten Prototypen absegnen und kleine Details ändern. Rüsselsheim oblag dabei weitgehend nur die Innenraumgestaltung und die Palette der Außenfarben. Das klingt zwar sehr hierarchisch und ist es auch. Aber es hat Vorteile. Damals war das amerikanische Autodesign maßgeblich in der Welt. Die USA verwendeten auch das beste Material. Und GM besaß die konstruktiven Ressourcen, nahezu jährlich neue Modelle für Opel konstruieren zu können. Ab 1934 begann bei Opel ein wahres Modellfeuerwerk, was ohne GM-Unterstützung nie hätte sein können.

Während die Konkurrenten ums nackte Überleben kämpften, lancierte Opel 1930/31 die Neuauflagen seiner Marktführer. Der 1,2 Liter ersetzte den 4/20 PS (der aus dem Laubfrosch hervorgegangen war), der sechszylindrige 1,8 Liter den 8/40 PS und der Opel Blitz Schnelllastwagen war völlig neu. Der Blitz entsprach, grob gesprochen, dem zeitgleichen, leichten Chevrolet-Lastwagen, und die Produktionsanlagen für den Buick-Maquette-Motor schicken die Amerikaner auch gleich über den Großen Teich. Der Blitz übertraf alle Erwartungen, schlug ein wie eine Bombe und entwickelte sich schnell zum meist verkauften, leichten Lastwagen. Das Volumenmodell 1,8 Liter war eine amerikanische Konstruktion mit konservativem Layout: separates Chassis mit mehreren Karosserieaufbauten, allesamt im alten Stil der späten 20er Jahre gezeichnet, technisch ausgereift ohne in irgendeiner Form innovativ zu sein, insgesamt ausgewogen und qualitativ hervorragend ausgeführt. Die Zeit der Pionierleistungen bei Opel unter GM-Regie sollte erst noch beginnen. Der Sechszylindermotor war in dieser Wagenklasse unüblich und faszinierte das Publikum. Es griff begeistert zu, machte den 1,8 Liter zum Marktführer in seinem Segment (32.282 gebaute Exemplare innerhalb von drei Jahren) und kritisierte allenfalls das konservative Fahrwerk mit zwei Starrachsen. Er entsprach nahezu dem Buick, nur in jeder Dimension kleiner. Technisch und optisch sehr ähnlich war der kleine 1,2 Liter mit vier Zylindern, sein Motor basierte auf derselben Konstruktion wie der seines großen Bruders, und später, unter der Bezeichnung P4, wurde er das meistverkaufte deutsche Auto.

Kampfpreis statt Kaufpreis: Der Opel P4

Die kleinen Opel-Typen 1,2 Liter und P4 waren gut, ehrlich und preiswert. Kleine Wagen, zuverlässig, vernünftig und eben nicht repräsentativ, hatten bei Opel eine lange Tradition. So gesehen war Opel, vielleicht neben DKW, der erste »demokratische« Autohersteller. Denn die Rüsselsheimer hatten schon früh erkannt, dass eine Autofabrik dann gutes Geld machen kann, wenn sie in großer Zahl bezahlbare Wagen produziert (4/8 PS Doktorwagen von 1908, Laubfrosch von 1924). Die spätere Ausbaustufe des 1,2 Liter, der P4, war das Lieblingsauto der Deutschen. Doch er störte Adolf Hitlers Volkswagen-Pläne. Der Reichskanzler befahl, die P4-Produktion zu stoppen.

Wenn eine neue Konstruktion auf einer vorhandenen aufbaut, so ist sie zwar niemals revolutionär, profitiert aber von den gemachten Erfahrungen. So kam der Opel 1,2 Liter bereits ausgereift auf den Markt, denn er war die geschrumpfte Version seines großen Bruders 1,8 Liter. Ebenso wie dieser profitierte der Opel 1,2 Liter von den Vorzügen und litt unter den Nachteilen der Autos, die für

Ein völlig normaler Opel P4, das häufigste Auto in den späten 30er Jahren auf Deutschlands Straßen.

Opel P4 Spezial (September 1935 bis Dezember 1937) mit vom Karosseriewerk Wendler in Reutlingen nachgerüstetem Kofferraum.

den US-Markt geschaffen waren. Deren Qualitätsniveau lag damals weit höher als dasjenige der deutschen, alleine schon deshalb, weil in US-Fabriken nach ganz anderen Vorgaben und Gütemaßstäben gearbeitet wurde. Technische Komponenten kamen dank vielfacher Erprobung ausgereift auf den Markt, wohingegen europäische Konstrukteure die Käufer einer Neuerscheinung oftmals als Hobby-Tester missbrauchten. Umgekehrt gingen die US-Konstrukteure mit der Maßgabe ins Rennen um eine Neuentwicklung, dass dasjenige nicht kaputt gehen könne, was nicht vorhanden war. So konstruierten sie ihre Fahrzeuge eher konservativ und schlicht. Vor allem beim Fahrwerk hinkten sie den Europäern hinterher.

So teilte der Opel 1,2 Liter mit dem 1,8 Liter das grobschlächtige Fahrwerk mit zwei starren Achsen an Blattfedern, das schon beim großen Wagen für eine eher maue Straßenlage sorgte. Beim 1,2 Liter wurde, bedingt durch den extrem kurzen Radstand von nur 2286 Millimetern, ein arges Gehoppel daraus. Sein Karosseriestil polarisierte. Die einen begrüßten es, stilistische Attribute des großen Wagens am kleinen zu sehen. Die anderen fanden das fast schon lächerlich und vertraten die Ansicht, ein Kleinwagen müsse auch aussehen wie ein solcher.

Im Juli 1931 startete der 1,2 Liter in fünf Varianten: die Limousine zweitürig mit festem Dach und mit Faltschiebedach (»Sonnen-

In kleiner Serie von den Vereinigten Werkstätten für Karosseriebau in München im Auftrag eines ebendortigen Opel-Händlers geschaffen: Opel P4 Cabriolet 1936/37.

Aufs Äußerste abgemagert: Opel 1 Liter

Opel bot den 1,2 Liter anno 1933 in abgespeckter Version als 1 Liter an. Er kostete 1880 Reichsmark. Opel offerierte eine Finanzierungsmöglichkeit: 700 RM Anzahlung plus zwölf Monatsraten à 140 RM. Für diesen als »Volks-Automobil« propagierten Wagen kostete ein Kundendienst bescheidene 11,60 RM, die jährliche Haftpflichtversicherung kam auf 123 RM, die Steuer auf 133,56 RM. Der 1 Liter war eine aufs Äußerste abgemagerte Version mit 995 cm³ und armseligen 18 PS. Opel reagierte mit ihm auf die Weltwirtschaftskrise, aber etwas zu spät. Der 1 Liter erschien im November 1932. Zwei Monate später erfolgte die Machtergreifung durch die Nationalsozialisten, der damit verbundene Systemwandel und in dessen Folge eine Aufbruchstimmung mit viel Optimismus unter den Deutschen. Der 1 Liter hätte ein Jahr früher kommen sollen. Er lebte nur 11 Monate lang.

Der Geschäftswagen: Opel zum Arbeiten

Früh schon mussten Opel-Wagen arbeiten. Den Lutzmann gab es bereits als Lieferwagen. Dabei wurde dieses Genre eigentlich erst in den 30er Jahren erfunden. Opel war von Anfang an dabei. Die Lieferwagen auf Basis des 1,8 Liter und P4 etablierten die lange Reihe der Opel-Geschäftswagen. Ein Riesenerfolg war der Opel Geschäftswagen auf Basis des P4. Er hatte gegenüber dem kleinen Opel P4 einen etwas verlängerten Radstand und auch ein weniger wohlhabender Geschäftsmann konnte sich seinen Unterhalt leisten. Technisch entsprach er dem Opel P4 (1073 cm³, 23 PS), und nach dessen Auslaufen bot ihn Opel weiterhin an, nun mit dem neu konstruierten 1,3-Liter-Motor aus dem Olympia (1288 cm³, 24 PS). Verblechte Lieferwagen auf Caravan-Basis waren für Opel bis in die 60er Jahre hinein eine tragende Säule des Programms. Zunehmend wurden sie aber von eigens konstruierten Transportern ersetzt. Diese boten mehr Laderaum und waren dennoch alltagstauglich wie ein Personenwagen. Opel baute unverständlicherweise nie einen Transporter in der 1-Tonner-Klasse à la VW Bulli, sondern konzentrierte sich mit dem Blitz auf die Klasse der leichten Lastwagen.

Limousine«) sowie der offene Wagen als Zwei- oder Viersitzer und, mit besserem Verdeck, als Cabriolet. Im Folgejahr erschien als zusätzliches Modell der 1,2 Liter Regent mit einer aufgeblasenen Karosserie, ein ästhetischer Fehlgriff, der nur einen Sommer tanzte. Das Modelljahr 1933 brachte ein verlängertes Chassis, auf das eine sechsfenstrige Limousine mit vier Türen und ein langes Cabriolet montiert wurden. 1934 wurde das Programm auf die einfache Standard- und die besser ausgestattete Spezial-Limousine sowie die Cabrio-Limousine reduziert. Diese Palette erfuhr im September 1935 eine Umbenennung. Mit neuem, nunmehr kurzhubigem 1,1-Liter-Motor und identischer Motorleistung (23 PS) sowie einer neu gestalteten Kühlermaske wurde aus dem 1,2 Liter der Opel P4. 1936 kostete der Opel P4 in seiner Basisversion 1650 Reichsmark, für das Modelljahr 1937 senkte Opel den Preis auf sensationelle 1450 Reichsmark. Die Großserienproduktion und der reißende Absatz machten es möglich. Der Opel P4 war das populärste deutsche Auto. Eigentlich sollten darüber alle glücklich gewesen sein. Es waren aber nicht alle glücklich. Opel und die Opel-Kunden waren glücklich. Der damalige Reichskanzler aber nicht. Adolf Hitler wollte einen Volkswagen. Darunter verstand er einen Wagen für das Volk. Opel hatte einen, den P4. Ihn wollte Hitler nicht. Denn am Opel P4 verdienten seiner Ansicht nach die Falschen, ihn hatten die Falschen konstruiert, und von ihm profitierten die Falschen. Hitler sah Opel als verlängerten Arm des amerikanischen Mutterkonzerns GM. Deshalb durfte (oder: musste) Opel auch keine wichtigen Rüstungsgüter bauen, nur zweitrangige. Hitler hatte kein Vertrauen. Zudem wollte er »sein« Volk unabhängig von Privatunternehmen motorisieren, nämlich in einer staatseigenen Fabrik.

Auf sein Betreiben hin konstruierte Ferdinand Porsche den Volkswagen, der unter der Bezeichnung KdF-Wagen der Vorläufer

P4 made in Austria: Der Stoppel

In der Folge der Weltwirtschaftskrise baute der renommierte österreichische Fahrzeughersteller Steyr den Opel 1,2 Liter in Lizenz. Die Österreicher hatten sofort einen Spitznamen für ihn parat: »Stoppel« als Verkürzung der Bezeichnung Steyr-Opel. Die Produktion des Opel 1,2 Liter jenseits der Alpen fällt in die Zeit, als die Steyr-Werke noch selbständig waren. Während der Weltwirtschaftskrise waren die Steyr Mittelklasse- und Luxuswagen unverkäuflich. Steyr hatte keinen Kleinwagen im Portfolio und beauftragte Karl Jenschke, einen solchen zu konstruieren. Das dauerte seine Zeit, der Steyr Typ 50 (»Steyr-Baby«) kam 1936. Steyr brauchte aber schnell einen gut verkäuflichen Kleinwagen. Nicht mal für Lizenzgebühren hatte Steyr Geld. Und so fädelte Generaldirektor Paul Götzl mit Geheimrat Wilhelm von Opel, auch nach dem Verkauf der Opelwerke an GM im Aufsichtsrat, ein Geschäft ein: Steyr lieferte Kugellager und Schmiedeteile nach Rüsselsheim und durfte im Gegenzug den Opel 1,2 Liter lizenzfrei montieren. Im Jahre 1932 liefen 496 Exemplare des Opel 1,2 Liter alias Steyr-Opel 4,5/22 PS bei Steyr vom Band. Der Preis war konkurrenzlos günstig: 5380 Schilling für das Zweisitzer-Cabriolet, 100 Schilling mehr für den geschlossenen Viersitzer und 5980 Schilling für das luxuriöser ausgestattete Viersitzer-Cabriolet. Der Steyr-Opel 4,5/22 PS war absolut identisch zum Opel 1,2 Liter, lediglich auf der Kühlermaske prangte ein Steyr-Opel-Signet. In Österreich war der »Stoppel« kein Erfolg. Ihm haftete das Image eines Billigautos an, das er letztlich auch war.

Eine Art Geschäftswagen, aber ganz früh: Opel 4/16 PS »Laubfrosch« als Lieferwagen mit verlängertem Aufbau, geliefert am 28. Juli 1927 von Kässbohrer an den Ulmer Kaufhausbesitzer Salomon Erlanger.

Geschäftswagen auf P4-Basis (1935 bis 1937) mit dem Motor aus dem Opel 1,3 Liter beziehungsweise dem ersten Olympia.

Nach dem Kriege vom Karosseriebauer Hägele aus Mössingen neu aufgebaut: Opel Geschäftswagen 1937.

Für Sarotti-Schokolade unterwegs ist dieser spezialkarossierte P4 Geschäftswagen aus dem Berliner Atelier von Luchterhand & Freytag.

Ein Stoppel. Eigentlich ein Opel, aber bei Steyr gebaut. Darum Stoppel.

Picknickspaß am Wochenende, irgendwo in Österreich mit einem Stoppel.

des späteren VW Käfer sein sollte. Zwar wurde er bis Kriegsende nie in einer angestrebten Riesenserie in der extra für ihn gebauten Stadt des KdF-Wagens (dem nachmaligen Wolfsburg) gebaut. Aber geplant war das, und es wäre auch realisiert worden, wäre der Krieg nicht ausgebrochen.

Der Opel P4 stand dem Projekt Volkswagen direkt im Wege. Vor allem, nachdem Opel für das Modelljahr 1937 aus einem Kaufpreis einen Kampfpreis gemacht hatte. Gegen das immense, von Hitler mit Vehemenz durchgesetzte Projekt konnte Opel nicht an. Den Rüsselsheimern wurde staatlicherseits höflich aber bestimmt nahe gelegt, den P4 auslaufen zu lassen. Ihn als Konkurrenz für Hitlers Prestigeobjekt weiter zu bauen, wäre ein Affront gewesen, den sich die Chefetage bei Opel schlichtweg nicht erlauben konnte.

Elegant statt bieder: Der Opel »6« 2 Liter

Hoch elegant und mit deutlich amerikanischen Styling-Einflüssen präsentierten sich der Opel »6« 2 Liter und sein kleiner Bruder 1,3 Liter anno 1934. Der »6« war Opels Volumen-Mittelklässler während der 30er Jahre.

Die beiden Modelle 1,3 Liter und »6« 2 Liter markierten für Opel jenes neue Zeitalter, das politisch mit der Machtübernahme durch die Nationalsozialisten eingeläutet wurde, das aber auch die eindeutige Orientierung an amerikanische Konstruktionsmerkmale der Konzernmutter bedeutete. Die beiden Typen, konstruktiv und stilistisch übereinstimmend, aber mit unterschiedlichen Dimensionen, waren hochmoderne Entwicklungen mit unabhängig aufgehängten

Ein Opel »6« 2 Liter 1935/36, aufgenommen in Ostpreußen. Hinter ihm ein Adler Standard 1927 bis 1933, der im Vergleich zum Opel um Jahrzehnte älter wirkt.

Ein von außen zugängiger Kofferraum war modern, wenngleich die Ladekante immens hoch war. Die Kinder im Kofferraum machen nur Spaß. Der Opel hatte einen familiengerecht großen Innenraum.

Vierfenster-Cabriolet auf Opel »6« 2 Liter von 1935, ein klassischer Reisewagen.

Frühes Opel »6« 2 Liter Cabriolet von 1935, noch mit zweifenstriger Karosserie.

Vorderrädern und eindeutig amerikanischem Einfluss auf das Styling. Diese Fahrzeuge verpassten Opel eine völlig neue Reputation, weg vom etwas altbackenen Stil hin zu Eleganz, Dynamik und Fortschritt. Diese Opel-Generation war die letzte, die in traditioneller Manier mit separatem Chassis konstruiert wurde. Anstelle des bisherigen, nicht verwindungssteifen U-Profil-Pressstahlrahmens hatte die neue Opel-Generation einen stabilen Kastenrahmen mit Kreuztraversen. Die hübsch gezeichnete, für damalige Begriffe stromlinienförmige Karosserie fand allgemeinen Beifall, modern war auch der von außen zugängliche Kofferraum, und Opel-typisch zeigte sich die Perfektion in Verarbeitung, Ausstattung und Bedienungsfreundlichkeit.

Ein Bestseller war der 2-Liter-Sechszylinder, entstanden durch Aufbohren des bisherigen 1,8-Liter-Motors. Er lief ab Januar 1934 vom Band, die ersten Karosserievarianten waren die viertürige Sechsfenster-Limousine und das elegante Zweifenster-Cabriolet. Das Programm wurde im Juni 1935 um die zweitürige Limousine und eine zweitürige Cabriolimousine erweitert, das Zweifenster- wurde durch ein Vierfenster-Cabriolet ersetzt. Eine Spezialversion war die verlängerte Limousine, gebaut von August 1934 bis Oktober 1936. Radstand und Karosserie maßen 41 cm mehr als beim Standard-2-Liter, der Innenraum bot sechs Personen bequem Platz. Die viertürige Limousine war als Taxi gedacht, mit Trennwand eher als Chauffeur-Wagen, außerdem gab es den verlängerten Opel »6« als Cabrio-Limousine und als Droschken-Landaulet.

Nach rund 50.000 Exemplaren wurde der Opel »6« 2 Liter im Juni 1937 eingestellt. Schon ein halbes Jahr früher, im November 1936, wurde sein Nachfolger präsentiert.

Das Dubonnet-Federknie

Wesentliches Merkmal der Zwillinge war die Synchronfederung. Die Amerikaner hatten damals keine Eigenkonstruktionen für unabhängige Vorderradaufhängungen im Portfolio, und so verwandte GM die französische Dubonnet-Konstruktion in Lizenz. Das an einem Kurbelarm aufgehängte Vorderrad wirkt über einen knieförmigen Hebel auf die Feder-/Dämpfereinheit, wobei die Stahlfeder im ölgefüllten Dämpfergehäuse integriert ist. Diese komplette Einheit wird beim Lenken geschwenkt. Dieses Dubonnet-Knie sorgte zwar für Komfort und weiche Federung, aber auch für Furcht einflößende Seitenneigung in Kurven. Die Synchronfederung der 30er-Jahre-Opel nach dem System von Dubonnet: Opel kombinierte die Dubonnet-Vorderradfederung mit der blattgefederten starren Hinterachse, indem beide Achsen dieselbe Eigenfrequenz der Federung aufwiesen. Diese Einheit nannte Opel »Synchronfederung« und wandte das Prinzip auch bei den Typen Olympia, Kadett Spezial und Admiral an. Der Erfinder des Dubonnet-Knies war der französische Flieger, Athlet und Rennfahrer André Dubonnet (1887-1980), übrigens der Sohn des Likör-Erfinders Joseph Dubonnet.

Der letzte Schritt zum Kapitän: Opel Super 6

Der legendäre 2,5-Liter-Sechszylinder, der Generationen von Opel Kapitän beflügelte, erlebte sein Debüt im Opel Super 6. Bis 1965 blieb der Kurzhuber in Produktion.

Der Opel Super 6 war im Prinzip der gleiche Wagen wie der »6« 2 Liter, aber mit Karosserieretouchen, ansatzweise monumental wirkte der leicht runde, gegossene Kühlergrill. Das Herzstück des Super 6 war ein völlig neu konstruierter, kurzhubiger 2,5-Liter-Motor mit hängenden Ventilen und nunmehr 55 statt 36 PS. Vorteile der hängenden Ventile: Man bringt größere Ventildurchmesser unter, kurze und widerstandsarme Gemischzuführungen sind möglich, die Ventileinstellung wird erleichtert, weil die Ventile besser zugänglich sind. Der Motor hat eine vierfach gelagerte Kurbel- und Nockenwelle und ausgesprochen kurzen Hub. Durch das fast quadratische Verhältnis zwischen Bohrung und Hub (80 zu 82 mm) waren die Kolbengeschwindigkeiten moderat, was die Lebensdauer deutlich verlängerte. Opel pries ihn als »autobahnfest«. So wurde damals ein Motor genannt, dessen Dauerleistung kaum unter der Höchstleistung lag.

Die US-Konstruktion und die mit ihr einhergehende Solidität und Professionalität machten aus dem Opel Super 6 den erfolgreichsten Wagen seiner Klasse. Design, Konstruktion und Layout stammten von GM. Weil er ein »Exil-Amerikaner« war, zeigte sich der Opel der deutschen Konkurrenz überlegen und verkaufte sich bestens. Er war der Star auf der Berliner IAA im April 1937. Natürlich war er weder das teuerste noch das edelste noch das genialste Auto der Ausstellung. Aber er war wohl das für die meisten Deutschen erstrebenswerteste Fahrzeug innerhalb der Kategorie dessen, was sie sich leisten konnten. Rund 800.000 Besucher strömten im April 1937 nach Berlin, viele träumten vom Opel Super 6, viele entschlossen sich auch, einen zu kaufen. Die Verkaufszahlen,

Der gegossene Kühlergrill unterschied den Super 6 vom »6« 2 Liter.

Ein fröhlicher Knirps in Lederhosen posiert auf dem Kotflügel eines Opel »6« 2 Liter. Ein heutiger Kotflügel würde das nicht unbeschadet überstehen. Schön zu sehen ist der Opel-Zeppelin als Kühlerfigur.

An der deutsch-dänischen Grenze 1957: Opel Super 6 1937/38 mit dänischer Zulassung. Damals ein gut gepflegter, alter Wagen im Alltagsbetrieb, noch lange kein Oldtimer.

Export in alle Welt, hier nach Südamerika. Opel-Fahrzeuge hatten einen überdurchschnittlich hohen Ausfuhranteil. Im Bild zwei Super 6, eine Viertürer-Limousine und ein Vierfenster-Cabriolet.

die sein Vorgänger »6« 2 Liter innerhalb von dreieinhalb Jahren erzielte, schaffte der Super 6 innerhalb von 24 Monaten: Bis November 1938 produzierte Opel 46.453 Exemplare des Super 6. dann machte er dem Kapitän Platz, dem er seinen wunderbaren Motor vererbte.

Innen ist der Opel Super 6 mit feinen Stoffen ausgeschlagen, die Rücksitzbank weist eine herausklappbare Mittelarmlehne auf, die Vordersitze sind einzeln aber haben keine Mitteltrennung, denn der Handbremshebel sitzt nicht in der Mitte, sondern am Armaturenbrett. Der Schaltstock ist weit vor den Sitzen auf dem Getriebetunnel angebracht. Somit konnten vorne drei Personen sitzen, und dennoch sind die einzeln ausgeführten Sitze während der Fahrt verstellbar. Dreiecksfenster in den Vordertüren sorgen für eine zugfreie Belüftung. Der Kofferraum ist, damals bei Weitem keine Selbstverständlichkeit, von außen zugänglich. Aber es macht große Mühe, ihn zu beladen. Denn die Kofferraumklappe ist, einer Truhe gleich, ein oben angebrachter Deckel. Für jede andere Lösung war das hinten außen angebrachte Reserverad im Wege. Man muss also die Gepäckstücke sehr hoch heben und danach in den Tiefen der »Truhe« versenken. Immerhin – andere Wagen hatten damals einen nur von innen zugänglichen Kofferraum, was weit ungemütlichere Verrenkungen notwendig machte.

Durch die Großserienproduktion waren Opel-Wagen preiswert, im Vergleich zur Konkurrenz. Der Super 6 kostete als edles Werkscabriolet 4200 Mark, der geschlossene Viertürer kam auf 3850 Mark und war damit 550 Mark teurer als der entsprechende »alte« 2-Liter-Sechszylinder.

Geländesport: Opel dominiert im Schlamm

Nach zehn Jahren Sportabstinenz engagierte sich Opel in den 30er Jahren bei Geländesportveranstaltungen. Mit einem speziell konstruierten Renner fuhr Opel von Sieg zu Sieg.

Seit der Erfindung des Automobils wird Motorsport betrieben. Die einzelnen Veranstaltungen änderten während des vergangenen Jahrhunderts vielfach ihr Gesicht, doch der Inhalt blieb stets derselbe: Es ging und geht darum, eine bestimmte Strecke unter gewissen Bedingungen möglichst schnell hinter sich zu bringen. Das minimale Bedürfnis ist, dabei zu sein. Erstrebenwert ist,

Opel 1,8 Liter Geländesport-Roadster mit Autenrieth-Karosserie von 1932 eines Privatfahrers bei den 2000 Kilometern durch Deutschland anno 1934.

Keine Zeit für ein Pläuschchen, aber Zeit für ein Lächeln: Zettel an der Kontrollstelle abgestempelt, weiter geht's!

Spektakuläre Schräglage bei der Ostpreußenfahrt im April 1935. Das Einzige, was dem Opel »6« Geländesportwagen fehlte, war Allradantrieb.

Die 1936er Version, noch mit an der Karosserie befestigten Korflügeln, auf Basis des »6« 2 Liter. In Formation über humide Waldböden.

durchzuhalten und anzukommen. Die maximale Ambition ist der Sieg. Die Geländeprüfungen der 30er Jahre, eine weitgehend nur deutsche Façon des Motorsports, hatten denselben Ehrgeiz.

Die Geländeprüfungen hatten Breitenwirkung. War der Motorsport zuvor sozial wie technisch ein Luxussport, dem nur wohlhabende Menschen mit speziell dafür konstruierten Boliden frönen konnten, so waren die organisierten Geländeprüfungen in gewisser Weise »demokratischer« – auch für die Hersteller. Opel baute in großer Serie und mit technischer Präzision Gebrauchsautomobile, keine handgefertigten, elaborierten upper-class-Fahrzeuge. Diese Sportart wurde mit seriennahen Autos veranstaltet. Jedem Geländesportwagen war die Basis nicht nur anzusehen, sondern auch anzumerken – im Falle Opel war es der Zweiliter-Wagen Opel 6. Natürlich hatte er eine Spezialkarosserie und war ein zweisitziger Roadster, den man in dieser Form nicht kaufen konnte, und natürlich trug er spezielle Geländereifen, hatte ein bisschen mehr Luft unterm Bauch und ein paar PS mehr unter der Haube. Aber er war und blieb ein Opel »6« 2 Liter, den der Kunde kaufen konnte. So identifizierten sich die Käufer dieses Mittelklassewagens mit dessen Erfolgen bei Geländesportprüfungen.

Mit dem Beginn der Großserienfertigung 1924, also seit Erscheinen des Laubfrosches, war Opel dem Motorsport ferngeblieben. Die Anfang der 30er Jahre ins Leben gerufene »Volkssportbewegung«, die auch den Automobilsport mit einschloss, ließ Opel umdenken und sich wieder an sportlichen Ereignissen beteiligen. Nach ersten, zaghaften Versuchen 1932/33 stand das Jahr 1934 bei Opel ganz im Banne des Geländesports. Opel beteiligte sich am »Winterbewerb Oberstaufen«, der »Drei-Tage-Fahrt« im Harz, der »2000-Kilometer-Fahrt« durch Deutschland, der »Internationalen Alpenfahrt«, der »Deutschlandfahrt nach Garmisch-Partenkirchen«, an der »Brandenburgischen Geländefahrt«, den »Deutschen Kampfspielen« und schließlich an der gigantischen »6000-Kilometer-Italien-Rundfahrt«. Immer waren es Opel-Wagen, die entweder siegten oder ganz vorne mit dabei waren. Opel gehörte während der Zeit der Geländeprüfungen zu den ganz Großen, und diese Zeit währte bis zum Kriegsausbruch im Herbst 1939. Die Veranstaltungen waren sehr vielfältig, von Gelände- über Winter- bis hin zu Langstreckenprüfungen. Das mag einerseits als Kriegsvorbereitung angesehen werden, andererseits steht der Geländesport sehr in der Tradition der englischen Trials und ist in einer Linie mit den internationalen Rallyes zu sehen, die letztlich seit dem Beginn der Automobilisierung ausgetragen wurden (erste Rallye Monte Carlo 1911!).

Wer fuhr mit? Es waren Werksmannschaften, die offiziell für Opel starteten und NSKK-Mannschaften. NSKK ist die Abkürzung für Nationalsozialistisches Kraftfahrkorps. Das war eine paramilitärische Unterorganisation der NSDAP. Die Mitglieder waren Uniformträger und hatten Dienstgrade. Durch die Beteiligung von NSKK-Einheiten an den Geländesportprüfungen bekam diese Sportart natürlich eine politische Dimension. Organisiert wurden die Rallyes von der Obersten Nationalen Sportbehörde und dem DDAC. Das war »Der Deutsche Automobil-Club«, also alle gleichgeschalteten Automobilclubs inklusive des ADAC während der NS-Zeit. Für die Saison 1934 entwickelte Opel einen speziellen Geländesportwagen auf Basis des »6« 2 Liter. Auf der leicht verkürzten Bodengruppe des Serienwagens mit Standard-Technik schuf die Darmstädter Karosseriefabrik Autenrieth eine bemerkenswert schöne, zweisitzige Roadsterkarosserie mit lang auslaufendem Heck. Eine

Die definitive Version mit verkürztem Radstand und auf Basis des Super 6: Opel Geländesportwagen von 1936. Von dieser Evolutionsstufe hat ein Exemplar bis heute überlebt, weil es in der frühen Nachkriegszeit als Zugwagen für Segelflugzeuge auf einem kleinen Flugplatz diente.

Besonderheit waren die hinteren Kotflügel, sie waren – untypisch für die Zeit – mit der Karosserie verschweißt. Die erste Serie der Opel-Geländesportwagen entstand auf Basis des Opel »6« 2 Liter zwischen 1934 und 1936, die zweite auf Basis seines Nachfolgers, des Opel Super 6. Für die Saison 1937 hatten die Opel-Techniker den Radstand verkürzt und die Karosserie wies kürzere Überhänge auf, was die Agilität im Gelände verbesserte. Die Vorderkotflügel waren nicht mehr fest mit der Karosserie verbunden, sondern lenkten mit. Auf technischem Gebiet herausragend waren eine traktionsfördernde Differenzialsperre an der Hinterachse sowie zwei 55-Liter-Tanks mit einer jeweils eigenen elektrischen Benzinpumpe. Sie garantierten auch bei extremen Steigungen, dass der Motor stets mit Sprit versorgt wurde. Der Motor wurde durch einen eisernen Unterfahrschutz geschützt. Das einzige, was aus heutigem Kenntnisstand fehlte, war Allradantrieb. Hellbeige lackiert waren die Autos der Opel-Werksmannschaft, dunkel jene der vom NSKK eingesetzten Opel.

Der erste moderne Opel: Opel Olympia

Olympia und Kadett läuteten bei Opel die Moderne ein. Sie sind die ersten am Fließband gefertigten Großserienwagen Deutschlands mit selbst tragender Ganzstahlkarosserie. So und nicht anders baut man heute noch Autos.

Ein Auto entsteht am Fließband. Es hat eine selbst tragende Karosserie aus Stahl. Der Motor sitzt vorne, die Hinterachse ist angetrieben. So ist, grob gesagt, ein modernes Auto definiert. Das war aber nicht immer so. Wer hat's erfunden? Opel!

1935 war ein gutes Jahr für Opel. Die Rüsselsheimer avancierten mit einem Ausstoß von 102293 Fahrzeugen zum größten Autoproduzenten Europas, zehn Prozent davon wurden exportiert. Seit Mai war der Olympia im Angebot. Und er schlug ein wie eine Bombe. Denn er war der damals wohl modernste Wagen am Markt und obendrein mit 2500 Reichsmark ein Fahrzeug wenn nicht für die breiten Massen, so doch erschwinglich. Im Februar 1935 präsentierte Opel den Wagen, und der Name war wohl gewählt. Damals rüstete sich das Deutsche Reich für die Olympischen Sommerspiele, die im August 1936 in Berlin ausgetragen und von den regierenden Nationalsozialisten als Propagandamittel benutzt werden sollten, um die NS-Regierung im Ausland gut dastehen zu lassen. Olympia war also in aller Munde, und der Name Olympia sollte den Mittelklasse-Opel bis 1960, zuletzt als Olympia Rekord, begleiten und dann Ende der 60er Jahre nochmals aufgewärmt werden.

Bis zum Olympia waren Autos mit einem Chassis versehen, auf das eine Karosserie aufgeschraubt wurde. Schwer war das, und der Kompensation dieses Gewichts musste die Motorleistung dienen. So lag es nahe, eine Autokarosserie selbst tragend zu gestalten, das

Zuerst erschien die Cabriolimousine. Sie sollte beweisen, dass der selbst tragende Aufbau des Olympia von 1935 stabil war. Die Limousine folgte ein halbes Jahr später.

Nachkriegsaufnahme: Der Olympia '38 trägt ein Kennzeichen aus der amerikanischen Zone Hessen und bricht gerade in den Winterurlaub auf. Davon zeugen die Ski auf dem Dach.

Aufgenommen im eisig kalten Ostpreußen anno 1938: Opel Olympia 1935/36 als Zweitürer mit einem Wärmeschutz vor dem Kühlergrill.

Ziemlich fern der Serie und optisch fast wie ein militärischer Kübelwagen, aber es handelt sich um einen Nachkriegsumbau in der DDR: Olympia 1935 als Cabriolet ohne Türen, zugelassen im Bezirk Leipzig und in voller Fahrt bei einer Parade aufgenommen.

Winterliches Schmuddelwetter in frühester Nachkriegszeit: Olympia OL38 als Cabriolimousine in Westberlin mit KB-Kennzeichen, was für Kommandantura Berlin stand.

Warten am Bahnübergang: Olympia OL38 Cabriolimousine, davor NSU SS500 oder SS600 mit Steib-Sportseitenwagen Typ 25 Lizenz Stoppa.

»Fortschritt in Form und Technik«: Annonce für den Opel Olympia '38.

Das Erkennungsmerkmal im Grill: Ein Olympionike steht für den Typ Olympia.

sparte das Gewicht des Rückgrates. Mit diesem Prinzip war Opel kein Pionier. Die Auto Union hatte dies schon praktiziert, der erste selbst tragende Wagen war der Lancia Lambda von 1922. Aber das waren Autos, die in überschaubarer Serie hergestellt wurden. Von Großserienfertigung konnte keine Rede sein. Das Revolutionäre am Olympia war, dass er die selbst tragende Ganzstahlkarosserie in großer Serie am Fließband erhielt. Darauf hatte Opel ein Patent.

Die Idee dazu allerdings stammte vom Mutterkonzern GM. Die Karosseriefabrik Budd in Michigan, der Rechteinhaber an selbst tragenden Ganzstahlkarosserien, hatte GM das Angebot gemacht, den Chevrolet dergestalt zu bauen. GM nahm an und übertrug die Konstruktion an die Rüsselsheimer, die mit diesem Wissen dann den Olympia konstruierten. Verglichen mit dem identisch motorisierten Vorgänger, dem Opel 1,3 Liter, war der Olympia durch knapp 200 Kilo Gewichtsersparnis rund zehn Prozent schneller, beschleunigte entsprechend besser und verbrauchte ebenfalls zehn Prozent weniger Kraftstoff. Obendrein konnte er billiger produziert werden, was sich im Verkaufspreis niederschlug.

Fachleute und Journalisten feierten den Olympia als Revolution. Die Käufer hingegen mussten vom neuen Prinzip noch überzeugt werden. Dies tat Opel mit einer radikalen Lösung. Um zu beweisen, wie stabil die neue Karosserie ist und dass sie nicht rüttelt und schüttelt und vibriert und zerbricht, offerierten die Rüsselsheimer den neuen Olympia zunächst als Cabriolimousine – eine Karosserieform, der landläufig nachgesagt wird, lange nicht so steif wie eine geschlossene Limousine zu sein. Und siehe da: Der Olympia bewährte sich bestens. Ab April 1935 wurde er verkauft, der geschlossene Zweitürer folgte im Herbst. Die erste Serie lief bis Ende 1936, dann ersetzte Opel für das letzte Produktionsjahr die Seilzugbremsen durch hydraulische, spendierte dem Olympia ein Vier- statt dem Dreigang-Getriebe sowie 26 statt 24 PS durch eine veränderte Vergaserbestückung. Erkennbar ist der 1937er Olympia durch die Stahlscheibenräder mit Löchern, der Tankstutzen sitzt in der Karosserierückwand statt am linken hinteren Kotflügel. Im Januar 1938 folgte der neue Olympia, der OL38. Die zweite Olympia-Baureihe mit neuer Karosserie und neuem Motor wuchs um eine ganze Klasse. Der Olympia war nun ein 1,5-Liter-Wagen und kam so richtig in der Mittelklasse an. Sein Herz war ein kopfgesteuerter, 37 PS starker, kurzhubig ausgelegter 1,5-Liter-Motor. Er basierte auf denselben Konstruktionsmerkmalen wie der Sechszylinder aus dem Super 6 – ein gutes Beispiel der rationellen Bauweise, die Opel von den Amerikanern gelernt hatte. Der OL38 erschien als 2- und 4-Türer sowie als Cabriolimousine.

Statikprobleme und Hochzeiten

Um die selbst tragende Karosserie produzieren zu können, bedarf es extrem schwerer Tiefziehpressen. Die kosten nicht nur viel Geld in der Anschaffung, sondern stellen ein dafür nicht geeignetes Gebäude auch vor statische Probleme. So musste Opel in der Karosseriebauabteilung 15 Meter starke Betonfundamente im Boden versenken, damit die Pressen stabil standen. Durch die neue Bauweise wurde auch die Produktionsmethode am Fließband revolutioniert. Bewegten sich die im Entstehen begriffenen Fahrzeuge zuvor am Boden, so wanderten sie nun in Augenhöhe des Monteurs, hingen also schwebend unter der Decke. Die Verbindung der beiden Hauptkomponenten, Karosserie und Motor, wird Hochzeit genannt. Für dieses Verfahren meldete Opel im Juni 1935 ebenfalls ein Patent an.

Der Namensgeber: Opel Kadett

1938 war der Opel Kadett der meist verkaufte Kleinwagen Deutschlands. Bei den Kleinsten war DKW Marktführer in Deutschland gewesen, ab der unteren Mittelklasse hatte Opel diesen Superlativ inne gehabt. Nun dominierte Opel beide Klassen. Mitte der 30er Jahre zog bei Opel die neue Zeit ein, die Vorhut war der Olympia, Er bekam einen kleineren Bruder, den Kadett. Weil der zweite Olympia gewachsen war, musste auch der zweite Kadett, wie der Olympia OL38 im Dezember 1937 präsentiert, wachsen, und er war größenmäßig mit dem ersten Olympia vergleichbar.

Mit diesen Fahrzeugen, konstruktiv, technisch und stilistisch nach demselben Muster ausgeführt, bescherte sich Opel lang anhaltende Erfolge. Mit ihnen etablierten die Rüsselsheimer jenen nachhaltigen, guten Ruf, der ihren Produkten bis weit nach dem Krieg anhaften sollte. Ohne die frühen Kadetten und Olympias wäre der durchschlagende Erfolg des Opel Rekord ab 1953 nicht denkbar gewesen, der Opels Hauptstandbein bis in die 70er Jahre hinein bleiben sollte. 1962 reanimierte Opel sogar den Namen Kadett für die völlige Neukonstruktion, die in den 60er Jahren dem VW Käfer das Leben schwer machen sollte.

Der Olympia von 1935 präsentierte sich als modern und hübsch gezeichneter Wagen mit sympathischen Rundungen, die nicht nur der Optik dienten, sondern die in sich geschlossene Stahlschale des Wagens stabilisierten. Technisch brillierte er mit der vom »6« 2 Liter übernommenen Synchronfederung, die auch der Kadett erben sollte. Im Stile des Olympia, aber eine Klasse unter ihm angesiedelt, erschien im November 1936 der Kadett als Nachfolger des P4, dessen 1,1-Liter-Motor er unverändert übernahm. Es gab ihn als zweitürige Limousine sowie als Cabrio-Limousine. Bis November 1937 wurden 33.402 Kadett der ersten Serie gebaut. Die zweite Serie gliederte sich in zwei Versionen. Der Kadett Normal (intern KJ38) war ein minimal ausgestatteter Wagen mit rückschrittlicher starrer Vorderachse, magerer Ausstattung, kaum Chrom, ohne Stoßstangen. Er ersetzte den Opel P4, war aber lange nicht so populär wie sein Vorgänger. Einen Verkaufsschlager hingegen lancierte Opel mit dem Kadett Spezial (Serie K38). Er war eigentlich nicht die Luxusversion

Traumhafte Szene aus frühesten Nachkriegstagen: Der Fuhrpark des Lebensmittelgroßhändlers Johannes Schmidt aus Wolfsburg mit einem Büssing Hängerzug mit Einheitsfahrerhaus aus Kriegsproduktion, einem Pferdefuhrwerk und einem 1936er Kadett. Und einem Hund.

Abgewirtschafteter früher Kadett in den späten 50er Jahren, umgeben von Käfern, einem Weltkugel-Taunus und einem Opel Olympia von 1957. Das war damals ein typisches Arme-Leute-Auto.

Nach dem Krieg neu aufgearbeiteter und schön lackierter Kadett Normal KJ38, gebaut von Dezember 1937 bis März 1940, als Vertreterfahrzeug.

Museumsstück: Was heute schön restauriert ist und bewundert wird, muss irgendwie den Krieg überlebt haben und von irgendwem aufgehoben worden sein – und zwar zu Zeiten, als es rein gar nichts wert war. Kadett Cabriolimousine 1935.

Moskvitch: Der Kadett aus der Sowjetunion

Während der Olympia OL38 ab Dezember 1947 in Rüsselsheim nahezu unverändert wieder auferstand, erlebte der Kadett seinen zweiten Frühling fern der Heimat. Seine Produktion wurde nach Kriegsende ebenfalls neuerlich aufgenommen, aber in der UdSSR. Am 14. Juni 1946 rollten 59 Eisenbahnwaggons mit den gesamten Fertigungseinrichtungen in die Moskauer Autofabrik Moskovskii Zavod Malolitrajnikh Avtomobilei (MZMA). Die Produktionsvorbereitung lag zum größten Teil in deutscher Hand: Hunderte von kriegsgefangenen und deportierten Technikern, Ingenieuren und Facharbeitern waren in das Werk abkommandiert worden und am reibungslosen Serienanlauf beteiligt. Noch im Dezember jenes Jahres fertigten sie die ersten Wagen unter dem Namen Moskvitch. Das heißt »Sohn Moskaus« und war eine Hommage anlässlich der 800-Jahr-Feier der Hauptstadt. Der originalgetreue Nachbau des viertürigen Vorkriegs-Kadett lief ab April 1947 als Moskvitch 400 vom Band. Erste Kontingente bekam das Militär, der Devisen bringende Export in kapitalistische Länder (Benelux-Staaten und Skandinavien) begann im April 1948, ab 1950 konnten privilegierte zivile Kunden in der Sowjetunion einen Moskvitch ordern. Damals kostete er mit 8000 Rubel genau ein Akademiker-Jahresgehalt. Zunächst wurde er nur als viertürige Limousine fabriziert. Einzige Unterschiede zum Kadett waren der kyrillische Moskvich-Schriftzug auf beiden Seiten der Motorhaube, das MZMA-Symbol auf den Radkappen und die Lenkrad- statt der Stockschaltung. Bald kamen in Russland entwickelte Karosserievarianten hinzu: Lieferwagen und Kombi, Ambulanz und Cabrio. Aus dem Moskvitch 400 wurde ab Februar 1954 der Typ 401 mit leistungsstärkerem Motor. Das war nach wie vor die seitengesteuerte Opel-Konstruktion, nun mit 27 statt 23 PS. Bis März 1956 wurden 114.000 Moskvitch 400 und 401 produziert. Der Nachfolge-Typ 402 war eine Eigenkonstruktion, hatte aber weiterhin den Kadett-Motor, nunmehr 1,2 Liter mit 35 PS. Vielfach modifiziert blieb das Rüsselsheimer Aggregat dem Moskvich bis 1969 erhalten.

Kyrillisch beschriftet: Deckblatt für den Prospekt des Moskvitch 400, der nichts anderes war als der 1938er Opel Kadett.

4 dörrars Sedan

Skåpvagn

MOSKVITSCH

TEKNISKA DATA

Motor: 4-cyl. sidventil-
cyl. diam 67,5 m/m
slaglängd 75 m/m
cyl. volym 1,1 l.
effekt 26 hkr 4000 v/min.
kompr. förh. 6,27:1
antal ramlager 3
upphängning 3-punkts
smörjn. system tryck- och stänk-

Kylsystem: vatten med pump och termostat.

Kraftöverföring:
Enkelskivig torrlamellkoppling

Växellåda:
3-växlad, synkroniserad, rattväxel
utväxl. förh. 1:an 3,53:1
2:an 1,74:1
3:an 1,00:1
back 4,60:1

Fjädring: fram, individuell knäledsfjädring med hydraul. stötdämpare.
bak halvelliptiska längsgående fjädrar med hydraul. stötdämpare.

Fotbroms: 4-hjuls hydraulisk.

Handbroms: mekanisk, verkande på bakhjulen, placerad under instrumentbrädan.

Allmänna data:
längd .... 3850 m/m
bredd .... 1400 »
höjd .... 1560 »
hjulbas .... 2340 »
spårvidd fram ...... 1105 »
» bak ...... 1168 »
vändradie .... 6,3 m.
ringdimension 5,00×16"
beräknad toppfart 90 km/tim.
bensintankens rymd 31 l.
batteri 6 v. 60 Ah

	4-dörr sedan:	Skåpvagn:
Tjänstevikt	920 kg.	920 kg.
Karosseri	stålplåt, 4-sits.	stålplåt och trä, 2-sits.
Dörrar	4 st. de främre med ventilationsrutor	2 sido- och 2 bak-, sidodörrarna med ventilationsrutor
	Pris 5.995:—	**Pris 5.995:—**

Stationsvagnen kan för en ringa extrakostnad ändras till herrgårdsvagn.

AKTIEBOLAGET GRADUR
Storgatan 30 — Tel. 67 91 80 — Stockholm Ö

Reservdelar levereras av:
AKTIEBOLAGET RESERVDELSLAGRET, KRAMPAN, LÄGGESTA. Tel. LAXNE 90

Rätt till ändring av ovanstående specifikationer förbehålles

Programmerweiterung: Schwedischer Moskvitch-Prospekt von 1949 mit Viertürer-Limousine und Skapvagn, ein Kombi in Woody-Manier.

Plexiglas: Opel mit Gucklöchern

Opel verband Mitte der 30er Jahre zwei technische Revolutionen: Das Prinzip der selbst tragenden Olympia-Ganzstahlkarosserie wurde mit Hilfe des ebenfalls brandneuen Werkstoffs Plexiglas dargestellt. So erfand Opel quasi nebenbei das Schnittmodell als Demonstrationsobjekt.

Vorzeigen will man, was einem gut gelungen ist, worauf man stolz ist. Oder auch, was anders als das Bisherige ist. Das hatte Opel nötig. Der Olympia von 1935 trug die erste Ganzstahlkarosserie in Deutschland. Das musste der Klientel schmackhaft gemacht werden. Wie aber will man dem Beschauer die innere Struktur einer Karosserie demonstrieren, ohne auf die äußere, also die sichtbare Blechhaut, zu verzichten? Ganz einfach: Man schneidet sie partiell auf, modelliert Blicköffnungen ein, und schafft dadurch ein Schnittmodell. Damit die Gucklöcher schön aussehen und kein neugieriger Betrachter mit den Fingern rumfummeln kann, ist es sinnvoll, sie mit einem durchsichtigen Material zu verschließen. Klingt einfach. War es aber Mitte der 30er Jahre nicht. Denn Glas, das einzige durchsichtige Material, war damals nicht dreidimensional formbar, sondern nur zweidimensional, also flach. Was für ein Glück, dass soeben das Plexiglas erfunden wurde, ein durchsichtiger Kunststoff. Es war ebenso neu wie die Ganzstahlkarosserie, und Opel verband diese beiden Neuerungen, um ein wahrhaft revolutionäres Schnittmodell auf der Internationalen Automobil- und Motorradausstellung (IAMA, der Vorläufer der IAA) zu zeigen.

Das Plexiglas-Schnittmodell zog viele Zuschauer in seinen Bann. So etwas hatte die Welt noch nie gesehen. Plexiglas-Schnittmodelle wurden bald Mode. Denn auf keine andere Weise kann man die Technik komplexer Geräte besser demonstrieren als so. Besonders die Funktionsweise von Fotoapparaten und Faustfeuerwaffen wurde gerne mit Hilfe von Plexiglas-Schnittmodellen dargestellt.

Dem Opel-Beispiel folgten viele andere Hersteller, und bis heute sind derartige Demonstrationsobjekte auf Ausstellungen zu sehen. Bald nach dem Krieg fertigte Opel ein Plexiglas-Schnittmodell des '51er Kapitän, zu sehen auf der IAA 1953, und der Admiral A kam auch in den Genuss, aufgeschnitten und mit Plexiglas verkleidet zu werden.

des Kadett Normal, sondern dieser stellte die Spartakus-Ausstattung des Kadett Spezial dar. Der Spezial wartete mit einem vernünftigen Maße an Chromzierrat auf, hatte eine wohnliche Innenausstattung und vor allem die Synchronfederung. Lieferbar als zwei- oder viertürige Limousine sowie als Cabriolimousine, war er während der beiden vollen Jahre seiner Produktion der meist verkaufte deutsche Kleinwagen. Von Dezember 1937 bis zum vorzeitigen Herstellungsende im Mai 1940 wurden 74.206 Wagen gebaut, darunter 56.335 Kadett Spezial und nur 17.871 Kadett Normal.

Moderne Zeiten: 1955 bekam der Moskvitch eine neue Karosserie, die sich optisch durchaus am '53er Olympia Rekord orientierte. Der Vorkriegs-Kadett-Motor blieb ihm erhalten. Mit dieser Grundform blieb er bis 1964 im Programm.

Ein »gläserner« Olympia sorgte auf der Internationalen Automobil- und Motorradausstellung in Berlin vom 20. Februar bis 7. März 1937 für Furore. Das Original ist verschollen. Das Bild zeigt das Replikat, das Opel im August 1977 dem Deutschen Museum stiftete.

Ebenfalls im Deutschen Museum steht der Opel Admiral A als Plexiglas-Schnittmodell. Es existierte auch ein 1951er Kapitän in derselben Machart.

Morgendämmerung der Moderne: Der Opel Kapitän

Im letzten Friedensjahr 1938 zündete Opel ein regelrechtes Neuheiten-Feuerwerk. Kapitän und Admiral erschienen, Olympia und Kadett erlebten eine Neuauflage. Der Zweite Weltkrieg beendete ihrer aller Karriere frühzeitig. Dank des finanzstarken Mutterkonzern brachte Opel innerhalb nur eines Jahres vier neue Wagen auf den Markt und erneuerte damit das komplette Pkw-Programm. Los ging es im Dezember 1937 mit dem Geschwisterpaar Kadett und Olympia, zeitgleich lancierte Opel einen Oberklassewagen, den Admiral, und stieg damit in eine neue

Immer wieder faszinierend sind die Scheinwerfer im Art-Deco-Stil. Dies waren Zulieferteile von einem Betrieb, der nach dem Krieg in der DDR lag. Von ihm wollte sich Opel nicht abhängig machen, weswegen der Nachkriegs-Kapitän konventionelle Rundscheinwerfer trug.

Ein Grand Routier, wie er im Buche steht, ein klassischer Reisewagen der späten 30er. Das Viersitzer-Cabriolet trug eine Werkskarosserie, …

… dessen Verdeck ein Zulieferteil von Gläser in Dresden war.

Ein Opel Kapitän mit Holzgasanlage. Welch krasse Diskrepanz zum benachbarten Viersitzer-Cabriolet!

Klasse auf. Im November 1938 war Produktionsbeginn des Kapitän als Nachfolger des Super 6. Mit gemäßigter Aerodynamik stellte der Opel Kapitän 1938 das althergebrachte Automobildesign auf den Kopf. Seine Karosserie wirkte wie aus einem Guss.

Eine ganze Automobil-Generation trug einen Katzenbuckel. Der Opel Kapitän gehört dazu, ein wahres Kind seiner Zeit. Das schräge Heck war eine Mode, wenn auch eine kurzlebige – sie begann Mitte der 30er Jahre und endete eigentlich mit Kriegsausbruch. Aber weil der Krieg als schöpferische Pause zu sehen ist, und so mancher Vorkriegswagen nach 1945 weiterhin produziert wurde, endete sie erst Anfang der 50er Jahre. Dieser Mode haftete allerdings ein ernsthafter Hintergrund an, nämlich das Streben nach Aerodynamik. Dass dieser Denkansatz falsch war, wissen wir heute, durch Luftkanalmessungen ist dieser Irrweg bewiesen.

Gegen 1930 setzte in den USA ein wahrer Aerodynamik-Boom ein – dessen automobil gewordene Schöpfungen rund fünf Jahre später am Markt erschienen –, der sich aber nicht nur auf Autokarosserien beschränkte, sondern auch Lokomotiven und sogar Haushaltsgegenstände einschloss. Dieser Trend war allerdings nicht in den Hirnen der Aerodynamiker gewachsen, sondern entstand an den Zeichentischen der renommierten US-Stilisten wie Tom Tjaarda, Norman Bel Geddes und Raimond Loewy. Dieses amerikanische »Streamlining« oder »Airstreaming« schwappte auf Europa über, Pioniere waren hier Tatra, Peugeot und Fiat. Der Opel Kapitän war weder radikal noch exzentrisch oder extravagant. Er trug eine gemäßigte Stromlinienform. Er war technisch so fortschrittlich durch seine selbst tragende Ganzstahlkarosserie, dass er einfach eine moderne Karosserie tragen musste, damit Optik und Technik nicht im Widerspruch zueinander standen. Ein wesentliches und sinnvolles Element waren die in die Kotflügel integrierten Scheinwerfer. Die GM-Designer in Detroit wagten mit dem Opel Kapitän '38 erstmals den mutigen Schritt, die Scheinwerfer in die Kotflügel zu integrieren – ein Jahr, bevor dieses Stilelement auch an US-Cars verwirklicht wurde. Offenbar waren die europäischen Kunden dazu auserkoren, die Akzeptanz zu dieser stilistischen Neuerung zu testen. Um sie ihnen schmackhaft zu machen, erhielt der Kapitän '38 wunderschön gezeichnete Scheinwerfer, sechseckig, ganz im Art-Déco-Stil. Damals waren Scheinwerfer, im Gegensatz zu heute, keine Designikonen, sondern sie hatten die Aufgabe, die Straße auszuleuchten. Sonst nichts. Dass sich Designer bei Scheinwerfern Mühe gaben, war die Ausnahme. Die Aufnahmeplatte der Kapitän-Scheinwerfer ist ein großes Zinkspitzgussteil. Auch das Scheinwerferglas ist sechseckig. Der Scheinwerfer des Kapitän war ein aufwändig herzustellendes Teil, das Opel extern zuliefern ließ. Das ist auch der Grund, warum die Nachkriegs-Neuauflage des Opel Kapitän '38, der Kapitän '48, konventionelle, runde Scheinwerfer trug. Der Zulieferbetrieb lag nämlich im Ostsektor Deutschlands, dem russisch besetzten Gebiet. Damals, 1948, gab es noch keine DDR. Aber Rüsselsheim wollte sich nicht in die Abhängigkeit von einem Betrieb begeben, der im sowjetisch besetzten Teil lag.

Diese Design-Neuorientierung bedeutet also, dass der Opel Kapitän mit einer zuvor jahrzehntelang zementierten Tradition brach. Zuvor bestanden die Fahrzeuge allesamt aus einer Kombination aus unterschiedlichen, deutlich erkennbaren Funktionsteilen (Motorraum, Scheinwerfer, Kotflügel, Fahrgastraum). Der Kofferraum war meist in den Fahrgastraum integriert oder gar nicht vorhanden. Die Autos waren länglich, hoch und schmal, das vertikale Element wurde betont. Nicht beim Opel Kapitän. Er folgte dem Designprinzip, dass das Ganze nicht eine Ansammlung zusammengefügter Einzelteile sei, sondern er wirkte »wie aus einem Guss« und integrierte alle Elemente fließend ineinander.

Der Opel Kapitän war ein hervorragender Wagen, dessen großem Erfolg der Krieg in die Quere kam. Danach erlebte er einen zweiten Frühling bis in die 50er Jahre hinein. Die Kapitän-Klasse war vor dem Krieg die Mittelklasse. Damals waren die Autos in jeder Hinsicht größer als danach, sowohl was den Hubraum der Motoren betraf als auch die schieren Ausmaße der Karosserien. Ein 2,5-Liter-Kapitän war vor dem Krieg ein ganz normaler Vertreter der Mittelklasse, der identische Wagen ab 1948 gehörte zur Oberklasse und war zeitweise sogar der einzige deutsche Sechszylinder.

Dem Opel »6« hatten die Rüsselsheimer im Dezember 1937 einen neuen Motor spendiert, aus ihm war der Super 6 geworden. Das neue, modern konstruierte Aggregat war ein Kurzhuber mit 2,5 Litern Hubraum, dem nur positive Attribute anhafteten. Diesen feinen Motor erbte der Opel Kapitän von seinem Vorgänger, als er im November 1938 präsentiert wurde. Alles andere war komplett neu. Auch in dieser Wagenklasse wandte Opel das neue Prinzip der selbst tragenden Ganzstahlkarosserie an, und die bisher bei Opel übliche Synchronfederung wich nun einer zwar nicht mehr ganz so weichen aber weitaus fahrsichereren Vorderradaufhängung mit Doppelquerlenkern und Schraubenfedern. Ab Werk lieferte Opel den Kapitän als zwei- und viertürige Limousine sowie als zweitüriges, viersitziges Cabriolet, dessen Verdeck die Firma Gläser in Dresden zulieferte. Darüber hinaus waren zwei einander ähnliche Zweisitzer-Cabriolets im Serienprogramm. Die Aufbauten lieferten die beiden Karosseriebauer Hebmüller in Wülfrath und Gläser in Dresden. Diese Wagen hatten keine Ganzstahlkarosserie, sondern waren nach alter Sitte in Holz-Stahl-Bauweise ausgeführt.

Das »ä« macht Ärger

Der Name Kapitän symbolisiert einerseits mondäne Weltgewandtheit, andererseits einen hohen, maritimen Dienstgrad. Ein Problem im Export war allerdings, dass das Wort ein »ä« enthält. Diesen Umlaut teilt die deutsche Sprache mit kaum einer anderen Sprache, und somit konnte die nicht deutschsprachige Welt damit nicht umgehen. Zudem fand sich auf ausländischen Schreibmaschinen kein »ä«. Also hieß der Kapitän im Export Opel Super Six.

Opel Super Six hieß der Kapitän im Export: Titelblatt des belgischen Prospektes von 1938.

Bis Oktober 1940 wurden 25.374 Wagen verkauft, darunter 3422 Zweitürer, 17.144 Viertürer, 4560 Werks-Cabriolets sowie 248 Fahrgestelle, auf deren Basis hauptsächlich die Hebmüller- und Gläser-Cabriolets entstanden. Der letzte Vorkriegs-Kapitän im Oktober 1940 war gleichzeitig der einmillionste Opel seit 1899.

Nach dem Krieg lief die Kapitän-Produktion mit veränderten Scheinwerfern und verbesserter Federung im Oktober 1948 wieder an, offeriert wurde ausschließlich der Viertürer, und bis Februar 1951 baute Opel nochmals 30.431 Wagen. Der Nachfolger bis Juli 1953 basierte ebenfalls auf der Vorkriegskonstruktion, hatte aber eine vorne und hinten wesentlich überarbeitete Karosserie, der Fahrgastraum hingegen entsprach dem Vorkriegs-Kapitän.

Die Business-Class der Spät-30er: Der Opel Admiral

Opel erkannte die Zeichen der Zeit und nutzte die Gunst der Stunde. Die Deutschen waren in den 30er Jahren wohlhabend geworden. Zwar unter anderen Vorzeichen, aber durchaus mit dem Wirtschaftswunder der 50er Jahre vergleichbar, überwanden sie die Depression in der Folge der Weltwirtschaftskrise. Der Wohlstand traf zwar nicht die gesamte Bevölkerung (darin unterschied er sich vom Wirtschaftswunder), aber weite Teile vermochten es, ganz schöne Vermögen anzuhäufen. Dieser Wohlstand wollte zum Ausdruck gebracht werden und nichts dient dazu besser als ein repräsentatives Automobil.

Ende der 30er Jahre sahen die Autofabrikanten in der 3,5-Liter-Klasse ein großes Potenzial. Es erschienen Fahrzeuge, die, nach

Opel Admiral Pullman-Limousine 1938/39 mit Karosserie von Gustav Hornig in Meerane, dem nachmaligen VEB Karosseriewerk Meerane, aus dem zu DDR-Zeiten unter anderem das Wartburg Coupé und der Trabant Universal kamen.

Das Gläser-Cabriolet ist formal hauptsächlich durch die offenen hinteren Radausschnitte definiert, die Hebmüller-Interpretation trägt verschalte Hinterräder.

Eine komplette Eigenkreation von Hebmüller in Wülfrath ist das zweitürige, zweisitzige Cabriolet, stets zweifarbig lackiert.

heutigem Verständnis, auf Mercedes-E-Klasse-Niveau zu sehen sind: Adler Diplomat, Horch 930, BMW 335, Mercedes 320, Hansa 3500 und Audi 920. In diesem Reigen spielte der Opel Admiral '38 mit, und er machte bei weitem die beste Figur – gemessen an der Popularität und an den Verkaufszahlen. Im Vergleich zu so manchem Konkurrent war er ein Sonderangebot. Opel ermöglichte dies durch die bekannt rationelle Fertigung und durch das Baukastensystem. Denn der Motor war schon da. Seit 1937 werkelte der laufruhige 3,6-Liter-Sechszylinder im Opel Blitz. Die Karosserieschöpfer des Opel Admiral (sie saßen ausnahmslos in Detroit!) hatten ein gutes Händchen für den europäischen Geschmack. Der Opel Admiral verbindet alle wichtigen Attribute, die ein Käufer dieser Klasse durch sein Auto ausdrücken mochte: Souveränität, Kraft, Macht, Eleganz und eine kleine Portion Arroganz. Aus ästhetischer Sicht gibt es nahezu keine Punkte, die kritisiert werden können: moderne, fließende Linien mit ganz leichten aerodynamischen Anklängen, geschmückt mit einer dezenten aber unübersehbaren Menge an Zierrat, und der Mode entsprechend ist das wohl ausgestattete Interieur im Art-Déco-Stil gehalten.

Von den 6404 zwischen Dezember 1937 und Oktober 1939 gebauten

Das viertürige Admiral Cabriolet trug eine Werkskarosserie mit von Gläser zugeliefertem Verdeck.

Opel Admiral '38 starb der größte Teil den Heldentod im Feld. Heute noch existente Fahrzeuge stammen meist aus Exportländern, eine deutsche Erstzulassung hat kaum einer von ihnen. 3500 Opel Admiral trugen die viertürige Limousinenkarosserie. Der Rest hatte Sonderaufbauten, was bei diesem Opel-Typ nicht ungewöhnlich war – ruhte er doch ganz nach alter Väter Sitte auf einem separaten Kastenrahmen. Vom Werk selbst stammte das viertürige Cabriolet (Verdeck von Gläser). Davon entstanden 2314 Fahrzeuge. Rund 600 Opel Admiral erhielten also Aufbauten externer Karosseriebauspezialisten. Zweisitzer-Cabriolets unterschiedlicher Machart lieferten Gläser in Dresden und Hebmüller in Wülfrath in kleiner Serie. Das Hebmüller-Cabriolet trägt verschalte Hinterräder und glänzt im modisch-geschwungen abgesetzten Zweifarbenlack. Einfarbig und mit offenen hinteren Radkästen präsentiert sich die Gläser-Interpretation, nach allgemeiner Einschätzung weniger modisch und dafür eleganter. Hornig in Meerane karossierte sechsfenstrige Pullman-Limousinen auf Serienchassis, ein Krankenwagen stammte von Miesen in Bonn.

Requiriert und gefallen: Opel im Krieg

Als am 1. September 1939 der Zweite Weltkrieg ausbrach, veränderte sich das komplette Leben der beteiligten Nationen. Nicht von einem Tag auf den anderen, aber zunehmend. Das galt auch für Privatleute, die auf den ersten Blick nichts mit dem Kriegsgeschehen zu tun hatten. Zu den Einschränkungen, welche die deutsche Zivilbevölkerung hinzunehmen hatte, gehörte sehr schnell, dass der Staat ihnen ihre Autos wegnahm. Sie wurden eingezogen, im Fachterminus: requiriert.

Während Truppenbewegungen während des Ersten Weltkriegs hauptsächlich mit Pferden und langen Fußmärschen vor sich gingen, erkannten moderne Heeresführer während der 30er Jahre die Notwendigkeit des Automobils. In allen Kulturnationen wurden kriegstaugliche Personenwagen entwickelt, so genannte Kübelwagen, und in Deutschland gipfelte die Notwendigkeit möglichst genormter Militärgeländewagen in der Entwicklung des leichten, mittleren und schweren Einheits-Pkw. Den mittleren Einheits-Pkw baute neben der Auto Union auch Opel (1937 bis 1943). Aber der Fahrzeugbestand der Wehrmacht war viel zu gering zur Kriegsführung. Deshalb mussten zivile Autos eingezogen werden.

Die Wehrmacht legte Wert auf »Typenreinheit«, wie jede Armee. Zu viele unterschiedliche Typen machen den Nachschub an Ersatz- und Verschleißteilen unmöglich. Opel war in den 30er Jahren die meist gefahrene Marke in Deutschland, und so wurden Opel-Fahrzeuge jeglichen Typs am liebsten von den Soldaten verwendet. Je mehr identische Typen im Felde liefen, desto einfacher war deren Wartung – zumal die Truppe ohnehin schon Erfahrung mit Opel-Technik hatte, denn der Dreitonner-Opel-Blitz war der Heereslastwagen schlechthin (100.000 Exemplare, davon 25.000 mit Allradantrieb). Einige eingezogene Pkw wurden auf soldatische Bedürfnisse umgebaut. Sie erhielten von

Imposant: Nachkriegsumbau eines 1938er Opel Admiral der Freiwilligen Feuerwehr Roseldorf in Niederösterreich.

Zu Tausenden im Feld verschlissen: Spektakuläre Schlammlochdurchquerung mit einem Olympia '38. Stalingrad ist noch weit, der Weg dorthin beschwerlich.

Karosseriebauern neue Aufbauten, zumeist offen. Die Truppe bevorzugte Cabriolets, weil man aus ihnen in Gefechtssituationen am schnellsten aussteigen konnte. Aber die meisten Fahrzeuge, welche eingezogen wurden, blieben im Originalzustand und wurden lediglich im typischen Wehrmachtsgrau lackiert. Sämtliche Opel-Wagen mussten Kriegsdienst leisten, vom kleinen Olympia über den Super 6 und Kapitän bis hin zum mächtigen Admiral.

Schon bei Kriegsbeginn zog die Wehrmacht mit nur 37 Prozent spezieller Wehrmachtsfahrzeuge ins Feld, 63 Prozent waren so genannte Ergänzungsfahrzeuge. Darunter versteht man alle Autos, die bei Privatleuten, Firmen und Behörden beschlagnahmt wurden. Die gesetzliche Grundlage dafür war das »Gesetz über Leistungen für Wehrzwecke vom 13.7.1938 (Wehrleistungsgesetz)«. Es schrieb eine »allgemeine Sachleistungspflicht zum Zwecke der Reichsverteidigung« vor. Mit anderen Worten: Jeder war verpflichtet, sein Auto der Wehrmacht zur Verfügung zu stellen, und zwar kostenlos. Bestimmte Fahrzeugtypen, und dazu gehörten alle Opel, übernahm das Heer als »Wehrmachtsfahrzeuge« und ließ sie entsprechend modifizieren (eine Hochphase für Karosseriebauer): So entstanden Fernmelde-, Führungs- und Zugfahrzeuge mit speziellen Tarnscheinwerfern, Staukästen, Karabiner- und Schanzzeughalterungen.

Der Mittlere Einheits-Pkw war also ein spezieller Opel für den Krieg. Es gab noch zwei weitere, technisch interessante militärische Fahrzeuge mit wichtigen Opel-Komponenten. Der Schwimmwagen SG 6 von Hanns Trippel lieh sich das Aggregat vom Kapitän, die Zugmaschine NSU-Kettenkrad dasjenige vom Olympia.

Den Kriegseinsatz überlebte kein Opel »6« 2 Liter oder Super 6. Die Wagen waren zäh, ausdauernd, grundsolide, einfach zu warten, bei den Soldaten beliebt. Aber sie waren Straßenfahrzeuge und keine Offroader.

Opel 1,2 Liter zum militärischen Kübelsitzwagen für die Infanterie umfunktioniert.

KAPITEL 4:

Dunkle und helle Jahre in Rüsselsheim: Der Neustart

Auferstanden aus Ruinen

Stunde Null, 8. Mai 1945: Der Krieg war zu Ende. Deutschland musste neu anfangen, nahezu bei Null. Die Opel-Werke selbstverständlich auch. Rüsselsheim lag im amerikanisch besetzten Teil Deutschlands, das Zweigwerk Brandenburg an der Havel im sowjetischen. Es war die größte Lastwagen-Fabrik Europas gewesen, wurde zerbombt und nach dem Krieg demontiert. Das Werk Brandenburg war für Opel für immer verloren, damit auch die Möglichkeit, den 3-Tonner-Blitz zu produzieren.

Opel konzentrierte sich also auf Rüsselsheim. Wie waren dort die Besitzverhältnisse? Deutschland und Italien hatten im Dezember 1941 den USA den Krieg erklärt, worauf sich die Konzernmutter GM peu-à-peu von Opel verabschiedete. Sie nahm ihre Aufsichtsratsmandate nicht mehr wahr, und der Gewinntransfer von Opel zu GM war schon zuvor verboten worden.

Nach Kriegsende lag das Rüsselsheimer Werk rund zur Hälfte in Schutt und Asche. 1946 transportierten die Sowjets im Rahmen der Reparationsvereinbarungen sämtliche Fertigungseinrichtungen für den Kadett nach Moskau. Damit war nach dem großen Blitz die zweite Produktlinie für Opel verloren.

Nach der »Stunde Null« reparierten die Opel-Werker erst mal US-Cars der Jahrgänge 1941/42 am Fließband, verschlissene Dienstfahrzeuge der amerikanischen Besatzungsarmee – übrigens nicht nur GM-Fahrzeuge, sondern auch Chrysler und Ford.

Im Rüsselsheimer Werk herrschte bald nach Kriegsende emsiges Treiben. Es wurden keine Opel gebaut, sondern amerikanische GM-Fahrzeuge repariert. Die Amerikaner befahlen, das Werk als Reparaturbetrieb zu betreiben. Sie hatten nämlich tausende handelsüblicher Pkw der Jahrgänge 1941/42 in Europa stationiert, die durch den Krieg stark verschlissen waren. Sie wurden in der Opel-Fabrik zusammengeführt und von den Opel-Werkern komplett revidiert. Das heißt, sie wurden bis auf die letzte Schraube zerlegt und am Fließband quasi restauriert. Dieser Job im US-Auftrag dauerte bis 1948. Parallel dazu fertigte Opel amerikanische Kühlschränke der Marke Frigidaire. Kühlschränke waren damals ein in Europa nahezu unbekanntes Luxusgut, genossen in den USA aber bereits Konsumgüterstatus und waren bei den US-Soldaten entsprechend begehrt. Die Kühlschrank-Produktion bei Opel sollte bis in die frühen 60er Jahre fortdauern.

Ab Juni 1945 produzierte Opel wieder Ersatzteile für Vorkriegs-Fahrzeuge, denn sehr viele P4, Kadett, Olympia und Kapitän hatten den Krieg überlebt, waren aber entsprechend verschlissen. Wie bedeutsam der Betrieb dieser Fahrzeuge auch nach 1945 war, zeigt die Tatsache, dass Opel sogar Sammelbetriebsanleitungen

Reparationsleistungen auf dem Weg zu ihrer Bestimmung: Ein Zug voller '47er Opel Kapitän für die amerikanische Besatzungsmacht. Es war ein genialer Streich der Amis: Deutschland musste für die Reparationskosten aufkommen. Die Amerikaner sagten, sie kauften mit dem Geld deutsche Produkte, um die deutsche Wirtschaft voranzubringen. Dann kauften sie Opel, und das Geld floss in die Kassen von GM in den USA.

Kaum war die Währungsreform vorüber und die Deutschen hatten wieder Geld in der Tasche, wurden viele, schöne Waren angeboten. Auch viele, schöne Opel. Aufnahme vor dem Opel-Autohaus Stassen in Berlin im Mai 1949 mit nagelneuen Olympias.

für Vorkriegsfahrzeuge drucken ließ. Am wichtigsten war die Teileproduktion für den Opel Blitz. Denn er war sehr begehrt in Zeiten des Schuttwegräumens und der Wiederaufbauarbeiten. Zeitgleich liefen in geringer Stückzahl Olympia-Komplettmotoren vom Band.

Das Werk wurde von der amerikanischen Besatzungsmacht geführt, nicht von einer deutschen Werkleitung. Die Besitzverhältnisse waren eine delikate Angelegenheit, denn nach wie vor gehörten die Opel-Werke dem GM-Konzern, auch wenn dieser sich ab 1942 aus der Werksleitung zurückgezogen hatte. Es bestand ein ständiger Dialog zwischen den amerikanischen Militärbehörden und der GM-Spitze in Sachen Opel. GM hatte wegen des Krieges Opel weitgehend abgeschrieben. Da direkt nach dem Krieg auch völlig unklar war, wie die Siegermächte mit Deutschland umgehen würden – im Gespräch war, Deutschland in einen Agrarstaat umzuwandeln –, und ob es jemals wieder eine Autoproduktion hätte geben können, war GM auch gar nicht scharf darauf, wieder bei Opel einzusteigen. Gleichsam wusste GM, wie riesig der Nachholbedarf in Sachen Autoproduktion in Deutschland war. Erste zaghafte Versuche einer Wiederbelebung der Autoherstellung erfolgten in Rüsselsheim bereits im Juli 1946, als unter Aufsicht der US-Militärbehörde die Produktion des 1,5-Tonner-Blitz (das ist der kleine Blitz im Gegensatz zum großen 3 Tonner, der in Brandenburg an der Havel gebaut worden war) wieder anlief. Dies ließ GM umdenken. Die Amerikaner übernahmen zum 1. November 1948 erneut die Leitung von Opel.

Als erstes verfügte GM, dass die Kapitän-Produktion wieder aufgenommen werden sollte, aber ausschließlich zur Lieferung an die US-Besatzer, bald darauf auch als Reparationsleistung an Engländer und Franzosen. Erst ab Herbst 1949 durften deutsche Privatkunden wieder einen Kapitän kaufen. Zu diesem Zeitpunkt bereits in Produktion war der Olympia. Im November 1947 nahm Rüsselsheim die Herstellung wieder auf. Früher als die meisten anderen deutschen Hersteller hatte Opel also wieder ein richtiges Programm zu bieten, drei Typen: Blitz 1,5 Tonner, Olympia und Kapitän.

'48er Kapitän in Diensten der britischen Rheinarmee in Deutschland, ...

... und Olympia '47 bei den Forces françaises en Allemagne (FFA), also den französischen Besatzungsmächten im besetzten Westdeutschland ...

... und bei der US-Army. Das erste Kapitän-Modelljahr 1948/49 blieb den Kriegssiegern vorbehalten.

Die übrig Gebliebenen

Chrom blitzende Neuwagen waren in den späten 40er und frühen 50er Jahren eher die Ausnahme. Das deutsche Straßenbild bestimmten übrig gebliebene Vorkriegswagen. Etliche Opel hatten den Krieg überlebt und überbrückten die Zeit, bis Privatkunden ab 1948/49 wieder fabrikneue Autos kaufen konnten. Vor dem Krieg waren im Deutschen Reich circa 1,4 Millionen private Pkw zugelassen. Opel und DKW waren die meist verbreiteten Marken. Auf Grundlage des Wehrleistungsgesetzes wurden ab Kriegsausbruch alle Pkw ein- und zum Kriegsdienst herangezogen. Auf diese Weise wurde der Bestand an Opel-Fahrzeugen schwer dezimiert, viele starben den Heldentod oder blieben nach Kriegsende dort zurück, wo sie eben gerade waren.

Dann kam die Stunde Null. Automobilhistorisch ist die Zeit zwischen Kriegsende und Gründung der Bundesrepublik Deutschland im Mai 1949 wenig erforscht. Denn es gibt kaum Zahlen, fast alle Statistiken beginnen erst mit dem Jahr 1950. Jedenfalls war der Drang, Auto zu fahren, ungebrochen, aber es gab kaum Autos. 1946 waren in Deutschland nur 192.438 zivile Pkw zugelassen, die Zahl stieg bis 1948 um weitere 100.000, 1949 waren es schon 368.377, 1950 dann 539.853, die Eine-Million-Marke wurde 1952 erreicht. Nahezu übergangslos weiterproduzieren konnte nur das Volkswagenwerk. Alle anderen Fabriken waren entweder zu stark zerstört oder sie wurden von den Besatzungsmächten zu anderen Leistungen herangezogen. Bei Opel war das Werk Brandenburg verloren, Rüsselsheim konnte notdürftig arbeiten. Kriegsheimkehrer und Flüchtlinge stellten die Belegschaft. Fahrzeuge wurden nur gegen Bezugsschein an Deutsche abgegeben, die ein berechtigtes Interesse hatten. Handwerker und Gewerbetreibende hatten ein solches, mussten aber große Hürden überspringen, bevor die Militärbehörde ihr Plazet gab. So bekam niemand einen Neuwagen, der in einer NSDAP-Gliederung Mitglied war. Vor allem die Amerikaner gingen hierbei sehr restriktiv vor, in ihrem Einflussbereich wurde die Entnazifizierung besonders streng gehandhabt. Wegen mangelnder Devisen konnte Deutschland kaum Benzin und Motoröl importieren, auch dieses gab es nur auf Bezugsschein. Nach Kriegsende war kein Reifen jünger als sieben Jahre. Neuware war zunächst nicht lieferbar. 1948 stammten 95 Prozent der Pkws aus Vorkriegsbeständen. Sie mussten ihren Dienst weiter tun, und das unter den erschwerten Bedingungen des Schuttwegräumens und Wiederaufbaus. Viele Opel-Pkw wurden zu Transport- und Nutzfahrzeugen umgebaut.

Mitte der 50er Jahre: Ein übrig gebliebener Opel P4 wurde des hinteren Teils seiner Karosserie beraubt. Statt ihrer montierte der Dorfschmied eine Pritsche, und der arme Opel muss den traurigen Rest seines Lebens schuften. Von wegen Ruhestand!

Die Überlebenden dienten direkt nach dem Krieg, vor allem in der Zeit vor der Währungsreform, als Alltagsautos. Sie starben Anfang der 50er rasch aus. Ihr letzter Einsatz war meist in den Händen junger Leute. Vorne Kadett Spezial K38 (1938 bis 1940), hinten Olympia 1935/36. Aufnahme 1954.

1937er Opel Olympia im Alltagsbetrieb in München, zwar etwas verschlissen, aber voll alltagstauglich. Immerhin hatte der Kleine einen Krieg hinter sich gebracht.

Rund um Karl-Marx-Stadt, dem früheren und nachmaligen Chemnitz, unterwegs war dieser Olympia von 1935/36, der nach dem Krieg zum Kombi umgebaut wurde. Aufnahme von 1965.

Schick gemacht: 1936er Olympia Zweitürer-Limousine mit Weißwandreifen, einigen Chrombeschlägen und Anhängerkupplung, zugelassen in Leipzig. Das Kennzeichen stammt aus der sowjetischen Besatzungszone zwischen 1948 und 1953.

Ein sehr weitgehender Umbau: Der schwer veränderte Aufbau eines Olympia '38 ruht auf einem Käfer-Fahrgestell. Also ein Olympia mit Heckmotor. Gesehen von Paul Simsa und bereits 1969 in seinem legendären Buch »Dies alles fuhr auf unseren Straßen« gezeigt.

Der Münchner Bäcker Müller ließ einen Olympia '38 nach dem Krieg vom lokalen Karosseriebauer Otmar Zeilinger zum Kastenwagen umbauen.

Ein alter Opel »6« 2 Liter von 1934 in voller Fahrt auf der Überholspur, aufgenommen 1950 auf der Autobahn bei Braunschweig.

Nochmals DDR: Früher Olympia in Gesellschaft eines seltenen IFA F9 Cabriolets und eines IFA-Lastwagens. Im Hintergrund ein Dorfsportplatz. Dort findet sicherlich bald ein Fußballspiel statt und die Besucher finden sich langsam ein.

So viele Opel hatten den Zweiten Weltkrieg überlebt, dass Opel im Dezember 1948 für all die Überlebenden eine Sammelbetriebsanleitung drucken ließ.

Der Olympia im Wohlstands-Look

Der '51er Olympia war die ultimative Version des Ende 1937 erschienenen Olympia OL38, also der zweiten Olympia-Generation vor dem Krieg, die ihre Fortsetzung 1947 fand, dann mehrmals modernisiert wurde und schließlich dem Olympia-Rekord mit Ponton-Karosserie Platz machte.

Bevor die Produktion 1947 wieder aufgenommen wurde, hatte Opel das Vorkriegsmodell leicht überarbeitet. Die Synchronfederung wich einer Querlenker-Konstruktion, damit einher ging eine veränderte Lenkung. Sonst blieb alles beim Alten. Optisch konnten nur wahre Insider einen OL38 von einem Olympia '47 unterscheiden. Er war etwas schmuckloser, Chrom war damals Mangelware, die Radzierkappen waren deshalb in Wagenfarbe lackiert. Genau zwei

Der erste Nachkriegs-Olympia entsprach ziemlich genau dem OL38, hatte jedoch keine Synchronfederung mehr. Die ersten Fahrzeuge waren chromlos, aber ab 1948 trug der Olympia '47 etwas Glanz. Foto aus Braunschweig 1950.

Sie hielten sich lange im Straßenverkehr, die ersten Nachkriegs-Olympias (Dezember 1947 bis Dezember 1949). Immerhin war dies für viele Menschen der erste Neuwagen nach langen Entbehrungen.

Die neue Front, das alte Heck: Olympia des Modelljahrs 1950, und das gleich drei Mal.

Vorgänger und Nachfolger: Der dunkle Wagen mit außen liegendem Reserverad ist ein Olympia '50, der helle mit geglättetem Heck und größerem Heckfenster ein Olympia '51. Aufnahme bei der Rallye Travemünde im Juni 1951

Der ultimative Vorkriegs-Olympia ist das Modell '51, fotografiert am Rüsselsheimer Band am 21. Januar 1952.

Eine prächtige Front machte aus dem Vorkriegsfahrzeug einen optisch modernen Wagen, und mit den Weißwandreifen sogar einen modischen. Er unterscheidet sich deutlich von den Vorkriegsautos auf dem Foto (rechts DKW F8).

Opel setzte nach wie vor auf das Genre der Cabriolimousine und gehörte zu den wenigen Herstellern, welche dieser Vorkriegsmode nach 1945 treu blieben.

Aufnahme von 1960 in Marseille in Südfrankreich. Olympia '50 in Gesellschaft von zwei Citroën 2CV und einem Winzling namens Vespa 400, der trotz seines italienischen Namens ein französisches »Voiturette« war.

Vom Rüsselsheimer Fließband kam der Kastenwagen, im Bild ein 1951er Modell. Auf seiner Basis schufen externe Karosseriebauer den Kombi, …

… der damals noch nicht Caravan hieß und, wenn auch via Opel-Händler lieferbar, doch eine in kleiner Serie gefertigte Karosseriebauerangelegenheit war.

Neue Front und neues Heck – sehr geschickt modernisierte Opel den Olympia zum Modelljahr 1951, er wirkt erwachsen und gestreckt und demonstriert seine Ausmaße im Vergleich zu einem englischen Bedford Reisebus mit Karosserie von Duble. Aufnahme im schweizerischen Stansstad im Juni 1957.

Eine Lieferwagenflotte in Diensten einer Kaffeerösterei – lauter Ford Weltkugel-Taunus ab 1952 und ein Olympia, den die Firma wohl früher angeschafft hatte.

Jahre lang lief die Produktion, bis Dezember 1949 wurden 29952 Olympia '47 fertig gestellt, ausschließlich Zweitürer-Limousinen. Zum Jahresende 1949 erschien der Olympia '50, im Sommer folgte der Lieferwagen. Zusätzlich offerierte Opel, wie ehedem beim OL38, eine Cabrio-Limousine. Die technischen Neuerungen blieben diskret. Das Viergang- wurde gegen ein Dreigang-Getriebe ersetzt, was allgemein als Nachteil empfunden wurde, die Lenkradschaltung huldigte dem Zeitgeschmack. Optisch wurde aus dem nackten Spatz ein kleiner Pfau. Den Kühlergrill schmückten sieben Chromstreben, ein Optimismus und Aufschwung suggerierendes Blendwerk, eingebettet in neu modellierte Kotflügel. Diese Front war Amerikanismus pur und entsprach der damaligen Mode. Am Heck tat sich nichts. Das hob sich Opel für das Folgejahr auf. Im Opel-Programm war auch ein Olympia-Kombi. Der entstand aber nicht in Rüsselsheim, sondern bei externen Karosseriebauern (Autenrieth in Darmstadt, Miesen in Bonn, Rappold in Wülfrath, Popp in Landsberg). Opel spedierte die fabrikneuen Kastenwagen direkt zu den Spezialisten und vertrieb die Kombis dann über das offizielle Händlernetz. Innerhalb von 13 Monaten wurden 51394 Olympia '50 hergestellt.

Der definitive Olympia, das Modell 1951, blieb vorne identisch, bekam aber ein neues Heck spendiert. Der Sehschlitz wich einem vernünftig großen Heckfenster, das zerklüftete Heck wurde geglättet. Nun war der Kofferraum von außen zugänglich, das Reserverad saß innen. Kastenwagen und Kombi blieben unverändert. Allen Olympia '51 gemein war die Umstellung von 16- auf 15-Zoll-Räder. Der 1,5-Liter-Vierzylinder drehte nun etwas höher und mobilisierte zwei Zusatz-PS, was sich aber nicht auswirkte, denn der Wagen war schwerer geraten. Der Olympia '51 wurde zwischen Februar 1951 und März 1953 hergestellt. Opel baute 81283 Limousinen, 6036 Cabrio-Limousinen und 22390 Lieferwagen, aus denen eine unbekannte Anzahl Kombis entstanden.

Der Binnenmarkt muss warten: Der erste Nachkriegs-Kapitän

Es war schon eine abstruse Situation. Opel brachte den Kapitän auf den Markt und die deutschen Kunden durften ihn nicht kaufen. Da halfen alles Geld und warme Worte nicht: Der Opel Kapitän blieb der amerikanischen Besatzungsmacht vorbehalten. Nach dem verlorenen Zweiten Weltkrieg diktierten die vier Besatzer das Geschehen in Deutschland. Verschiedene Gründe führten dazu, dass deutsche Kunden rund ein Jahr warten mussten, bis sie einen Opel Kapitän gegen 9950 D-Mark erwerben durften.
Zunächst erließen die Kriegssieger das Dekret, wonach in Deutschland keine Personenwagen mit mehr als 1,5 Litern Hubraum gebaut werden durften. Darauf reagierte Opel mit der Wiederaufnahme der Olympia-Produktion mit 1488 cm³. Sodann hatte der Kriegsverlierer den Siegern Reparationsleistungen zu bezahlen. Das heißt, die deutsche Wirtschaft arbeitete nicht alleine für das eigene Land, sondern musste Waren an die Besatzer liefern. Diese zahlten dafür nichts, die Fabrikanten wurden vom deutschen Staat bezahlt. Die Amerikaner wünschten sich etliche Opel Kapitän als Dienstwagen. Es war für sie weit preiswerter, in Deutschland hergestellte Fahrzeuge zu fahren, als eigene Produkte aus den USA zu importieren. Deshalb gab es die Anweisung seitens der Amerikaner an Opel, die Kapitän-Produktion wieder aufzunehmen. Der Motor für den Kapitän, jener vielfach bewährte 2,5-Liter-Reihensechszylinder, war bereits wieder in Produktion gewesen. Er trieb den 1,5-Tonner Opel Blitz an. 1947 änderte sich die Einstellung der Amerikaner, sie rückten vom Morgenthau-Plan, wonach Deutschland ein Agrarland hätte werden sollen, ab und wünschten, wie die Engländer und Franzosen, ein (verhaltenes) Wirtschaftswachstum in Deutschland, die Bundesrepublik als geographisches wie wirtschaftliches Bollwerk gegen den drohenden Kommunismus seitens des sowjetischen Einflussgebietes. Ab diesem Zeitpunkt änderte sich vieles im Land, und so durften auch wieder Autos mit mehr als 1,5 Litern erworben werden. Auch die Zeit der Requisitions- bzw. Bezugsscheine war vorüber, wonach selbst zivile deutsche Behörden einen neuen Wagen nur erwerben durften, wenn sie einen Bedarf nachweisen konnten. Aber erst nach der Währungsreform am 21.

Im Profil ein gewohnter Anblick: Kein Unterschied zwischen dem Modell 1948 und dem Vorkriegsmodell.

Kapitän '50: Die Doppelsicke umfasst nur den äußeren Bereich der Stoßstangen. Gut zu sehen ist das neue, elfenbeinfarbene Lenkrad.

In voller Fahrt: 1949er Opel Kapitän auf der Autobahn. Er war damals ein Reisewagen par excellence.

Dänemark war schon immer ein gutes Exportterrain für Opel. Kapitän '49 und MG im Süden Dänemarks 1950.

Teilnehmer der Rallye Travemünde im Juni 1951: Opel Kapitän '49 mit Nebellampen, Suchscheinwerfer und attraktiver Zweifarbenlackierung.

ADAC-Deutschlandfahrt vom 30. Mai bis 4. Juni 1950: Zwei Kapitän '49 sowie ein Studebaker Champion 1948.

Juni 1948, als die wertlose Reichsmark durch die neu geschaffene D-Mark ersetzt wurde, waren die Fabrikanten bereit, ihre Waren an Deutsche zu veräußern. Über Nacht waren die Schaufenster voll, und in den Ausstellungsräumen der Opel-Händler blitzten und blinkten die brandneuen Opel Kapitän. Wer es sich leisten konnte, durfte nun ein Exemplar kaufen.

Aber es war wirklich eine Frage des Geldes. Ein normaler Arbeitnehmer konnte sich bei einem Jahreseinkommen von rund 3500 D-Mark kein Auto leisten. Vom Opel Olympia träumte er, der Kapitän war unerreichbar. Einen Opel Kapitän fuhren in früher Nachkriegszeit Fabrikanten, Geschäftsleute und Künstler, denn sie mussten zu ihren Auftritten permanent reisen. Im Oktober 1948 begann Opel wieder mit der Kapitän-Produktion, sie lief bis Februar 1951. Insgesamt baute Opel bis zu diesem Zeitpunkt 30.431 Mal den Kapitän, die Vorkriegsfahrzeuge hinzugerechnet ergeben sich 55.805 Opel Kapitän der ersten Generation.

Ganz identisch zum Vorkriegsmodell war der Kapitän '49 nicht. Alleine schon wegen der Auswahl an Karosserievarianten. Eine solche gab es nämlich nicht, nur die Viertürer-Limousine. Auch sie sah nicht mehr ganz so aus wie ihr Vorkriegs-Pendant: Die im Art-Deco-Stil gehaltenen Scheinwerfer waren nunmehr konventionell rund, einige Zierteile wurden geändert, Federung und Dämpfung erfuhren eine Verbesserung. Im Mai 1950 gönnte Opel seinem Flaggschiff eine Überarbeitung, Feinschliff für die Innenausstattung, farblich dem Wagenlack angepasst. Amerikanische Moden waren die Lenkradschaltung sowie das elfenbeinfarbene Lenkrad. Damit einher ging ein überarbeitetes Armaturenbrett. Diese letzte Ausführung des ersten Kapitän ab Mai 1950 ist äußerlich nur durch ein kleines Detail zu identifizieren: In der frühen Version verlief über die gesamte Stoßstangenbreite eine farblich unterlegte, doppelte Sicke. Danach bedeckte die Doppelsicke nur das äußere Viertel, der Rest der Stoßstange war plan.

Der Opel Kapitän war stilistisch auch in den frühen Nachkriegsjahren auf der Höhe der Zeit, wenngleich längst eine neue Mode vorherrschte, nämlich die Pontonform. Er entsprach also zwar dem Geschmack von gestern, aber eben auch der allgemeinen Vorstellung davon, wie ein Automobil auszusehen hatte. Noch etwas sprach für den Opel Kapitän: Er war der einzige deutsche Sechszylinder am Markt. Im April 1951 lancierte Daimler-Benz den Mercedes 220. Er wurde zum schärfsten Konkurrenten für den Opel Kapitän, hatte ein höheres Renommee, war aber auch wesentlich teurer. Dann war der Opel Kapitän eben nicht mehr der einzige, aber immerhin der preiswerteste deutsche Sechszylinder.

Letzter Aufguss des Vorkriegs-Opel: Opel Kapitän '51

Die letzte Version des Vorkriegs-Kapitän und gleichsam ein veritabler Vertreter des saturierten Wirtschaftswunders war der Kapitän '51. Er symbolisiert den Wiederaufstieg des deutschen Bruttoinlandsproduktes gleichermaßen wie das neue Selbstverständnis der Westdeutschen. Nach den Jahren des Krieges, der von vielen als erniedrigend empfundenen Entnazifizierung, der entbehrungsreichen Nachkriegszeit mit Mangelwirtschaft, Notquartieren, Flüchtlingsströmen, kalten Wohnungen, zu wenigem Essen und unsicherer Zukunft hatten sie ein ungeheures Nachholbedürfnis. Luxus wollte gelebt und zur Schau gestellt werden. Das Schlüsselwort lautete: »Wir sind wieder wer!« Und genau so sah der Kapitän '51 aus.

Die am Chevrolet von 1946 bis 1949 orientierte Front strotzte nur so vor Selbstbewusstsein und Chrom, die Kotflügel wiesen Rundungen auf, die fast schon bacchiantisch waren, das Lenkrad und die Bedienknöpfe mussten elfenbeinfarben sein. Nun war der Kapitän ein Ami en miniature, die Überarbeitung des Kapitän '38 zum Kapitän '51 war die Arbeit des Styling-Studios in Detroit. Dort wurden Front und Heck geändert, die Fahrgastzelle blieb unverändert. Es mag auf den ersten Blick unlogisch erscheinen, dass GM dem Kapitän '51 keine Pontonform gönnte. Die ausladenden Kotflügel waren ein Relikt der Vorkriegs-Ästhetik. Doch die Zukunft gehörte der Pontonform. Das wusste man nirgends besser als in Detroit. Und auch deutsche Produzenten huldigten bereits dieser neuen Form (Borgward Hansa 1500 seit 1949). Aber der Kapitän sprach eine eher zurückhaltende, vielleicht sogar konservative Klientel an. Sie benötigte noch ein paar Jahre, um die Pontonform zu akzeptieren – eben so lange, bis der Kapitän '54 erscheinen sollte.

Schön dekoriert: Opel Kapitän '51 als Exponat auf der Münchner Verkehrsausstellung 1953.

Notfalls auch dynamisch: Kapitän '51 bei der ADAC-Deutschlandfahrt 1952.

Diesen Wagen kennt man aus Paul Simsas Buch »Dies alles fuhr auf unseren Straßen«, dort aber in anderer Perspektive gezeigt: Kapitän Cabriolet mit Karosserie von Autenrieth.

Durch Detailmodifikationen leistete der Motor nun 58 PS, der große Kofferraumdeckel gestattete bequemes Beladen, das Rückfenster bot 30 Prozent mehr Glasfläche als beim Vorgänger, das Dreispeichen- wich einem modischen Zweispeichenlenkrad und das deutlich im Blickfeld des Fahrers angebrachte, große Kombinationsinstrument glänzte gülden. Die Passagiere saßen bequem auf reich gepolsterten Bänken, die zweifarbig ausgeführte Innenausstattung harmonierte mit dem Außenlack. Er war ein »Grand Routier«, der Kapitän.

Ein Novum beim Opel-Jahrgang 1951 war, dass die Motoren während der ersten 1000 Kilometer nicht mehr eingefahren werden mussten. Vom ersten Tage an durfte ihnen die Höchstleistung abgefordert werden. Opel bot den Kapitän '51 in Standardfarbtönen an (schwarz, grau, zwei Blautöne, olivgrün, sehr häufig war Maron, ein dunkler Rotton). Im letzten Produktionsjahr gab es einige

Kluger Schachzug: Wegen einer kleinen Konjunkturdelle senkte Opel Ende 1952 den Preis für den Kapitän. Findige Händler machten daraus einen »Winterpreis« und gestalteten ihr Schaufenster entsprechend. Aufnahme Dezember 1952 bei Opel-Häusler am Münchner Lenbachplatz.

Das Herz des Kapitän und des Opel Blitz, in etlichen Generationen: Der legendäre 2,5-Liter-Reihensechszylinder, über den so viel Gutes gesagt wurde. Zu Recht! Demonstrationsobjekt, aufgenommen im Mai 1952.

neue Farbtöne und auch Zweifarbenlackierungen. Der Kapitän '51 begann im März 1951 mit günstigen 9250 Mark, im August stieg der Preis auf 9850 Mark. Der Wagen musste erleben, dass schon eine leichte Wirtschaftsflaute gerade den Klassewagen zu schaffen machte. 1951 markierte das erste Jahr in der Nachkriegszeit, in dem es nicht mehr gar so steil bergauf ging. Ende 1952 reagierte Opel auf den nicht zufrieden stellenden Inlandsabsatz mit einer Preissenkung auf 8990 Mark.

Wer fuhr damals Opel Kapitän? In den seltensten Fällen ein Familienvater. Er konnte ihn sich nicht leisten. Der Kapitän war ein typischer Wagen für Handlungsreisende oder Handlungsvertreter, eine Berufsgruppe, die heute fast ausgestorben ist. Das waren Angestellte eines Unternehmens, die quer durch das Bundesgebiet auf Reisen Geschäfte abschlossen. Freiberufler fuhren ebenfalls gerne einen großen Opel, auch mittelständische Industrielle. Doch sie tendierten eher zum Mercedes 220. Ebenfalls ein Abnehmer des Kapitän waren Behörden, sie verwendeten ihn als Dienstwagen für leitende Mitarbeiter. Er diente auch als Streifenwagen der Autobahnpolizei. Nach wie vor gute Kunden waren die amerikanischen Besatzer, die ihren Fuhrpark zunehmend aus deutschen Fahrzeugen rekrutierten.

Kapitel 5:

Wirtschaftswunder in Pontonform

Der Opel mit Doppelname: Opel Olympia Rekord

Der Begriff Pontonform hat sich nach dem Krieg für die aktuelle Automobilkarosserieform eingebürgert, die keine freistehenden Kotflügel mehr aufweist und nahezu immer selbsttragend ausgeführt ist. Ihr prinzipieller Vorteil ist, dass die komplette Karosseriebreite dem Innenraum zu Verfügung steht. Sie galt als der Inbegriff der Modernität, und sie kam, wie sehr viele automobiltechnische Innovationen, aus den USA. Die Fahrzeuggeneration während der Kriegszeit in den USA entsprach noch der alten Schule, aber der Jahrgang 1949 setzte auf die Pontonform. Sehr schnell wurde sie im alten Europa aufgegriffen. Die erste deutsche Nachkriegs-Neukonstruktion in Pontonform war der Borgward Hansa 1500 von 1949.

Nun trug die Pontonform den systemimmanenten Nachteil jeglicher absoluten Neuerung in sich, dass sich die Menschen erst einmal daran gewöhnen müssen. Manche Hersteller setzten auf die totale Revolution und schufen ihre neuen Modelle in völlig ausgeprägter Pontonform, in Amerika und Deutschland setzte Ford auf diese Radikallösung. General Motors hingegen gehörte zu den Verfechtern der gemäßigten Pontonform. Der erste Ponton-Chevrolet, der Jahrgang 1949, trug noch Ansätze der hinteren Kotflügel, man wollte den Kunden nicht zu viel zumuten (auf dasselbe Rezept setzte Daimler-Benz mit dem Ponton-180er). Genau diese Formensprache übernahm der Opel Olympia Rekord des Jahrgangs 1953 – Chevrolet seinerseits war in eben diesem Jahr schon weiter und lancierte eine neue Modellgeneration in radikaler Pontonform, also ohne hintere Kotflügelausbuchtungen.

Sonntagnachmittag, nach einer arbeitsreichen Woche: Klappstühle und Klapptisch sowie ein charmanter Picknickkoffer. Das passt locker in den Kofferraum des Opel Olympia Rekord '53.

Sommer, Sonne, Urlaub, Wasser: roter Rekord '56 aus Erding in lauschig-alpiner Umgebung.

Gemäßigte Pontonform, laut GM-Auffassung dem deutschen Geschmack gerade noch zumutbar: angedeutete hintere Kotflügel am Olympia Rekord '53. Bemerkenswert ist der einzelne Nebelscheinwerfer auf der rechten Fahrzeugseite. Gut zu sehen ist das neue, elfenbeinfarbene Lenkrad.

Vier Herren, eine Flasche Cognac und recht gute Laune: Macht schon was her, die Front des Rekord '55, Zulassung in West-Berlin.

Der Opel Olympia Rekord '53 trug ein amerikanisches Kleid, Rüsselsheim durfte lediglich einige Kleinigkeiten eindeutschen und sich um stilistische Details kümmern. Gegenüber dem Vorgänger Olympia sah der Wagen hochmodern aus. Die Karosserie wuchs in Länge und Breite und war niedriger geworden. Vom Wachstum profitierte der Innenraum. Der Opel Olympia Rekord definierte fortan das Maß der arrivierten Mittelklasse. Er symbolisierte zwar nicht so sehr das Wirtschaftswunder wie sein größerer Bruder Kapitän, war aber dennoch ein Fanal des wirtschaftlichen und damit sozialen Aufschwungs im Nachkriegs-Deutschland. Wer ihn sich leisten konnte, hatte es zu etwas gebracht.

In seiner Klasse war der Opel Olympia Rekord der Marktführer, sein Hauptkonkurrent Ford mit dem Taunus 12m hinkte stets hinterher. Und auch absolut gesehen stand der Mittelklasse-Opel hervorragend da: Er war das am zweithäufigsten verkaufte Auto Deutschlands nach dem Volkswagen, und der nächste in der Skala der Bestseller war ebenfalls ein Opel, der Kapitän. Bis zu seinem Ende im Juli 1957 konnte der Olympia Rekord seine Position halten. Mit ihm verbunden ist der legendäre Slogan »Opel der Zuverlässige«, und seine treuen Besitzer honorierten seinen braven Dienst.

Drei Retouchen innerhalb von fünf Jahren: Opel setzte auf raschen Modellwechsel statt Konstanz, aber nur bei der Optik. Die Technik war bewährt und zuverlässig. Damals fand die IAA im Frühjahr statt. Im März 1953 präsentierte sich der brandneue Opel Olympia Rekord auf den Drehscheiben des Opel-Standes in Frankfurt. Nachdem Ford bereits im Vorjahr Schluss mit der automobilen Vorkriegs-Architektur gemacht hatte, zog Opel nach. Unterm Blech allerdings war der neue Opel alles andere als revolutionär. Er führte das Bewährte fort und blieb deswegen von Unzulänglichkeiten und Kinderkrankheiten verschont. Opel dachte sogar an die Reparaturfreundlichkeit und spendierte dem Olympia Rekord nicht nur vordere, sondern auch hintere angeschraubte Kotflügel. Vom Olympia erbte der neue Wagen die Vorderradaufhängung, eine moderne Neukonstruktion mit Querlenkern und Schraubenfedern. Die hintere Starrachse war in den 50er Jahren Stand der Technik, niemand bemängelte dies. Die wesentlich kleineren Räder hingegen (13-Zöller gegenüber 15 Zoll beim Vorgänger) wurden von Fachleuten allenthalben bekrittelt, aber es war damals einfach ein Trend, der sich durchsetzte. Der Nachteil der kleineren Räder war die schnellere Abnutzung der Reifen und die viel geringere Bodenfreiheit. Allerdings war

Das Automobil des arrivierten Bürgertums Mitte der 50er Jahre, das Symbol des Wohlstandes: Olympia Rekord '56 mit Weißwandreifen.

Kind am Steuer: Fürs Erinnerungsfoto vor der Pension ist das erlaubt. Schicker Rekord '57 mit Weißwandreifen und den ewig schwarzen Felgen.

Individualität vom Autolackierer vor Ort. Zweifarbige Lackierungen können sehr geschmackvoll sein. Aber nicht jede Art der Absetzung zweier Lackfarben ist geschmackvoll. Rekord '57 mit stolzen Eigentümern.

Auf den verwinkelten Sträßchen der französischen Seealpen zwischen Grenoble und dem Meer: Opel Olympia Rekord 1957.

Der Ponton: Vom Schwimmkörper zum Karosseriekörper

Das Wort Ponton war in den Jahren nach dem Krieg ein geläufiger Ausdruck. Denn vielfach waren Brücken gesprengt worden, um Nachschubwege zu zerstören oder das Vorrücken des Feindes zu verhindern. Diese Wege wieder gangbar zu machen, war eine der Aufgaben der Pioniertruppen. Zu ihrer Ausrüstung gehören, neben vielem anderen, auch Pontonbrücken. Ein Ponton ist ein einfach gestalteter und gehaltener Schwimmkörper. Man kann ihn auf dem Wasser transportieren, aber er ist nur eingeschränkt fahrtauglich und nicht angetrieben. Pontons können geschlossene und mit Luft gefüllte Hohlkörper sein, aber auch bootsähnliches Aussehen haben. Wenn eine Reihe solcher Schwimmkörper innerhalb eines Flussbettes aneinander montiert wird und darüber eine Fahrbahn oder ein Gleis angebracht ist, hat man mit relativ wenig Aufwand eine Behelfsbrücke geschaffen. Ihr Vorteil ist, dass sie im Kriegsfall nach der Benutzung durch die eigenen Truppen ziemlich schnell wieder abgebaut ist.

Das erste deutsche Automobil mit Pontonkarosserie ist der Hanomag Kommißbrot. Der Sport-Zweisitzer von 1927/28 ist definitiv der seltenste aller Hanomag 2/10 PS und zeichnet sich durch die für die Ellbogen ausgeschnittenen Flankenoberkanten aus. Und er hatte keine Türen.

Carl F. W. Borgward war der Pionier: Sein Borgward Hansa 1500 erschien 1949, orientierte sich stilistisch am amerikanischen Kaiser und war die erste deutsche Nachkriegs-Neukonstruktion in konsequenter Pontonbauweise.

Ein aussterbendes Genre: Die Cabriolimousine

Das Wort Cabriolimousine klingt wie ein Antagonismus, es passt nicht zueinander, das eine schließt das andere aus. Ein Cabriolet ist ein offener Wagen mit zurückklappbarem Verdeck, eine Limousine ist ein geschlossener Wagen mit einem Blechdach. Und doch gibt es die Karosserieform der Cabriolimousine. Darunter versteht man ein Mittelding zwischen beiden: Im geschlossenen Zustand sieht eine Cabriolimousine im Profil aus wie ihr Pendant mit festem Blechdach. Die Türen entsprechen denjenigen der Limousine, auch das hintere Seitenfenster. Eine Cabriolimousine verfügt über einen Rahmen um die Türen und die hinteren Seitenfenster.

In den 30er Jahren wurde die Ganzstahlkarosserie modern, ein Patent der amerikanischen Firma Budd Inc., und weltweit vermarktet. In Deutschland war Ambi-Budd der Lizenznehmer und zunächst die einzige Firma, die Ganzstahlkarosserien herstellte. Ambi-Budd baute sie im Lohnauftrag verschiedener Autohersteller. Um sie zu fertigen, bedarf es tonnenschwerer und sündhaft teurer Tiefzieh-Blechpressen. Das alleine verringerte das Angebot an Aufbauvarianten. Als dann auch noch die selbst tragende Karosserie in Mode kam und die Rahmenbauweise ablöste, wurde es strukturell immer schwieriger, eine Aufbauvielfalt anzubieten. Weil die selbst tragende Karosserie - nomen est omen – sich selbst trägt, bedarf sie eines festen Daches aus Stabilitätsgründen. Das machte offene Varianten sehr teuer, denn wegen des fehlenden Daches benötigten sie mannigfache Verstärkungen im Boden- und Schwellerbereich. Ein wunderbarer Kompromiss war die Cabriolimousine. Sie wurde nicht nur durch den Wagenboden zusammengehalten wie ein Cabriolet, sondern hatte die feststehenden Fensterrahmen als weitere Stabilitätspunkte.

Das offene Fahren war früher, in Zeiten ohne Autobahnen und allgemeiner Hektik, der Normalzustand, ein geschlossener Wagen galt als nobel. Dem Geist jener Zeit verhaftet, blieb Opel diesem Angebot nach dem Krieg treu. Übrigens: Eine Cabriolimousine wurde nahezu unverändert von 1948 bis 1980 gebaut, der Citroën 2CV. Er war der letzte Mohikaner.

Opel ließ die Gattung der Cabriolimousine im Laufe des Jahres 1956 sang- und klanglos auslaufen. Letztlich hat nur eine Cabriolimousine die Zeitenläufte überlebt, nämlich bis 1990: der Citroën 2CV, und zufälligerweise sehen wir sogar einen, nämlich direkt vor dem Opel – Aufnahme am 27. Juli 1957 in Freiburg/Breisgau.

Eine aussterbende Gattung war die Cabriolimousine in den 50er Jahren, einzig Opel hielt daran fest. Olympia Rekord '53 mit schweizerischer Zulassung neben Ford Taunus 17m P2 Kombi (dessen Bezeichnung damals so wenig »Turnier« lautete wie diejenige des Opel Kombis »Caravan«).

dadurch auch der Fahrzeugschwerpunkt niedriger, was wiederum der Stabilität in Kurven nutzte. Der Opel Olympia Rekord war ein angenehm zu fahrender, weich gefederter Wagen mit logischer Bedienung, gediegener Ausstattung und bequemen Sitzen. Vom Olympia erbte er den bewährten 1,5-Liter-Vierzylinder, durch erhöhte Verdichtung um ein PS stärker geworden. Dieser Motor war ausgereift und bekannt für seine Laufruhe, Sparsamkeit und Zuverlässigkeit. Der Olympia verkaufte sich bestens. Im Dezember 1953 schob Opel die Olympia Rekord Cabriolimousine nach. Sie gehörte zu einem aussterbenden Karosseriegenre, einzig bei Opel lebte es weiter. Zeitgleich mit der Cabriolimousine ergänzte Opel das Programm durch den verblechten Lieferwagen und den Caravan. Letzterer kam nunmehr direkt aus dem Werk. Zuvor waren Kombis durch Umbau serienmäßiger Lieferwagen von externen Karosseriespezialisten hergestellt und von Opel direkt vertrieben worden. Auch mit dem Caravan hatte Opel großen Erfolg: Vom Start weg wurde er zum Marktführer seiner Kategorie. Opel versuchte in den 50er Jahren, dem Vorbild der amerikanischen Konzernmutter folgend, jedes Jahr eine leicht geänderte Version auf dem Markt zu etablieren. Das wurde im saturierten Nachkriegs-Deutschland nicht ungerne gesehen, bewies dies doch dem Nachbarn stets, dass man sich ein brandneues Auto leisten konnte. Andererseits machte diese Modellpolitik aus dem Vorjahresmodell bereits einen alten Wagen, was sich auf die Gebrauchtwagenpreise niederschlug. Opel hielt diese Modellpolitik während der ersten Olympia-Rekord-Generation durch, strich aber dann die Segel. Das europäische Publikum wünschte eher Modellkonstanz als den zu raschen Wechsel. Während seiner fünfjährigen Bauzeit musste der Olympia Rekord drei Überarbeitungen über sich ergehen lassen. Das Modell '53 war 13 Monate im Programm (März 1953 bis August 1954), der Olympia Rekord '55 lebte 12 Monate (August 1954 bis Juli 1955), der '56er war auch 12 Monate aktuell (August 1955 bis Juli 1956), ebenso lange die ultimative Version, das '57er Modell (August 1956 bis Juli 1957).

Im Sommer 1954 folgte die erste Überarbeitung mit vergrößertem Heckfenster und neu gestaltetem Kühlergrill, nunmehr horizontal geteilt und von runden anstelle trapezförmiger Blinker flankiert. Die hintere Seitenzierleiste mündete nun in den anders gestalteten Rücklichtern, neu war ein kombiniertes Zünd-/Anlassschloss. Als Einsteigermodell fungierte nun der Olympia (ohne Suffix Rekord) mit sehr einfacher Ausstattung. Beim Caravan und Lieferwagen war die einfache Ausstattung obligat.

Beim 1956er Modell gab es erneut einen neuen Kühlergrill, nun ein einfaches, in Chrom gefasstes Maschengitter. Die Stoßstangenhörner entfielen, was den Olympia Rekord breiter erscheinen ließ. Die vorderen Blinker wurden wieder eckig, und auf dem Zenit der vorderen Kotflügel fanden sich verchromte Peilstege. Die 1956er Überarbeitung machte auch vor technischen Komponenten nicht Halt: Die Motorleistung stieg um 5 auf 45 PS, eine Kugelumlauf- ersetzte die Schneckenrollenlenkung. Die Cabriolimousine erlebte ihr letztes Jahr.

Der Endausführung von 1957 war die weitreichendste optische Veränderung seit Einführung der Modellreihe beschieden. Opel modellierte den Wagen so um, dass er dem ein Jahr zuvor präsentierten Kapitän ähnelte: Die Silhouette wirkte viel gestreckter. Opel erreichte dies durch eine Verlängerung der vorderen Kotflügel über die Scheinwerfer hinaus (»Schirmchen«) und wiederholte dieses Rezept hinten, was zu angedeuteten Heckflossen führte. Augenfälligste Änderung war aber das um zwei Zentimeter flachere Dach, als Extra mit Stahlschiebedach lieferbar. Die umfangreichen Karosseriemodifikationen beschränkten sich auf die Limousine. Beim Caravan und Lieferwagen wurde nur der Vorderwagen verändert. Das GM-Montagewerk im Schweizerischen Biel bot den '57er Caravan in einer besonders feinen Version an, äußerlich durch viel Chrom und eine doppelt abgesetzte Zweifarblackierung zu identifizieren. Innen entsprach er dem Olympia Rekord, während Rüsselsheim den Caravan nur in der vereinfachten Olympia-Ausstattung anbot. Der Bieler Luxus-Rekord hieß Rekord Ascona, hergestellt für den Heimatmarkt. Der Rekord Ascona '57 verfügte über alle werksseitig lieferbaren Einzelextras plus eine sehr schicke, zweifach abgesetzte Zweifarbenlackierung. Auch den Rekord P I und P II boten die Schweizer in der Luxusversion Rekord Ascona an. Von der kompletten Modellreihe liefen 581.922 Exemplare vom Fließband, darunter 92.192 Caravan und 25.422 Lieferwagen.

This Car is a Van

This car is a van. Dieses Auto ist ein Lieferwagen – so lautet die deutsche Übersetzung, und Opel zog den englischen Satz zusammen und kreierte daraus das Wort Caravan. Anfangs wurde es sogar CarAVan geschrieben. Opel hätte auch Kombi dazu sagen können. Auch das ist eine Abkürzung, und zwar für Kombinationswagen. Beides besagt das gleiche: Es handelt sich um eine Fahrzeuggattung, die sowohl als Pkw wie auch als Lieferwagen fungiert. Diesen automobilen Kompromiss gibt es noch gar nicht so lange.

Zunächst war die Trennung klar: Personenwagen auf der einen, Lastwagen auf der anderen Seite. Anfang der 30er Jahre dann wurde zunehmend im Stadtlieferverkehr ein neues Genre nötig, ein kleiner Lieferwagen auf Pkw-Chassis. Mitte der 30er reagierte Opel auf die gestiegene Nachfrage und produzierte einen kleinen Lieferwagen auf Opel-P4-Basis in Serie, den Opel Geschäftswagen. Die Tradition des Geschäftswagens setzte Opel nach dem Kriege fort und offerierte den Olympia ebenfalls als Lieferwagen, direkt vom Band. Fortan waren diese kleinen Lieferwagen das ideale Fahrzeug zur Warenauslieferung innerhalb der Stadt, ein Auto für Einzelhändler, denen die richtigen Transporter à la VW Bulli oder Ford Taunus Transit eine Nummer zu groß und Dreiradlieferwagen eine Nummer zu klapprig waren.

Zuvor schon, ab Ende der 20er Jahre, entwickelte sich ein völlig neues automobiles Genre in den USA, genannt Farmer Car (Bauernauto) oder Station Car. Das waren Kombis auf Pkw-Basis mit verglasten Seitenscheiben. Ihr vorderer Teil bestand aus denselben

Runde statt längliche Blinker zeichnen den '55er Rekord aus, hier als Caravan auf einer Fähre zu sehen.

Rekord '55 Caravan in Diensten der ÖAMTC-Straßenwacht. Der ÖAMTC ist das österreichische Äquivalent zum deutschen ADAC.

Der Kapitän-Linie angepasst: Neue Frontpartie am Rekord '57, die Kotflügel dachförmig über die Kotflügel vorgezogen. Lieferwagen aus Kiel mit Werbung für ein Dortmunder Bier.

Blechteilen wie bei den jeweiligen Basis-Limousinen. Der Rest war beste Stellmacherarbeit: Der komplette Aufbau bestand aus Holz, das Gerippe meist Eschenholz, die eingelegten Tafeln aus Cabun oder Mahagoni, was die Aufbauten zweifarbig erscheinen ließ. Das Fahrzeugdach war entweder mit Kunstleder verkleidet oder aus Blech. Diese Fahrzeuge strahlten ein Stück Romantik aus der Zeit des Pferdewagens aus. Die Amerikaner hatten rasch einen netten Namen dafür parat: Woodie, holprig übersetzt Holzi.

Nach dem Krieg kam hierfür auch in Europa ein Bedarf auf. Aus Holz waren die hiesigen Karosserien nicht. Die frühen Opel Kombis basierten auf den Lieferwagen, externe Karosseriers verglasten die verblechten Seitenteile und bauten eine umklappbare Rücksitzlehne ein, sodass aus dem Fünfsitzer rasch ein zweisitziger Kombi mit großer Ladefläche wurde.

Opel nahm den Olympia Kombi ins offizielle Programm auf. Hergestellt wurden die Umbauten von Autenrieth (Darmstadt), Miesen (Bonn), Rappold (Wülfrath) und Popp (Windach bei Landsberg). Die Kastenwagen wurden vom Werk direkt zum Karosseriebauer spediert, innerhalb von zwei bis drei Tagen war der Umbau inklusive Lackierarbeiten fertig, die Kosten beliefen sich auf gut 1100 D-Mark. Die nächste Generation, also der Olympia Rekord zwischen 1953 und 1957, lief bereits als Kombi vom Rüsselsheimer Band. Opel wollte das Geschäft mit den begehrten Fahrzeugen selber machen und nicht mehr den Externen überlassen. Für den '53er Olympia Kombi wurde das Wort Caravan kreiert.

In Europa blieb der Kombi lange Zeit ein Handwerkerauto und wurde ewig nicht zum Familienfahrzeug. Ein Opel Caravan musste schuften. Er trug einen Dachgepäckträger und seine Ladefläche war schmutzig. Erst in den 60er Jahren schaffte es der Kombi im allgemeinen und der Opel Caravan im speziellen, sein Arbeiterimage abzulegen und salonfähig zu werden. Stets gab es den Opel Rekord auch als verblechten Lieferwagen, doch diese Gattung wurde zusehends uninteressant in der Opel-Heimat, weil die richtigen Transporter den Fahrkomfort eines Pkw aufwiesen. Im Export waren sie weiterhin begehrt, weil sie in vielen Ländern Steuervorteile genossen. Solange es den Rekord gab, also bis 1986, baute Opel eine Lieferwagenversion.

Der Käpt'n im Ponton-Kleid: Opel Kapitän '54

Ein hervorragend eingeführter Wagen war der Opel Kapitän. Ein Sechszylinderwagen war damals wie heute ein Statussymbol, und während die Mercedes-Wagen für viele unerreichbar blieben, bewegte sich ein Opel Kapitän in preislichen Sphären, die für einen zwar wohlhabenden aber immer noch bodenständigen Bürger erschwinglich waren. Das brachte den großen Opel auf Platz Drei

Die Präsentation eines neuen Opel Kapitän war in den 50er Jahren eine mittlere Sensation. Die Interessenten strömten geradezu zu den Opel-Händlern. Diese wiederum machten daraus ein Ereignis und zählten in Tageszeitungen die Tage bis zur Präsentation rückwärts – so wie Kinder die Tage bis Weihnachten.

Diese schicke Blondine ist die »Wetter-Susi« der Münchner Abendzeitung. Sie posiert auf einem '54er Kapitän, der ohnehin schon geschmückt ist.

Kapitän'54 als Fernsehübertragungswagen mit Karosserie von Leonhard Dreier in München. Aufnahme anlässlich des Ehrentages der Kavaliere am Steuer auf dem Münchner Königsplatz am 11. September 1954.

der deutschen Zulassungsstatistik nach dem Volkswagen und dem Opel Olympia Rekord. Nicht nur der Preis war das ausschlaggebende Argument für den Kapitän. Er war einfach ein gutes und ausgereiftes Auto. Ihn zu kaufen war schlichtweg kein Fehler.

So schnell die Modellwechsel in der Opel-Kapitän-Geschichte teilweise auch gewesen sein mögen, so sehr betrieb Opel in der Technik Konstanz. Der prachtvolle Kapitän-Motor hielt erstmals im November 1936 Einzug in den Opel Super 6. Und er blieb, mit steten und sinnvollen Modifikationen versehen, bis August 1965 im Programm. Das ist eine knapp 30jährige Karriere. Dass ein solches Aggregat ausgereift sein muss, versteht sich von selber. Mit 68 (ab Oktober 1954: 71) PS leistete der bewährte Motor wesentlich mehr als im Vorgänger (58 PS), war aber noch lange nicht am Ende seines Potenzials. Erreicht wurden die zehn Mehr-PS durch höhere Verdichtung, eine neue Nockenform und bessere Füllverhältnisse. Eine Neukonstruktion war auch das Dreigang-Getriebe, die beiden oberen Gänge waren synchronisiert, geschaltet wurde über eine Lenkradschaltung.

Der erste Opel im neuen Stil der Pontonform war der Olympia Rekord. Und doch trug er noch angedeutete hintere Kotflügel. Einen

Ein Schwarzweiß-Foto, nachträglich koloriert: Sieben Opel Kapitän '54 in einer Reihe, Neuwagen, aufgenommen auf dem Hof eines Opel-Händlers. Der vordere Wagen trägt eine Sonnenschute und Radkappen als Speichen-Attrappen.

Schwarzer Kapitän mit Weißwandreifen und Radkappen mit Speichen-Attrappen. Das war damals der letzte Schrei. Die Amerikaner zierten ihre Fahrzeuge damit. Und deshalb taten es die Deutschen auch.

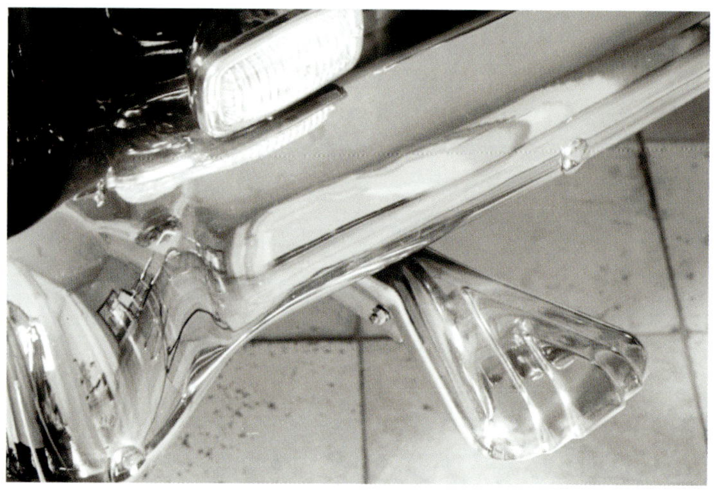

Glänzende Accessoires, braucht kein Mensch. Die Auspuffkralle hatte keinen sittlichen Nährwert. Aber sie sieht einfach nur schön aus. Ebenfalls aus dem Zubehör-Programm: Rückfahrscheinwerfer für den Kapitän '54.

Schritt weiter ging Opel mit dem acht Monate später präsentierten Kapitän. Bei ihm ist die Pontonform voll ausgebildet, von vorne bis hinten eine gestreckte, einheitliche Linie. Der Opel Kapitän '54, vorgestellt im November 1953 und bis August 1955 gebaut, war bis auf den Motor eine völlige Neukonstruktion. Er war eine stattliche Erscheinung, mit 4,71 Metern Länge ein großer Wagen und durch sein gerundetes Dach immerhin 1,76 Meter hoch. Eine beträchtliche Innenraumhöhe war damals gefragt. Denn die Herren trugen Hut und die Damen liebten hoch gekämmte Frisuren. Auch

Dreiteilige Heckscheibe à la Cadillac

Gebogenes Glas ist heute eine Selbstverständlichkeit. Das war nicht immer so. Zunächst konnte Glas nur völlig plan hergestellt werden. Mit zunehmendem Fortschritt gelangen leichte Krümmungen. Aber richtig gebogene Scheiben, zudem aus Sicherheitsglas, waren zu vertretbaren Preisen in großer Serie erst ab Mitte der 50er Jahre möglich. So setzte GM beim Cadillac ab 1948 auf die dreigeteilte Heckscheibe mit sehr dünnen Streben. Diese Scheibe wirkte bei flüchtiger Betrachtung wie eine stark gekrümmte Einheit. Dieses Stilmerkmal erbte der Opel Kapitän '54 vom amerikanischen Konzernbruder.

Die stark gewölbte und deshalb dreiteilige Heckscheibe debütierte bei Cadillac im Jahre 1948 beim Typ Sixty Special.

ansonsten genossen bis zu sechs Mitfahrer genügend Freiheiten im Innenraum. Vorne verfügte der Opel Kapitän über eine Sitzbank, denn kein Mittelschalthebel störte. Geschaltet wurde am Lenkrad, und dieses musste, der Mode entsprechend, ebenso elfenbeinfarben sein wie die Bedienknöpfe. Anfang der 50er Jahre war der so genannte Rock'n'roll-Stil noch nicht auf seinem Höhepunkt angelangt, und so gab sich das Interieur zwar sehr gepflegt, aber nicht chromüberladen. Überhaupt Chrom: Der Opel Kapitän '54 und auch sein modifizierter Nachfolger bis Februar 1958 bestachen durch eher sparsam und somit wohl verwendete Chromleisten, nichts Übertriebenes.

Die Seitenlinie wurde durch eine mitten in der hinteren Türe auslaufende Zierleiste gestreckt, für eine weitere Auflockerung der Flanke sorgte eine ab dem hinteren Radausschnitt zur Stoßstange hin verlaufende Sicke. Die 13-Zoll-Felgen vermittelten dem Fahrzeug noch mehr den Eindruck schierer Größe. Diese schiere Größe war auch im Kofferraum vorhanden. Ein riesiges Abteil, das nicht nur das Urlaubsgepäck einer ganzen Familie locker aufnahm, sondern auch die vielen Musterkoffer der Handlungsreisenden, die bevorzugt Opel Kapitän fuhren. Die Front des Opel Kapitän war verspielt. Die relativ große Kühleröffnung erhielt ein eingesetztes, in Wagenfarbe lackiertes Querblech mit zwölf Chromleistchen, auf dessen Höhe die vorderen Blinker saßen, darunter waren die optionalen Nebelscheinwerfer angebracht. Den Kapitän '54 konnte sich der Opel-Kunde mit Einzelextras individuell gestalten. Besonders beliebt waren Zweifarblackierungen. Ebenfalls ein sehr gefragtes Extra war das große Golde-Schiebedach. Es bedeckte nahezu die komplette Dachhaut und war aus Planenstoff. Für den Export gab es getönte Scheiben. Gerne gekauft wurden so genannte Händler-Extras. Das waren Zubehörteile, die entweder von Opel selbst produziert oder lizenziert waren, aber nicht am Fließband eingebaut wurden oder Teile externer Hersteller, die vom Opel-Händler vertrieben und eingebaut wurden. Da gab es beispielsweise Ventilatoren gegen das Beschlagen der Heckscheibe, Zigarettenspender zur Montage an den Innenspiegel, Radzierringe aus poliertem Aluminium, Standartenständer für die Kotflügel, an die ADAC- oder sonstige Wimpel befestigt wurden, Kokos-Fußmatten, Kuschelkissen im auf den Innenraum abgestimmten Stoffdesign, die beliebte verchromte Auspuffkralle, selbst Außenspiegel waren eine Zubehör-Angelegenheit.

Der 1954er Opel Kapitän kostete 9660 D-Mark. Es wurden 61.543 Wagen dieser Baureihe produziert, zwei Drittel davon gingen in den Export.

Tricks und Kniffe der Stilisten: Opel Kapitän '56

Dank stilistischer Tricks wurde aus dem '54er Opel Kapitän ein Auto, das der letzten Mode entsprach. Der '56er war nur ein Facelift, aber ein sehr geglücktes. Es ist erstaunlich, was ein paar Bleistiftstriche bewirken können. Sie machten aus dem etwas

In Berlin zugelassener Opel Kapitän '56 in alpiner Umgebung, quasi das Sinnbild dessen, wofür ein großer Sechszylinderwagen geschaffen wurde. Die Buchstaben »KB« auf dem Kennzeichen stehen für Kommandantur Berlin. Aufnahme auf der Route d'Hiver bei Saint-Maurice im schweizerischen Kanton Wallis.

»Nimm mich mit, Kapitän, auf die Reise«: Dieser Evergreen aus dem Musical Käpt'n bye-bye war in aller Munde, interpretiert von Hans Albers und Freddy Quinn. Er stand metaphorisch für die Reiselust der Deutschen in den 50er Jahren, und Opel machte sich das geflügelte Wort in der Werbung zu nutze: Geschmückter Kapitän mit hübscher Kapitänin auf dem Dach.

Frau am Steuer: Szene von der 4. Deutschen Damen-Rallye in Ittersbach bei Karlsbad/Baden. Kapitän '56, gefolgt von Olympia Rekord.

pummeligen Opel Kapitän '54 ein modernes Auto. Im September 1955 erschien der Kapitän '56. Seine Anmutungsqualität war mit einer künstlerischen Leichtigkeit verändert worden, und genau diese Leichtigkeit symbolisierte der Wagen durch seine Erscheinung. War der Vorgänger ein typischer Vertreter der frühen Pontonform, eben ein Symbol der ersten Hälfte der 50er Jahre, bauchig, ein bisschen dick, ausladend, so hauchten die US-Designer dem neuen Kapitän für die zweite Hälfte der 50er Jahre so viel Modernität ein, dass er fast einem neuen stilistischen Anspruch nachkam.

Der 1955er Jahrgang bei General Motors betonte das horizontale Moment. Das heißt, es wurden alle erdenklichen Tricks angewandt, um die Wagen im Profil länger erscheinen zu lassen. Das begann mit der Dachhöhe. Ein niedrigeres Dach streckt die Optik. Der nächste Kniff: Der Wagenkörper musste gestreckt werden. Dies geschah im vorderen Bereich durch eine Verlängerung der Vorderkotflügel über die begrenzenden Scheinwerfer hinaus. Die Leuchten wurden quasi überschirmt. Im Heckbereich wurde die Karosserie verlängert, indem die anschwellende Mode der Heckflossen eingeläutet wurde. 1955 noch zaghaft, 1956 schon ausgeprägter, und bis 1959/60 reckten die US-Cars abnormale Gebilde in die Luft.

Dieses Rezept, die optische Streckung der Profillinie, wandten die GM-Designer in Detroit auch beim Opel Kapitän an. Gegenüber dem 1954er Modell war der Opel Kapitän '56 insgesamt 25 cm länger und 4 cm flacher. Dabei wurde die ursprüngliche Rohkarosserie lediglich überarbeitet, nicht komplett neu gestaltet. Auch die Pressteile der Türen blieben identisch. Für das Auge, also nicht in schieren Dimensionen messbar, länger wurde er durch eine geschickte Verwendung des Chromzierrats. Das 1956er Modell trug zwar keine von vorne bis hinten durchgehende Zierleiste. Sie endete am hinteren Abschluss der hinteren Türe. Aber sie fand eine parallele Fortsetzung bis nach ganz hinten, aufgelockert durch einen nach unten führenden Absatz. Während diese Überarbeitung die Kür der US-Stilisten darstellte, war der Rest ihrer Arbeit einfach nur Pflicht. Ein elegantes Kühlergitter ersetzte die zerklüftete Front mit den Haifischzähnen, die Windschutzscheibe wurde nach oben vergrößert, Stoßstangen ohne Hörner ließen den Wagen breiter erscheinen als seinen Vorgänger, obgleich er es nicht war.

Der legendäre 2,5-Liter, im Kapitän '56 mit 75 PS Leistung, hängt an einem damals brandneuen Motordiagnosegerät von Bosch.

Der Südwestfunk in Baden-Baden präsentiert seine Flotte an Schnellreportagewagen im Jahre 1957. Die Kameramänner sind gleichzeitig die Fahrer.

Ein einmaliges Stück: Kapitän '56 als Cabriolet von Autenrieth.

Eigenwillige Linienführung, in kleiner Serie entstanden: Zweisitziges Coupé des Karosseriebauers Leonhard Dreier aus München.

Die Dame ist Luxus. Das Auto ist Luxus. Der Wirtschaftswunderdeutsche hatte Träume, und der Kapitän erfüllte sie ihm.

Eine hinreißend elegante Schöpfung ist das viersitzige Coupé des Darmstädter Karosseriebauers Autenrieth, 1956 als Unikat entstanden.

Das gekrönte »L«: Das Signum für Luxus im Kapitän. Ein mit einem einzigen Buchstaben ausgedrückter Beweis, dass sein Eigentümer mehr als 10.000 D-Mark für seinen Wagen ausgeben konnte.

Technisch unterschied sich der 1956er Kapitän kaum vom Vorgänger: vorne um 33 mm verbreiterte Spur, geänderter Stabilisator, 75 statt 71 PS, dadurch etwas mehr Drehmoment, aber kaum gestiegene Höchstgeschwindigkeit (von 138 auf 140 km/h; Spurt auf Tempo 100 in 20 statt 23 Sekunden). Wer darüber enttäuscht war, freute sich wenigstens über die serienmäßige Lichthupe, die auf der Autobahn den Schwächeren weg blies. Das Dreiganggetriebe war ab August 1956 voll synchronisiert.

Mit dem '56er Modell bot Opel erstmals einen Kapitän L an. L steht für Luxus und bedeutet sozialen Aufstieg. Der kleine Buchstabe machte aus dem Kapitän den Luxus-Kapitän. Dieser kleine Buchstabe war als Schriftzug ein graphisches Meisterwerk, golden eloxiert und dynamisch geschwungen gestaltet. Jener Buchstabe bedeutete nicht nur ein verbessertes Auto mit mehr Luxus. Manch einem Kunden war das sogar zu banal. Damals wollte man mehr zahlen um zu demonstrieren, dass man sich mehr leisten konnte. Opel schaffte es mit dem Kapitän L, den Verkaufspreis erstmals über die magische 10.000-D-Mark-Schwelle zu hieven. Kostete ein Standard-Kapitän damals 9.350 D-Mark, so war das L-Modell genau 900 D-Mark teurer. Natürlich blieb er damit nach wie vor weit unter dem Niveau eines Mercedes 220 (12.500 D-Mark). Aber die beiden Rivalen auf dem deutschen Sechszylindermarkt näherten sich einander an. Opel wertete den Kapitän durch die Luxusversion auf, gleichzeitig wertete Daimler-Benz den 220er durch die Einfachversion mit Namen 219 ab, die für 10.500 D-Mark zu haben war. Das heißt, der teuerste Kapitän kostete nun gleich viel wie der preiswerteste Sechszylinder aus dem Hause Daimler-Benz. Nun war es nicht mehr eine Frage des Geldes, ob man einen Kapitän oder einen Mercedes fuhr. Man konnte beruhigt zum Opel greifen, ohne sich in den Augen seiner Freunde im wohl betuchten Milieu schämen zu müssen.

Interessanterweise gab sich, entgegen dem Trend, der Opel Kapitän optisch dezent. Von außen sah man ihm die Luxusausstattung nur am Grill an, den das Opel-Signet schmückte, wobei auf der Motorhaube ein goldenes Wappenornament saß. Das dynamisch geschwungene L-Zeichen, ebenfalls gekrönt, prangte an den hinteren Türen und dem Kofferdeckel, zusätzliche Chromleisten unter den Fenstern fielen kaum auf. Endlich spendierte Opel dem Kapitän Radzierringe. Fast alle Kapitän-L-Eigner investierten in optionale Weißwandreifen. Opel sprach vom »unaufdringlichen, doch deutlich wahrnehmbaren Schmuck«.

Das wahre L saß innen: Einzelsitze vorne – anstelle der durchgehenden Sitzbank – mit Lehnen, die sich bis zur Waagerechten verstellen ließen. Das Armaturenbrett war modifiziert, oben mit Kunstleder bezogen, auf der Beifahrerseite sogar gepolstert, und trug einen schönen, verchromten Lautsprecheraufsatz. Handschuhfach und Zigarrenanzünder beleuchtet, Scheibenwaschanlage, abblendbarer Innenspiegel, gepolsterte Sonnenblenden mit Make-up-Spiegel, ein Türschloss auch in der Beifahrertüre und obendrein eine verbesserte Frischluftheizung – es ist ein interessanter Aspekt, dass ein Großteil der Luxus-Merkmale gar kein reiner Luxus waren, sondern eher der Fahr- respektive der Insassensicherheit dienten. Purer Luxus hingegen waren die feineren Stoffe (eine Art Cord-Stoff), auch die Türinnenverkleidungen waren aufgewertet. Selbst der Dachhimmel war mit einem feineren Bezug ausstaffiert, die Rücksitzlehne trug eine herausklappbare Mittelarmlehne, an den Rückenlehnen der Vordersitze prangten Ablagenetze, über allen Türen waren am Dachhimmel elastische Haltegriffe montiert und, ganz wichtig in den 50er Jahren, jeder Fahrgast hatte einen Aschenbecher in Reichnähe. Dabei muss man sagen, dass auch ein Standard-Kapitän ein fein ausgestatteter Wagen war. Manches im L-Modell war anders um des anders-sein-Willens. Rückfahrscheinwerfer gehörten wie Nebelscheinwerfer ebenfalls zum L-Paket. Sie leistete sich aber auch fast jeder Eigentümer eines Standard-Modells. Denn wenn keine Nebelscheinwerfer montiert waren, prangten unterhalb der Scheinwerfer völlig unbegründet wirkende Löcher mit einem verchromten Ring und einer schwarzen Abdeckplatte. Das sah aus, als hätte das Werk etwas vergessen.

Ab Mai 1957 gab es für den Opel Kapitän gegen 650 D-Mark Mehrpreis einen elektrischen Overdrive. Das ist eine Art Schon- oder Spargang, eine in Lizenz gebaute, amerikanische Borg-Warner-Erfindung. Ein Overdrive ist ein dem normalen Dreigang-Getriebe nachgeschaltetes, einstufiges Planetengetriebe mit Freilauf, mit 0,7:1 untersetzt. Praktisch funktioniert der Overdrive so, dass der Fahrer normal sein Dreigang-Getriebe schaltet, und der Overdrive abhängig von Tempo, Belastung und Gaspedalstellung automatisch schaltet, aber nur oberhalb von 50 km/h. Dadurch läuft der Motor mit einer rund 30 Prozent niedrigeren Drehzahl als ohne Overdrive, verbraucht entsprechend weniger, macht weniger Lärm und vermittelt mehr Gelassenheit beim Fahren.

Maingold: Der goldene Kapitän

Viel Text für eine Werbeanzeige. Doch Opel hat auch Wichtiges zu vermelden. Der zweimillionste Opel lief am 9. November 1956 vom Band. Grund genug zum Feiern. Eingebunden in die ausgiebigen Festivitäten waren Mitarbeiter, Händler und natürlich die Kunden. Der Werbetext erschien im Herbst 1956 in den großen Tageszeitungen und Fachzeitschriften: »Ein Markstein in der Geschichte des Automobilbaus! Ein Höhepunkt in der Geschichte des Opel-Werkes: Der zweimillionste Wagen lief in einem der modernsten Karosserie- und Montagewerke der Welt vom Band – im Neubau K40 in Rüsselsheim. Es war ein Kapitän '57. Weitblickende konstruktive Planung, technische Gewissenhaftigkeit und fortschrittliche Fertigungsmethoden führten zu diesem Erfolg. Zwei Millionen Wagen, und jeder hat den Namen Opel in die Welt getragen ... als Begriff für Güte und Zuverlässigkeit. Weiter rollt Wagen um Wagen vom Band, jeder ein neues Glied in einer

»Roll-out« des Zweimillionsten am 9. November 1956: Opel feierte das Produktionsjubiläum gleichzeitig mit der Einweihung des neuen Werkes K40. Im zweiten Halbjahr 1956 hatte Opel viel zu feiern.

Beide Ereignisse waren eng miteinander verknüpft, denn der Zweimillionste lief im neuen Karosseriewerk K40 vom Band.

Der Jubilar tourte zusammen mit einem Opel-Lutzmann von 1899 durch die Ausstellungsräume der großen Opel-Händler, und gleichzeitig fand die Verlosung statt. Fahrzeug Nummer 2000003 wartet bei Opel-Häusler in München auf seinen Gewinner.

And the winner is dieses Ehepaar! Der Firmenchef hält in bedeutsamer Pose eine bedeutsame Rede, der Gewinn wird in den Häusler-Repräsentations- und Ausstellungsräumen am Lenbachplatz feierlich übergeben.

langen Erfolgskette. Eine besondere Bestimmung aber haben die ersten Wagen nach dem Zwei-Millionen-Kapitän. Denn ein solches Ereignis ist Grund genug zur Freude ... an der Sie teilhaben können. Drei Kapitän-, sieben Rekord- und vier Olympia-Wagen verlassen nach dem Jubiläums-Kapitän das Band.

An alle in der Folge des Produktionsjubiläums verkaufte Opel-Wagen wurde diese geprägte Plakette angebracht. Das geschah nicht im Werk. Es war Aufgabe des jeweiligen Händlers.

Einer davon kann Ihrer sein. Darum machen Sie mit beim Opel-Jubiläums-Quiz.« Es war ein Multiple-Choice-Quiz im November 1956 mit acht Fragen und jeweils drei möglichen Antworten, die alle mit der automobilen Geschichte des Hauses Opel zu tun hatten. Medienwirksam wurden die Gewinner des Quiz' in Szene gesetzt, feierlich war die Übergabe. Das war Sache der großen Regionalhändler. So wurde einer Familie aus dem Münchner Nobelvorort Grünwald ein Opel Kapitän, Wagen Nummer Zweimillionendrei, in den Räumlichkeiten des Münchner Opel-Händlers Häusler übergeben.

Eigene Feierlichkeiten richtete Opel für die Mitarbeiter, die Presse und die Händler aus, das alles fand in Rüsselsheim statt. Ein Riesenspektakel für Mitarbeiter und natürlich die Presse war das »Roll-out« des zweimillionsten Wagens. Der Opel Kapitän ist cremeweiß lackiert, trägt ein goldmetallicfarbenes Dach und Weißwandreifen. Sein Clou sind die Chromteile: Alle Blankteile sind 24 Karat vergoldet statt verchromt. »Maingold« wurde er genannt.

Die Belegschaft profitierte von Opels Jubelstimmung durch eine große, interne Verlosung: acht Opel und 20 Frigidaire-Kühlschränke wurden am 17. Dezember 1957 verlost. Alle Opel-Fahrzeuge, die im Herbst 1956 verkauft wurden, trugen eine kleine, selbstklebende Prägeplakette mit der Aufschrift »2 Millionen Opel Wagen 1898–1956«. Die Händler brachten sie an den ausgelieferten Fahrzeugen an. Ein großes Fest war die Einladung deutscher und ausländischer Opel-Händler nach Rüsselsheim am 29. November 1956. Opel legte sich ins Zeug und lud in die Rüsselsheimer Stadthalle mit Werksbesichtigung, Preisverteilung, großem Galamenü und dreistündiger, bunter Unterhaltung. Conferencier war Showmaster Heinz Schenk (»Zum Blauen Bock«), Opel lud das Ballett des Wiesbadener Staatstheaters und das Orchester Werner von Overheidt ein, für Gesang sorgten das Kölner Hansenquartett und die Hamburgerin Gisela Griffel – alles bekannte Persönlichkeiten damals.

Abgesehen von der Ehre, zum Opel-Jubiläum eingeladen zu werden, war für die führenden Opel-Händler natürlich die Führung durch das brandneue Opel-Werk K40 interessant. Fast zeitgleich mit dem Jubiläum, im August 1956, lief auch die Produktion im neuen Opelwerk K40 in Rüsselsheim an. Damals eine völlige Neuerung war, dass die Fahrzeuge nicht typbezogen vom Band liefen (also Rekord-Montage und Kapitän-Montage separat), sondern gemeinsam. Durch diese neue Produktionslogistik des 28 Kilometer langen Fließbandes konnte der Ausstoß wesentlich erhöht werden. Möglich waren bis zu 1000 Opel pro Tag, also einer pro Minute. Um die steigende Nachfrage erfüllen zu können, baute Opel innerhalb von zwei Jahren auf dem Werksgelände die neue Fabrik mit Presswerk, Karosseriebau und Fertigmontage. Damalige Kosten: 335 Millionen D-Mark.

Stresstest für Neuwagen: Das Rüsselsheimer Prüffeld

Welchen Wunsch haben der Autokäufer und der Autohersteller gemeinsam? Denjenigen, dass der Kunde zufrieden ist. Dann kauft er nämlich wieder einen Wagen des gleichen Herstellers und aus einem Kunden wird ein treuer Kunde. Zufrieden ist der Käufer, wenn ihm sein Auto lange Zeit treue Dienste leistet. Hier beginnt das Dilemma. Der Hersteller will ja, dass der Kunde möglichst rasch wieder ein neues Auto kauft. Also muss er sein Auto so fertigen, dass der Fahrer zufrieden ist, aber akzeptiert, dass er nach einer gewissen Zeit einen Ersatz braucht, möglichst vom selben Hersteller. Also müssen die Autofirmen ihre Produkte ungefähr in gleicher Qualität bauen. Nur so heißt es der Kunde für gut, dass die Halbwertszeit von Autos eben so lange dauert, wie sie dauert.

In den 50er Jahren lebten Autos durchschnittlich viel kürzer als heute. Das lag weniger an der Mechanik. Sie war recht dauerhaft, weil ihr keinerlei Elektronik den Garaus machte. Es lag an der Karosserie. Damals gab es nahezu keinen Rostschutz, und in Frühzeiten der selbst tragenden Karosserien hatten die Konstrukteure deren Hohlräume kaum im Griff. Großzügige Verwendung von Streusalz tat ein Übriges. Lebt ein heutiges Auto durchschnittlich zwölf Jahre, so war ein Wagen in den 50ern

Erprobung eines Rekord P I im späten Vorserienstadium auf der Folterstrecke. Der Wagen trägt weder Chrom noch ein Opel-Zeichen.

Wasserdurchfahrt auf dem Prüffeld, Dichtigkeitstest für einen Vorserien-Kapitän '54. Aufnahme vom 15. September 1953, also noch bevor der Wagen im November offiziell vorgestellt wurde.

Hier ist der Rekord P I bereits im Serienzustand: Demonstration seiner Dynamik vor geladenen Gästen anlässlich der Journalistenpräsentation am 13. August 1957 auf dem Prüffeld.

Gerade der Opel Blitz musste zumindest ansatzweise offroadfähig sein, wurde er doch auch auf Baustellen eingesetzt. Hier wühlt er sich mit schleifender Kupplung durch tiefen Sand auf der Marterstrecke. Aufnahme vom 21. Januar 1952, kurz vor seiner Markteinführung.

bereits nach acht Jahren vom Rost zerfressen. Er wäre es noch früher gewesen, hätten die Autobauer damals nicht so dickes Blech verwendet.

Aber so lange das Auto lebte, sollte es gut und dauerhaft sein. Um das zu garantieren, waren umfangreiche Praxistests nötig, und für die brauchte man ein Prüfgelände. Das Opel-Prüffeld befand sich in unmittelbarer Nähe zur Fabrik. Dort waren so ziemlich alle denkbaren Widrigkeiten und Hässlichkeiten konzentriert, die einem Opel während seines Lebens widerfahren konnten. Hier wurden die Wagen vor dem Serienanlauf auf Herz und Nieren geprüft, und sie wurden während weniger Tage mindestens genauso verschlissen, wie ihre Fließbandbrüder während ihres durchschnittlichen Autolebens.

Je nach Einsatzgebiet oder -zweck werden an einen Opel unterschiedliche Anforderungen gestellt. Sie alle muss er bewältigen. Die Fabrik weiß nicht im Vorneherein, ob der Rekord oder Kapitän in der Hitze Afrikas oder der Kälte Nordfinnlands leben wird, ob er in eine Gegend verkauft wird, in der Monsunregen herrscht, ob sein künftiger Besitzer in der Wüste lebt und den Wagen nur auf sandigen Pisten bewegt oder ob er in den Alpen wohnt und bergauf die Kupplung und bergab die Bremsen überbeansprucht. Für alle Eventualitäten mussten die Opel-Wagen gewappnet sein.

Auf dem Prüffeld waren all diese Eventualitäten eines Autolebens in verschärfter Form in sich vereint. Da gab es Wasserlöcher, durch welche die Wagen gescheucht wurden. Hält die Elektrik dem Bugschwall stand? Sind die Türdichtungen tauglich? Gibt es konstruktionsbedingte Stellen, an denen das Wasser in den Innen- oder Kofferraum dringen kann? Die Erkenntnisse flossen im letzten Prototypenstadium in die künftige Serie ein. Durch tiefen Sand jagten die Prüfingenieure die Wagen, mit schleifender Kupplung und aufheulendem Motor pflügten sich die armen Rekord, Kapitän und Blitz Lastwagen durch. Gerade der Opel Blitz, vielfach auf Baustellen eingesetzt, musste ein gewisses Maß an Geländegängigkeit mitbringen. Das Fahrwerk wurde sowohl auf der künstlich berieselten Rutschbahn mit Kopfsteinpflaster als auch in der Steilkurve so abgestimmt, dass ein Kapitän oder Rekord auch in extremen Situationen für den Durchschnittsfahrer ein beherrschbares Automobil blieb. Und an der Steilstrecke wurde das Anfahren am Berg geübt. Nicht ein Mal, nicht zehn Mal, sondern hundert Mal, bis der Kupplungsbelag die weiße Fahne streckte. Und bergab wurden die Bremsen getestet: Waren sie standhaft oder neigten sie zu Fading?

Im Oktober 1951 wurde das Opel-Prüffeld eingeweiht, bis 1965 war es in Betrieb. Danach probte Opel auf einem neuen Prüffeld in Dudenhofen südöstlich von Frankfurt; auf dem bisherigen Areal wurden dann auf den Gefällstrecken erste Crashtests durchgeführt. Im Sommer 2000 wurde das alte Prüffeld abgerissen. Das Rüsselsheimer Prüffeld war das erste seiner Art in Deutschland und mit 150.000 Quadratmetern eine riesige Anlage. Opel konnte hier all das machen, was auf öffentlichen Straßen verboten oder zumindest störend gewesen wäre. Und innerhalb des Gebietes, von einer Schnellfahrbahn mit überhöhten Kurven eingefasst, waren die Opel-Ingenieure unter sich. Keine Blicke Neugieriger und vor allem keine Kameraobjektive Erlkönig jagender Fotojournalisten störten sie.

Kapitel 6:

Dreamcars aus Rüsselsheim

Rock 'n' Roll-Hero: Opel Rekord P I

Amerikanischer war kein Mittelklasse-Opel zuvor und danach. Der Olympia Rekord P I wirkte wie ein Dream Car auf der Los Angeles Motor Show. Was aus Amerika kam, war für die Deutschen während der ersten zwanzig Nachkriegsjahre nahezu unreflektiert gut. Jede Mode schwappte über den großen Teich und wurde begierig aufgesogen. Was die Amerikaner taten, wurde zum Vorbild – gerade um sich von der nationalsozialistischen Vergangenheit zu distanzieren. Man hörte amerikanische Musik, tanzte ihre Tänze, las ihre Romane, imitierte ihre Sprache und adaptierte ihr Design. Da hatte es Opel als Kind der amerikanischen Konzernmutter General Motors natürlich besonders leicht.

Die 50er Jahre in automobiler Hinsicht: Sie waren heckflossenbewehrt, chrombeladen und bonbonfarben. Sie trugen goldene Ornamente, geschwungene Zierleisten, elfenbeinfarbene Lenkräder, Zweifarbenlackierungen, Weißwandreifen, bunte Interieurs und sie orientierten sich an den idealisierten Fortbewegungsmitteln der vermeintlichen Zukunft: Ein Armaturenbrett im besten Rock-'n'-Roll-Stil musste viele verspielte Knöpfchen und einen verchromten Hupring tragen, um dem Fahrer das Flair eines Astronauten oder Jet-Piloten zu vermitteln. Das alles kam aus Amerika.

Opel-Design ist General-Motors-Design. General-Motors-Design in den 50ern ist Harley Earl. Seine Dream Cars bestimmten mit zeitlicher Verzögerung und in abgeschwächter Form das Aussehen der GM-Produkte in der ganzen Welt, auch bei Opel. Der 1957er Rekord war ein US-Design durch und durch, hier feierten die Panorama-Scheiben, die Ornamente, die Flösschen

Der Traumwagen par excellence der Wirtschaftswunderdeutschen. Olympia Rekord P I und Ford Taunus 17m P2 sprachen dieselbe, amerikanische Formensprache und waren topmodisch. Aufnahme eines frühen P I mit Innenrückspiegel auf dem Armaturenbrett (also Modelljahr 1957/58) an der Côte d'Azur.

fröhliche Urständ, er war ein Traumwagen, nahezu direkt aus der Feder Harley Earls. Und weil die Amis die corporate identity, also das gemeinschaftliche Erscheinungsbild, als Marketingprinzip erkannten, sollte der neue Kapitän ein gestreckter Rekord werden. Dann war da noch Karl Stief, der Leiter der Opel-Konstruktionsabteilung. Er war der Mann, der die zu hoch in den Himmel wachsenden Flossen in endlosen Diskussionen mit der US-Konzernmutter auf den europäischen Geschmack ein wenig zurechtstutzte. Manchmal konnte er sich mehr, manchmal weniger durchsetzen. Beim Olympia Rekord P I nahezu nicht. Und eben dies war Glück und Unglück dieses Autos.

Das Charakteristikum des Olympia Rekord P I waren die Panoramascheiben vorne und hinten. Zusammen mit den äußerst schmalen vorderen Fensterpfosten war die Rundumsicht hervorragend, was beweist, dass diese Art der Scheibengestaltung nicht nur ein Styling-Gag war, sondern durchaus positive Auswirkungen in der Praxis hatte. Das meist weiß lackierte Dach wirkte, als schwebe es wie ein Baldachin über dem Fahrzeug, gehalten nur von der wie ein Überrollbügel im hinteren Dachbereich über die Heckscheibe fortgesetzten C-Säule. Dieser Eindruck wurde dadurch verstärkt, dass eben jener Bereich in Wagenfarbe gehalten war. Die großzügig geschwungene und über dem Hinterrad geknickte Seitenzierleiste korrespondierte mit dem oberen Abschlusswinkel der hinteren Seitenscheiben, und eine in Höhe der hinteren Panoramascheibe beginnende Karosseriesicke mündete in leicht angedeutete Heckflossen.

Beim Caravan setzte die durch die Panorama-Windschutzscheibe schräg gestellte A-Säule ihren Neigungswinkel in der B- und C-Säule parallel fort; die zu einem Parallelogramm zusammengefassten hinteren Seitenscheiben wirkten wie eine Einheit. Der Olympia Rekord P I war modisch bis zum Exzess. Und ihn ereilte das Schicksal aller modischen Ergüsse: Ihre Halbwertszeit ist äußerst gering. Sie sind kurzfristig top aktuell, genauso schnell aber wieder völlig out of date. 1957, als der Olympia Rekord P I erschien, wollte ihn jeder haben. 1962, als der letzte Epigone des P I, der Opel 1200, noch fabrikneu vom Band lief, war der Rekord P I als Gebrauchtwagen kaum mehr an den Mann zu bringen. Längst hatte sich eine neue automobile Mode etabliert, und die Panoramascheiben waren Schnee von gestern.

16 Tage lagen zwischen zwei automobilen Großereignissen der späten 50er Jahre. Am 13. August 1957 präsentierte Opel in der Rüsselsheimer Stadthalle den Olympia Rekord P I. Am 29. August 1957 lüftete Ford den Schleier des Taunus 17m P2 im Kölner Stadtwald-Restaurant. Beider Form war amerikanischer denn je, beide entstammten den Designstudios der US-Konzernmütter.

Weihnachtliche Dekoration mit Preistafel im Ausstellungsraum von Opel-Häusler am Münchner Lenbachplatz 1960.

Kurz vor fertig: Olympia Rekord P I am Fließband, gefolgt von einem Kapitän '56. Aufnahme 12. August 1957, als die P I-Produktion gerade anlief.

Großer Bahnhof auf dem Prüfgelände: Präsentation des P I vor geladenen Journalisten und Händlern.

Da freut sich Klein-Susi: Endlich hat sie eine eigene Türe zum Einsteigen. Genau ein Jahr lang wurde der Opel Olympia Rekord P I als Viertürer gebaut, von Juli 1959 bis Juli 1960.

Jeder Junge kannte diesen Opel P I Caravan, denn jeder besaß das Wiking-Modell mit der Nummer 7p, in der Wiking-Bildpreisliste lediglich »Post-Funkmeßwagen« genannt. Das Foto beweist es: Wiking Nummer 7p existierte real.

Im Oktober 1969, als diese Aufnahme entstand, war der P I bereits ein alter und völlig altmodischer Wagen. Dieses Exemplar wurde zu der Zeit, als ihn sein Besitzer lieb hatte, durch eine Zweifarbenlackierung mit speziellen Zierleisten aufgewertet. Laut Fotobeschriftung ist das Dach des Wagens mit vier Zentnern Nutzholz beladen (und damit völlig überladen), das von Bremen nach Bremerhaven transportiert wurde.

Rekord P I als »Trägermaterial« für Ausstellungsstücke bei der »Wassersport & Wochenend« 1959 in den Berliner Messehallen am Funkturm.

Von Leonhard Dreier aus München stammt dieses Coupé, das, im Gegensatz zur Autenrieth-Interpretation, auf die hintere Panoramascheibe verzichtet und dadurch harmonischer wirkt.

Beide wurden gleich lang gebaut, beide ereilte dasselbe Schicksal der rasch vergänglichen Mode.

Technisch war der Opel Olympia Rekord P I so konservativ wie seine Vorgänger und Nachfolger, doch die beschauliche Technik profitierte ein wenig vom Äußeren. Weil der Rekord wesentlich breiter, länger und niedriger als sein Vorgänger war, lag er dank tieferen Schwerpunktes besser auf der Straße. Zwar änderte Opel die Lenkgeometrie und vergrößerte den Tank auf 40 Liter Volumen. Aber sonst tat sich wenig unterm Blech. Vorne nach wie vor eine zeitgemäße Einzelradaufhängung, hinten blieb die Starrachse an Blattfedern. Der Rekord P I erschien in drei Karosserievarianten, zweitürige Limousine, Caravan und Lieferwagen. Es gab zwei Ausstattungsvarianten, den Olympia und den Olympia Rekord. Die Limousine offerierte Opel in beiden Varianten, den Lieferwagen nur als Olympia. Der Caravan hieß zwar offiziell auch nur Olympia, trug aber serienmäßig etliche Merkmale der Luxusversion Olympia Rekord, und mit Extras ließ er sich vollends zum Rekord aufrüsten. Der Olympia war die Sparvariante, landläufig despektierlich »nackter Spatz« genannt. Er war einfarbig, trug weder Zierleisten noch verchromte Fensterumrandungen. Ihm sah man das Möchtegern-Image an und kaum ein Privatmann kaufte ihn. Er wurde bis 1959 insgesamt 13.695 Mal gebaut und dann durch den Opel 1200 ersetzt. Dieser sollte die Zeit bis zum Erscheinen des Kadett A überbrücken und rettete so die Panoramascheiben-Karosserie in die 60er Jahre hinein.

Die Luxusversion hieß Olympia Rekord, aber jedermann sprach nur vom Rekord. Mit 45 PS ging der Rekord in seiner 1,5-Liter-Variante ins Rennen und war damit ein bisschen schwach auf der Brust, ab August 1958 brachte er es auf deren 50. Nochmals fünf Pferde stärker war die seitdem alternativ angebotene 1,7-Liter-Variante. Es ging ums Prestige. Der Ford Taunus 17m hatte von Anfang an 1,7 Liter Hubraum, Opel musste nachziehen. Das gleiche traf auf den Olymat zu, eine automatische Kupplung, ebenfalls seit Herbst 1958 im Angebot. Ford hatte den Taunomat ein Jahr früher im Angebot. Technisch waren beide automatische Kupplungen gleich, Opel und Ford gaben den Fichtel-&-Sachs-Erzeugnissen einfach eigene Namen. Und die Reaktion auf den Kölner 17m ging bei Opel weiter. Der Ford war seit seiner Markteinführung als Viertürer lieferbar, der Rekord erst ab Juli 1959, also zwei Jahre später. Und hier machte Opel seine Sache nicht gut. Jedermann sah, dass die hintere

Karl Stief (1894 bis 1972) war bei Opel von 1934 bis 1959 Technischer Direktor, also Chefkonstrukteur. Er trat 1908 bei Opel als Lehrling ein, 1921 verpflichtete ihn Wilhelm Opel als Leiter der Karosserie-Konstruktionsabteilung und sein erstes großes Werk war der »Laubfrosch«. Hier erläutert er der Presse den neuen Olympia Rekord P I.

Der »nackte Spatz«, die Spartakus-Version des Olympia Rekord: Opel Olympia, allenfalls als Flottenfahrzeug interessant, aber kaum für einen Privatmann. Prospekt von 1958.

Türe nachträglich ins Design hineingepfuscht wurde, sie ruinierte die elegante Linienführung und geriet überdies so schmal, dass der Einstieg auf die Fondplätze alles andere als elegant geriet. Von August 1957 bis Juli 1959 wurden 384.692 Limousinen (darunter 62.241 Viertürer), 109.282 Caravan und 15.136 Lieferwagen produziert. Rund die Hälfte ging in den Export.

Warten auf den Kadett: Der Opel 1200

Opel arbeitete ab 1957 mit Hochtouren am »Anti-VW«. Bis der Kadett A fertig war, stellten der Olympia und später der Opel 1200 eine Interimslösung dar. Das große Geschäft mit der Volksmotorisierung machte Volkswagen mit dem Käfer. Das bedeutete, dass Opel ein komplettes, wichtiges und profitables Marktsegment nicht abdecken konnte. Erschwerend hinzu kam der Erfolg des VW in wichtigsten europäischen Exportmärkten und in Übersee, vor allem in den USA. So entschloss sich GM, den VW massiv anzugreifen. Ab 1957 entwickelte Karl Stief, von 1934 bis 1959 der Opel-Chefkonstrukteur, den neuen Kleinwagen, intern sprach man bei Opel vom »Anti-VW«. Doch bis dieses große Ansinnen realisiert werden konnte, sollten noch einige Jahre vergehen. Um sie zu überbrücken und den Kleinwagenmarkt nicht kampflos dem VW zu überlassen, entschloss sich Opel zu einer Billigversion des Panoramascheiben-Rekord. Sie wurde zunächst als Opel Olympia, später als Opel 1200 vermarktet.

Natürlich konnte dies nur ein Kompromiss sein, und zwar einer, der den amerikanischen Wertvorstellungen entsprach. Für die Amerikaner ist der »Wert« eines Wagens durch seine Ausstattung definiert, nicht durch seine Größe. GM dachte, aus dem gut ausgestatteten Olympia Rekord hätte man einen konkurrenzfähigen Kleinwagen machen können, in dem man

Die durchgängige, aber nicht geknickte Flankenzierleiste war sein Markenzeichen, ansonsten etwas weniger Chrom als beim Rekord. Aber der Opel 1200 war ein reputierliches Fahrzeug.

einfach die Ausstattung auf ein Minimum abmagert (Opel Olympia) respektive zusätzlich die Motorleistung etwas reduziert (Opel 1200). Der Europäer sah dies nicht so. Er wollte einen kleinen Opel, nicht einen mageren Mittelklasse-Opel. Er bekam ihn 1962 mit dem Kadett A.

Dem Olympia P I haftete ein »Arme-Leute-Image« an. Wer ihn fuhr, wurde als derjenige belächelt, der gerne einen Rekord gehabt hätte, bei dem es zum echten Rekord aber nicht gereicht hatte. Etwas besser ausgestattet war der Opel 1200. Seinen Status als Interimslösung sah ihm der Kunde schon dadurch an, dass er keinen Namen trug. Jeder Opel hatte damals einen Namen. »1200« war wenig. Aber »1200« war eben auch die Bezeichnung des Volkswagen. Also zeigte das Typenschild bereits, wen der Opel 1200 im Visier hatte. Keine nackte Flanke mehr, sondern eine Zierleiste. Die vordere und hintere Panoramascheibe wurde von einer Chromeinfassung geschmückt, der Innenraum war nicht gar so ärmlich, sondern richtiggehend wohnlich, frische Farben dominierten, nicht

Von hinten nur durch den Heckschriftzug vom Olympia Rekord P I zu unterscheiden: Opel 1200.

das Grau des Olympia. Opel bewarb ihn mit seinen Vorzügen gegenüber dem Konkurrenten, nämlich dem Platzangebot, dem Kofferraumvolumen, dem modernen Layout mit Frontmotor und mit seinem flächendeckenden Kundendienst, der dem VW-Service ziemlich nahe kam, ihn aber quantitativ nicht ganz erreichte.

Eigentlich war der Opel 1200 ein Anachronismus. Als er erschien, war der Olympia Rekord bereits ein Auslaufmodell, der Rekord P II stand in den Startlöchern. Sein 1,2-Liter-Vierzylinder war vom klassischen 1,5-Liter-Rekord-Motor abgeleitet und brachte es auf 40 PS. Vom Opel 1200 wurden zwischen August 1959 und Dezember 1962 insgesamt 67.952 Exemplare gebaut, ausschließlich als Zweitürer-Limousine.

Der Rekord P I in den USA: »This is Opel«

Im Kampf gegen die Allmacht des Volkswagen Käfer als Importwagen Nummer Eins in Nordamerika schickte GM 1957 den Opel Rekord P I ins Rennen. Der »kleine Amerikaner« made in Germany schlug sich tapfer, er bediente die Klientel der pragmatischen US-Käufer. Verkauf und Service des deutschen Autos gliederte GM seiner Buick-Division an. Dadurch war ein flächendeckender Vertrieb gegeben, ohne dass GM großartig investieren musste. Die Marke Buick stand in der GM-Hierarchie weit oben, direkt hinter Cadillac. Das zeigt, dass GM den Opel als Premiumprodukt betrachtete. Auch den britischen Vauxhall bot GM damals in den USA an, er wurde von Pontiac-Händlern vertrieben. Volkswagen hatte den Weg bereitet, dass das Ansehen deutscher Autos in den USA sehr hoch war. Das war eine gnädige Steilvorlage für GM. So konnte GM also offensiv mit der deutschen Abstammung und deutschen Qualität des Opel werben. Der Opel konnte nicht gegen den Käfer auf dem US-Markt reüssieren. Er wurde gekauft, machte dem VW das Leben aber nicht schwer. Das lag daran, dass die Amerikaner das Käfer-Typische schätzten. Der Käfer war eben der Käfer. Und der Olympia Rekord war ein kleines US-Car. Dann kaufte der Amerikaner lieber ein echtes US-Car. Die Zeit war noch nicht reif für den Opel. Erst als GM ein paar Jahre später den Kadett B auf dem US-Markt lancierte, konnte dieser an den VW-Marktanteilen knabbern.

Die Straßenverkehrsvorschriften in den USA waren in den 50er Jahren noch nicht so rigide wie in den 60ern und 70ern. So unterschied sich der Export-Olympia vom deutschen Modell nur durch wenige Details. Die vorderen Blinker dienten als Positionsleuchten und hatten weiße Gläser, die eigentlichen Blinker waren zusätzlich daneben angebracht. Die hinteren Blinker hatten rote Gläser. Sealed-Beam-Scheinwerfer waren in den USA obligat. Weißwandreifen aus US-Produktion waren serienmäßig. Die technischen Daten wurden nach amerikanischen Maßen und Gewichten angegeben. So hatte der 1500er 56 SAE-PS, in Deutschland hatte er 45 DIN-PS. GM offerierte den P I als zweitürige Limousine und als Caravan, das gleiche galt für den Nachfolger P II von 1960-1963.

1958er Prospekt für den via Buick in den USA verkauften Rekord P I.

Einfarbenlackierung, Sealed-Beam-Scheinwerfer, weiße Blinkergläser, zusätzliche Positionsleuchten: In Kleinigkeiten unterschied sich der US-Rekord von seinem europäischen Pendant.

Zu schön für den Alltag: Der Opel Kapitän P I

Der Kapitän P I brachte den US-Traumwagenstil auf Europas Straßen. Dank bewährter Technik machte er den großen Opel zum Sinnbild des Wirtschaftswunders.

Diese Männer hatten die Lizenz zum Träumen: Harley Earl, Virgil Exner und Bill Mitchell waren die Designikonen der amerikanischen Automobilindustrie in den 50er Jahren. Ihre Namen sind heute Legende, ebenso wie die von ihnen geschaffenen Skulpturen auf Rädern. Nahezu ohne wirtschaftliche Vorgaben, ohne den Druck im Genick, etwas Produktionsfähiges schaffen zu müssen, durften sie den Bleistift schwingen und zu Papier bringen, wie sie sich einen Traumwagen vorstellten. Traumwagen, »Dream Car«, so nannte man damals, was später Stylingstudie und heute Concept Car heißt. Bei einem Dream Car war die Realität des späteren Serienfahrzeugs Nebensache. Die Illusion war das Ziel, und wenn das Dream Car tatsächlich eine Nuance enthielt, die für ein Serienfahrzeug realisierbar war, so zeigte sich dies als angenehmer Nebeneffekt und stilisierte den Künstler noch weiter in Richtung Genialität.

Schönheit muss leiden: Die bis zum Äußersten getriebene Eleganz des Kapitän P bedingte praktische Nachteile. Er erschien im Sommer 1958. Später wurde er intern P I genannt, um ihn von seinem Nachfolger P II zu unterscheiden. Oder man nannte ihn P 2,5, denn der Nachfolger bekam etwas mehr Hubraum eingeschenkt und hieß P 2,6. Das P steht für Panoramascheibe, und dieses Designmerkmal entschied über Wohl und Wehe. Er war ein hundertprozentiges Kind von Harley Earl, dem GM-Designchef der 50er Jahre. Earl entdeckte die Designdynamik als Instrument der Markenführung, er ist der Vater der Dream Cars (das erste überhaupt war sein Buick Y-Job von 1938), er liebte nicht nur Pastelltöne, sondern versah seine Schöpfungen gerne mit verchromten oder gar goldenen Ornamenten, er war auch der Erfinder der Panoramascheiben und des fließenden Hardtop-Daches. Letztlich gilt Earl als der erste Automobildesigner schlechthin.

Der 1958er Kapitän verfügte über alle Lieblingsmerkmale Harley Earls und ist somit ein echt amerikanischer Wagen. Sein Problem war aber, dass er kein sechs-Meter-Straßenkreuzer sein durfte, sondern ein Wagen mit vernünftigen, europäischen Dimensionen, also 4,76 Meter lang. Und Earls Designmerkmale ließen sich

Auf geht's zum Gokart-Rennen mit Kapitän L und Volkswagen T1 Bulli. Die Crew freut sich auf ein heißes Wochenende, und schon die Anreise macht Spaß. Aufnahme 1963.

Kapitän '58 in Normalausstattung, nicht mal mit Radzierringen. Ihn fuhr ein wohlhabender Landwirt im Hamburger Hinterland.

Diese Dame fuhr ihren schwarzen Kapitän bis Anfang der 70er Jahre und reiste viel mit ihm (Aufnahme in Italien). Damals war der Wagen so out, dass es schon wieder Stil hatte, ihn zu fahren.

Der billigste und der teuerste Opel entstehen parallel am Fließband: Ein Kapitän '58 folgt einem Olympia. Aufnahme 10. August 1958, dem ersten Produktionsmonat des Kapitän.

nur an einem wahrlich großen Wagen sinnvoll verwirklichen, der Kapitän war dazu einfach zu klein. Er sah fantastisch aus, jedermann konnte nun einen Traumwagen kaufen und fahren. Aber der Kapitän P war unpraktisch. Das zeigte sich im täglichen Gebrauch. Die schöne Form orientierte sich nicht an der Praktikabilität (»Form follows Function«), sondern umgekehrt. Die bis zum Gipfel getriebene Eleganz hatte handfeste Nachteile: Die Panorama-Windschutzscheibe bedingte einen Z-förmigen Knick an der A-Säule. Unvorsichtige Naturen konnten sich daran beim Einsteigen das Knie anstoßen. Die nach hinten unten abfallende Dachform war dafür verantwortlich, dass die Heckscheibe relativ niedrig war; der Fahrer sah durch den viel weiter oben angebrachten Innenrückspiegel quasi nur durch einen schmalen Schlitz nach hinten. Außerdem sorgte das hinten extrem niedrige Dach dafür, dass die Fondpassagiere zu wenig Kopfraum hatten. Die hinteren Türen gerieten etwas schmal, sodass Mitfahrer Probleme beim Ein- und Aussteigen hatten.

Ansonsten war der Kapitän '58 ein wunderbarer Wagen. Fahrer und Beifahrer verfügten über üppige Platzverhältnisse. Die Sitze, erstmals bei einem Opel nach ergonomischen Aspekten konstruiert, ermöglichten ermüdungsfreies Fahren über weite Strecken, und der Kapitän war ein komfortbetonter, weich gefederter Langstreckenwagen. Erneut höher verdichtet, leistete der Sechszylinder nun 80 PS und ließ den 1300 Kilo schweren Kapitän sänftenartig über die Autobahn gleiten. Die Presse und auch die Konkurrenz schlachteten trotz aller Vorzüge die Nachteile des Kapitän weidlich aus. Opel musste reagieren und brachte nach nur einem Jahr bereits einen Nachfolger auf den Markt, den Kapitän P II. Der Kapitän P I ist derjenige Opel mit der bislang kürzesten Bauzeit (genau zwölf Monate lief er vom Band). Das machte ihn schon früh in Liebhaberkreisen interessant.

Der Kapitän P I war der zweite Opel Kapitän, den es als L-Modell gab. Die Luxusausstattung kostete 750 Mark Aufpreis. Äußere Attribute: goldene Ornamente und Schriftzüge, zusätzliche Chromleisten, ein Ziergitter am unteren Ende des hinteren Kotflügels sowie Radzierringe. Innen: Liegesitze, besonders feine Polsterstoffe, Scheibenwaschanlage, beleuchteter Handschuhkasten und Zigarettenanzünder, Türinnenverkleidungen im besonderen Design mit Kartentaschen. Der Motorraum beleuchtet, vorne Nebel- und hinten Rückfahrscheinwerfer, rote Warnleuchten an den Außenkanten der geöffneten Türen. Beim Kapitän P I hielt erstmals aktive und passive Sicherheit konsequenten Einzug in ein europäisches GM-Produkt. Die Panoramascheiben waren nicht nur todschick, sondern eliminierten auch den gefürchteten »toten Winkel«. Breite Spur und tiefer Schwerpunkt sorgten für eine gute Straßenlage trotz Blattfederhinterachse. Die Armaturenbrettoberseite und die Sonnenblenden waren gepolstert. Das elfenbeinfarbene Zweispeichenlenkrad hatte eine tief sitzende Nabe; der Kranz fungierte im Falle eines Frontalunfalls als Prallplatte. Die hinteren Türen wiesen eine Kindersicherung auf, und die Rückseiten der Vordersitzlehnen waren besonders gepolstert, um die hinten Sitzenden zu schützen.

Hausaufgaben gemacht: Der Kapitän P II

Vom Flop zum Bestseller: Aus dem erfolglosen Kapitän P I machte Opel nach nur einem Jahr den P2,6. Die »Korrektur« wurde zum Riesen-Erfolg. Tatsächlich mag die Karosserie des Kapitän P2,5 Nachteile aufgewiesen haben. Opel kam aus dieser Affäre gut heraus. Denn die Rüsselsheimer hatten ohnehin vor, den Kapitän-Motor umfangreich zu überarbeiten, während des Modellzyklus' des Kapitän P 2,5 hätte der Hubraum vergrößert werden sollen. Diese technische Neuerung nahmen die Rüsselsheimer ganz einfach zum Anlass, die Karosserie auch zu überarbeiten und einen neuen Kapitän zu präsentieren, den P2,6 oder P II.

Geschwister ähneln sich meistens. Der Opel Kapitän P 2,6 und sein Vorgänger P 2,5 sind Geschwister. Sie sind strukturell dasselbe Auto. Und dennoch ist das Ergebnis erstaunlich, wenn nicht verblüffend. Es gelang den Opel-Stilisten (und sie waren es, nicht die Herren in Detroit), den 1959er Kapitän mit verhältnismäßig

Bestattungswagen vom Karosseriewerk Rappold aus Wülfrath mit erhöhtem Dach und vertikal zweigeteilter Heckklappe. Hinter der ehemaligen hinteren Türe, die nun nur noch eine Halbtüre ist, verbirgt sich das Reserverad.

Kapitän L nebst Käfer und Mercedes 170 V auf Urlaub in Friesland 1960.

geringem Aufwand so sehr vom 1958er Modell zu entfernen, dass der Betrachter geneigt war zu glauben, er hätte ein komplett anderes Automobil vor Augen.

Opel hatte seine Hausaufgaben gemacht, zumindest fast alle. Dabei bewiesen sie ein glückliches Händchen. Von der Seite betrachtet, verlor der Opel Kapitän P2,6 seine coupéartige Linienführung am Dach. Es verläuft über nahezu die gesamte Fläche parallel zur Gürtellinie, also horizontal – letztlich kann man sagen: konventionell. Dadurch ist die zuvor sehr beschränkte Kopffreiheit auf der Rücksitzbank nahezu identisch zu derjenigen, welche die vorne Sitzenden genießen. Gleichsam bewirkt die neue Dachform, dass die Heckscheibe höher ist und dem Fahrer somit uneingeschränkten Blick nach hinten via Rückspiegel gestattet. Damit waren schon zwei der Kritikpunkte vom Tisch. Nun zu den invers zueinander verlaufenden Fensterpfosten der Panoramascheiben beim P2,5: Weil die Heckscheibe formal mit der Windschutzscheibe korrespondierte, Opel sich aber nicht zu dem bei den Vordertüren ausgeführten »Knick« entscheiden konnte, waren die hinteren Türen sehr schmal. Beim Kapitän P2,6 setzte Opel erneut auf eine Panoramaheckscheibe. Aber die C-Säule verläuft konventionell, und somit parallel zur A-Säule, was den besonderen Reiz der Profilansicht bei diesem Wagen ausmacht. Und prompt war mehr Platz da für breitere hintere Türen. Problem Nummer Drei gelöst! Problem Nummer Vier hingegen wurde nicht gelöst. Ebenfalls ein Kritikpunkt am Opel Kapitän P2,5 waren die A-Säulen mit Knick wegen der um die Ecke gezogenen Windschutzscheibe. Diese Eigenheit blieb beim überarbeiteten Nachfolger bestehen. Dass Opel auch die Gestaltung der Front ein wenig veränderte, war lediglich eine Formalie. Der Kühlergrill ist dreiteilig. Die seitlichen Endstücke konnten herausgenommen und durch passende Teile ersetzt werden, in denen das Gehäuse der Nebelscheinwerfer integriert ist. Im Interieur überarbeitete Opel den Kapitän maßvoll aber effektiv, die Sitze wurden bequemer, die Platzverhältnisse großzügiger (durch andere Sitz- und Lehnenkonturen), etliche Details wurden verbessert, die Heizung war wirkungsvoller. Dem Drosselmotor schenkte Opel 132 cm³ mehr Hubraum ein, was zusammen mit einer höheren Verdichtung nicht nur 90 PS brachte, sondern vor allem ein höheres Drehmoment und mehr Elastizität. Das war auch nötig, denn im Kapitän verbaute Opel ein Getriebe mit drei Gängen, auf Wunsch mit Overdrive. Diese Option starb

Urlaub in der Schweiz: Komplizierte Boots-Entladeszene. Mutti weiß sich zu helfen. Zuerst besteigt sie den Campingstuhl, dann die Türoberkante. Links eine Simca Aronde, rechts ein Citroën 2CV.

Im Montagewerk Biel montierter Kapitän '59 mit dem stilisierten Alpengipfel im Kühlergrill. Dieses Emblem zeichnet die in der Schweiz entstandenen Opel aus.

Ein Blick auf die Bieler Montage im Jahre 1960: Aus angelieferten Teilen werden die Opel-Wagen (Kapitän '59 und Rekord P II) montiert.

Blick in die Wagenhalle der Fahrbereitschaft des Südwestfunks Baden-Baden 1960: Prominent in Bildmitte ein Kapitän '59, umgeben von vielen weiteren Opel, dem Unimog der Abteilung Planung, zwei VW T1 und zwei Mercedes L319, ein Ton- und ein Lichtwagen.

im Dezember 1960, als Opel die neue Hydramatic einführte, eine nach US-Muster konstruierte Automatik. Sie arbeitete nicht nach dem Wandlerprinzip, sondern bestand aus einer hydraulischen Kupplung mit automatisch geschaltetem Planetengetriebe, ebenfalls mit drei Stufen. Die Hydramatic kostete knapp 1300 Mark Aufpreis, viel Geld bei einem 10.000-Mark-Auto. Eine weitere technische Errungenschaft, allerdings erst gegen Ende seines Lebens (ab Juli 1962, auch nachträglich einbaubar) für den Opel Kapitän P2,6 lieferbar, war die Servolenkung. Das Fahrwerk übernahm er weitgehend vom Vorgänger.

Weiterhin lieferbar war die L-Ausstattung für 700 Mark. Von außen ist sie durch goldene Schriftzüge und Ornamente charakterisiert, selbst auf den Radkappen, und Radzierringe verbergen die stets schwarz und nie in Wagenfarbe lackierten Felgen. Vor allem innen hatte sich der Opel Kapitän L fein gemacht. Edlere Bezüge, ebenfalls Ornamente, aber vor allem vordere Einzel-Liegesitze anstelle der Sitzbank, außerdem ein hochfloriger Teppichboden. Ebenfalls zum L-Paket gehörten zwei Rückfahrscheinwerfer.

Zwischen Juni 1958 und Juni 1959 wurden 34.842 Kapitän P 2,5 gebaut. Der P 2,6 verkaufte sich weit besser, alleine im Produktionsjahr 1960 liefen 47.446 Fahrzeuge vom Band. Insgesamt 145.616 Exemplare des Opel Kapitän P2,6 wurden zwischen August 1959 und November 1963 gebaut. Die Exportquote lag bei 58,5 Prozent. 102.833 Käufer votierten für den Kapitän mit Luxusausstattung, das Standardmodell erwarben nur 42.783 Käufer. Preise: Kapitän 9975 Mark, Kapitän L 10675 Mark, gegen Aufpreis Overdrive 650 Mark oder, ab Dezember 1960, Hydramatic 1295 Mark.

Die Flossen hoch: Sonderkarosserien von Autenrieth

Opels Hauskarosseriebauer war Autenrieth in Darmstadt. Hier entstanden von 1921 bis 1964 Cabriolets und Coupés sowie Lkw-Aufbauten für den Opel Blitz. Nach Autenrieths Schließung wechselte Opel zu Karl Deutsch in Köln.

Autenrieth starb nicht denselben Tod wie nahezu alle deutschen Karosseriebauer in den 60er Jahren. Der Strukturwandel im Automobilbau war in diesem Jahrzehnt abgeschlossen – mit fatalen Folgen für die Branche. Es gab nicht mehr die klassische Arbeitsteilung zwischen den Autofirmen, die fahrfähige Chassis lieferten, und den Karosseriebauern mit Wagnern und Stellmachern. Seit Einführung des Fließbandes im Automobilbau wurden die Stückzahlen höher, die Karosserien wurden im Autowerk in Serie gefertigt. Der Übergang zur selbst tragenden Karosserie machte es den Karosseriebauern schier unmöglich, rentable Sonderaufbauten zu offerieren. Autenrieth schloss 1964 seine Pforten, aber mit vollen Auftragsbüchern, die sich hauptsächlich auf Aufbauten für den Opel Blitz stützten. Die Inhaberfamilie fand einfach keinen Nachfolger.

Auf Basis des Olympia Rekord P I schuf Autenrieth ein Coupé und ein Cabriolet, die noch amerikanischer waren als das Ausgangsprodukt. Denn ganz der Mode der End-50er entsprechend bot Autenrieth für die Zweitürer aufgepflanzte Heckflossen an, voll ausgebildet, weit in den Himmel ragend. Dies war nicht jedermanns

Das Rekord P I Coupé in einer Metalliclackierung, als diese noch völlig unüblich war, und mit einem Stahlschiebedach, als die meisten noch Faltdächer trugen.

Ein Traum in Weiß-Rot: Edles Olympia Rekord P I Cabriolet von Autenrieth mit doppelt geschwungenen Zierleisten und aufgepflanzten Heckflossen.

Zwei Exemplare dieses Kapitän '59 Coupé baute Autenrieth, ein höchst exklusives Fahrzeug.

Sache, so blieben die Flossen eine Option. Doppelt geschwungene Zierleisten ließen abgesetzte Zwei- oder Mehrfarblackierungen zu.

Das »Erste Darmstädter Karosseriewerk« gründete der Stellmachermeister Georg Autenrieth (1881–1950) anno 1922. Die räumliche Nähe zu Opel in Rüsselsheim, Röhr in Ober-Ramstadt und Adler in Frankfurt bestimmte seine Modellpalette. 1938, in der Blüte seiner Tätigkeit, beschäftigte Autenrieth 420 Mitarbeiter und besaß eigene Tiefziehpressen. Autenrieth arbeitete früh mit dem neuen Werkstoff Aluminium und kleidete so manchen Rennwagen ein.

Georg Autenrieths Sohn Erwin, für die Firmenführung erzogen, fiel im Krieg, sodass der Vater bis zu seinem Tode 1950 das Karosseriewerk leitete. Dann übernahmen seine Töchter die kaufmännische und Franz Trüby die technische Leitung. Er war zuvor als Karosseriekonstrukteur bei Mercedes, Gläser und Porsche tätig gewesen.

Der Neuanfang nach dem Kriege gestaltete sich ähnlich wie bei allen anderen Karosseriebauern: Reparaturen, Umbauten auf Jeeps, Umbauten des Opel Olympia Lieferwagens in einen verglasten Kombi, zum Teil mit dritter Seitentüre, Umstellung von der Gemischt- auf die Ganzstahlbauweise. Viele Opel Blitz erhielten bei Autenrieth branchentypische Aufbauten. In Serie stellten die Darmstädter Blitz Getränkelaster für den Limonadehersteller Canada Dry, für das Fruchtsaftgetränk Olympia und für Coca Cola her. Autenrieth spezialisierte sich auf den nachträglichen Einbau von Faltschiebedächern und meldete eine selbst entwickelte Liegesitz-Konstruktion zum Patent an.

In den 50er Jahren erwarb sich Autenrieth Meriten durch den Umbau des mächtigen BMW 501/502 in Coupés und Cabriolets. 140 Mann arbeiteten damals in der Darmstädter Feldbergstraße, kleine Serien bauten sie auf Opel- und BMW-Basis, dazu Einzelstücke auf jedem gewünschten und vom Kunden angelieferten Chassis. Weiterhin blieben Nutzfahrzeuge im Portfolio, hauptsächlich der Opel Blitz. Franz Trüby konnte für den florierenden Betrieb keinen Nachfolger finden und löste die Firma 1964 auf.

In Erinnerung blieben neben den Coupés und Cabriolets auf Basis des Rekord P I und seines Nachfolgers P II vor allem die für die Rheinarmee (britische Besatzer in Deutschland) gefertigten offenen Polizei-Tourenwagen auf Opel Kapitän '51, hübsche Roadster auf Opel 1,8 Liter in der Vorkriegszeit, die legendären Opel-Geländesportmodelle aus den späten 30er Jahren, ein hinreißend gezeichnetes Citroën DS Cabriolet sowie natürlich die Umbauten auf BMW-501/502-Fahrgestell.

Frigidaire: Rüsselsheim eiskalt

Die glückliche Hausfrau und Mutter, die glückliche Tochter, schöne Fliesen, hübsche Blümchen, einfach alles schön: Kalenderblatt von 1955 mit Frigidaire Typ O.F. 110 L.

Opel hat nicht nur Autos gebaut. Auch Frigidaire-Kühlschränke kamen aus Rüsselsheim. Frigidaire war eine Branche des GM-Konzerns und Opel produzierte sie bis Ende der 50er Jahre. Frigidaire wurde 1916 in Fort Wayne/Indiana als Guardian Frigerator Company (refrigerator = engl.: Kühlschrank) gegründet. William C. Durant, der GM-Gründer, übernahm sie 1919. Bis 1979 war Frigidaire im Besitz des US-Autoriesen. Die Marke wurde innerhalb Amerikas sehr berühmt, denn die Amerikaner erhoben sie zum Stellvertreterbegriff für das Wort Kühlschrank. Es ging sogar so weit, dass das Wort Frigidaire eine landläufige Abkürzung bekam: Fridge sagten die Amis, so wie Chevy statt Chevrolet und Caddy statt Cadillac. 1979 verkaufte GM diese Sparte an White Consolidated Industries, seit 1986 gehört Frigidaire zu Electrolux.

In den USA waren Kühlschränke schon vor dem Zweiten Weltkrieg gang und gäbe, in Europa hingegen ein absolutes Luxusgut. Bereits 1927 wurde in Berlin die Frigidaire GmbH zur Vermarktung der US-Kühlschränke in Deutschland gegründet, ab 1930 Produktion in Berlin, die Gehäuse kamen aus dem Opel-Werk in Rüsselsheim. Ab 1938 Komplettproduktion bei Opel. Als die amerikanischen Besatzer 1945 ins Land kamen, wollten sie Kühlschränke. So entschied GM, die seit 1930 bestehende Frigidaire-Produktion mit Vollgas auszubauen, Hauptabnehmer waren die US-Soldaten in Westdeutschland. Ab Mitte der 50er Jahre setzte sich der Trend zum Kühlschrank auch bei den Westdeutschen durch und sie kauften ebenfalls Opel-Frigidaires. 1954 erschien eine neue Frigidaire-Generation, entworfen vom Industriedesigner Raymond Loewy. Das neue Frigidaire-Styling war populär und wurde von den Mitbewerbern bald nachempfunden. 1959 endet die Produktion von Kühlschränken bei Opel, 1962 diejenige der übrigen Frigidaire-Produkte (gewerbliche Kühlanlagen, u.a. für Restaurants, Kauf- und Krankenhäuser).

Kapitel 7:

Die neue Sachlichkeit

Der Solitär: Opel Rekord P II

Er ist ein Solitär, ein Fels in der Brandung. Der Rekord P II will formal einfach nicht zu den anderen Opel passen. Das macht ihn einzigartig in der Ahnenreihe. In gewisser Weise gleicht die Opel-Modellpalette einem Dominospiel. Eins fügt sich ins andere und zum anderen. Jeder neue Typ nimmt formale Anleihen am Vorgänger und transportiert bestimmte Charakteristiken weiter in die nächste Generation. Seitdem das Opel-Programm aus mehr Typen als nur dem Rekord und dem Kapitän besteht, werden auch formale Anleihen am nächst größeren oder nächst kleineren Modell genommen, und unterm Strich ergibt sich daraus eine stringente und nachvollziehbare Formentwicklung.

Nicht so beim Opel Rekord P II. Er bricht radikal mit dem Vorgänger. Und sein Nachfolger erbt von ihm rein gar nichts. Nach den Eskapaden beim Vorgänger hielt sich die GM-Stylingabteilung bewusst zurück. An den zeitgleichen US-Modellen fanden sich keinerlei Parallelen zu den Charakteristika des Rekord P II, also dem großen Chromgrill und den doppelten, runden Rücklichtern, die dem Wagen in Deutschland schnell seinen Spitznamen verpassten: Teenager-Busen. An die alte Schule der 50er Jahre wird lediglich durch die weit ausgeformten vorderen Kotflügel erinnert, die in runden Scheinwerfern münden. Darunter der Grill. Was für ein Grill! Ein wahres Monstrum horizontaler Chromstreben, das in

Viertüriger Rekord P II in einer Berliner Vorortsiedlung, im Hintergrund ein roter Rekord A Caravan.

Des Bürgers großes Glück: weißer Opel Rekord in der Eigenheimsiedlung mit rot gestrichenem Metalldrahtzaun.

Hoch gestiegen: Rekord 1700 nahe der Baumgrenze in sehr alpiner Umgebung.

Winterspaß 1963 auf der Segantinihütte im Oberengadin im schweizerischen Kanton Graubünden.

Wegen seiner Rückleuchten erhielt der Rekord P II den Spitznamen »Teenager Busen«. Die Rückleuchten waren nicht bei allen Modellen identisch. Die im Bild gezeigten, etwas eckigeren Lampengläser zeichneten das L-Modell und Coupé sowie die Viertürer-Limousine aus.

Caravan von hinten mit sich nach unten verjüngenden Laderaumklappe, damit Platz ist für den Tankstutzen. Das Coupé rechts vor dem Opel ist ein Hansa 1100.

Er nahm Autenrieth die Grundlage für Spezialkarosserien weg: Rekord P II Coupé. Das Besetzen dieser Nische entzog überhaupt der Karosseriebauzunft die letzte Grundlage. Sie rettete sich eine Zeitlang mit dem Einbau von Stahlschiebedächern. Danach wurden die Karosseriebauer reine Reparierer von Unfallschäden.

Wirklichkeit nicht verchromt, sondern aus poliertem Aluminium gefertigt ist. Kaum ein Rekord P II bekam im Alltagsbetrieb keine verbogenen Grillstreben. Obgleich der Wagen recht hoch baute, betonte der Grill geschickt das horizontale Moment und ließ den Opel breiter erscheinen, als er war. Dieses sehr geschickt gemachte Formelement wurde allerdings konterkariert durch die extrem schmale Spurbreite von nur 1265 mm, die allen Opel damals zu Eigen war. Das Heck mündete in ganz zaghaften Heckflossen, eher sinnvolle Kanten, die dem Fahrer beim rückwärtigen Einparken geschickt aufzeigten, wo sein Auto zu Ende war. 1960 waren Heckflossen in den USA mausetot. Aber weil der europäische Geschmack dem US-amerikanischen stets etwas hinterher hinkte, dachten die US-Stilisten, ein Opel bräuchte noch zumindest angedeutete Flößchen. Mit dem Rekord P II ließ Opel erstmals die traditionelle Modellbezeichnung Olympia fallen, der Mittelklasse-Opel trug keinen Doppelnamen mehr.

Dank eines völlig neuen Coupés war die Modellpalette beim Opel Rekord P II breiter denn je. Immer mehr Nischen beanspruchten die Großen für sich. Sie gehorchten dem Diktat der Kunden. Nicht mehr Opel bestimmte, was für einen Rekord der Käufer bekam, sondern dieser verlangte seinen Individual-Rekord und Rüsselsheim gehorchte. Opel wurde mit dem Rekord P II zum Vollsortimenter in seiner Klasse: Limousine zwei- und viertürig, Caravan und Lieferwagen sowie ein Coupé. Die Ausweitung des Angebotsprogramms beschränkte sich nicht nur auf die Karosserie, sondern auch auf Ausstattungs- und Motorvarianten. Auch hier war das Programm breiter gefächert denn je: Standard- und Luxusvariante, 1,5-Liter- oder 1,7-Liter-Motor, letzterer sogar in zwei Leistungsvarianten, Schaltgetriebe oder Olymat. Beim Opel Rekord P II ist deutlich der Trend zum größeren Motor festzustellen. Der Rekord entglitt zunehmend der 1,5-Liter-Klasse. In allen Varianten, selbst beim Lieferwagen, dominierte der 1,7-Liter-Motor im Verhältnis zwei Drittel zu einem Drittel.

Im August 1960 wurden die zweitürige Limousine und der Caravan sowie der von ihm abgeleitete Lieferwagen vorgestellt, die Viertürer-Limousine folgte im Dezember und hatte, im Gegensatz zum kritisierten Vorgänger, vernünftig große hintere Einstiege. Der Karosseriebauer Autenrieth in Darmstadt baute in geringer

Das Coupé war schon immer eine Liebhaberangelegenheit. Wohlhabende, alleinstehende Damen fuhren gern einen solchen Wagen. Denn er war einerseits individuell und chic, andererseits konnte jeder Opel-Händler um die Ecke helfen.

Eine kleine Unpässlichkeit am Rekord P II, die elegante Dame weiß sich nicht zu helfen. Es muss nicht der ADAC sein, der kommt. Es kann auch der AvD sein. Die Dame ist Mitglied im AvD, die Plakette am leicht verbeulten Kühlergrill belegt es. Aufnahme 1963.

Zahl Coupés auf Basis der Zweitürer-Limousine, doch ihnen entzog Opel zur IAA 1961 die Grundlage und stellte ein eigenes Coupé vor. Im Opel-Programm war diese Kreation für Liebhaber neu. Die Linienführung zeigte sich etwas fragwürdig. Über dem unveränderten Unterbau setzten die Designer einen niedrigen, verkürzten Pavillon. Das wirkte unharmonisch, ließ sich aber durch eine Zweifarbenlackierung etwas kaschieren, und immerhin war das Coupé der erste Opel mit optionaler Metalliclackierung. Spötter nannten ihn »rasender Kofferraum«. Autenrieth hatte durch das Coupé eine gute Ausgangsbasis für sein Cabriolet. 4000 Mark kostete dessen Umbau, die Stückzahlen waren marginal.

Im Juni 1962 wurde der Opel Rekord P II überarbeitet. Endlich ersetzte ein Viergang-Getriebe die antiquierte Dreigang-Box, gegen Aufpreis gab es vordere Einzelsitze anstelle der Bank, und der Rekord L erweiterte die Palette. Er war innen so luxuriös, wie es bei einem Mittelklasseauto wahrlich nicht üblich war (schöne, zweifarbige Stoffe, Einzelliegesitze, durchgehender Teppichboden). Äußerlich war der Luxus-Rekord durch zusätzlichen Chromschmuck aufgepeppt worden, und er trug die etwas anders geformten Rücklichtgläser des Coupés. Sein Antrieb war derselbe, etwas höher verdichtete 1,7-Liter-S-Motor wie im Coupé mit 60 statt 55 PS, kombiniert mit dem Viergang-Getriebe.

Nicht nur Opel brach bei der 1960er Neuerscheinung mit dem radikalen Amerikanismus des Vorgängers, auch Konkurrent Ford. Die Kölner lancierten den Taunus 17m P3 mit dem Slogan »Die Linie der Vernunft« und brachten ein windschlüpfriges, glattflächiges Automobil ohne Ecken und Kanten mit sehr fließenden Linien. So weit traute sich Opel nicht, sondern setzte auf die Trapezlinie als Tribut an den Zeitgeschmack. Diese völlig kantige Form war am Wechsel der 50er zu den 60er Jahren der letzte Schrei. Während der radikal gezeichnete Ford polarisierte, war der Opel eher gefällig ohne zu begeistern. Mit diesem Rekord verlor Opel an Terrain: Erstmals in der Geschichte verdrängte Ford seinen Rüsselsheimer Mitbewerber auf den dritten Platz der deutschen Zulassungsstatistik. Außerdem litt der Rekord P II unter dem 1961 herausgekommenen VW 1500 Stufenheck, dem Volkswagen für Käfer-Aufsteiger.

Die finanzielle Spannweite der Palette war groß. Ab Juni 1962 kostete der 1,5-Liter-Zweitürer 6640 D-Mark, das edle Coupé kam auf 7770 D-Mark. Der Viertürer kostete 480 Mark mehr als der Zweitürer, das Luxuspaket machte ihn 740 Mark teurer und bescherte 5 Mehr-PS. Abgehoben war der Preis für das Cabriolet mit 11.635 D-Mark. Dafür bekam man auch einen Kapitän L. Als Limousine wurde der Rekord PII von August 1960 bis Februar 1963 insgesamt 556.691 Mal gebaut (darunter 18.088 meist viertürige Rekord L), das Coupé lief 33.816 Mal vom Band, vom Caravan gab es 165.144 Stück, vom Lieferwagen 32.026 Exemplare. Autenrieth schuf rund 20 Cabrios.

Der Chevy II stand Pate: Opel Rekord A

Er musste die alte Ordnung wieder herstellen und Platz Zwei der Zulassungsstatistik zurück erobern. Diese Aufgabe schaffte der Opel Rekord A mit Bravour. Ein völliger Neuanfang war nötig. Auf den beiden vorangegangenen Rekord-Generationen konnte Opel nicht aufbauen. In den USA hieß der neueste Schrei Chevrolet Chevy II. Sein Designer war Clare MacKichan, der später, als Leiter des Rüsselsheimer Designstudios, für die Linien des Opel Rekord C verantwortlich zeichnen sollte. Mit dem Chevy II hatte GM auf den ungeheuren Erfolg des amerikanischen Ford Falcon reagiert. MacKichan schuf einen klaren, nüchternen Karosseriekörper mit einer signifikanten Lichtkante an den Flanken. An diesem Stil orientierten sich die US-Designer, als sie neue Opel-Wagen in der chronologischen Folge des Ende 1961 erschienenen Chevy II schaffen sollten: Der Opel Rekord A und die Modellreihe Kapitän/

Rot mit weißem Dach steht ihm gut, und bei roten Autos kommt die Chromzier gut zur Geltung: Luxuriöser Viertürer-Rekord aus Rosenheim.

Rekord A mit Helfersyndrom: Krankenwagen mit Miesen-Karosserie bei einer DRK-Schulung in Delbrück 1965.

Ein Päuschen am Vierwaldstättersee in der Zentralschweiz, von massiven Bergen der Alpen umgeben. Da lohnt es sich, inne zu halten.

Rekord A im Italienurlaub, er süffelt Esso mit Bedienung. Bezahlt wird mit Tankcoupons. Im Vorbeifahren ein Autobianchi Bianchina Panoramica, im Hintergrund ein Fiat 1300/1500.

Admiral/Diplomat A sprechen dieselbe Formensprache wie er. Der Rekord erschien im März 1963, der große Opel elf Monate später im Februar 1964. Danach war das Chevy-II-Design bei Opel wieder passé. Doch Mitte der 60er Jahre traf es den Publikumsgeschmack hervorragend.

Ebenso viel Gas, wie GM beim Chevy II gegeben hatte, wurde auch beim Opel Rekord A gegeben. Seine Präsentation im März 1963 war ein Überraschungscoup, für die Kunden, für die Fachpresse, aber am meisten für die Kölner, die bei weitem noch nicht so weit waren, den Taunus 17m P3 zu ersetzen. Der Präsentationszeitpunkt im März ist auch ungewöhnlich: Normalerweise gehen neue Modelle zum kommenden Modelljahr im Herbst des Vorjahres in Produktion. Doch Opel schaffte es, die ganzen Frühlingskäufe der Saison 1963 für den neuen Rekord zu gewinnen. Kein Wunder, dass Opel nun wieder die Nase vorne hatte. Technisch hatte sich Opel nicht allzu viel Mühe gegeben, nur Feinschliff: mehr Leistung und besserer Drehmomentverlauf, weniger Dröhngeräusche durch eine zweiteilige Kardanwelle, überarbeitete Vorderachsaufhängung. Das Viergang-Getriebe hatte seinen Schalthebel nun auf dem Kardantunnel (Lenkradschaltung optional). Mit der Motorleistung holte Opel gegenüber der Konkurrenz auf. Der 1500er brachte es auf 55, der 1700er auf 60 PS, mit dem 1,7-Liter-S-Motor kam der Mittelklässler auf 67 PS und schaffte Tempo 140. Zum richtig schnellen Wagen wurde der Rekord A durch Implantierung des 2,6-Liter-Sechszylinders aus dem Kapitän (Spitzname »Rekortän«), 100 PS stark und knapp 170 km/h schnell. Mit dem Sechszylinder-Rekord A griff Opel ein Genre voraus, das erst Jahre später en vogue kommen sollte: Ein unscheinbarer aber sehr potenter Wagen. Die 100-PS-Version kostete 1300 D-Mark Aufpreis gegenüber dem 1700er. Wer noch mehr Geld ausgeben wollte, gönnte sich das Cabriolet des Karosseriebauers Karl Deutsch, Aufpreis 3750 D-Mark gegenüber dem Ausgangsprodukt und über das offizielle Opel-Händlernetz zu haben.

Die Lenkradschaltung, zehn Jahre zuvor der letzte Schrei, war nun eine Mode von gestern. »Four on the floor«, anglizierten die Deutschen, und jeder Rekord-Chauffeur fühlte sich wie ein Rennfahrer, wenn er den Schaltknüppel mit der rechten Faust umfasste und die vier Gänge durch das H-Schema riss. Nicht alles war gut: Die schmälere hintere Spur wollte nicht zur ausladenden Karosserie passen, die harte Federung nicht zur Wagenklasse, vordere Scheibenbremsen kosteten Aufpreis. Bis Herbst 1963 hatte

Roter Viertürer mit Skiern auf dem Dach, auf einer Fähre in Richtung Skigebiet oder zurück – jedenfalls auf Reisen.

Wer sagt's denn: ein Damenfahrzeug eben.

der Opel Rekord A leichtes Spiel mit dem Taunus 17m P3. Dann folgte dessen Nachfolger, der Ford P5, mit Respekt einflößend breiter Spur, die Karosserie im Stile der »Badewanne«, aber in jeder Hinsicht gewachsen. Nun hatte auch Ford einen durchzugsstarken Sechszylinder im Angebot (2 Liter mit 90 PS im 20m/TS), und der »Rekortän« spielte mit 12.613 verkauften Exemplaren kaum eine Rolle. Bis Juli 1965 wurden 882.433 Opel Rekord A gebaut, die bis dato erfolgreichste Rekord-Baureihe.

Verwechslungsgefahr mit einem Kondom

Das »A« ist zwar der erste Buchstabe im Alphabet und somit logisch als Anfangsbezeichnung für eine geplante Reihe. Doch bei Opel folgte der Rekord A auf den Rekord P II. Ursprünglich hätte er nicht Rekord A heißen sollen, sondern Rekord R 3. In den Zulassungspapieren der ersten Fahrzeuge ist diese Bezeichnung auch enthalten. Doch Opel änderte sie sehr schnell in Rekord A. Warum? Schon damals gab es Kondome der Marke R3 (damals sagte man noch Präservativ). Opel wollte aus verständlichen Gründen einen Zusammenhang zum eigenen Produkt vermeiden. Denn in den 60ern war ein Kondom anrüchig.

Was weiter vorne über das Rekord P II Coupé gesagt wurde, gilt auch für den Nachfolger: ein ausgesprochenes Damenfahrzeug. Dieses Exemplar trägt Talbot-Zusatzspiegel und Stoßstangenhörner. Die Gießkanne in der Hand lässt zwei Schlüsse zu: Auf dem Weg in den Garten oder zur Grabpflege.

Neuwagenabstellplatz in Rüsselsheim 1965 mit vielen Rekord A und KAD-A-Wagen. Natürlich ohne Kadetten. Die warten in Bochum auf ihre Auslieferung zum Händler.

Zwischen dem für US-Verhältnisse kleinen Heckmotor-Corvair und dem Standard-Chevrolet sah GM Platz für ein weiteres Modell. 1962 erschienen der Chevrolet Chevy II und seine Luxusversion Nova. Technisch sehr konservativ, optisch läutete er die neue Sachlichkeit ein. Antrieb: 2,5-Liter-Vierzylinder oder 3,2-Liter-Sechszylinder, ab 1964 ein V8.

Er lebte nur einen Sommer: Opel Rekord B

Wer A sagt, muss auch B sagen. Doch wie weit der Schritt von A nach B ist, scheint eine Definitionsfrage zu sein. Opel hat seinen Fahrzeugen schon eine viel weiter reichende Überarbeitung gegönnt, als dies beim Rekord B in Bezug auf den Rekord A der Fall war, ohne dafür einen neuen Buchstaben einzuführen. Letztlich war der Opel Rekord B nur ein Interimsmodell. Die Karosserie bekam gegenüber dem Vorgänger ein Facelift: Aus runden wurden rechteckige Scheinwerfer à la Kapitän, die längsförmigen

Tankszene in Italien mit Tiroler Rekord B Caravan, diesmal Aral an einer Tankstelle, die Service für Fiat und OM-Lastwagen anbietet.

Goldmetallic mit schwarzem Dach: Geschmackvoll restauriertes Rekord B Coupé aus Aachen.

Samstäglicher Autowaschtag, Töchterchen hilft. Mutti holt gerade einen Eimer frischen Wassers, denn sie ist für die Scheiben zuständig. Rekord B Caravan aus Wien.

Lieferwagen dreier Rekord-Generationen in Diensten von Oertli: Rekord A, B und C. Walter Oertli importierte ab 1930 amerikanische Ölbrenner in die Schweiz, produzierte sie seit 1934 selber in Lizenz und vertrieb sie in ganz Europa. Anfang der 50er Jahre expandierte Oertli nach Deutschland, die hiesige Verkaufs- und Serviceorganisation oblag der Firma Klöckner-Brennstoffhandel.

Rücklichter des Rekord A wichen runden Doppelleuchten. Das sah nach Ferrari aus. Der flacher gestaltete Kofferraumdeckel bedingte eine höhere Ladekante, was allgemein mit Kopfschütteln kommentiert wurde. Das Heck des Caravan blieb unverändert. Die eigentliche Neuerung saß unter der Motorhaube.

Der Rekord-OHV-Motor mit seitlicher, also unten liegender Nockenwelle, war ein durch stete Pflege modern gehaltenes Vorkriegsrelikt. Jetzt wurde er durch eine Neukonstruktion ersetzt, die wie weiland der alte Motor das Potenzial in sich trug, auf sechs Zylinder erweitert zu werden und somit auch den großen Opel anzutreiben. Im Opel Rekord B debütierte die Motorenreihe mit Namen cih. Diese Abkürzung steht für »Camshaft in Head«, zu Deutsch »Nockenwelle im Zylinderkopf«. Die Entwicklung stammt von GM in Detroit.

Die Besonderheit der cih-Motoren liegt darin, dass die Nockenwelle seitlich neben den Ventilen im Zylinderkopf liegt, angetrieben wird sie von einer Duplex-Rollenkette mit hydraulischem Kettenspanner. Die Nockenwelle betätigt die in einer Reihe befindlichen, hängenden Ventile über Stößel und Kipphebel. Ein wesentlicher Vorteil dieser Konstruktion ist, dass die Ventile mit geringem Zeitaufwand eingestellt werden können. Später überarbeitete GM die Konstruktion und ersetzte die Stößel durch Hydrostößel (automatischer Ventilspielausgleich), dann mussten die Ventile überhaupt nicht mehr eingestellt werden. Das heißt, dass Opel mit der neuen cih-Motorengeneration einen ganz wesentlichen Schritt zur Wartungsvereinfachung tätigte. Der Kurzhuber mit fünffach gelagerter Kurbelwelle bestand komplett aus Grauguss (Motorblock und Zylinderkopf) und trug in sich das Potenzial, sowohl als Vier- als auch als Sechszylinder gebaut werden zu können. Das machte die Fertigung äußerst rationell, denn fortan erhielten die vierzylindrigen Rekord und die sechszylindrigen großen Opel Kapitän und Admiral (KAD A) prinzipiell denselben Motor: Alle cih-Motoren hatten einheitlich 69,8 Millimeter Kolbenhub. Die verschiedenen Hubraumvarianten von 1,5 bis 2,4 Liter (Vierzylinder) respektive 2,5 bis 3 Liter (Sechszylinder) entstanden dann durch unterschiedliche Bohrungsmaße. Die konstruktiv nicht angetastete Hinterachse erhielt eine breitere Spur, was dem Heck einen Ausdruck von mehr Kraft verlieh. Eine schmale Spur wird optisch stets mit einer gewissen »Schmalbrüstigkeit« verbunden. Weitere konstruktive Fortschritte waren vordere Scheibenbremsen und 12- statt 6-Volt-Elektrik.

Zwischen August 1965 und Juli 1966 verkaufte Opel 239.812 Limousinen und Coupés, 45.110 Caravan und 8144 Lieferwagen. In geringer Zahl gab es Cabriolets des Karosseriebauers Karl Deutsch auf Basis des Coupés.

Der Opel fürs Establishment: Kapitän, Admiral und Diplomat A

So amerikanisch war bislang noch kein Opel. Der Diplomat war der Inbegriff des auf europäische Verhältnisse geschrumpften Straßenkreuzers. Opel sprach von den »Großen Drei«, und die interne Bezeichnung lautet ganz pragmatisch KAD A, also Kapitän, Admiral und Diplomat A. Seit 1938 war der Name Kapitän populär, getoppt wurde er vom Spitzenmodell Admiral. In der Nachkriegszeit war der Kapitän der größte Opel, zeitweise der einzige deutsche Sechszylinder, und ein ungemein populäres Fahrzeug.

Mit dem KAD A wagte Opel einen Neuanfang, stilistisch, dimensional und auch in der Nomenklatur. Der Kapitän wurde zum Basismodell degradiert. Für den Nachfolger des Kapitän mit Luxusausstattung, also des Kapitän L, zog Opel den Vorkriegsnamen Admiral aus der Schublade, und das Spitzenmodell mit amerikanischem V8-Motor hieß Diplomat. War der Kapitän stets die etwas bürgerliche Alternative zum Mercedes, sollten die »Großen Drei« den Mercedes W 111 endlich überflügeln. Und neben den etwas barock wirkenden 220 SE und 300 SE mit ihren Panoramascheiben und Heckflossen wirkten Kapitän, Admiral und Diplomat erfrischend jung und modern. Ihr Design war von Flächen und Lichtkanten geprägt, von strengen Linien und Ecken, nichts war rund und fließend. Das stilistische Vorbild für den KAD A war der Chevrolet Chevy II, und die beiden wirkten tatsächlich wie Brüder.

Diese schiere Größe, die Opel mit Prestige gleichsetzte, traf allerdings nicht den etwas konservativen Geschmack der Großwagenkunden – anders war die Situation beim ähnlich gestylten Rekord A: Der Mittelklassekunde mochte es, wenn sein Wagen optisch auftrumpfte. Der seriöse, wohlhabende und typische Mercedes-Fahrer hingegen setzte in den 60er Jahren eher auf distinguiertes Understatement. Und so blieb der Diplomat ein seltener Vertreter auf den Vorstands-Parkplätzen der Bankzentralen, bei Firmenchefs und Managern. Eine andere Klientel hingegen entdeckte den Diplomat für sich, und das schmeichelte Opel nicht immer: Neureiche fuhren ihn, aber auch Vertreter des »Fahrenden Volkes«, denn er eignete sich hervorragend als Zugfahrzeug für schwere Wohnwagen. So hatte der Diplomat im Volksmund bald seinen Spitznamen als Auto für den »Zigeunerbaron« weg. Ein Stadt-Land-Gefälle gab es auch: Wohlhabende Bauern votierten bevorzugt für den Opel, denn sie profitierten ebenfalls von seiner Zugkraft. Sie hängten einen Viehtransporter an den Haken. Der Metzger allerdings, der das Vieh schlachtete, hängte den Viehtransporter am liebsten an einen Mercedes.

Wirklich neu war, was man sah. Das Fahrwerk gab sich wenig fortschrittlich, die hintere Starrachse war wirklich nicht der Stand der Technik in der Großwagenklasse, ebenso wenig hintere Trommelbremsen. Dass die Servolenkung bei den Sechszylindern Aufpreis kostete, wirft ein Schlaglicht auf die damalige Opel-Philosophie: Mehr Schein als Sein. Der seit 1937 bekannte 2,6-Liter-Sechszylinder wurde letztmalig abgestaubt und brachte es auf nunmehr 100 PS. Doch seine letzte Stunde schlug bereits im September 1965. Er wurde vom 2,8-Liter-Reihensechszylinder mit oben liegender Nockenwelle abgelöst, eine Parallelentwicklung zu den gleichzeitig eingeführten cih-Vierzylindern für den Rekord. Damit hatten Kapitän und Admiral 125 PS, ab 1967 dank Doppelvergaseranlage gar 140 PS unter der Haube und waren adäquat motorisiert. Die Kraft ging via Viergang-Schaltung oder neuer Wandlerautomatik, einer Variante der GM-Powerglide-Zweigang-Automatik, auf die Hinterräder. Für den Export nach

Die Schweizer mochten den großen Opel, weil er amerikanische Größenverhältnisse mit einem alpenstraßentauglichen, europäischen Fahrwerk verband. Ihre Admiral kamen nicht aus Rüsselsheim, sondern entstammten Bieler Montage. Dieser in Zürich aufgenommene Admiral entstammt der ersten Bauserie Februar 1964 bis August 1965.

Der Karosseriebaubetrieb Vogt in Bad Neuenahr schuf so manchen speziellen Opel, und Vogt arbeitete gerne mit den Großen Drei. Dieser Pullman ist ein Vogt, ebenso wie die ZDF-Teamwagen auf Basis des KAD B, auch die Langversion des Diplomat B stammt aus Bad Neuenahr.

Der Südwestfunk setzte jahrelang auf den Großen Opel als Schnellreportagewagen für die aktuelle Berichterstattung, ausgerüstet mit Aufnahmeeinrichtungen für 16-mm-Film und Ton. Im Bild ein Kapitän A mit zwei Kameramännern bei Außenaufnahmen.

Indirekt warb die Werner-Mertz-Gruppe für ihre Rex-Autopolitur mit den riesigen Karosserieflächen des Opel Kapitän A. Werbung aus Auto Motor Sport vom September 1969. Bemerkenswert, wie verschmiert der Lack des kleinen Fiat 500 dargestellt ist.

Österreich wurden 203 Kapitän und 377 Admiral mit 2,5-Liter-Motor und 112 PS gebaut. Ab März 1965 war der V8-Motor aus dem Diplomat auch im Kapitän und Admiral lieferbar.

Die »Großen Drei« teilten sich dieselbe Karosserie, die graduell besser ausgestattet war. Der Kapitän hatte eine vordere Sitzbank, einen Grill mit horizontalen Streben, keinen Radlaufchrom und keine Radzierringe. Diese Basisausstattung wählten weniger die Privatkunden, eher das Taxigewerbe oder Behörden. Volumenmodell war der Admiral, quasi die Luxusversion des Kapitän. Er hatte mehr Chrom, einen Maschengrill, vordere Einzelsitze mit Liegefunktion und eine sehr angenehme Innenausstattung. Im September 1965 erfolgte das erste Facelift mit Schriftzug am Vorderkotflügel statt an der C-Säule und Wegfall des Huprings im Lenkrad, im September 1967 gab es wieder Retouchen: ZF-Gemmer-Lenkung, Sicherheitslenksäule, Dreispeichenlenkrad, Zierleiste an den Flanken.

Absolut konkurrenzlos war der Diplomat V8. Kein Europäer konnte ihm Paroli bieten. Er kombinierte die Karosserie des Kapitän/Admiral mit einem bärenstarken amerikanischen V8-Motor und einer mehr als gediegenen, fast schon protzigen Ausstattung. Wer diese Verbindung mag, kam am Diplomat nicht vorbei. Vor allem die Schweizer mochten sie gerne und kauften den Diplomat V8 mit Vorliebe. Dort stellen mangels einheimischer Produkte Importwagen das komplette Angebot, auch US-Fahrzeuge waren und sind dort sehr beliebt. Ihre Motoren sind Legende, ihr damals mieses Fahrwerk und die ausladenden Karosserien ebenso. Für die Schweizer war der Diplomat ideal: Die Dimensionen waren gerade noch innenstadt- und alpenstraßengeeignet, und der Motor identisch zum populären Chevrolet. Nahezu unverändert wurde der 4,6-Liter-V8 aus dem Chevrolet übernommen, ebenso die spritfressende Zweigang-Wandlerautomatik sowie die vollsynchronisierte Viergang-Schaltung – die kaum jemand orderte, wer Diplomat fuhr, ließ die Automatik arbeiten. Laut Katalog war der Diplomat 4,6 Liter V8 mit Schaltgetriebe unglaubliche 210 km/h schnell und spurtete in 9,5 Sekunden auf Tempo 100. Beachtliche Zahlen für ein 1600-Kilo-Fahrzeug – und das ohne hintere Scheibenbremsen, lediglich mit einem Bremskraftbegrenzer versehen, um die geballte V8-Power unbeschadet auf die Straße zu bekommen, war gegenüber Kapitän und Admiral eine stärkere Pontiac-Hinterachse nötig. Wenigstens war die Servolenkung bei diesem Schwergewicht serienmäßig.

Im Interieur verbaute Opel alles, was man sich damals an Ausstattungsdetails erträumen konnte: vier elektrische Fensterheber, Fußraumleuchten, feinste Stoffe für die Sitze, viele Chromleisten allüberall und Edelholzapplikationen an den Türinnenverkleidungen und am Armaturenbrett. Ein wahres Monstrum war die Mittelkonsole mit abschließbarem Ablagekasten. Ebenfalls serienmäßig: Kontrollleuchten für alle technischen Funktionen, heizbare Heckscheibe, Nebelleuchten vorne und hinten. Im Diplomat V8 hatte der automobile Amerikanismus Hochkonjunktur, selbst das Lenkrad war zweifarbig, nämlich elfenbeinfarben, kombiniert mit der Interieurfarbe. Und selbiges gab es in allen denkbaren Schattierungen. Serienmäßig wurde das Dach mit schwarzem Kunstleder bezogen zu Zeiten, als in Europa noch niemand die Vinyldächer kannte.

Im September 1966 erbte der Diplomat vom bei Karmann gefertigten Coupé dessen größeren Motor. Am Heck prangte nun unübersehbar der Schriftzug 5,4, und die Tachoskala reichte bis Tempo 250. Tatsächlich rannte der Diplomat 5,4 mit 200 km/h über die Autobahn und jagte damit sogar einen Jaguar oder Porsche. Vom Diplomat 4,6 Liter liefen 8518 Exemplare vom Band, die 5,4-Liter-Version wurde 330 Mal gebaut. Der Diplomat V8 4,6 Liter kostete 1964/65 17.500 Mark, 1966 kletterte der Preis auf 17.995, zuletzt auf 18.050 Mark. Für die 5,4-Liter-Variante verlangte Opel 1967/68 genau 20.000 Mark.

Klassische Eleganz, sehr individuell – viel individueller als jedes Mercedes 250 SE Coupé war das Opel Diplomat V8 Coupé.

Das umstrittene Vinyldach. Es passt zum Auto, es passt in die Zeit, aber kaum ein restauriertes Exemplar trägt heute noch eines. Immerhin ist das Exponat im Karmann-Museum mit einem Vinyldach ausgestattet. Die Karmann-Fahrzeugsammlung existiert nach wie vor, auch nach der Übernahme Karmanns durch Volkswagen.

Der exklusivste Opel: Opel Diplomat A Coupé

Die individuellste Art, einen Großen Opel in den 60er Jahren zu fahren, war das Diplomat V8 Coupé: wunderschön, hochelegant, sehr selten, sehr teuer. Wer einen schönen, großen Wagen fuhr, gehörte zu den Glücklichen und Wohlhabenden, hatte es zu etwas gebracht und sich das Auto verdient. Diese These mag heute nicht mehr gelten, in den 60er Jahren hatte sie unbedingte Gültigkeit. Diese Zeit war das so genannte saturierte Jahrzehnt. Die Nachklänge des Wirtschaftswunders fanden ihren Widerhall in einem allgemeinen Wohlstand, einer anhaltenden Konjunktur mit nur winzigen Dellen und einer Vollbeschäftigung. Der Wohlstand war weitgehend demokratisch. Guten Gewissens standen frisch polierte Opel Admiral und Diplomat sowie Mercedes S-Klassen vor Bürgerhäusern und Villen.

Manche konnten sich mehr leisten als einen Diplomat V8, mit 18.000 D-Mark bereits eine teure Angelegenheit. Sie wollten sich auch mehr leisten. Sie wollten keinen Mercedes, aber einen großen Opel, der individueller war als der Diplomat von der Stange – der überdies auf den ersten Blick nicht viel anders aussah als ein Kapitän für 11.600 oder ein Admiral für 13.000 D-Mark. Mercedes hatte es vorgemacht. Seit jeher gab es auf Basis der Limousinen schmucke Coupés und Cabriolets, weit individueller

Heute ist das große Coupé ein Star auf Alt-Opel-Treffen. Von den 347 gebauten Exemplaren hat schließlich nicht jedes überlebt. Und selbst wenn es so wäre, so wäre dieser Wagen dennoch eine Rarität. Nicht jeder Eigentümer orientiert sich bei der Restaurierung am Originalzustand. manch einer lässt seinem Geschmack freien Lauf.

Auf der IAA 1965 präsentiert: Diplomat A V8 Cabriolet von Karmann. Dieses exquisite Fahrzeug machte vielen Menschen den Mund wässrig. Aber es hat nicht sollen sein. Das Unikat blieb erhalten.

In Europa ein Exote: Das Hardtop-Coupé

Das Coupé ist heute selten. Ebenfalls selten und ein Liebhaberstück ist der Originalprospekt des Coupés.

Die Gattung des Hardtop-Coupés stammt aus den USA. Das Wort Hardtop (deutsch: festes Dach) steht im Gegensatz zum Softtop, worunter der Amerikaner das Stoffverdeck eines Cabriolets versteht. Ein Hardtop trägt also Attribute des Cabriolets, nämlich die fehlende B-Säule und die voll versenkbaren Seitenscheiben sowie die rahmenlosen Vordertüren – nur eben nicht das aufklappbare Stoffverdeck. Weil ein Hardtop so viel Ähnlichkeit mit dem Cabriolet hat, wurde es in den USA zumeist mit einem schwarzen Vinyldach bestückt, das den Pseudo-Cabrio-Effekt zusätzlich unterstützte. Einen derartigen Wagen im Sommer zu fahren, war eine höchst angenehme Angelegenheit. Bei herabgelassenen Seitenscheiben wehte einem der Wind wild um die Nase, fast wie im Cabriolet. Aber man bekam weder einen Sonnenbrand im Genick, noch konnte einen ein Unwetter das Fürchten lehren. Zeitweise war die Hardtop-Bauart auch in Europa populär, das Rekord C Coupé entspricht ebenso diesem Genre wie die Ford Coupés der Baureihen P5 und P7.

als die Großserienwagen, zwar am Fließband gefertigt, aber mit einem großen Anteil an Handarbeit. Diese Wagen waren bereits Liebhaberstücke, als sie noch neu waren. Ein durchschlagender Erfolg wurde das Opel Diplomat V8 Coupé nicht. Aber letztlich war dies im Sinne des Erfinders. Denn automobile Individualität ist eben dadurch definiert, dass sie sich nicht in großen Stückzahlen manifestiert. 347 Mal wurde das Diplomat Coupé erstellt.

Das Opel Diplomat V8 Coupé war nicht etabliert und musste deshalb etwas bieten, was eine Alternative zum Mercedes darstellte. Das war seine schiere Eleganz, die etliche potenzielle Mercedes-Coupé-Kunden überzeugte, den Opel-Händler aufzusuchen. Und dann war da noch der Motor. Um das Coupé noch begehrenswerter zu machen, implantierte Opel sogar eine größere Version des Chevrolet-Motors ins Coupé als in die Limousine – 5,4 statt 4,6 Liter Hubraum.

In 14 Außenlackierungen war das Diplomat Coupé lieferbar, darunter fünf Metallictöne, kombinierbar im Interieur mit vier Leder- und Kunstleder- sowie fünf Stofffarben.

Das Opel Diplomat V8 Coupé wurde bei Karmann unter der Leitung des Karosseriebaumeisters Johannes Beeskow entwickelt und im Karmann-Werk Rheine gebaut. Der Zweitürer im amerikanischen Hardtop-Stil mit voll versenkbaren Seitenscheiben ohne Mittelpfosten fand im März 1965 seinen Weg zu den Kunden und blieb bis Februar 1967 im Programm. Betrachtet man das Coupé im Vergleich mit der Limousine, so fallen die andere Dachform ins Auge und die Tatsache, dass der Wagen zweitürig statt viertürig ist. Die Veränderungen sind aber viel tief greifender. Das Dach ist niedriger als bei der Limousine, was neue Front- und Heckscheiben nötig machte. Die schweren Vordertüren forderten verstärkte A-Säulen, wie überhaupt die komplette Karosserie an allen Ecken und Enden verstärkt ist. Denn das Coupé lebt ohne stabilisierenden Mittelpfosten. Obendrein haben die Türen keinen Rahmen, die Seitenscheiben werden also nur von Gummilippen geführt. Hierbei bedurfte es sehr exakter Konstruktionsarbeit, um das Diplomat Coupé wasserdicht zu halten. Zur IAA 1965 präsentierte Karmann als logische Weiterentwicklung eine Cabrioletvariante, die nie in Serie ging.

Der letzte echte, große Opel; Kapitän, Admiral und Diplomat B

Der letzte, echte große Opel: Der KAD B war die letzte eigenständige Opel-Konstruktion im Oberklassesegment. Manche wachsen an ihren Aufgaben. Manche scheitern daran. Der Große Opel ist zunächst gewachsen an der Aufgabe, auf Schlagdistanz zum Mercedes zu bleiben. Danach, auf sehr hohem Niveau, musste er die Segel streichen. Der Stuttgarter war einfach stärker als der Rüsselsheimer.

Bei Mercedes hatte der 250 SE W 108 ab 1965 gegenüber seinem Vorgänger ein wenig abgespeckt. Als dieser zum 280 SE weiterentwickelt wurde, lancierte Opel einen neuen Großen, den KAD B. Auch er hatte überflüssige Pfunde verloren, was ihm sehr gut zu Gesichte stand. Der Neue war schmäler und kürzer als sein flächig gezeichneter Vorgänger. Der Opel erlangte wieder europäische Dimensionen. In jeder Hinsicht konkurrierte der Opel mit dem 2,8-Liter-Mercedes. Die beiden sprachen dieselbe Klientel an, sie hatten ungefähr die gleiche Motorleistung, den gleichen Innenraum- und Fahrkomfort, boten gleich viel Platz. In einer Hinsicht war der Opel sogar deutlich überlegen: Rüsselsheim spendierte ihm eine hochmoderne hintere DeDion-Einzelradaufhängung, während Daimler-Benz an der technisch längst veralteten Pendelhinterachse festhielt. Der Opel war weitaus fahrsicherer als der Mercedes. Ansonsten hielten sie sich die Waage. Beide waren hervorragende Klassewagen. Doch eben an dem Wort »Klasse« schieden sich die Geister, und deshalb geriet der Opel ins Hintertreffen. Viele Kunden sprachen dem KAD die »Klasse« ab, alleine weil er ein Opel war. Das waren keine Technikmenschen. Sonst hätten sie womöglich den Opel dem Mercedes vorgezogen. Das waren Menschen, die Wert auf Äußerlichkeiten, auf Prestige, auf Stil, auf Renommee legten. Und daran haperte es dem Opel. Als Daimler-Benz 1972 die Baureihe W 116 lancierte und in ihr die Achtzylindermotoren sogar in zwei Leistungsstufen erhältlich waren, geriet der KAD B vollends ins Hintertreffen. Und dann kam die Ölkrise. Die OPEC drehte im Rahmen des arabisch-israelischen Jom-Kippur-Krieges den mit Israel befreundeten Staaten den Ölhahn zu. Der Benzinpreis schnellte nach oben, Fahrzeuge mit hohem Spritverbrauch waren plötzlich nicht mehr gefragt. Opel verkaufte viele neue Kadett, aber kaum mehr einen Admiral oder Diplomat.

Früher Admiral B mit optionalem Vinyldach nebst Opel GT im September 1969 auf dem Händlerhof.

Zwei Diplomat B als Begleitfahrzeuge des Fackellaufes bei den Olympischen Spielen 1972 in München.

Der so genannte New Look des Diplomat: Frische Farben, Ronal-Alufelgen – eine Viagraspritze für das letzte Baujahr.

Die Diplomat Cabriolimousine von 1970 wurde beim italienischen Karosseriebauer Fissore gefertigt, verantwortlich für den Umbau zeichnete Karmann.

Trotzdem war und blieb der Diplomat ein guter Wagen. Der letzte, echte Große Opel war kein veränderter alter Großer Opel, sondern ein komplett anderer Wagen als der KAD A. Opel zeichnete eine klassische Limousine in einer Zeit, in welcher der Coke-Bottle-Stil vorherrschte. Das bedeutet jenen Hüftschwung mit Karosserieverdickung an der Flanke, wie ihn der Rekord C trägt. Dagegen ist der große Opel richtig zeitlos, also klassisch. Lediglich die im unteren Bereich sehr breite C-Säule war ein Zugeständnis an den Zeitgeschmack. Aber Opel bewältigte auch dieses Entgegenkommen an die Mode auf vernünftige Art: Der steil gestellte Abschluss der hinteren Seitenscheiben ließ die C-Säule nach oben verjüngen, wodurch sich nicht der negative Effekt eingeschränkter Rundumsicht einstellte.

Im Gegensatz zum Vorgänger unterschieden sich die Modellreihen äußerlich von einander. Kapitän und Admiral trugen identische Breitbandscheinwerfer und horizontal gestellte Rücklichter. Dadurch wirkten die Wagen unheimlich breit. Das Spitzenmodell Diplomat imitierte mit seinen aufrecht stehenden, rechteckigen Scheinwerfern das Mercedes-Gesicht, auch die Heckleuchten standen vertikal. Das verlieh ein bulliges Aussehen mit viel Überholprestige. Ansonsten waren die Unterschiede auf den Grad des Luxus' und das Dekor beschränkt. Der Kapitän hatte eine bescheidene Innenausstattung mit vorderer Sitzbank und trug nicht einmal Radzierringe, sein Kühlergrill betonte die Vertikale. Der Admiral mit Rautenmuster im Grill hatte mehr Chrom, er war das Volumenmodell. Reich geschmückt war der Diplomat mit serienmäßigem Vinyldach, und seine in den ersten Jahren verwendeten Radzierkappen mit Speichenimitationen waren neben der Armaturenbrettgestaltung der einzige Amerikanismus im Design.

Die Motoren entstammten weitgehend den Vorgängertypen. In allen Modellen war der 2,8-Liter-Sechszylinder-cih-Motor lieferbar. Als 2800 S mit einem Vergaser leistete er 132 PS, in der Doppelvergaserversion 2800 A kam er auf 140 Pferde und mit der neuen elektronischen Bosch-Einspritzung als 2800 E auf 165 (nur im Admiral E und Diplomat E). Das Topmodell war der Diplomat V8 mit dem vom Vorgänger bekannten 5,4-Liter-GM-Motor mit satten und brabbelnden 230 PS, gut für eine Höchstgeschwindigkeit von über 200 km/h. Kombiniert wurde der V8 mit der dreistufigen Turbo-Hydra-Matic aus US-Produktion. Die Sechszylinder-Typen konnten auf Wunsch mit einer deutschen Dreistufen-Automatik bestellt werden, ab 1972 Serie bei den Einspritzern. Völlig neu und hervorragend war das Fahrwerk. Als bislang einziger Opel verfügte der KAD B über eine DeDion-Hinterachse, aufwändig in der Konstruktion und teuer in der Herstellung. Eine geniale Idee, denn sie verbindet die Vorteile von Starrachse (Spur und Sturz stets konstant) und Einzelradaufhängung (geringe ungefederte Massen) miteinander.

Die Modellpflege hielt sich in Grenzen, zumal der Wagen schon bei seiner Präsentation in Nizza 1969 einige konstruktive Novitäten zu bieten hatte: voll versenkte Scheibenwischer, in die Karosserie geklebte Front- und Heckscheibe, von innen verstellbarer Außenspiegel, belüftete Scheibenbremsen mit Bremskraftregler, optional Niveauregulierung hinten und natürlich die De-Dion-

Die Fließhecklimousinen ließ das ZDF bei Vogt in Bad Neuenahr bauen, die so genannten Teamwagen. Dem ZDF ging es weniger um Exklusivität oder Eleganz, sondern um Ladekapazitäten. Das Kofferraumvolumen der Teamwagen war beträchtlich größer als bei der normalen Limousine. Es gab im Laufe der Zeit zwei Gestaltungen des Hecks, links die Version ab 1974, rechts die frühere. Vogt baute die Schräghecklimousine auf Wunsch auch für Privatkunden, es entstanden sogar Diplomat mit Schrägheck.

Die Alternative zum Mercedes Strich-Achter: Opel Admiral B Bestattungswagen, preiswerter in der Anschaffung und individueller. Im Bild ein Umbau von Rappold aus Wülfrath.

Das Herz, das amerikanische Herz: 5,4-Liter-V8, 230 PS. Herz, was willst Du mehr!?

Eine GM-Erfindung: voll versenkte Scheibenwischer

Die Fachwelt war begeistert, als Daimler-Benz zur IAA 1979 die erstmals nach aerodynamischen Gesichtspunkten gestylte S-Klasse W 126 mit voll versenkten Scheibenwischern präsentierte. Niemand erwähnte damals den KAD B, der schon 1969 damit aufwartete. Opel hatte die voll versenkten Scheibenwischer aber nicht erfunden, das war die Konzernmutter GM. Deren Pontiac-Jahrgang 1967 war damit ausgerüstet, die anderen GM-Marken folgten zum Modelljahr 1968, im Folgejahr der KAD B. Opel machte diese Besonderheit in Europa populär. Fairerweise muss gesagt werden: GM tat dies aus optischen Gründen, Daimler-Benz aus aerodynamischen.

Hinterachse. Im Mai 1970 wurde der Kapitän zugunsten des einfachen Admiral N gestrichen, der bisherige Admiral hieß ab Oktober 1971 Admiral L, ab September 1972 neuer Kühlergrill für den Admiral mit dem Opel-Signet in der Mitte statt auf der Motorhaube. Als Reaktion auf Verkaufseinbrüche wegen der Ölkrise brachte Opel 1973 das Sondermodell Admiral Royal mit der 145 PS starken 2,8-Liter-Maschine und erweiterter Ausstattung auf Basis des L-Modells. Großes Interesse der Fachwelt fand das faltbare Notrad ab 1974, zunächst mit Füllflasche, später gegen Aufpreis mit elektrischem Kompressor. Da wurden Traditionen über Bord geworfen! Das fünfte Rad am Wagen war plötzlich kein vollwertiges mehr. Etwas weniger Leistung ab 1975, weil die Motoren nunmehr bleifreies Benzin vertrugen: 129 statt 132, 140 statt 145 und 160 statt 165 PS bei den Sechszylindern, keine Veränderung beim V8. Der Admiral N in der Nachfolge des Kapitän hatte bis 1975 tatsächlich mit einer Gummimatte auf dem Fußboden auskommen müssen, nun erhielt auch er Teppichboden.

Kurz vor Produktionsschluss wurde die Modellreihe neu sortiert, die Fachpresse sprach vom »New Look«. In Wirklichkeit war dieser Ausdruck übertrieben, denn optisch gab es lediglich neue, frische Farben im Stile der Mitt-Siebziger sowie formschöne Leichtmetallfelgen (die Ronal-»Kleeblätter«, Serie beim Diplomat). Aber das von einem Journalisten geprägte Wort setzte sich durch, und noch heute werden die KAD-B-Modelle ab März 1976 mit dem Wort »New Look« bezeichnet. Der Diplomat mit Sechszylindermotor entsprach nun optisch dem Admiral L, hatte also Breitbandscheinwerfer und horizontale Heckleuchten, kurz darauf verschwand die Typenbezeichnung Admiral völlig und alle Großen Opel hießen Diplomat – egal ob sie eine der drei Sechszylindermotor-Varianten oder den V8 unter der Haube trugen. Im Juli 1977 endete die Produktion des letzten großen Opel.

Der Opel für den Jet-Set: Bitter CD

Eine steile Karriere vom Radsportler zum Hersteller exquisiter Autos legte Erich Bitter hin. Inspiriert von zwei Studien kreierte der Schwelmer den Bitter CD auf Diplomat-Basis, ihm folgte der SC mit Genen des Senator.

Bitter importierte den italienischen Intermeccanica nach Deutschland und initiierte, dass die Italiener eine Version dieses

Die Opel CD Studie von Charles M. Jordan war die eine Inspiration für den Bitter CD, hier gezeigt auf der Jochen-Rindt-Show in München im November 1969.

Pietro Frua schuf mit seinem Coupé auf Diplomat-B-Basis die andere Inspiration für Erich Bitter.

Produktion des Bitter CD bei Baur in Stuttgart.

Supersportwagens mit solider Opel-Großserientechnik bauten – den Typ Indra mit 2,8-Liter-Sechszylinder oder 5,4-Liter-V8 aus dem Großen Opel. Unzufrieden mit der Firmenführung und der abgelieferten Qualität von Intermeccanica entschloss sich Erich Bitter Ende der 60er Jahre, seinen eigenen Traumwagen in Serie zu bauen – ebenfalls mit Opel-Technik. Das wurde der Bitter CD, von dem zwischen 1973 und 1979 immerhin 395 Exemplare in handwerklicher Serienfertigung geschaffen wurden.

Der CD entstand durch Eingebungen. Diese gewann Bitter durch zwei Einzelstücke, die Designstudie Opel CD auf Diplomat-Basis vom Opel-Design-Chef Charles M. Jordan und der vom italienischen Stilisten Pietro Frua entworfene Opel-Frua Diplomat. Jordans Nachfolger David R. Holls kannte Erich Bitter, und beide Männer einigten sich darauf, dass der Schwelmer einen Super-Opel mit Rüsselsheimer Unterstützung bauen sollte. 1971 gründete Erich Bitter dafür seine Firma Bitter GmbH & Co. KG.

Das endgültige Styling des Jet-Set-Opel übernahm George Gallion, zuvor Jordans Assistent. Die Bodengruppe entlieh der CD vom Opel Diplomat B, sie wurde um 16,4 Zentimeter verkürzt. Die Konstruktion erledigte Erich Bitter unter Zuhilfenahme freundlicher Unterstützung von Opel, wo die Fahrwerksabstimmung und die Fahrversuche erfolgten. Die Opel-Technik erfuhr ihrerseits auch Modifikationen. So gewöhnte Bitter dem 5,4-Liter-V8 seine thermischen Probleme ab und spendierte ihm einen separaten Ölkühler. Das Fahrwerk des CD war ohnehin über jeden Zweifel erhaben, denn die Ausgangsbasis war perfekt. Der CD war

Ein Super-Sportwagen von italienischer Rasse und Klasse, aber made in Germany und bei jedem Opel-Händler zu warten – das ist der Bitter CD.

Ein Einzelstück blieb der Bitter Blazer von 1976, ein Luxusgeländewagen auf Basis des Chevrolet Blazer. Die Front zeichnete Erich Bitter neu, und die Scheinwerfer stammen vom Admiral B.

gegenüber dem Serien-Diplomat ein wenig tiefer gelegt und verfügte über Bilstein-Gasdruckstoßdämpfer. Den Motor übernahm der CD unverändert aus dem Diplomat. Bitter gewann den renommierten Stuttgarter Betrieb Baur für die Karosseriefertigung inklusive der Polsterarbeiten, sodass Bitter eine komplette, lackierte Karosserie mit Scheiben und Innenausstattung bezog.

Auf der IAA 1973 feierte der Bitter CD auf dem Opel-Stand seine Premiere, und noch auf der Messe wurden 176 verbindliche Bestellungen getätigt. Das war mehr als erwartet, schließlich musste der edle Wagen seine Feuerprobe noch bestehen: Konnte er, der er doch »nur« ein Opel war, in den Kreisen reüssieren, die für gewöhnlich Maserati oder Ferrari fuhren? War der Jet Set bereit, 58.400 D-Mark für einen Gran Tourismo mit Opel-Technik auszugeben? Waren die Schönen und Reichen überhaupt bereit, einen Opel Händler aufzusuchen? Der Start des Bitter CD fiel in die denkbar ungünstigste Zeit. Die Fertigung begann Ende 1973, just als die Ölkrise aufkam. Der Benzinpreis stieg enorm, Luxus- und Sportwagen waren zeitweise unverkäuflich, Bestellungen wurden storniert – auch Erich Bitter litt unter der Hysterie. 1974 war hart für ihn, 1975 war der Ölschock vorbei, die Einstellung der Kunden zum Automobil schlechthin hatte sich zwar verändert, aber der Markt für Luxus- und Sportwagen stabilisierte sich wieder. Trotzdem verdiente die Firma Bitter am CD nicht genug, obgleich der Wagen teuer war. Bitter verkaufte zu wenige Exemplare, in die Gewinnzone wäre die Firma erst gekommen, wenn mehr als 1200 CDs gebaut worden wären – bis 1979 sollte nicht mal ein Drittel dieser Zahl erreicht werden.

Als Sportwagen war der Bitter CD ungeeignet. Zu schwer war er trotz hoher Leistung, um agil zu sein. Der CD war und wollte sein ein Hochleistungs-Gran-Tourismo, ein luxuriöser Reisewagen, mit dem dank laufruhiger Maschine, Automatikgetriebe und straffem Fahrwerk mit für damalige Verhältnisse superbreiten Reifen hohe Durchschnittstempi auf gut ausgebauten deutschen Autobahnen erreicht werden konnten. Auch auf Landstraßen war es eine Freude, einen Bitter CD zu fahren. Er lag satt und schwer auf der Straße, und die DeDion-Hinterachse verhinderte jegliche Bösartigkeiten. Den CD zu fahren bedeutete Ruhe, Überlegenheit und Beherrschung jeder Situation. Er war ein seriöses Auto für seriöse Menschen – eben für diejenigen, die ihn sich leisten konnten, und die trugen mehrheitlich graue Schläfen. Innen hatte der Bitter CD, was man damals von einem Auto seines Kalibers erwartete, und vor allem: Er sah innen nicht aus wie ein Opel. Der Pilot blickte auf ein aufgeräumtes und wohl bestücktes Armaturenbrett mit viel Holz und vielen Uhren, und selbstbewusst ging die Tachoskala bis 300 km/h – und dies in orangefarbenen Ziffern.

Der Bitter CD erlebte nahezu keine Evolution. Die Rückleuchten änderten sich, die Tankklappe erhielt eine »CD«-Prägung, 1975/76 ersetzte Palisanderholzfurnier die Wurzelholzapplikationen und die Alufelgen wurden im Innenteil schwarz lackiert. Die letzten Bitter CD bekamen 1977/78 die fünfspeichigen Ronalfelgen, die später den Bitter SC zieren sollten. Der Bitter CD startete Ende 1973 mit 58.400 D-Mark, der Preis kletterte bis 1978/79 auf 67.000 D-Mark. Als aufpreispflichtige Extras gab es unter anderem eine Klimaanlage, Metalliclack, elektrisches Schiebedach und verschiedene Lederausstattungen. Die 395 gebauten Bitter CD wurden in 45 unterschiedlichen Farben ausgeliefert.

Folter im Dienste des Kunden: Das Opel-Prüffeld in Dudenhofen

Opel geht schlecht mit den eigenen Autos um, und zwar im Dienste des Kunden. Auf dem Prüfzentrum in Dudenhofen werden Opel gefoltert, damit sie sich keine Schwächen leisten.

Alles kameraüberwacht, damit später eine exakte Auswertung der Ergebnisse erfolgen kann.

Mit Messrad hinten und Rundumleuchte oben ist ein Rekord B Coupé auf der Schnellfahrbahn unterwegs und wird vom Rand aus gefilmt.

Hier werden umfangreiche Fahrversuche auf der Dudenhofener Versuchsstrecke vorbereitet. Der Opel Diplomat A V8, interessanterweise nicht mit Vinyldach versehen, trägt eine an der vorderen Stoßstange befestigte Vorrichtung, auf der ein Kameramann stehen kann. Eine im Innenraum via Stativ installierte Kamera lugt aus dem Schiebedach. Das heißt, die hier vorbereiteten Tests sollen mit bewegten Bildern dokumentiert und danach anhand des Films ausgewertet werden.

Nächtliches Martyrium für brave Autos: Der Rekord B malträtiert seine Stoßdämpfer aufs Hässlichste, während es der Kadett B links etwas besser getroffen hat. Er ist »nur« auf Kaiser-Wilhelm-Gedächtnispflaster unterwegs.

Testen auf öffentlichen Straßen ist unmöglich. Wenn ein neu konstruierter Wagen getestet wird, hält er sich nicht an die Straßenverkehrsordnung. Obendrein sollte er nicht gesehen werden. Außerdem benötigt die Testcrew eine Infrastruktur und will unter sich sein, und das Ganze am besten nicht allzu weit von der Heimat, sprich der Fabrik entfernt. Also leisten sich Autokonzerne hauseigene Prüfgelände. So auch Opel. Und zwar von Anfang an.

Die erste Einfahrbahn errichtete Opel bereits 1903 innerhalb des Werksareals. Die berühmte Opel-Rennbahn, gleichsam Test- wie Rennstrecke, wurde 1916 am Schönauer Hof, zwei Kilometer von Rüsselsheim entfernt, eröffnet. 1934/35 wurde diese Bahn durch eine weitere, innerhalb des Werksgeländes gelegene Schnellbahn ergänzt. Nach GM-Gesichtspunkten vorbildlich konzipiert war das Opel-Prüffeld, im Oktober 1951 eingeweiht und bis 1965 in Betrieb. Das war nicht nur eine Schnellfahrbahn, sondern auch eine Marterstrecke, ein richtiges Testgelände eben. Das Rüsselsheimer Prüffeld war das erste seiner Art in Deutschland und mit 150.000 Quadratmetern eine riesige Anlage. Trotzdem wurde es mit der Zeit beengt, und Opel baute das bis heute existente Prüfgelände in Dudenhofen, südöstlich von Frankfurt und rund 50 Kilometer vom Stammwerk Rüsselsheim entfernt.

Opel kaufte der Gemeinde Dudenhofen einen 2,6 Quadratkilometer großen Wald ab und errichtete hier, idyllisch gelegen und von außen durch natürlichen Bewuchs völlig uneinsichtig, ein neues Testgelände. Der erste Spatenstich im Rodgauer Forst erfolgte am 3. November 1964, die ersten Testwagen weihten die Strecke am 30. März 1966 ein. Wieder war die Opel-Teststrecke ein Superlativ: Die Kombination von Straßen, Wegen und der umschließenden Rundstrecke, der Schnellfahrbahn, umfasste damals eine Gesamtlänge von 33 und heute sogar von 70 Kilometern und war zu seiner Zeit wieder das größte und modernste Testgelände Europas – wie seinerzeit das Rüsselsheimer Prüffeld.

Hier wird in der Praxis probiert, was die stationären Prüfstände nicht leisten können: die Dauerhaltbarkeit eines neuen Autos, hier werden die einzelnen Teile und Aggregate in komplett montierten Fahrzeugen erprobt, und hier wird die Qualität der Serienfertigung kontrolliert. Trotzdem damals wie heute Heerscharen hoch qualifizierter Ingenieure hochklassige Arbeit am Schreibtisch leisten, können Fahrversuche nicht unterbleiben. Der Praxistext soll die Tücke des Unberechenbaren eliminieren. Das Prüffeld in Dudenhofen ist in der Lage, alle nur denkbaren Beanspruchungen eines Wagens in die Praxis umzusetzen. In Dudenhofen sind sämtliche denkbare Straßenoberflächen zu finden: Autobahnen, Schlammpisten, Kopfsteinpflaster, Wellenbahnen mit Aufschaukeleffekt. Es gibt auch ein Salzwasserbecken. Da rauscht der Opel durch, dann kommt er Stunden lang in die Klimakammer mit 40 Grad Wärme und 100 Prozent Luftfeuchtigkeit, dann bekommt er nochmals eine Salzwasserdusche und darf zwölf Stunden ausruhen. Das wird 30 Mal wiederholt, und dann weiß Opel, ob das Auto rostet oder nicht.

Das Prachtstück ist die Rundfahrbahn, 5 Kilometer lang. Sie umschließt das gesamte Prüffeld und erlaubt absolut gleichförmige Fahrdynamik über lange Strecken und in beliebig langer Zeit.

Kapitel 8:

Das neue Segment: Kurz gesagt OK

Kampf dem Käfer: Opel Kadett A

Opel gegen Volkswagen: Der Opel Kadett A wurde dazu geschaffen, dem VW Käfer das Leben schwer zu machen. Die Mittelklasse und den gehobenen Bereich konnte Opel bedienen. Rekord und Kapitän waren etablierte Größen. Doch darunter gab es keinen Opel. Diesen Bereich dominierte in den 50er Jahren der Volkswagen. In den 60ern wagten die beiden Konkurrenten Opel und Ford den Titanenkampf. Sie konstruierten Fahrzeuge, die im Revier des Käfer wildern sollten. Ford brachte den Taunus 12m P4, eine amerikanische Konstruktion mit fortschrittlichem Frontantrieb, aber ausladender, großer Karosserie. Anders ging Opel an das Thema »Käfer-Killer« heran. Und, vor allem, der Kadett war ein in Rüsselsheim konstruierter und gezeichneter Wagen, kein amerikanischer. Das Projekt TL700 oblag dem technischen Direktor von Opel, Karl Stief; für die Technik war Werner K. Strobel (leitender Konstrukteur für Pkw-Chassis), für die Karosserie Chefingenieur Hans Mersheimer (Leiter Karosseriekonstruktion) zuständig. Er war kein Stilist, sondern ein Ingenieur, kein Künstler, sondern ein Pragmatiker. Das merkt man dem Resultat an. Denn schön, im klassischen Sinne, ist der Kadett A nicht. Aber er ist zweckmäßig, vernünftig, sinnvoll. Und er ist konservativ gezeichnet, konservativ im positiven Sinne. Opel entschied sich für eine klassische Limousinenform. Das war natürlich ganz anders als der völlig unkonventionelle VW mit seinem 30er-Jahre-Design. Beim Opel wurde kein Zentimeter verschenkt, der Motor saß vorne,

Ein völlig neues Auto aus einer völlig neuen Fabrik: »Bochum, ich komm' aus dir«, singt Herbert Grönemeyer. Er meint sich selbst damit. Aber auf den Kadett trifft die Aussage auch zu.

Das Auto für die junge Familie – offensichtlich. Der abgewirtschaftete Rekord P I rechts trägt eine amerikanische Militärzulassung, also das Auto eines GI. Autobahnstau im Juni 1968.

Ein ganz normaler Kadett A in ganz normalem Weiß.

Bürgerlich, gediegen, bezahlbar. das richtige Auto für die junge Familie, ein idealer Zweitwagen. Und obendrein passt er perfekt zwischen zwei Baumstämme.

Das Coupé führte im Herbst 1963 die neue Frontpartie ein, die später der Kadett L mit ihm teilte.

Ein Reifenschaden, und der ADAC hilft. Der Lastwagen im Hintergrund ist ein Borgward.

der Antrieb hinten, der Innenraum war so groß wie möglich, und der Kofferraum im Vergleich zum Volkswagen riesig.
Die Konstruktion und die Erprobung verliefen weitgehend im Geheimen. Bekannt wurde hingegen, dass Opel für den Kadett eine eigene Fabrik in Bochum baute. Das konnte ja auch nicht geheim bleiben. Für die Stadt Bochum war es in Zeiten der Steinkohlekrise ein Segen, dass GM im Revier investierte. Auf 1,5 km^2 Grundfläche stampfte Opel innerhalb von zwei Jahren eine Fabrik aus dem Boden – das war damals eine der größten Baustellen Europas und mit 1,1 Milliarden D-Mark die höchste Investition, die bis dato in eine privatwirtschaftliche Fabrik in Deutschland getätigt wurde. Pünktlich zum 100-jährigen Jubiläum von Opel konnte das neue Werk am 10. Oktober 1962 feierlich eröffnet werden, und am selben Tag rollten die ersten Kadetten vom Fließband. Und im Dezember 2014 erfolgte der Produktionsstopp. Bochum baut keinen Opel mehr.
Weder technisch noch optisch bedeutete der Kadett A eine Revolution. Er war, grob gesagt, als kleiner Rekord konstruiert. Aber viele Details waren anders und moderner. Das einzige, was der Kadett-Konstruktion wesentlich anzulasten war, ist die Vorderachskonstruktion. Zwar Doppel-Querlenker, aber keine Schraubenfedern. Nein, Opel setzte auf eine Blattfeder. Nicht zwei, wie hinten, sondern nur eine, und diese quer eingebaut. Alles andere war modern. Der Motor, ein Kurzhuber mit seitlicher Nockenwelle und drei Kurbelwellenlagern, zeigte sich äußerst drehfreudig und erhielt deshalb bald den Kosenamen »Nähmaschinchen«, weil er willig hochdrehte und dabei freundlich schnurrte. Der Ein-Liter-Motor hatte mit den 690 Kadett-Kilo leichtes Spiel, machte das Auto 120 km/h schnell und beschleunigte es in 28 Sekunden auf Tempo 100. Von diesen Fahrleistungen konnten Käfer-Piloten nur träumen, vom Kadett-Spritverbrauch auch (8 Liter auf 100 km). Dem »Nähmaschinchen« war ein langes Leben beschieden. Optimiert und schadstoffreduziert versah es noch Anfang der 80er Jahre als 1,2 Liter im Corsa seinen Dienst. Der Kadett bekam ein Viergang-Getriebe, und damit war er selbst den eigenen Brüdern haushoch überlegen. Rekord und Kapitän mussten damals noch mit drei Gängen auskommen. Seine moderne und gefällig gezeichnete Karosserie mit sehr guter Rundumsicht, der große Kofferraum und der Kampfpreis (100 Mark teurer als der Käfer) waren beste Argumente gegen den Volkswagen. In Wolfsburg hörte Heinrich Nordhoff die Zeichen der Zeit: Opel blies zum Halali auf den Käfer. Für 83 Prozent aller Besitzer war der Kadett A der erste Opel.

Nach zwei Rekord-Generationen entschloss sich GM, den Kadett auf dem US-Markt als Käfer-Konkurrent anzubieten. Dem Kadett A war kein nennenswerter Erfolg beschieden, doch der Kadett B sollte die US-Kleinwagenszene aufmischen.

Ebenfalls die US-Exportversion, nunmehr ein Caravan mit silbern lackierten Felgen und schöner, verchromter Dachgalerie.

Er war der erste Stylingchef von Opel: Clare MacKichan. Zuvor wurden alle Opel in den USA gezeichnet. Und ihm missfiel, was Hans Mersheimer im Alleingang gezeichnet hatte, der Kadett A.

Chefingenieur Hans Mersheimer war Techniker, kein Stilist. Beim Kadett A betätigte sich der Karosserieentwickler als Designer. Das sah man dem Kadett A an. Und der neue Opel-Chefdesigner Clare MacKichan war entsetzt.

Das zeigt, dass Opel in eine völlig neue Klasse vorstieß und neue Käuferschichten erreichte.

Zunächst begann die Produktion des normalen zweitürigen Kadett A. Er wurde von August 1962 bis Juli 1965 gebaut und erfuhr in dieser Zeit nahezu keine Veränderungen, abgesehen vom 8 PS stärkeren S-Motor, der ab Oktober 1963 wahlweise lieferbar war. Auf dem Genfer Salon im März 1963 erfolgte eine Programmerweiterung. Opel lancierte den Kadett L und den Caravan. Das L-Modell hatte damals noch dasselbe Kühlergesicht wie die Normalversion. Er bestach äußerlich durch zusätzliche Chromapplikationen (Türschweller, Fensterumrahmungen, Scheibenwischer, zusätzliche Radzierringe und Stoßstangenhörner), innen war er wesentlich höherwertiger als das Standardmodell: Teppichboden statt Gummibelag, feinere Polster sowie etliche Details, die vorher schon als Einzelextra lieferbar waren. Der Caravan kam zunächst in der Normalausstattung, ab 1964 mit dem L-Paket und hieß dann Caravan Privat. Er durfte mit 355 Kilo beladen werden. Ein interessantes Extra für ihn war die zusätzliche Kindersitzbank für den Laderaum, auf der zwei Kinder entgegen der Fahrtrichtung Platz nehmen konnten.

Als dritte Karosserievariante erschien auf der IAA im September 1963 das Kadett Coupé mit neuer Front. Das hat aber nicht nur den Grund der Individualisierung des Spitzenproduktes. Es lag vielmehr daran, dass Clare MacKichan die normale Kadett-Front nicht mochte. Der Amerikaner war 1962 als neuer Stylingchef zu Opel gekommen, sah den kurz vor der Präsentation stehenden Kadett A und war entsetzt. Sein Assistent Erhard Schnell musste die Front neu gestalten, und das Ergebnis war zunächst am Coupé zu bewundern: Statt der zwischen den Scheinwerfern abfallenden Motorhaube, den Peilkanten auf den vorderen Kotflügeln und dem zurückversetzten Grill trug das Coupé nichts als gerade Flächen: Die Haube war flach, die Kotflügel abgeflacht, und der Grill war flach. Damit auch die letzten Rundungen abgeschafft wurden, schuf Schnell für die Rundscheinwerfer rechteckige Einfassungen. Im Oktober 1963 lief das Coupé vom Stapel, und ab Februar 1964 teilte die L-Version der Limousine seine Frontgestaltung.

Doch das Coupé unterschied sich von der Limousine nicht nur durch die serienmäßige L-Ausstattung, die neue Front und natürlich den Dachpavillon. Es tat sich auch etwas unterm Blech. Bei gleich bleibendem Hubraum leistete das »Nähmaschinchen« acht Pferde mehr dank höherer Verdichtung, schärferer Nockenwelle und geändertem Vergaser. Die 48 PS machten das nur 700 Kilo schwere Coupé 133 km/h schnell und gestatteten einen Spurt auf Tempo 100 innerhalb von 19 Sekunden. Das Kadett Coupé war agiler als ein Rekord 1700. Sein Motor war fortan in allen Kadetten lieferbar, die sich äußerlich nur durch einen kleinen »Super«-Schriftzug auf dem Kofferraumdeckel von den 40-PS-Varianten unterschieden. Eine Modellpflege gab es nahezu nicht, allenfalls Marginalien wie Chromschmuck, Design der Türinnenverkleidungen, Farbe des Lenkrads. Der 100.000ste Kadett A lief im Juni 1963 vom Band. Er war so begehrt, dass die Käufer Lieferfristen von vier bis fünf Monaten in Kauf nehmen mussten. Ab Sommer 1963 mussten die 12.800 Arbeiter im Werk Bochum 44 statt bisher 42,5 Wochenstunden arbeiten. Der Kadett A konnte den Käfer nicht vom Throne stoßen, blieb aber während seiner gesamten Bauzeit unangefochten die Nummer zwei der deutschen Zulassungsstatistik.

Trommeln für den Kadett

Ein neues Auto ist für einen Händler stets eine Herausforderung. Mit Werksunterstützung gilt es, die Neuerscheinung adäquat zu präsentieren. Jeder neue Rekord oder Kapitän wird von einer sorgfältig und professionell durchdachten Werbekampagne begleitet. Dennoch – für langjährige Händler ist eine Präsentation Routine. Was die Händler aber im Herbst 1962 zu stemmen hatten, war alles andere als Routine, sondern eine riesige Herausforderung. Denn Opel drang mit dem Kadett A in ein neues Marktsegment vor, in dem es bislang keinen Opel gegeben hatte.

Allerorten eine Kadett-A-Karawane anlässlich der Präsentation. Opel wollte innerhalb kürzester Zeit allen potenziellen Käfer-Kunden klar machen: Es gibt eine Alternative.

»Haben Sie ihn schon gefahren?« Autohaus-Mitarbeiter holten Arbeiter am Feierabend am Fabriktor ab und chauffierten sie nachhause, die so genannte Feierabendaktion.

Studenten erhielten 30 Mark, wenn sie ihr Mobil mit einem Werbeaufkleber versehen ließen. Was damals die Studenten fuhren, sind heute hochpreisige Klassiker: Messerschmitt Kabinenroller, …

… Gutbrod Superior …

… und Lloyd. Opel-Häusler in München setzte auf Automarken, die zum Zeitpunkt der Kadett-Präsentation nicht mehr existierten.

Winterliche Schaufensterdekoration bei Opel-Dello in Hamburg, der neue Kadett quasi unterm Weihnachtsbaum 1962.

200.000 Lohntüten ließ Häusler 1964 bedrucken und bediente damit 18 Münchner Industriefirmen.

Es hatte nie zuvor eine derart riesige Kampagne bei Opel gegeben, und Opel hatte auch noch nie zuvor derart viel Geld in professionelle Werbung gesteckt. Fachleute und Journalisten vom Neuen zu überzeugen, ist die eine Sache. Das erledigen die Presse- und die Public-Relations-Abteilung. Aber den Kadett dem Kunden schmackhaft zu machen, war Aufgabe der Händler. Je größer der Händler, desto bombastischer die Kampagne. Innerhalb eines Herbstes, so lautete die Aufgabe an die Opel-Händler, müsse jeder potenzielle Interessent erfahren, dass es ein neues Auto gebe, das im umsatzstärksten Marktsegment einen Platzhirsch zu torpedieren gedachte. Jeder musste sich ins Zeug legen, von der Provinzwerkstatt mit angeschlossener Opel-Vertretung bis hin zu den Hauptkonzessionären in den Metropolen mit ihren -zig Filialen in allen Stadtteilen. Zunächst wurde Werbung in lokalen Blättern geschaltet, nicht nur in Tageszeitungen, sondern auch in Vereins- und Sportblättern, in Theaterprogrammen, im Taxikurier und in den Zahnärztlichen Mitteilungen. Flyer wurden gedruckt, und junge Mitarbeiterinnen der Opel-Autohäuser mussten sie, im hübschesten Kleidchen und mit freundlichem Lächeln, in Hotellobbys, beim Chirurgen-Kongress, bei der Tagung der Kleingärtner und vor dem Stadion verteilen. Natürlich gab es Direktwerbung, Flyer und Werbekärtchen, die fleißige Schüler für ein Taschengeld in jeden Briefkasten warfen, und immens viele Faltprospekte als Beilagen in Fach- und anderen Zeitschriften.

400 Mark kostete es beispielsweise den Münchner Opel-Händler Häusler, zehn Kadett A mit Leinen-Plakaten zu versehen, auf denen stand »Haben Sie IHN schon gefahren?«. Die Wagen wurden zur Feierabendzeit vor dem Haupteingang verschiedener Fabriken platziert. Dann ließen sich Opel-Händler die »Heimweg-Aktion« einfallen. Die Vorführwagen erhielten große, entsprechende Aufkleber an den Flanken, und Opel-Verkäufer holten Arbeitnehmer abends vor dem Firmentor ab, um ihnen den Wagen auf dem Nachhauseweg vorzuführen. Ebenfalls eine gute Idee war die »Studentenaktion«. 30 Studentenautos stattete Opel-Häusler mit einem Werbeaufkleber aus, worauf stand »… und morgen im Kadett«. Als Werbeträger wurden Autos verwendet, deren Hersteller damals nicht mehr existierten, also eben typische Studentenkutschen, die heute gefragte Liebhaberautos sind, zum Beispiel Messerschmitt Kabinenroller, Lloyd oder Gutbrod. Die Studenten erhielten 30 D-Mark am Tag dafür, dass sie ihre Autos als Werbeträger zur Verfügung stellten.

Wenn ein großer Händler in einer großen Stadt nicht in jedem Viertel mit einer Niederlassung präsent war, mietete er von der Stadtverwaltung einen zentralen Platz, um dort eine Präsentation zu veranstalten. Dort wurde dann ein Fest ausgerichtet, mit dem

Kadett A in Verkleidung

Knackige Spider kreierten die beiden italienischen Karosseriebauer Vignale und Frua auf Basis des Opel Kadett A. Beiden blieb das Privileg des Serienbaus verwehrt. Traditionell basieren die hübschen, spezialkarossierten Sportler aus den Händen der genialen italienischen Designer auf Fahrzeugen aus Italien. Doch Opel war und ist im Land, wo die Zitronen blüh'n, schon immer gut etabliert gewesen, vor allem mit den kleineren Wagen. Bei der Carrozzeria Vignale angestellt war der Designer Virginio Vairo. Aus seinen Händen stammt der Opel Kadett A Spider, den Vignale auf dem Genfer Salon 1965 präsentierte. Der Wagen, entstanden aus einem Unfallfahrzeug und auf eigene Kosten entwickelt, basierte auf einer verkürzten Bodengruppe, auch der hintere Überhang wurde verkürzt. Der Spider sah zuckersüß aus, leicht und luftig, grazil und hoch elegant – genau das Richtige für eine wohlhabende Studentin oder ein idealer Zweitwagen für die Signorina. Der Kühlergrill wurde von einer relativ hoch angesetzten Stoßstange quer geteilt, die Scheinwerfer entlieh sich Vairo vom Maserati Quattroporte. Ein halbes Jahr nach seiner Präsentation auf dem Genfer Salon drehte sich dasselbe Fahrzeug erneut im Rampenlicht auf dem Vignale-Stand, diesmal auf dem Turiner Salon im November. Aus dem roten Spider mit hellbeigefarbener Innenausstattung war ein zierliches Coupé geworden. Vignale hatte den Wagen umgebaut. Er war nun gelb lackiert und trug eine dunkelgrüne Innenausstattung. Der zuvor verkürzte Hecküberhang wurde verlängert, sodass er das ursprüngliche Kadett-Maß wieder annahm. Front und Karosseriekörper blieben weitgehend identisch zum vormaligen Spider. Die Dachform allerdings war völlig neu mit hinten hochgezogenem hinteren Seitenfenster und Kiemen in der B-Säule. Das haben sich die GM-Oberen ganz genau angesehen, und die Dachgestaltung des serienmäßigen »Kiemencoupés«, also der ersten Coupévariante auf Basis Opel Kadett B, spricht nicht zufällig genau diese Formensprache. Ansonsten ist das Heck fließend bis zum abrupten Heckabschluss gestaltet, eine typische Fastback-Linienführung.

Auf dem folgenden Turiner Salon ein halbes Jahr später im Herbst 1965 stand der Italsuisse-Wagen erneut, aber aus dem Spider war ein Coupé geworden. Vignale hatte den Prototyp umgebaut.

Pietro Frua schuf zwei Exemplare seiner Spider-Interpretation. Sein Gedanke war, an den Erfolg des Volkswagen Karmann Ghia auf Käfer-Basis anzuknüpfen und den Wagen mit seinem italienischen Charme, der den Deutschen ohnehin sehr sympathisch ist, über die Opel-Händlerorganisation allgemein anzubieten. Ein Jahr vor dem Vignale-Spider, auf dem Genfer Salon im März 1964, präsentierte Frua den Opel Kadett A Frua Spider auf dem Stand der Firma Carrosserie Italsuisse. Frua blieb interessanterweise im Frontbereich der Formensprache des originalen Opel Kadett A treu, sodass eine Familienähnlichkeit bestehen blieb. Dies geschah im Hinblick darauf, dass Opel den Wagen hätte vertreiben sollen und der Spider somit auf den ersten Blick ins Opel-Programm hätte passen sollen.

Opel Kadett A Spider (Italsuisse, Entwurf Pietro Frua), ausgestellt auf dem Genfer Salon im März 1965.

Auf demselben Salon stand die Vignale-Interpretation desselben Themas, Entwurf Virginio Vairo.

Kadett im Mittelpunkt. Und schon der Weg dorthin war eine Werbekampagne. Denn die Händler besorgten sich von der Stadt eine Sondergenehmigung, um im Korso, quasi als Kadett-Karawane, laut hupend von der Zentrale zum Veranstaltungsort zu gelangen. Am Stammsitz des Händlers ging es natürlich um die passende Dekoration. Opel selbst lieferte den treffenden Slogan »Opel Kadett – kurz gesagt OK«, wobei der Gag das Wortspiel war, dass OK sowohl die Abkürzung für »okay« als auch für »Opel Kadett« ist.

Feste feiern wie sie fallen

Wenn die großen Opel-Händler zum Frühlingsfest oder zur Sommerparty einluden, dann tanzte der Bär. Manche Opel-Party stahl sogar dem lokalen Volksfest die Schau. Die Händler legten sich ganz schön ins Zeug.

Ein gutes Produkt zu haben, ist die eine Sache. Es erfolgreich vermarkten – das ist die andere. Das Kaufverhalten der Kunden und das Kundenverhalten selbst änderten sich während der 60er Jahre. Der Kunde wollte umworben, ja hofiert werden. Er wollte nicht nur einen Opel kaufen, sondern verlangte auch noch ein Leckerli dazu. Er wollte ein Fest. Und er bekam sein Fest.

Während der 50er Jahre ging der kauflustige Kunde zum Opel-Händler, ließ sich Prospekt, Preisliste und Farbkarte aushändigen und bestellte dann seinen Olympia Rekord oder Kapitän. Wenn er den Neuwagen übernahm, schüttelte ihm der Verkäufer freundlich die Hand und wünschte Gute Fahrt. Im folgenden Jahrzehnt war das zu wenig. Da wurden dann kleine Werbegeschenke nötig, denn Geschenke erhalten bekanntlich die Freundschaft. Die Kunden verlangten aber darüber hinaus mehr. Noch war die Zeit nicht reif für Sonderangebote in Form von limitierten Sondermodellen. Diese Mode kam erst

Ende des Jahrzehnts auf und beherrschte die 70er Jahre. Dafür war es ein Trend der Zeit, dass Händler ordentliche Feste organisierten. Der Anlass dazu war entweder die Präsentation eines neuen Opel oder genau das Gegenteil. Wenn Opel nämlich gerade keinen neuen Pfeil im Köcher hatte, musste der Händler mit dem bestehenden Programm die Kunden bei der Stange halten. Denn ein neues Modell zieht die Kunden zum Opel-Händler. Gab es keines, so musste der Händler die Kunden mit Sonderschauen unter einem speziellen Motto oder mit rauschenden Festen in den Ausstellungssaal locken. Sinnvollerweise wählten die Opel-Händler für jedes Fest ein Motto, quasi als Anlass zum Feiern. Es ist nicht schwierig, einen autobezogenen Anlass zu finden, der im Zusammenhang mit einer Jahreszeit steht. Der Frühling ist die Zeit, in der man ein neues Auto kauft, traditionell gibt es im Mai die meisten privaten Neuzulassungen. Im Sommer fährt man mit dem Auto in den Urlaub, oftmals die einzige Langstrecke für den Familienwagen. Also lautet das Motto Urlaubssicherheit. Und im Herbst ist der Anlass für die Feier, das Auto winterfest zu machen.

Je nach Größe und finanziellem Polster des Hauses gaben die Opel-Händler bei ihren Festen teilweise Vollgas. Die oftmals riesigen Firmenhöfe wurden aufgeräumt und frei gemacht, und mache Händler engagierten sogar Kirmes-Schausteller mit Karussells, Losbuden und Mandelröstereien, in den 70ern waren Hüpfburgen sehr en vogue. Denn die Eltern lockt man mit Angeboten für die Kinder. Weil die Liebe durch den Magen geht, hatte die Versorgung mit Speis' und Trank absolute Priorität, wobei die Spezialitäten je nach Landstrich sehr unterschiedlich sind. Dann schloss der engagierte Opel-Händler einen Vertrag mit der örtlichen Brauerei ab, um den Gerstensaft fließen zu lassen. Auf manchem Firmenhof ging es in den 60er und 70er Jahren zu wie im Bierzelt. Keine Gaudi ohne Musik. Also wurden Musikanten organisiert – egal ob Dorfkapelle oder Dixieland-Band, Hauptsache live.

Für die Besucher war das Opel-Fest ein gesellschaftliches Ereignis, man strömte hin, auch aus Verbundenheit zum örtlichen Händler, dem man früher teilweise ein Autofahrerleben lang treu blieb. Die Opel-Fahrzeuge waren für die Besucher eher nebensächlich, für den Händler standen sie im Mittelpunkt. Verkaufsgespräche wurden in lockerer Atmosphäre geführt, der damals gültige Krawattenzwang für Verkäufer machte im Bierzelt eine Ausnahme, äußerst angenehm für manchen Kunden. Prospekte wurden geflissentlich ver-

Ein Laubfrosch ist stets ein Sympathieträger. Und sehr viele Opel-Autohäuser haben einen Laubfrosch im Ausstellungsraum. An Festtagen darf er raus und zeigen, was er kann.

Je nach dem: Die einen Händler setzten auf Grillwürstchen und ein Karussell. Die anderen engagierten eine Dixieland-Band und andere leisteten sich sogar einen Piloten samt Flieger für Rundflüge.

Keine Niete, sondern der erste Preis: Opel 1200 als Tombola-Gewinn 1960.

Tradition bedeutet Kompetenz. Weit, weit vor dem Oldtimer-Boom, der zaghaft Mitte der 70er Jahre begann, setzten Opel-Händler auf die Ahnen ihrer Neuwagen. Opel-Fest 1963.

teilt und oftmals vom potenziellen Käufer zuhause auch studiert. Jugendliche Autoprospektsammler gingen besonders gerne zu solchen Events, weil sie hier die Objekte ihrer Begierde mitnehmen konnten, ohne den Verkäufer dezidiert danach fragen zu müssen. Anlässlich der Sonderschau oder des Frühlingsfestes durfte auch der hauseigene Opel Laubfrosch seine Runden drehen, und wer eine Fahrt damit bei der Verlosung gewann, saß stolz auf dem Beifahrersitz des kleinen Grünen und betätigte mit Vergnügen die Handhupe. Viel Geld und Nerven mussten die Opel-Händler in derlei Feste investieren. Aber es rentierte sich. Sonst hätten sie es nicht gemacht.

Biedermann und Brandstifter: Opel Kadett B

Das Auto war einfach nur gut. Der Opel Kadett B leistete sich keinerlei Schwächen, aber auch keine besonderen Stärken. Er war eine brave Familienkutsche, ein Biedermann. Aber seine heißeste Version, der Rallye Kadett, ist ein echter Brandstifter. Selten

Foto mit Symbolwert: Der Alte geht, der Neue kommt. Der Kadett B blieb dem Stil des Vorgängers treu, ist aber ein rundum gewachsenes Auto, jedenfalls sehr familientauglich.

Geschmückt wie ein Pfingstochse. In den 50er und 60er Jahren war das beliebt. Hier feiern Tiroler Bergmänner, und ein weißer Kadett B feiert mit.

Auf zwei Rädern: Kadett B als Dienstwagen der Helldrivers 1968. Die hübsche Kulisse ist die Galopprennbahn in München-Riem. Ein letzter Blick auf die hölzernen Tribünen aus der Gründerzeit, sie wurden Ende der 60er Jahre durch Beton ersetzt.

Klaus Steinmetz und Gerhard Schüler siegten auf Steinmetz-Kadett beim 8. Internationalen Krähberg-Rennen im April 1971.

Im Zuge der »Modellexplosion« erschien die LS Limousine mit Fastbackkarosserie, zwei- oder viertürig (September 1967 bis August 1970).

Nicht jedes Coupé muss ein Rallye Kadett sein. Es gab auch Kunden, die wollten ein luxuriöses Coupé und bekamen es mit der L-Ausstattung, viel Chrom, hübsche Radzierringe.

Ein ganz besonderer Caravan, was seinen verstärkten Türschwellern und den provisorisch angebrachten Lüftungsgittern an der Seite unschwer anzusehen ist. Dieses Auto hat keinen Motor unter der Motorhaube. Der Kadett B Caravan gehört Porsche und dient als Aggregateträger für den Porsche EA1866. Das war ein projektierter Käfer-Nachfolger mit Mittelmotor. Aufnahme auf dem Nürburgring 1971.

In der Buick-Werbung war ein Elefant der Sympathieträger für den Kadett. Deshalb muss dieser US-Kadett von 1967 einen Anhänger mit Pappmaché-Elefant durch die Gegend ziehen. Sehr hübsch und sehr amerikanisch: Weißringreifen und Radkappen aus dem Zubehörprogramm.

vereinigte eine Typenpalette so unterschiedliche Charaktere wie diejenige des Opel Kadett B.

Ein Superlativ: Mit dem Rallye Kadett schuf Opel ein Genre, das erst später so richtig en vogue kam – dasjenige der kompakten Sportler. Als Prototyp dieser Fahrzeuggattung ging der VW Golf GTI in die Annalen ein, doch er kam erst 1976. Der Rallye Kadett war zehn Jahre früher am Start, und so mancher andere sportliche Klein- oder Kompaktwagen hat auch Rennsportgeschichte geschrieben, zum Beispiel der Mini Cooper, der Renault R8 Gordini, der Simca 1000 Rallye oder der NSU TTS. Der Rallye Kadett sorgte dafür, dass Opel das Hosenträger-Image ablegte und einen richtigen Wandel durchmachte hin zum sportlichen Nimbus. Dem Rallye Kadett folgten der Commodore GS und der Opel GT, später dann der Manta.

Worin liegt der immense Erfolg des Opel Kadett B begründet? In seiner Qualität, in seiner Konstruktion, in seinem Aussehen. Er hatte keine Schwächen, aber auch keine zu ausgeprägten Stärken, um ein Charaktertyp zu sein – er war ein Durchschnittstyp. Ein Opel Kadett B, sofern er kein Rallye Kadett war, fiel nicht auf, und somit auch nicht negativ. Er war die Alternative zum VW Käfer, aber ein modernes Automobil, und sah genau so aus, wie sich der durchschnittlich autointeressierte Betrachter eben ein modernes

Das Gegenteil des Arbeiters: Ein Freizeit-Kadett-Caravan, das vom Opel-Händler Häusler erdachte »Familienauto«: viertüriger Caravan mit allen Extras plus Holzdekor plus Dachreling plus 1,9-Liter-Motor plus sportliche Lochfelgen vom Rallye Kadett. Es blieb bei der Idee.

Eine Mischung aus Rallye Kadett und Olympia: So sah der Rallye in den USA aus. Neuwagen 1968 beim Buick-Händler Gribben Motor Company.

Auto vorstellte: Vorne der Motor, hinten der Antrieb, vorne eine lange Motorhaube, in der Mitte die Fahrgastzelle, hinten ein großer Kofferraum. Er war einfach zu bedienen, er hatte ein der Leistung und dem Temperament seines Piloten angemessenes Fahrwerk, einen Innenraum für eine Familie mit drei Kindern und einen Kofferraum, der so groß war, dass er denjenigen aller Konkurrenten überflügelte. Dazu war er extrem zuverlässig. Er war eben, kurz gesagt, OK. Über zehn Jahre lang war der Opel Kadett B das Fortbewegungsmittel des Kleinbürgers und des Arbeiters. In allen Versionen, mit Ausnahme des Olympia, wurden zwischen September 1965 und Juli 1973 insgesamt 2.610.650 Fahrzeuge gebaut, darunter 418.959 Caravan. Ein Superlativ: Keine Opel-Modellreihe der Nachkriegszeit bestand aus so vielen Karosserievarianten wie diejenige des Kadett B. Opel legte sich ganz schön ins Zeug, um für jeden Kunden das passende Maß zu schneidern. Mit acht verschiedenen Aufbauten war das Auto zu haben. Es gab den Wagen als zwei- und viertürige Stufenheck-Limousine, als zwei- und viertürige LS-Limousine mit schrägem Heck, als drei- und fünftürigen Caravan, als Coupé sowie als LS-Coupé. Rechnet man noch den Rallye-Kadett in zwei und den Olympia in drei Karosserievarianten hinzu, so addiert sich das auf 13 unterschiedliche Autos.

Präsentiert auf der IAA 1965, war der Kadett in jeder Hinsicht

Olympia Caravan? Nein, Kadett L Caravan mit 1,9-Liter-Motor in USA-Version.

erwachsener. Ohne stilistisch mit dem Vorgänger zu brechen, wuchs er in der Länge um 18 und in der Breite um 10 cm, war also gestreckter, geräumiger und als Fünfsitzer ausgelegt. Ein Zugeständnis an den Zeitgeschmack machte der leichte Hüftschwung der Limousine und des fünftürigen Caravan, auf den die Stilisten beim dreitürigen Caravan verzichteten. So bieder die Limousine gezeichnet war, so auffällig war die Dachpartie des ursprünglichen Kadett B Coupé mit nach oben gezogener Seitenfensterunterkante, breiter C-Säule und den drei Lufteinlass-Attrappen. Im Gegensatz zum späteren LS-Coupé wird die erste Coupé-Ausführung heute »Kiemen-Coupé« genannt. Technisch bedeutete die Umstellung von Kadett A auf B zunächst kaum einen Fortschritt. Die antiquierte Vorderradaufhängung blieb bestehen, ab August 1968 lieferte Opel auf Wunsch einen Drehstab-Stabilisator. Die Hinterachse änderte sich während der ersten beiden Produktionsjahre nicht, dann rüstete Opel auf Schraubenfedern, Längslenker und Panhardstab um. Die neue Achse war nötig geworden, als die Kadett-Familie über die ursprüngliche 45- bis 60-PS-Klasse hinaus wuchs und mit bis zu 90 PS zum richtig potenten Auto wurde. Anfang 1967 bekamen alle Modelle eine Zweikreisbremse und vorne Scheibenbremsen sowie 13- statt 12-Zoll-Räder, im Sommer folgte eine Sicherheitslenkung mit gepolstertem Dreispeichenlenkrad.

Zunächst wurde der Ein-Liter-Basismotor auf 1,1 Liter aufgebohrt, er leistete 45 PS, in der höher verdichteten S-Ausführung 55 PS. Im September 1967, als die zusätzlichen Karosserien präsentiert wurden, weitete Opel auch das Motorenprogramm drastisch aus. Der 1100er-SR brachte 60 PS. Dem Rekord entlehnt waren der 1700er-S mit 75 und der 1900er-S mit 90 PS. Nicht jeder Motor war in jeder Karosserie lieferbar, manche Kombinationen gab es nur im Export. Im September 1970, als das Programm wieder auf ein übersichtliches Maß reduziert wurde, fielen die 1700er- und 1900er-Aggregate im Hinblick auf den Ascona weg, nur der Rallye-Kadett behielt die Top-Motorisierung. Ein Jahr später wurde das Kadett-Programm wieder neu sortiert. In seiner definitiven Ausführung, charakterisiert durch den teilweise mattschwarzen Grill, hatte der 1,1-Liter-Motor 50 PS, seine S- und SR-Varianten fielen zugunsten eines neuen 1,2-Liters mit 60 PS weg.

Der Trendsetter: Opel Rallye Kadett

Januar 1966, Winter an der Mittelmeerküste und in den französischen Seealpen. Das Wetter bietet alles, was einen Winter ausmacht: Schneefall, Glatteis, einen Blizzard und tief stehende, blendende Wintersonne. Über rund 5000 Kilometer zieht sich die Rallye Monte Carlo, die traditionsreichste, die schwierigste aller Rallyes, ja, die »Mutter des Rallyesports«. So wird sie genannt. Die 1966er Ausgabe endet mit einem Eklat. Der Sieger Timo Mäkinen auf Mini Cooper wird wegen angeblich nicht regelkonformer Zusatzscheinwerfer disqualifiziert, der zweitplatzierte Pauli Toivonen auf Citroën DS21 bekommt den Siegerpokal zugesprochen. Die Briten toben und werfen dem Rallyeveranstalter vor, ein französisches Produkt zu bevorzugen. Denn der Werbeeffekt, die Monte gewonnen zu haben, ist ein riesiger.

Einige Plätze weiter hinten geht es braver zu. Zwei Herren hatten sich zusammengetan und aus einem Opel Kadett B Coupé ein rallyetaugliches Fahrzeug gebaut. Der eine war Dieter Lambart, Verkäufer beim Stuttgarter Opel-Händler Auto-Staiger, der andere Hans Beck, Mitarbeiter der Opel-Versuchsabteilung. Das Kadett B Coupé gehörte Dieter Lambart, und unter »rallyetauglich machen« verstanden die beiden eine ordentliche Bereifung, entsprechende Zusatzscheinwerfer, ein paar Maßnahmen zur Gewichtserleichterung (weniger Dämmmaterial, keine Radkappen) und Verbesserungen am Fahrwerk sowie an den Bremsen. Die 55 PS des 1,1-Liter-S-Motors tasteten Lambart und Beck nicht an. S-DL 3, das war das Kennzeichen dieses Kadett, war also ein fast serienmäßiger Wagen, lackiert in cremeweiß. Die Flanken schmückte ein roter Doppelstreifen. Und die Motorhaube war mattschwarz lackiert. Mit diesem Wagen nahmen Lambart und Beck die materialmordenden 5000 Kilometer unter die Räder und schafften, was ihnen keiner zutraute: Am 22. Januar 1966 erreichte die Privatmannschaft den 15. Rang im Gesamtklassement und den dritten Platz in ihrer Klasse. Lambarts erfolgreiches Coupé kam nicht zur Ruhe. Nach seinem fantastischen Abschneiden bei der Monte steuerte er seinen Kadett wenig später bei der Rallye dei Fiori über 1800 Kilometer von Oberitalien nach San Remo, diesmal mit Heinz Heinrich als Copilot. Hier schaffte das private Kadett-Team sogar den ersten Platz in der Klasse der Serien-Tourenwagen (Gruppe 1) bis 1600 cm³ und gleichzeitig den neunten Rang in der Gesamtwertung.

Die mattschwarze Motorhaube war in aller Munde. Der Gipfel der Sportlichkeit. Und dann noch die Seitenstreifen. Das war Optiktuning pur, noch bevor es dieses Wort gab. Und dann noch diese schicken Zusatzscheinwerfer ... Das Opel Kadett B Coupé war noch nicht lange am Markt, da sprangen die Kunden zu Hauf zum Autolackierer am Ort und ließen sich eine mattschwarze Motorhaube und rassige Doppelstreifen an die Flanken lackieren. Und sie montierten Zusatzscheinwerfer. Opel konnte und durfte den Popularitätsschub, den das Kadett Coupé durch den exorbitanten Erfolg bei der Rallye Monte Carlo errungen hatte, nicht negieren.

Kiemencoupé im vollen Drift: Der legendäre Klassensieg von Lambart/Beck bei der Rallye Monte Carlo 1966.

Der Klassiker schlechthin: Rallye Kadett in erster Version mit Kiemencoupé-Karosserie in klassischem Silber mit Kriegsbemalung.

Rallye Kadetten unter sich: Start zur Internationalen Hessen-Rallye am 28. März 1968 auf dem Nürburgring. Und, wie üblich in der Eifel: Wenn es nicht schneit, so regnet es.

Rundum sportlich: Rallye Kadett bei der Hessen-Rallye 1970.

Opel musste den Rallye Kadett bringen. Er war der Anfang vom Ende des drögen Opel-Images, Autos für Fahrer mit Hut und Hosenträger zu bauen. Mit dem Rallye Kadett wandelte sich das Renommee des Rüsselsheimer Hauses, wobei es Opel glücklich verstand, die bisherigen, positiven Attribute nicht zu opfern. Opel der Zuverlässige blieb Opel der Zuverlässige, auch wenn er künftig Opel der Sportliche sein sollte.

Wer fuhr einen Rallye Kadett, wer träumte von ihm? Geträumt haben sicherlich alle Buben zwischen 8 und 18 von ihm, denn der Rallye Kadett war das Maß aller Sportlichkeit in der erschwinglichen Klasse. Gekauft haben ihn vorzugsweise junge Männer. Mit einem Rallye Kadett mit der 1,9-Liter-Maschine konnte man ausgewachsene Limousinen jagen, er hatte ungefähr die gleichen Fahrleistungen wie ein Mercedes 200. 1967/68 kostete er gut 8000 D-Mark, bewegte sich also auf dem Niveau eines Rekord 1700 Luxus. Zu diesem Preis konnte ihn sich jeder junge Mann in den 20ern mit ordentlichem Beruf kaufen. Er war kein teures, sondern ein erschwingliches Auto. Und er stand nicht mal der Familienplanung im Wege, weil er ein vernünftiger Viersitzer mit brauchbarem Kofferraum war. Eigentlich ein ideales Auto.

Opel lieferte den Rallye Kadett in vier Farben, Silbermetallic, Rot, Monzablaumetallic und Weiß, wobei er in Silbern und Rot in Erinnerung blieb. Außer der auffälligen Lackierung unterschied sich der Rallye Kadett von seinen zivilen Brüdern äußerlich durch gelochte Sportstahlfelgen ohne Radkappen und eng beieinander liegende Halogen-Zusatzscheinwerfer von Hella. Für sie bekam Opel eine Ausnahmegenehmigung, »eigentlich« widersprachen sie der deutschen Zulassungsordnung. Dem Sportcharakter entsprechend trug der Rallye Kadett in sich, was sein ziviler Bruder vermisste: 12-Volt-Drehstromlichtmaschine, Drehzahlmesser, Amperemeter, Öldruckmesser und Zeituhr auf einer hübschen Konsole zusammengefasst, Dreipunktgurte vorne, Sportlenkrad, Rückfahrscheinwerfer, zweistufige Scheibenwischer, Motorraum- und Kofferraumbeleuchtung. Der Innenraum war komplett mit schwarzem Kunststoff bezogen, die lackierten Flächen in Mattschwarz statt in Wagenfarbe. Unter der Haube: Zunächst nur der 1,1-Liter-S-Motor. Er war etwas höher verdichtet als in Standardversion und leistete 60 PS. Das wurde dem äußeren Auftritt nicht gerecht. Opel stimmte die Federung etwas härter ab, spendierte ihm eine kürzere Antriebsübersetzung und bestückte den Rallye-Kadett mit vernünftigen Gürtelreifen der Größe 155 SR 13. Die Fahreigenschaften waren, aufgrund der Überarbeitung des

Michelle Mouton war nicht die erste Rallye-Amazone im Automobilsport: Von zarter Hand gesteuerter Rallye Kadett beim 30. Critérium Féminin Paris-St. Raphaël 1972.

Rallye Kadett mit LS-Karosserie in der Schweiz, ein für die Schweizer heimisches Produkt, denn er wurde in Biel montiert. Aufnahme Juli 1972.

Rallye Kadett mit LS-Karosserie, Version September 1967 bis August 1971.

Fahrwerks, prima, selbst die Starrachse hinten neigte kaum zum Poltern oder Versetzen. Von Komfort konnte allerdings kaum mehr eine Rede sein. Der Rallye Kadett war einfach nur hart.

Der erste Rallye Kadett trug die »Kiemen-Karosserie« und war von November 1966 bis August 1970 im Angebot. Schon früher, im September 1967, lancierte Opel das modernisierte LS-Coupé ebenfalls als Rallye Kadett, und in dieser Form blieb es bis zum Auslaufen der Kadett-B-Produktion im Juli 1973 im Programm, die letzten beiden Jahre mit schwungvollerem Streifendekor. Ihn gab es zwar auch mit der 1,1-Liter-S-Maschine. Aber zur Rakete wurde der LS-Rallye durch den unveränderten 1,9-Liter-S-Motor aus dem Rekord. Mit 90 PS katapultierte er den nur 890 Kilo leichten Renner in 13 Sekunden auf Tempo 100 und machte ihn 166 km/h schnell. 1968 gründete Opel die Abteilung »Sportförderung« zur Betreuung der Privatfahrer. Offizielle Tuner: Steinmetz in Rüsselsheim und Irmscher in Winnenden.

Ein neuer, alter Name: Opel Olympia A

Ein neuer Name, kein neues Auto, eine neue Käuferschicht: Opel hatte viel zu tun, den Olympia A publik zu machen. Rüsselsheim appellierte an die Sportbegeisterung und bemühte, wie weiland 1935, die Olympischen Spiele. Das Nationale Olympische Komitee vergab am 26. April 1966 die Olympischen Sommerspiele 1972 an München. Die Spiele hatten nicht nur Auswirkungen auf die Psyche der Stadt, sondern auch auf das Befinden der gesamten Republik. Denn sie bedeuteten einen Abschluss unter die Plage, das Streben und die Mühen der Wiederaufbaugeneration. Olympia in München – das änderte sogar die Stellung Deutschlands in der Welt. Das war schon einmal so gewesen, 1936. Damals, als die Olympischen Spiele 1936 bevorstanden, war Deutschland elektrisiert. Opel nutzte die Gelegenheit, den revolutionären neuen Kleinwagen, das erste europäische Großserienauto mit selbst tragender Ganzstahlkarosserie, mit dem positiv belegten Namen Olympia ins rechte Licht zu rücken. Rüsselsheim wusste, dass die Luxusversion des Opel Kadett B – und mehr war der Olympia A nicht –, kein revolutionärer Wurf war, sondern lediglich die Variante eines bestehenden Typs.

Mit dem Commodore A war es Opel gelungen, aus dem Baukasten einen neuen Typ mit eigenem Image zu kreieren. Dieses Rezept wurde im kleineren Segment wiederholt, der Olympia sollte oberhalb des Kadett B angesiedelt sein. Die Rechnung ging nicht auf. Erst sein Nachfolger, der Opel Ascona A, begründete für Opel ein neues Fahrzeugsegment.

Alle Opel-Händler machten bei der Kampagne anlässlich der Vorstellung des Opel Olympia A im September 1967 mit. Übermannsgroße Plakate mit Olympioniken in typischer Haltung waren Sinnbild für die Sportlichkeit des neuen Opel. Rüsselsheim nannte die Lancierung des Neuen eine »OLYMPIAde«. Selten zielte eine Werbekampagne so messerscharf daneben wie bei der »Opel-Olympiade«. Denn der Opel Olympia war mitnichten die Sportversion des Kadett B. Diese Aufgabe hatte der Rallye Kadett. Nein, er war die Luxusversion des Kadett B. Mit Luxus brachten die Käufer in den späten 60er Jahren eben keine Sportlichkeit in Verbindung. Damals galt, im Gegensatz zu heute, das Entweder-Oder-Prinzip. Diejenigen Attribute, die den Opel Olympia A vom Kadett B unterschieden, waren eben nicht sportlich, sondern luxuriös. Innen die feinere Ausstattung, außen zusätzlicher Chromzierrat, und leistungsfähigere Motoren als in der Kadett-Reihe gab es im Olympia auch nicht.

Opel nahm die Schrägheck-Limousine, zwei- und viertürig, sowie das LS-Coupé aus der Kadett-Baureihe und adelte sie als Olympia. Die Frontgestaltung mit dem um die Ecke gezogenen Grill, das Hauptunterscheidungsmerkmal gegenüber dem Kadett, spendierte dessen US-Version, die Blende zwischen den Rücklichtern unterschied bereits den Commodore vom Rekord. An Motoren verbaute Opel zwischen 1,1 und 1,9 Litern alles, was das Regal hergab. Der Olympia erschien im September 1967, gleichzeitig mit dem Variantenreichtum der Kadett-Reihe, ab August 1968 offerierte Opel eine Automatik für die größeren Motoren, und er blieb bis August 1970 im Angebot, als die Kadett-Palette wieder auf ein vernünftiges Maß gestutzt wurde. 80.637 Olympia wurden produziert, die meisten kurioserweise mit dem kleinsten Motor.

Ein Auto, zwei Grilldesigns: Kadett (vorne) und Olympia nebeneinander bei einer Opel-Sonderschau im Oktober 1969.

Werbekarte zur Opel-Olympiade.

Das Olympia-Programm beschränkte sich auf drei Karosserieformen: Das LS Coupé (Bild) und die LS Limousine zwei- und viertürig. Ein Vinyldach gab es nur für den Olympia, nicht für den Kadett.

Mit der Opel-Olympiade, einem recht netten wenn auch nicht korrekten Wortspiel, warb Opel für den Olympia A, und alle Händler mussten mitmachen.

Und schon wieder ein Elefant! Olympia als Hauptgewinn der Tombola zum Berliner Presse- und Funkball am 8. Januar 1969 in der Manege der Deutschlandhalle.

Fremdwerbung für Champion-Zündkerzen mit vermeintlichen Opel Olympia in der Auto Motor Sport im März 1969. Wer genau hinsieht, erkennt die Positionslampen im Kühlergrill, und dann noch die Bemerkung im Fließtext, es handle sich um vier Opel Kadett – daraus ist zu schließen, dass dieser Fahrversuch in den USA stattfand und es sich tatsächlich um Buick-Opel Kadett handelt.

Kapitel 9:

Von Hüftschwüngen und Sechszylindern

Das fliegende Dach: Opel Rekord C

Amerikanischer geht es nicht. Das Opel Rekord C Coupé ist nicht nur ein veritabler Vertreter des Coke Bottle Designs, sondern trägt auch noch ein Hardtop. Das war der dernier crie der amerikanischen Automobilbau-Ästhetik und nicht nur sehr modern, sondern auch noch äußerst modisch.

Begrifflich steht das Hardtop (deutsch: hartes Dach = Blechdach) im Gegensatz zum Softtop (weiches = Stoffdach, also Cabrioverdeck), und der Begriff deckt sich mit dem Inhalt: Das Hardtop verbindet das Fahrgefühl eines Cabriolets mit den Vorzügen eines Blechdaches. Alle Seitenscheiben lassen sich komplett versenken. Die Türen haben keine Rahmen. Somit bleibt bei versenkten Scheiben nichts stehen. Es gibt keine vom Karosserieboden bis ins Dach durchgängige B-Säule. Das heißt, wenn alle vier Seitenscheiben unten sind, sind diese Flächen rechts und links völlig offen, lassen Licht und Luft in den Innenraum. Man fährt wie im Cabriolet, hat aber ein festes Dach über dem Kopf. Unterstützt wird dieser Effekt vom optionalen Stahlschiebedach. Außer dem Opel Rekord C Coupé gab es in Deutschland kaum derartige Fahrzeuge. Die Kölner Konkurrenz trug in der Coupé-Variante ebenfalls Hardtop (Ford P5, P7a und P7b). Ford war zwar bei der Hardtop-Angelegenheit zwei Jahre schneller als Opel.

Hoch elegant, hoch seriös, und dann noch eine Metalliclackierung zu Zeiten, als Metallic fast schon unerhört war. Und dann noch eine rote Innenausstattung. Ja, der Herr hatte es zu was gebracht in seinem Leben! Gut zu sehen: Alle vier Seitenscheiben herabgelassen, keine B-Säule ist im Weg.

Diese Dachlinie, dieses Heck, das war absolut sexy! Und dann noch die Hardtop-Bauweise! Das Rekord C Coupé und natürlich sein Commodore-Pendant gehörten Ende der 60er Jahre zu den attraktivsten Autos überhaupt.

Die Hell Drivers setzten auf Opel. Die Felgen und das schwarze Heck identifizieren den unteren Wagen als Sprint. Der Sprint war als Viertürer selten. Die meisten Rekord Sprint waren Coupés. Foto vom September 1968.

Die »Schwarze Witwe« ist ein Kind Anatole Lapins, vier Jahre lang Opel-Designer, bevor er zu Porsche ging. Zusammen mit einigen motorsportbegeisterten Rüsselsheimer Ingenieuren widersetzte er sich der GM-Doktrin, die Motorsport verboten hatte. Das Team schuf einen 175 PS starken Rekord C mit rundum überarbeiteter Hinterachse. Da Opel offiziell nichts wissen durfte, war die »Schwarze Witwe« nicht homologiert und wurde bei Rennen als Gruppe-5-Prototyp gemeldet. Der Wagen röhrte und grölte 1967/68, gewann aber trotz namhafter Fahrer (Erich Bitter, Nikki Lauda) kein Rennen.

1956 feierte Opel den Zweimillionsten. Und am 6. September 1971 bereits den zehnmillionsten Opel, einen Rekord C Caravan.

Rekord C Caravan als kleiner Lichtwagen des Südwestfunks Baden-Baden. Gut sichtbar die Kiste, in der die Colortran-Lampen transportiert werden. Im Einsatz war dieser Wagen immerhin bis 1985.

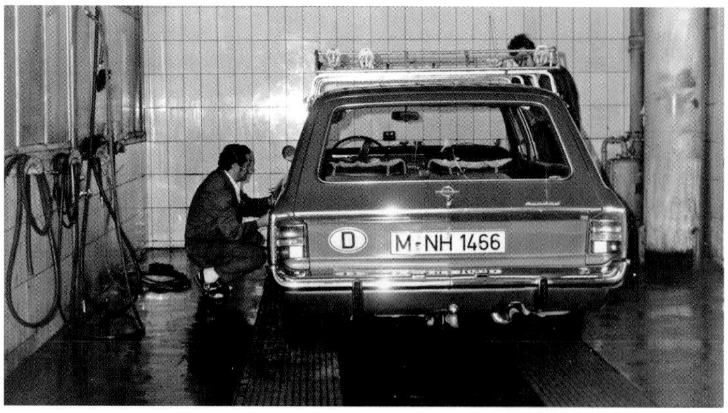

Langsam, ganz langsam entfernte sich der Kombi vom Handwerkerimage und wurde zum Familienfahrzeug: Rekord C Caravan in Luxus-Ausstatung und mit Metalliclackierung in der Waschhalle. Immerhin gab es bis September 1968 den Rekord C 6 Caravan, die Kombiversion mit 2,2-Liter-cih-Sechszylinder.

Die 70er Jahre waren das Jahrzehnt der Sondermodelle. Ein frühes Opel-Sondermodell zur Absatzankurbelung war der Rekord Festival vom November 1968, 10.000 identische Wagen in Beige oder Lagoblau zum Sonderpreis. Der Käufer hatte die Wahl zwischen 1,5 oder 1,7 Litern.

Dafür kreierte Rüsselsheim den so ziemlich sinnlichsten »schnellen Rücken«, wie man den Fachbegriff Fastback wörtlich übersetzt. Opel hatte es geschafft, aus dem zwar modischen aber doch recht braven Opel Rekord ein aufregendes Coupé zu machen.

Nicht nur der Commodore war heiß. Er war naturgemäß am heißesten, mit bis zu 150 PS im kriegsbemalten GS/E. Aber auch im Rekord Coupé ging es teilweise ganz schön zur Sache. Der Rekord wirkte gegenüber dem Vorgänger richtig erwachsen, länger, breiter, auch die Spur wurde breiter. Dazu passte das neue Fahrwerk. Die hintere Starrachse wurde so aufgemöbelt, dass sie fast die Radführung und den Komfort einer hinteren Einzelradaufhängung ermöglichte. Der 1,5-Liter-Rekord mit 58 PS war untermotorisiert, der 1700er mit 60 PS tat sich schwer mit dem 1025-Kilo-Auto. Erst mit dem 1,7-Liter-S-Motor, Standard beim Rekord Luxus und Coupé, war der Wagen angemessen motorisiert, und mit dem 1,9-Liter-S-Motor mit 90 PS ging es zügig voran. Es gab auch einen Rekord-6 mit 2,2-Liter-Reihensechszylinder mit 95 PS. Der lief zwar ruhiger als die etwas rauen Vierzylinder, aber wer einen Sechszylinder haben wollte, griff eher zum Commodore.

Im Herbst 1967 debütierte der Rekord Sprint, ein optisch sportlich aufgemachter Rekord, fast ausschließlich als Coupé geordert. Er hatte einen schicken schwarzen Seitenstreifen, der die Coca-Cola-Flaschen-Form erst recht betonte, knackige Rostyle-Sportfelgen ohne Radkappen, einen geschwärzten Grill mit Halogen-Zusatzscheinwerfern und einen mattschwarzen Heckabschluss. Auf dem Kofferraumdeckel und im Grill prangten »Sprint«-Schriftzüge. Die Serieninstrumentierung war ergänzt durch Ampèremeter, Drehzahlmesser und Ölmanometer, dazu Sportschalthebel und serienmäßige Sicherheitsgurte. Sein Clou waren Rotring-Reifen. Diese kurzlebige Mode kam aus den USA, von den Muscle Cars. Die Kunden empfanden diese Reifen als unerhörtes Detail. Aber wenige Jahre später hatten die Rekord-Sprint-Fahrer ihre liebe Not, Ersatzreifen mit rot aufvulkanisierten Flanken zu bekommen. Das Herz des Rekord Sprint war ein aufgepeppter 1900er-Vierzylinder, genannt 1,9-Liter-H (= Hochleistung) mit überarbeitetem Zylinderkopf und Doppelvergaseranlage, der das Coupé dank 106 PS und Doppelrohrauspuff auf 175 km/h beschleunigte. Vom Sprint gab es bis September 1971 nur 13.245 Exemplare. Die Justierung der beiden Gasfabriken hatte viele Opel-Monteure überfordert, außerdem bevorzugten die Käufer den ruhigeren Sechszylindermotor und orderten einen unwesentlich teureren Commodore.

Der Rekord C ist ein typischer Vertreter des Coke Bottle Designs. Raymond Loewy, der berühmte französisch-amerikanische Designer (»Hässlichkeit verkauft sich schlecht«) hatte in den 50er Jahren die moderne Coca-Cola-Flasche entworfen und war stolz auf sein Produkt: »The Coke bottle is the most perfectly designed package in the world.« Das sahen andere auch so. Selbst Autodesigner waren der Meinung. Was lag näher, als andere Dinge auch so zu verpacken? Autos zum Beispiel. »Coke Bottle Design« nennt man die Autos mit dem Hüftschwung, deren prominenter deutscher Vertreter der Opel Rekord C ist. Der erste Wagen, dessen Form dem Coke Bottle Design entspricht, ist der Studebaker Avanti von 1962. Sein Designer: Raymond Loewy. Der Avanti schlug derart ein, dass der Hüftschwung im Folgejahr kopiert (große Pontiac-Modelle, Buick Riviera) und für ein paar Jahre zu einem richtiggehenden Markenzeichen von GM wurde. Bill Mitchell schuf die 1963er Chevrolet Corvette mit denselben Schwüngen wie Loewy sie bei der Coca-Cola-Flasche vorgegeben hatte, und als 1968 der Nachfolger im selben Stil mit ausgeprägten Kotflügeln und Wespentaille auf den Markt kam, musste selbst die Konkurrenz nachziehen. In der zweiten Hälfte der 60er Jahre war das Colaflaschen-Styling angesagt bei Stilisten in Europa, Australien und Japan.

Diejenigen amerikanischen Fahrzeuge, die den höchsten Kultstatus genießen, die »muscle cars«, sind nahezu alle Vertreter dieser Designepoche. Der erste deutsche Wagen im Coke Bottle Design war der Opel Rekord C. Zwar wurde er komplett in Rüsselsheim entworfen. Aber das Sagen im Rüsselsheimer Designzentrum hatte der Amerikaner Clare MacKichan, damals ein glühender Vertreter dieses Designmerkmals. Diese Art der Karosserieform war nicht ausschließlich der Mode geschuldet. Sie hatte auch konkrete Auswirkungen auf den praktischen Nutzwert. Allerdings bedingte der eine, große Vorteil auch einen ebenfalls großen Nachteil. Durch die bauchigen hinteren Kotflügel und das daraus resultierende, etwas fette Heck wuchsen die Kofferräume der Coke-Botte-Autos ins Unermessliche, was sicherlich ein großer Vorteil war. Dafür sah der Fahrer aus ihnen schlecht heraus. Das lag daran, dass zum Coke Bottle Design auch eine sehr breite C-Säule gehörte, was der Rundumsicht ebenso abträglich war wie die aus dem dicken Hintern resultierende, relativ schmale Heckscheibe – ganz zu schweigen von den hinteren Seitenscheiben, die teilweise zu schießschartenkleinen Öffnungen reduziert wurden.

Die letzten Neuerscheinungen im Coke Bottle Design kamen 1970/71 auf den Markt. Danach regierten sachliche Linien mit großen Fensterflächen das Automobildesign, und das Bauchige war out. Umso bemerkenswerter ist, dass diese doch recht kurzlebige Mode gerade beim Opel Rekord C ein ungemein langes Leben haben sollte. Denn er wurde in Lizenz bei General Motors do Brasil als Chevrolet Opala gebaut und sollte dort bis 1992 leben, und genau so lange überlebte das Coke Bottle Design in seinem letzten Vertreter.

Das Karosserieangebot war beim C-Rekord so vielfältig wie nie zuvor: Zwei- und viertürige Limousine, Caravan nun auch fünftürig, das hinreißend elegante Coupé und wieder offerierte Karl Deutsch ein Cabriolet, diesmal auf Basis der Zweitürer-Limousine. Der fünftürige Caravan, auch in L-Ausstattung erhältlich, war eine Reaktion auf den zunehmenden Trend, dass Kombis keine reinen Handwerkerautos darstellten, sondern sich freizeitorientiert zeigten. Der Rekord C verkaufte sich bestens, und in Zeiten der Rezession kurbelte Opel den Verkauf durch den standardisierten Festival-Rekord in Cremeweiß und Hellblau an.

Grundlegende Modellpflege gab es beim Rekord C nicht, er kam bereits ausgereift zur Welt. In Details modifizierte Opel seinen Bestseller, neue Ausstattungsvarianten und optionale Goodies hielten ihn stets am Köcheln. So ersetzte Opel 1968 die amerikanische Zweigang-Automatik durch eine Eigenentwicklung mit drei Gängen und es gab getönte Scheiben. Prinzipiell ging der Trend weg von den schwachen Motoren, und ab 1970 entfiel der 1,5 Liter zugunsten des Ascona. Das verdeutlicht, dass der Rekord zunehmend

Ganz etwas Spezielles: Rekord C Cabriolet mit Aufbau der Karosseriefabrik Karl Deutsch in Köln, friedlich parkend zwischen Škoda 1000 MB, Fiat 850 Berlina und Ford Taunus 12m P4.

Kleines Malheur bei der Nürnberger Polizei: Ein Opel Rekord C Streifenwagen kollidiert mit einem Simca 1500. Der Simca kam von rechts. Ob der Opel mit Blaulicht und Martinshorn unterwegs war?

in einem höheren Marktsegment angesiedelt wurde, Ford tat dasselbe und bot den P7 sogar mit 2,3- und 2,6-Liter-Sechszylindern an, gegen deren Erfolg Opel den Commodore ins Rennen schickte. Der Rekord C wurde von August 1966 bis Dezember 1971 gebaut. 1.274.363 Stück liefen vom Band, darunter 233.096 Caravan und 21.201 Lieferwagen.

GS/E: Magische Buchstaben für den sportlichsten Commodore

Für die Rüsselsheimer Marketing-Leute war klar, dass ein Klassewagen mit sechs Zylindern keine Ausstattungsvariante des Rekord bleiben konnte. Ein eigenes Image musste geschaffen und eine neue Typenreihe kreiert werden, um das höhere Niveau mit einem Namen zu verbinden. So entstand der Commodore. Das Baukastenprinzip machte es möglich, ohne Neukonstruktion eine Baureihe zwischen Rekord und den großen Opel zu etablieren: Der Commodore war ein Aufsteigerauto mit sportlichem Touch, familientauglich und zuverlässig wie ein Rekord und gleichzeitig ein Autobahnstürmer mit Individualcharakter.

Im März 1967 debütierte der Commodore A, optisch ein Rekord L mit geändertem Grill, zusätzlicher breiter Zierleiste zwischen den Rücklichtern und anderem Felgendekor für größere Räder (14 statt 13 Zoll-Felgen); von Anfang an beliebtes Extra war das schwarze Vinyldach. Innen dominierten feine Stoffe, zunächst echte Holzapplikationen, später Holzdekor, Servolenkung serienmäßig. Die Grundmotorisierung des Commodore war ein Motor, der vom neuen 2,8-Liter-Sechszylinder des Opel Admiral und Kapitän abgeleitet war, auf 2,5 Liter reduziert. Wem die 115 PS zu viel waren, konnte gegen Minderpreis den aus dem Rekord bekannten 2,2 Liter-Sechszylinder mit 95 PS ordern, das taten bis 1968 aber nur 1326 Kunden. Wer sich einen Commodore leisten konnte, hatte auch das Geld für den »richtigen« Motor. Lieferbar war der Commodore als Zwei- und Viertürer-Limousine, als Coupé sowie, vom externen Karosseriebauer Deutsch, als Cabriolet. Eine Caravan-Variante blieb ihm verwehrt, der einzige Kombi war der Commodore Voyage, eine Designstudie auf dem Genfer Salon 1968. Der Commodore zielte auf die V-6-Modelle von Ford.
Nach dem Standard-Commodore erschien im Herbst 1967 der GS. Für 1000 D-Mark Aufpreis lieferte Opel den Motor mit überarbeitetem Zylinderkopf, Doppelvergaser und neuer Auspuffanlage. Satte 130

Viertürige Limousinen mit Vinyldach – so sahen die meisten Commodore A aus. Die Sportversionen wurden zumeist als Coupé geordert. Und die Zweitürer-Limousine war das Mauerblümchen.

Ein Berliner Taxifahrer mit Benzin im Blut: Er zieht den Commodore GS einem Mercedes 200 Diesel vor. Verständlich.

Ein Steinmetz Commodore A 3 Liter muss nicht in einer zweitürigen Limousinenkarosserie verpackt sein. Vereinzelt gab es auch Coupés. Dieses gehörte Wolfgang Tomic aus Wien, Aufnahme am Salzburgring am 10. Oktober 1971.

Commodore GS/E Coupé in vollem Ornat auf dem Geräusch-Prüfstand im Rüsselsheimer Entwicklungs- und Konstruktionszentrum im Mai 1968. Bemerkenswert die verchromten Sportstahlfelgen mit schwarz ausgelegtem Inlett.

PS waren die Ausbeute, der Commodore GS rannte 180 km/h. Das war nur der Anfang. Den Brüller lancierte Opel im März 1970 und verpasste dem GS eine Benzineinspritzung: 150 PS Output, 192 km/h Topspeed, Zwillings-Auspuff. Während sich der GS lediglich durch Zusatzscheinwerfer, Rostyle-Felgen und ein geschwärztes Heckblech vom Basis-Commodore unterschied, setzte der GS/E auf aggressive Kriegsbemalung: Dezent war nur der Frontspoiler, der Grill war schwarz, die Motorhaube auch, das meist georderte Vinyldach auch, der Innenraum auch und besonders schwarz waren die doppelten Rallyestreifen an den Flanken anstelle der zarten Zierlinien. Gepaart mit meist roter Farbe sah ein Commodore GS/E wahrhaft diabolisch aus. Für besonders seriöse Kunden bot Opel an, den Wagen ohne Streifen und schwarze Haube zu liefern. Der weitaus größte Teil des Adrenalin-Commodore wurde als Coupé in Kardinalrot oder Zitrusgelb mit schwarzer Kriegsbemalung geordert. Lieferbar war der GS/E aber auch als Zwei- oder Viertürer-Limousine, optional mit Dreigang-Automatik und Sperrdifferenzial. Den Commodore GS/E bewarben die Rüsselsheimer so offensiv wie nie einen Opel zuvor.

Als dritte Sportvariante erschien im April 1970 der Commodore GS 2,8, eine 2000 Exemplare umfassende Sonderserie des Commodore GS für die Motorsport-Gruppe 2 (Spezialtourenwagen). Der 2,8-Liter-H-Motor aus dem Admiral leistete 145 PS und barg in sich das Potential, auf bis zu 300 PS getunt zu werden. Im Auslieferungszustand hatten die Wagen dickbauchige Kotflügel und waren innen auf das Notwendigste abgemagert. Die Features der zweitürigen Limousine: Verbundglasfrontscheibe, Seiten-

Sehr bayrisch: Die Dame musste ein Dirndl anziehen, der Wagen parkt vor Schloss Nymphenburg in München und ist auch dortselbst zugelassen. Seine Felgen sind einfarbig silbern lackiert, die Motorhaube ist nicht geschwärzt. Das ist die optisch entschärfte Version des Commodore GS/E, für den seriösen Herrn. Aufnahme April 1970.

Leider nur ein Denkmodell: Commodore A Voyage, ein Prototyp auf dem Genfer Salon 1968, in edlem Metalliclack und mit Holzfurnier an den Flanken. Aber was in den USA Gültigkeit hat, ist in good old Europe nicht immer gleich angesehen. Es sollte bis zum Commodore C dauern, bis ein Commo Voyage erschien. Und der war ein Flop!

Abenteuerlicher Driftwinkel bei der Rallye Monte Carlo 1971. In der Damenwertung (Coupe des Dames) starteten Marie Claude Beaumont und Martine de la Grandrive auf Greder-Commodore GS und schafften den zweiten Platz. Szene am Col de Perty auf 1303 Metern.

2000 Exemplare umfasste die Sonderserie des Commodore GS 2.8 vom April 1970, die Ausgangsbasis für die Gruppe 2 (Spezial-Tourenwagen).

Dieter Fröhlich schaffte Platz 5 mit dem Steinmetz-Commodore auf dem Salzburgring am 11. April 1971.

Vom Erfolg des Steinmetz-Commodore profitierte auch die Zubehörindustrie. Werbung des deutschen Importeurs von FPS-Alufelgen in der Auto Motor Sport Nr. 18 vom August 1969. FPS war ein italienischer Felgenhersteller, der eher den italienischen und französischen Markt bediente als den deutschen, aber BMW setzte in den 70ern sehr auf FPS.

und Heckfenster aus Plexiglas, Recaro-Schalensitze, weder Heizung noch Dämmmaterial oder Zierteile, 80-Liter-Tank, enger gestuftes Getriebe, Sperrdifferenzial, sehr direkte Lenkung sowie einfachste Stahlfelgen, weil die Sportfahrer ohnehin individuelle Leichtmetallfelgen aufzuziehen pflegten. Geliefert wurde der GS 2800 in Zitrusgelb oder Kardinalrot. Diese Fahrzeuge wurden entweder individuell oder von Tuningbetrieben für Rennen präpariert. So entstand im Januar 1970 die Firma Steinmetz-Automobiltechnik. Sie betrieb das Tuninggeschäft systematisch in Zusammenarbeit mit dem Werk. Auf Basis des GS 2800 schuf Steinmetz in verschiedenen Stufen reinrassige Sportgeräte. Die kleinste Frisierstufe mit Serienvergasern brachte 20 Mehr-PS, Stufe 2 mobilisierte mit drei Solex-Doppelvergasern 180 PS. Die Stufe 3 brachte echte Chancen im Motorsport, umfangreiche Arbeiten am Motor mobilisierten 210 PS, und Stufe 4 schließlich hatte den auf drei Liter vergrößerten Hubraum mit rund 300 PS. Dazu kamen ein wesentlich verändertes Fahrwerk und eine überarbeitete Bremsanlage. Aus dem 12.130-Mark-Serienauto wurde durch die umfangreichen Arbeiten ein rund 45.000 Mark teurer Renntourenwagen. 1976 stellte Steinmetz seine Aktivitäten ein, kehrte aber 1993 ins Opel-Tuninggeschäft zurück und begleitete sein Comeback mit einem minutiös rekonstruierten Steinmetz-Commodore 3000 aus dem Jahre 1970.

Die Commodore-A-Produktion wurde zeitgleich mit derjenigen des Rekord C eingestellt. Zwischen März 1967 und Dezember 1971 wurden 156.497 Wagen gebaut, darunter ein Drittel Sportversionen.

Der Ranger: Opel Rekord C in Verkleidung

Im Schweizerischen Biel liefen von 1936 bis 1975 Opel, Vauxhall und amerikanische GM-Wagen speziell für die Schweiz vom Band. In Details unterschieden sie sich von den Originalen. Ihr Logo am Grill: ein stilisierter Alpengipfel. Eine Spezialität aus Biel war der Ranger, ein Rekord C in Verkleidung.

Märkte ohne eigene Automobilproduktion sind für die Hersteller immer besondere Märkte. Hier gibt es keine nationalen Platzhirsche, alle Importeure haben dieselben Chancen. Die Benelux-Staaten sind solche Märkte, auch Österreich und die Schweiz. In diesen Ländern haben sich sogar Hersteller etabliert, die in anderen Staaten gleich gar nicht oder erst viel später antraten. Unter den besonderen Märkten ist der schweizerische nochmals spezieller. Denn die Schweizer sind relativ wohlhabend, traditionell sehr

Die schweizerische Commodore-Interpretation: Ranger 2500 GTS von 1970.

Das eidgenössische Pendant zum Comnmodore GS/E hieß Ranger 2500 GTSi. Gut zu sehen ist der in die Rekord-Front einmodellierte Vauxhall-Grill.

Südafrika: Ranger 153 von 1970, optisch dem Schweizer sehr ähnlich. Die schnurgerade verlaufende Seitenzierleiste ist störend, weil sie weder mit dem Hüftschwung korrespondiert noch mit der unteren Flankensicke, die nach hinten unten abfällt.

Auch ein Südafrikaner: Ranger 130 Station Wagon, die vierzylindrige Version mit gerade mal 65 PS, aber dem Drehmoment eines 2,1-Liter-Motors.

qualitätsbewusst und sie haben unter den Staaten dieser Welt weder Freunde noch Feinde, weil sie politisch neutral sind.

Dies alles haben die Verantwortlichen von GM bereits in den 30er Jahren abgewogen und beschlossen, im Alpenstaat einen Montagebetrieb zu eröffnen. Politische Umstände motivierten die GM-Bosse zusätzlich. Im Zuge der Weltwirtschaftskrise hatte die Eidgenossenschaft protektionistische Gesetze erlassen, die auch Schutzzölle für Importwaren, vor allem für Luxusgüter wie Autos, umfassten. Im eigenen Land hergestellte oder fertig montierte Waren (so genannte Halbfertigprodukte) hingegen wurden steuerlich subventioniert. Der erste GM-Wagen aus Bieler Produktion, ein Buick, verließ am 5. Februar 1936 das Fließband der neu gegründeten General Motors Suisse SA in Biel. Schon damals wurde ihm ein besonderes Emblem an den Kühlergrill montiert, der alle Bieler GM-Produkte auszeichnete: Ein stilisierter Alpengipfel mit der darunter platzierten Aufschrift »GM Montage Suisse«, quasi als Gütesiegel. Die Schweizer kauften die in ihrem Land produzierten Fahrzeuge sehr gerne, denn sie wurden als heimische Produkte angesehen. Wohlgemerkt: bei Bieler GM-Fahrzeugen handelte es sich um Montageprodukte, also das Zusammenschrauben importierter Komponenten. In Biel wurden die Autos nicht komplett produziert, aber die Zulieferbetriebe kamen aus der gesamten Schweiz. Die Bieler Opel, Vauxhall, Chevrolet, Buick oder LaSalle waren nie identisch zu den Fahrzeugen aus ihren Heimatproduktionsstätten. Irgendwelche Kleinigkeiten waren immer anders, und seien es nur die Lackfarben oder die Stoffe für die Innenausstattungen.

GM-Fahrzeuge waren in der Schweiz sehr gefragt, das Werk arbeitete fast immer an seinen Kapazitätsgrenzen, zumal GM Suisse auch die Nachbarmärkte Österreich und Italien bediente. Dann kam die Europäische Wirtschaftsgemeinschaft (EWG), ein Zusammenschluss europäischer Staaten mit dem Ziel einer gemeinsamen Wirtschaftspolitik. Ihr folgte die EFTA, die Europäische Freihandelszone, der auch die Schweiz beitrat. Sie ermöglichte vereinfachte Zollregelungen mit den EWG-Staaten (denen die Schweiz nicht angehörte). Letztlich waren die EWG und die EFTA, grob gesprochen, Vorläufer der Europäischen Union.

Durch diese trilateralen Verträge gab es keinen Grund mehr für GM, ein Werk in der Schweiz zu unterhalten. So lief am 14. August 1975 der letzte Wagen, ein Opel Rekord D Caravan, vom Bieler Fließband. 329.864 GM-Fahrzeuge wurden in Biel gefertigt.

Unter neuem Markenzeichen und mit geringen Karosserieretouchen vermarktete GM Ende der 60er und Anfang der 70er Jahre den Opel Rekord C und D als Ranger. Gebaut wurde er in der Schweiz, in Belgien und in Südafrika. Dort lebte der Ranger nur eine Rekord-Generation lang, nämlich als Rekord C. In der Schweiz und in Belgien gab es den Ranger auch noch zu Zeiten des Rekord D. Der erste Ranger ist der südafrikanische aus Port Elizabeth, 1968 erschienen. Er war eine Art automobiles Puzzle: die Karosserien des Opel Rekord C (Zwei- und Viertürer, Coupé, fünftüriger Kombi) wurden mit dem Doppelscheinwerfergrill des englischen Vauxhall Victor kombiniert, die Innenausstattung entsprach dem Niveau des Opel Commodore und wurde mit US-Fauteuils aufgemöbelt. Die beiden Motoren, 2,1- und 2,5-Liter-Vierzylinder, waren Chevrolet-

OPEL — A GENERAL MOTORS PRODUCT

REKORD PANEL VAN

AUGUST, 1971

GM General Motors

Model available:
OPVAN — 2667 mm Wheelbase Panel Van. Maximum Gross Vehicle Mass 1665 kg.

PANEL VAN BODY DATA

Body floor length at seat (mm)	1956	Rear opening height (mm)	729
Body interior width at front (mm)	1394	Cargo height (over rear axle) (mm)	850
Width between wheel arches (mm)	1033	Floor area (approx.) (m²)	2,5
Rear opening width (max.) (mm)	1278	Capacity (approx.) (m³)	2,21
(min.) (mm)	1114		

Auch unter dem Namen Opel wurde in Südafrika verkauft: Opel Rekord Panel Van, also der verblechte Caravan. Interessant: GM Südafrika schmückte ihn mit einem Commodore-Grill.

Konstruktionen. Von 1968 bis 1972 lief der südafrikanische Ranger in folgenden Versionen vom Band: Ranger 130 (2,1 Liter, 65 PS), 130 HC (173 PS) und Ranger 153 (2,5 Liter, 78 PS), je nach Ausstattung mit Drei- oder Vierganggetriebe, Lenkrad- oder Knüppelschaltung. Im Januar 1970 wurde der schweizerische Ranger geboren, montiert in Biel. Er war weit »opeliger« als der südafrikanische, denn außer dem Vauxhall-Kühlergrill trug er nur Rüsselsheimer Komponenten. Die Motoren (1,9-Liter-Vierzylinder und 2,5-Liter-Sechszylinder) entsprachen dem Rekord C/ Commodore A. Der Hintergrund für den schweizerischen Ranger war eine reine Marketing-Angelegenheit. In der Schweiz gab es getrennte Händlernetze für Opel- und Vauxhall-Produkte, doch der Opel verdrängte den Vauxhall zusehends und die Vauxhall-Händler schrien nach einem Zugpferd. So bekamen sie den Ranger und verkauften quasi das gleiche Produkt wie die dortigen Opel-Händler, aber eben unter anderem Namen. Das Gleiche geschah auf dem Benelux-Markt. Ab Herbst 1970 lief von den Fließbändern von GM-Continental in Antwerpen ebenfalls ein Ranger vom Band und wurde via Vauxhall-Händler in Belgien, Holland und Luxemburg vertrieben. Er entsprach dem schweizerischen Ranger und lieh sich, wie dieser, einige Zierteile vom Südafrikaner: das Markenzeichen (ein stilisierter Springbockkopf), Zierelemente, Radkappen etc. GM-Südafrika verzichtete beim Nachfolgemodell Rekord D auf den Markennamen Ranger und bot den Wagen als Chevrolet 2500 und 4100 an, nur mit Sechszylinder-Aggregaten. Die beiden europäischen Ranger-Produktionsstätten vollzogen analog zu Opel den Modellwechsel zum Opel Rekord D/Commodore B. Bis 1974 blieb er im Programm. Dann wurden die Opel- und Vauxhall-Händler zusammengelegt, und für den Ranger als Zugpferd für die Vauxhall-Schiene gab es keine Daseinsberechtigung mehr.

Im Hafen von Antwerpen: GM Continental

Im Dezember 2010 lief im belgischen Opel-Werk Antwerpen der definitiv letzte Astra vom Band. Die Fabrik wurde geschlossen. Ein Blick zurück auf die 86jährige Geschichte. Um Zollgebühren bei der Einfuhr kompletter Fahrzeuge zu sparen, etablierte General Motors in den 20er Jahren diverse Montagewerke, so auch die GM Belgium N.V. im Jahre 1924. Die Montagetätigkeit, also das Zusammenbauen aus in Einzelteilen importierter Fahrzeuge, begann 1925. Die Fabrik war in einer alten Abtei in der Fortuinstraat im flämischen Antwerpen untergebracht, firmierte unter dem Namen General Motors Continental S.A. und bediente hauptsächlich die Märkte in den Benelux-Staaten, aber auch Frankreich und die Schweiz. Gebaut wurden amerikanische Wagen, vorzüglich Chevrolet. GM Continental zog 1929 an den Hafen von Antwerpen. 1947 startete GM Belgium neu durch und erwarb ein großes Grundstück am Albert Dock, nach wie vor am Hafen von Antwerpen. Ein Jahr später war die neue Fabrik fertig, wie zuvor wurden Chevrolet-Wagen montiert. Aber die große Nachfrage in den Benelux-Staaten nach Opel verdrängt die US-Cars zusehends vom Fließband, statt Chevrolet wurden Opel Olympia Rekord und Opel Kapitän montiert, auch englische Vauxhall-Fahrzeuge und die Lkws der britischen GM-Lastwagenmarke Bedford. Durch die gute Seeanbindung produzierte GM Antwerpen sämtliche für die USA bestimmten Fahrzeuge, hauptsächlich Kadett A und B, Manta und Ascona. In den 70er Jahren baute GM Antwerpen zusätzlich den Ranger. Ab 1979 wurden sämtliche Manta B bis zum Produktionsstopp 1988 ausschließlich in Antwerpen hergestellt, auch die Rallye-Homologationsmodelle Manta 400 und Ascona 400 in Kleinserie. In den 80er Jahren liefen in Antwerpen Kadett D und E, in den 90ern der Astra und Vectra vom Band. Der letzte Vectra entstand 1998, Antwerpen konzentrierte sich bis zuletzt auf den Astra und den Astra Twin Top. Nach mehr als 13 Millionen gebauter Autos wurde das Werk Antwerpen im Rahmen der Opel-Krise geschlossen.

Made in Belgium: Ranger 1900 von 1973 mit Doppelscheinwerfern und Commo-Grill.

Heißes Gerät: Ranger 2500 GTS Coupé, also das Äquivalent zum Commodore GS. Der Grill ist wie ein Fadenkreuz gestylt, sehr aggressiv.

Das Erkennungsmerkmal des Belgiers sind die schicken Doppelscheinwerfer. Die hätten dem deutschen Commodore bestimmt auch gut gestanden.

Vom Volksauto zum Kultobjekt: Chevrolet Opala

Mit dem Chevrolet Opala hatten die Brasilianer erstmals einen modernen Mittelklassewagen zur Verfügung. Sie verehren ihn bis heute. Opala ist Kult. Er mischte einen halben Kontinent auf. Mit dem Chevrolet Opala wurde das automobile Spektrum in Lateinamerika anders. Mit ihm änderte sich die Einstellung der großen Automobilkonzerne gegenüber einer riesigen Bevölkerungsgruppe, und mit ihm änderte sich das automobile Erscheinungsbild Brasiliens.

Brasilien gehört heute zu den aufstrebenden Staaten. Bis in die 80er Jahre hinein wurden die zentral- und südamerikanischen Staaten vom Westen hingegen als Entwicklungsländer betrachtet – auch auf automobilem Sektor. Außer in den großen Städten war das Straßennetz nicht gut ausgebaut, Überlandstrecken waren zum größten Teil unasphaltiert. Dafür sind die alten 50er-Jahre-Wagen mit ihren einfachen Fahrwerken mit Starrachsen und Blattfedern gut genug, dachten die Autokonzerne, die sich dort mit Montagebetrieben engagierten, allen voran GM und Ford. Während ihre Neuentwicklungen für den europäischen und nordamerikanischen Markt immer mehr verfeinert wurden, hatten GM und Ford die Produktionseinrichtungen für die jeweiligen Vorgängermodelle in Mittel- und Südamerika sowie in anderen Entwicklungsländern quasi entsorgt. Es war ein gutes Geschäft: Längst amortisierte Fahrzeuge wurden dort weiterhin angeboten und spülten Geld in die Kasse. So rollten fast nur »Oldtimer« über die Anden und durch die Savannen. Den Käufern hat das nicht gefallen, sie kannten moderne Fahrzeuge aus Fachzeitschriften. Aber kaufen konnten sie diese kaum.

Dann kam der Chevrolet Opala, ein dem brasilianischen Markt und den lokalen Gegebenheiten und Bedürfnissen angepasster Opel Rekord C. Er erschien 1968, zu Zeiten, als der deutsche Opel Rekord C aktuell war. Endlich bekamen die Brasilianer kein ausgedientes Auto zu kaufen, sondern einen aktuellen Wagen. Er traf den Käuferwunsch mitten ins Herz. Der Opala hatte die ideale Größe für einen Familienwagen, war perfekt motorisiert, komfortabel genug, um den gehobenen Ansprüchen zu genügen und stabil genug, um die oftmals vorhandenen Schlaglochpisten zu verkraften. Die Brasilianer kauften den Chevrolet Opala wie wild. Noch zu Lebzeiten wurde er zum Volksautomobil der brasilianischen Mittelschicht.

Er war so erfolgreich, dass er 24 Jahre lang gebaut und gekauft wurde. Zuletzt war er mit seiner charakteristischen Coke-Bottle-Ka-

Der Ur-Opala: Version 1969 mit viel Chrom im Grill. Ein Riesenerfolg vom ersten Tag an.

Etwas sachlicherer Grill mit mehr Schwarz: Opala 1971 mit 3,8-Liter-Sechszylinder.

Die Opala-Familie 1971: links das Standardmodell, dann der wilde SS, mit Vinyldach der de luxo und ganz rechts die magere Version mit 2,5-Liter-Vierzylindermotor und einfacher Ausstattung.

Der Commodore GS/E lässt grüßen: Opala SS mit 4,1 Litern, straffer gefedert, Stahlgürtelreifen, vorne Scheibenbremsen. Und natürlich die Bemalung à la Muscle Car.

rosserie völlig aus der Mode, und die Bemühungen, ihn durch Facelifts aktuell zu erhalten, waren stilistische Fehlgriffe. Aber die Brasilianer liebten ihren Opala, ganz gleich, wie altmodisch er zuletzt war. Als sich GM do Brasil dazu entschloss, den Chevrolet Opala entschlafen zu lassen, löste diese Nachricht nochmals einen absoluten Run auf den Wagen aus, im April 1992 lief der letzte vom Band. Die Baureihe Rekord C/Commodore A/Chevrolet Opala war der zahlenmäßig erfolgreichste Opel aller Zeiten. Fast 1,3 Millionen Rekord C wurden gebaut, dazu kamen 150.000 Commodore A und der Chevrolet Opala lief knapp über eine Million Mal vom Band. Dazu kamen noch etliche Rekord-C-Derivate, die in Belgien, der Schweiz und in Südafrika unter dem Namen Ranger gebaut wurden. Es lebte auch keine Opel-Modellreihe länger als diese, inklusive des Opala wurde sie 26 Jahre lang produziert.

Wichtig für den brasilianischen Markt waren die sportlichen Versionen Opala SS und Envemo-Opala/E, denn die Brasilianer sind extrem motorsportbegeistert. Die brasilianische Tuningfirma Envemo in São Paulo nahm sich mit Unterstützung von GM do Brasil des Opala an. Envemo steht für Engenharia de Veiculos e Motores Ltda. Gleich am Anfang entlockte Envemo dem 3,8-Liter-Motor bis zu 150 PS, im Laufe der Zeit wurde der Envemo-Opala beständig stärker. Mit Tuning-Opala wurden in Brasilien Breitensport-Autorennen gefahren. Eine getunte Straßenversion war der Opala/E mit Magnesium-Felgen und Sportfahrwerk, direkt von GM do Brasil vertrieben.

Der Chevrolet Opala erlebte viele Facelifts und blieb sich trotzdem treu. Am 23. November 1966 lud GM do Brasil in São Paulo zur Pressekonferenz und informierte die Medien über das Projekt 676, den zukünftigen Chevrolet Opala. Der Rekord C konnte nicht eins zu eins nachgebaut werden, sondern musste an den lokalen Markt angepasst werden. GM do Brasil entschied sich für niedrig verdichtete amerikanische Maschinen, gut für den niedrigoktanigen, brasilianischen Treibstoff. So waren die Opala zwar großvolumig, aber leistungsarm. Dafür hatten sie ein famoses Drehmoment und die Motoren waren standfest und zuverlässig. Der modifizierte 2,5-Liter-Vierzylinder stammte vom Chevrolet Nova. Ihm war ein kurzes Dasein beschieden, die Brasilianer wollten sechs Töpfe unter der Haube. Diese bot der gleich große »Iron Duke« von Pontiac. Ebenfalls sechszylindrig, aber mit deutlich mehr Hubraum (3,8 Liter) präsentierte sich der »Straight-Six«-Motor. Er wurde während des Opala-Lebens von 3,8 auf 4,1 Liter aufgebohrt. Die 3,8-Liter-Version war der Bestseller, und mit über 180 km/h Höchstgeschwindigkeit war er das schnellste brasilianische Serienauto. Die komplette Technik übernahm der Chevrolet Opala vom Opel Rekord C, auch die Kraftübertragung: Dreigang-Lenkradschaltung für die kleine, Viergang-Stockschaltung für die große Version, optional Dreistufenautomatik. Front und Heck gestalteten die Brasilianer neu. Das gab dem Opala ein eigenständiges Aussehen und war gut für das brasilianische Ego. Auch das Innenraumdesign (Sitze, Türverkleidungen) bekam ein »brasilianisches« Aussehen, das Armaturenbrett teilten sich die Brüder. Die Käufer hatten die Wahl zwischen der Standardausstattung und dem de Luxo, letzterer optisch dem Commodore A angeglichen mit mehr Chrom und feinerem Interieur.

Die Brasilianer sind automobilbegeistert und enthusiastische Rennsportfans. Tuning spielt hier eine große Rolle. Envemo kreierte den Opala/E mit Einspritzmotor, über das brasilianische Chevrolet-Händlernetz vertrieben und recht erfolgreich, bis der hauseigene Opala SS kam.

Der Kombi wurde kreiert, als der Rekord C längst entschlafen war, und deshalb teilt sich der Opala Kombi mit seinem Organspender im Heckbereich kein Karosserieblech, sondern ist eine völlig eigenständige Kreation. Im Bild ein Comodoro von 1982.

1970 erfolgte das erste leichte Facelift, der übermäßige Chrom im Grill wich sachlichem Schwarz und die Sportversion SS kam auf den Markt: Strafferes Fahrwerk, Stahlgürtel- statt Diagonalreifen, Viergang-Getriebe, vorne Scheibenbremsen, mattschwarze Kriegsbemalung à la Commodore A GS/E. Im SS feierte der aufgebohrte »Straight-Six« mit 4,1 Litern und 140 PS (gegenüber 125 im 3,8 Liter) sein Debüt. Zudem ergänzte GM do Brasil die Viertürer-Limousine durch das Coupé. Zum Modelljahr 1975 nahm GM do Brasil den dreitürigen Caravan in sein Programm, der gegenüber dem nunmehr nicht mehr gebauten Opel Rekord C ein eigen-

Totgesagte leben lang: Chevrolet Diplomata von 1980, ein schwer modifizierter Rekord C, aber nach wie vor dessen Rohkarosserie. Und er sollte nochmals zwölf Jahre vor sich haben!

Dieses Bild spiegelt die Autotypen im damaligen Brasilien prototypisch wieder: Die Mehrheit fährt Käfer, kleine Lieferwagen sind VW T1 (ganz links), und wer es sich leisten kann, fährt Opala – im Bild ein Taxi. Szene aus Faz-do-Iguacu vom Oktober 1977.

ständig gezeichnetes Heck mit vier runden Rücklichtern aufwies. Das zweite Facelift erfolgte 1977 – Kühlergrill, Scheinwerfer und Blinkereinheit waren nun voneinander getrennt. 1979 degradierte GM den Namen Opala zur Bezeichnung für das Grundmodell, die besser ausgestattete Version hieß nun Comodoro (mit einem m geschrieben). 1980 emanzipierte sich die Modellreihe vom Opel Rekord durch das dritte Restyling, nunmehr mit Breitbandscheinwerfern und riesigen Rückleuchten, massiven Stoßfängern und einer gar nicht zum Coke-Bottle-Stil passenden, schnurgeraden Seitenzierleiste. Das Top-of-the-Line-Modell hieß nun Diplomata. Überhaupt wurden die Wagen immer luxuriöser und bekamen in ihre altmodischen Karosserien moderne Technik implantiert, wie Fünfgang-Getriebe und Klimaanlage. Das vierte und letzte Facelift erfolgte 1987 mit einer herabgezogenen Motorhaube, neu gestalteten Scheinwerfern und Kunststoff-Stoßfängern anstelle verchromter Stoßstangen. Nach über einer Million gebauter Fahrzeuge trat der Opala im April 1992 in den Ruhestand. Er hat ihn sich wirklich verdient. Womöglich wurde sein Produktionsende hinausgezögert, um den Wagen zum Millionär reifen zu lassen. Der einmillionste Opala lief genau drei Wochen vor dem Herstellungsende vom Band.

Kapitel 10:

Opel im Trainingsanzug

Der Beginn der neuen Zeit: Opel Experimental-GT

Eine absolute Sensation bedeutete der Experimental-GT und einen völligen Imagewandel der Marke Opel. Da glänzten polierte Kadetten und Rekorde auf dem Opel-Stand der IAA 1965, Admiral und Diplomat repräsentierten. Inmitten der Handelsware eine Skulptur in silbermetallic. Flach, gedrungen, bereit zum Sprung. Opel präsentierte ein unerhörtes Coupé mit in das Dach gezogenen Türen, sinnlich modellierten Kotflügeln, Wespentaille, einem mittigen Doppelauspuff, Klappscheinwerfern, mit ewiger Motorhaube und einem sportlich kurzen Heck. Das hatte niemand erwartet. Das war eine Sensation. Das ist der Opel Experimental-GT.

Opel beteuerte, es handle sich um ein rollendes Versuchslaboratorium, mit dem das Potenzial des Dudenhofener Prüffeldes endlich einmal automobil ausgeschöpft werden konnte. Die Presse hingegen, als Sprachrohr der Kunden, bedauerte, dass dieser Wagen keinerlei Chancen hätte, jemals in Serie gebaut zu werden. Beides stimmte nicht. Oder zumindest nicht ganz. Natürlich drehte der Experimental-GT in Dudenhofen seine Runden und natürlich ließen sich mit ihm hervorragend Fahrwerks- oder Reifentests machen. Und natürlich war er in seiner Prototypform nicht für die Serie vorgesehen. Natürlich war er ein Testwagen, ein Experiment. Doch Opel testete in erster Linie die Kunden-Akzeptanz eines Boliden seiner Klasse. War der Opel-Kunde bereit, ein solches Auto aus dem Rüsselsheimer Haus zu kaufen? Konnte Opel mit einem solchen Auto einen Imagewandel schaffen? Das war das hauptsächliche Experiment, wegen dessen der Experimental-GT zur Welt gekommen war.

In den USA baute GM die Corvette. Sie schlug ein wie eine Bombe, verjüngte das etwas biedere Chevrolet-Image und erschloss GM völlig neue Käuferschichten. Aus der Brot-und-Butter-Marke war eine Sportwagen-Marke geworden. Dieses Rezept könnte auch auf Opel angewandt werden, dachten die Verantwortlichen, und der von GM

Die Drehscheibe schlechthin für den Experimental-GT war die IAA 1965. Aber einen Monat später, auf dem Turiner Salon, (Bild) drehte er sich erneut. Gut zu sehen: Die Kadetten mit italienischen, quadratischen hinteren Kennzeichen.

an den Main bestellte Designchef Clare MacKichan hatte das umzusetzen. Er sorgte auch für die Emanzipation der Opel-Stylingabteilung, die bislang amerikanische Entwürfe allenfalls hatte europäisieren dürfen.

Der Kadett sollte die Basis für das neue Coupé bilden. Erhard Schnell, ein Mann der ersten Stunde unter MacKichan, war der verantwortliche Zeichner und orientiert hatte er sich an der Corvette Stingray sowie der amerikanischen Stylingstudie Monza GT auf Basis des Chevrolet Corvair. Er arbeitete nicht alleine, ihm zur Seite stand Murad Nasr, dessen Zeichenstift die charakteristische Heckansicht mit den doppelten runden Rückleuchten und dem zentralen Auspuff erschuf. Im September 1965 wagte sich Opel an die Öffentlichkeit. Der Experimental-GT drehte sich im Scheinwerferlicht der IAA. Das Publikum war begeistert, und diese Begeisterung war GM-intern der Startschuss für das Projekt 1484, den späteren Opel GT. Während der Experimental-GT Nummer Eins von Autosalon zu Autosalon weiterreiste und internationale Berühmtheit erlangte, drehte ein fahrfertiger Prototyp in Dudenhofen seine Runden. Auch hier beging Opel absichtliche Indiskretionen und versorgte Journalisten mit Fotos des Experimental-GT auf der Schnellfahrbahn – stets bemüht, das Interesse aber auch die Spekulationen anzuheizen. Professionelle Pressearbeit eben. Und so wollten die Stimmen nicht verstummen, die im Experimental-GT dereinst einen Serienwagen sahen.

Der optische Fortgang lag nicht alleine in Schnells Hand, denn er war natürlich abhängig von seinem Chef beschäftigt. Dieser hieß mittlerweile nicht mehr MacKichan, sondern Chuck Jordan und brachte neue Ideen mit, die es einzuarbeiten galt. Zeitgleich arbeiteten die US-Designer an einer neuen Corvette-Generation, die 1968, zeitgleich mit dem Serien-GT, erscheinen sollte. Diese Corvette hatte ein schräg nach innen gestelltes Heck mit Abrisskante. Dieses Designmerkmal wurde in den GT eingearbeitet, wodurch seine ursprünglich sanfte Heckpartie kantig und knackig wurde. Ein Problem war, den Vierzylinder in den flachen GT zu quetschen. Dies erklärt die Ausbuchtung auf der Motorhaube, unter die sich der Luftfilter drängt.

Auf der IAA verteilte Opel einen Prospekt. Aber er ist heute keine so große Rarität, wie man denken mag. Die Auflage war entsprechend hoch.

Offiziell wurde er dafür geschaffen: Als Versuchsträger für neue Technik auf dem Prüffeld. Aber eben nur offiziell…

Von den beiden gebauten Experimental-GT ist ein fahrbereites Exemplar noch heute Opel-Eigentum, mittlerweile ockerbeige lackiert. Ein Blick in die Asservatenkammer von Opel.

Ganz etwas Spezielles, kein Opel GT, aber so ähnlich: Das ist ein Bizzarini 1900 GT Europa, ein bezauberndes italienisches Coupé mit 1,9-Liter-Opelmotor, zwischen 1966 und 1969 in genau der gleichen Größenkategorie wie der Opel GT gebaut. Aufnahme Nürburgring 1984.

Nur Fliegen ist schöner: Opel GT

Bürgerlich, bodenständig, ein bisschen spießig und mit »Hosenträger-Image«. So wurde die Marke Opel bis zur Mitte der 60er Jahre charakterisiert. Mit einem Schlag wurde auf der IAA im September 1965 alles anders. Opel gab Vollgas, kleidete sich neu ein, wurde sportlich. Innerhalb von fünf Jahren vollzog sich dieser Imagewandel, und dabei schafften es die Rüsselsheimer, die angestammte Kundschaft nicht zu verprellen, sondern neue, jüngere und kaufkräftige Klienten dazu zu gewinnen. Die Initialzündung war der Rallye-Kadett, ihm folgten die sportlichen Commodore-Varianten. Dann kamen 1968 der GT und zwei Jahre später der Manta. Eingeleitet wurde der Wechsel auf der 1965er IAA durch den Experimental GT.

Der Spätsommer 1968 war eine wilde Zeit. Die Mai-Unruhen Pariser Studenten schwappten gen Osten über den Rhein, und von deutschen Universitäten gingen die sozialen Umwälzungen aus, die letztlich im RAF-Terror der 70er Jahre mündeten. Eine ganze Generation wurde davon geprägt, die »68er«. Ein echter 68er ist auch der Opel GT, und auch er brachte eine Revolution, zumindest für die Marke Opel.

Der GT basierte weitgehend auf dem Experimental GT von 1965, hatte aber ein noch kürzeres Heck mit ausgeprägter Abrisskante. Die L-förmigen Heckstoßstangen erbte er von der Studie, doch die Spitzen zeigten nun nach unten statt nach oben, und die Führung des Doppelrohrauspuffs wurde geändert. Die Form der Fahrgastzelle blieb nahezu unverändert gegenüber dem Experimental GT, vorne stachen anders gestaltete Scheinwerfer ins Auge (sofern sie leuchteten). Die Studie verfügte über Klappscheinwerfer mit rechteckigem Gehäuse. Der GT hingegen hatte Schwenkscheinwerfer mit einer ovalen Klappe, die gekonnt mit der markanten, ebenfalls ovalen Motorhaubenhutze korrespondierten.

Von einem Sportler dieses Kalibers träumte jeder Junge mit Berufswunsch Pilot oder Commander, er war das ultimative Fahrzeug für Söhne reicher Eltern, für Fitnesstrainer und Sportlehrer, ein knackiger Zweitwagen für Ehefrauen aus gutem Hause – einfach für sportlich eingestellte Menschen ohne Familienanhang. Denn der GT war ein reiner Zweisitzer. Pilot und Copilotin saßen straff in Schalensitzen, die Kommandozentrale versprühte mit ihren vielen Armaturen Starfighter-Atmosphäre, der knackige Schalthebel saß griffgünstig, und der GT lag wie ein Gokart auf der Straße.

Sein Fahrwerk teilte er mit dem Kadett B, ja der GT basierte sogar auf der verkürzten Kadett-Bodengruppe. Der Kadett hatte im Herbst 1967 eine moderne Hinterachse bekommen, zwar nach wie vor starr, aber statt Blattfedern endlich Schraubenfedern, Längslenker und Panhardstab. Dank seinem niedrigen Gewicht (rund 900 Kilo) und der geringen Höhe von 1,16 Meter lag der GT wie ein Brett auf der Straße. Ihn zu fahren bedeutete puren Spaß. Der richtige Motor zum Auto war der 1,9-Liter-S aus dem Rekord mit 90 PS, er brachte die Fahrleistungen, welche das Äußere erwarten ließ. Eine lahme Ente hingegen war der GT 1100 mit dem mageren 60-PS-Kadett-Motor. Ihn wollte niemand haben, nach weniger als zwei Jahren verabschiedete er sich aus dem Programm.

Im September 1968 erschienen der GT 1100 und der GT 1900, und der 1900er war ein Riesenerfolg. Als die Verkaufszahlen zu bröckeln begannen, schob Opel den GT/J nach. Noch mehr als der normale GT mit seiner ordentlichen Ausstattung und Chromzier entsprach er dem wahren Charakter des Fahrzeugs: keinerlei Chrom, stattdessen mattschwarz lackierte Stoßstangen, Gummimatten statt Teppichen, gelochte Stahlsportfelgen vom Rallye-Kadett, weniger Instrumente und ein mattschwarzer Seitenstreifen an der Karosserieflanke. Das »J« stand für Junior.

Nur ein Fünftel aller GT blieb in Deutschland. Weitere 20 Prozent gingen in den europäischen Export, rund 60 Prozent der Produktion wurden in die USA verschifft und dort über das Buick-Händlernetz vertrieben. Von September 1968 bis Juli 1973 wurden 103.373 Opel GT fabriziert, darunter nur 3573 GT 1100. Opel hätte den GT gerne weiter gebaut, Nachfrage war da. Aber Opel konnte das nicht alleine entscheiden, denn der GT war nur zum Teil made in Germany.

Für die GT-Karosserie hatte Opel keine Kapazitäten frei und ließ sie deshalb im Lohnauftrag beim französischen Spezialisten Bris-

Vorführwagen auf dem Händlerhof nebst sachkundigem Verkäufer. Aufnahme September 1969.

Gebrauchtwagen bei einem Händler neben NSU 1000 und vor zwei Ford 17m unterschiedlicher Generationen. Foto vom Juli 1973.

Im Rampenlicht des Ausstellungsraumes: GT 1900 bei Opel-Häusler am Münchner Lenbachplatz 1969.

In den 80er Jahren wurde sehr viele Opel GT aus den USA reimportiert, und etliche vermeintlich rostfreie »California Cars« mussten in Deutschland grundrestauriert werden, weil sie eben doch nicht rostfrei waren.

Mit Glupschaugen: Steinmetz-Opel GT im Jahre 1970. Der Deutsche Rallyemeister Achim Warmbold zeigt dem damaligen Frankfurter Oberbürgermeister Rudi Arndt seinen Steinmetz-GT.

Schön zu sehen ist, von wem der Opel GT seine Rückleuchten erbte: Von der '68er Chevrolet Corvette Stingray, die in direkter Nachbarschaft links parkt.

sonneau & Lotz (B&L) in Creil fertigen. B&L war ein Konzern für Schwerindustrie mit einer Autokarosseriebauabteilung, welche seit 1959 dem französischen Omnibushersteller Chausson gehörte, dessen Mehrheitsaktionär wiederum Renault war. Die Franzosen bei B&L mussten nicht nur ihre Anlagen den Opel-Vorgaben anpassen, sondern auch ihren Qualitätsstandard – sogar auf amerikanisches Niveau. Denn von vorne herein klar war, dass ein Großteil der Produktion nach USA exportiert werden sollte. Der Opel GT musste dem amerikanischen »Motor Vehicle Safety Standard« genügen. Für französische Verhältnisse waren diese Anforderungen völlig neu. Nicht umsonst exportierten französische Autofirmen damals nahezu nicht in die USA.

Nach Anlaufschwierigkeiten schafften es die Franzosen, die von Opel definierten und ohne Abstriche erwarteten Qualitätsansprüche einzuhalten. B&L hatte gewaltig aufgerüstet, die innerbetriebliche Organisation gestrafft, die Mitarbeiter qualifiziert, in entsprechende technische Mittel investiert und die Zulieferer gedrillt, um den Ansprüchen gerecht zu werden. Ein Problem in der Zusammenarbeit zwischen Opel und Brissonneau & Lotz waren sprachliche Barrieren. Der Krieg war 25 Jahre vorbei, doch damals herrschten noch deutsch-französische Animositäten. Bei Opel sprachen wenige Mitarbeiter französisch, bei B&L noch weniger deutsch.

Die lackierten und mit Innenausstattung versehenen Karosserien wurden im Opel-Werk-Bochum zum kompletten Auto vervollständigt. Weil die Franzosen in Creil wussten, dass sie rund ein Viertel weniger verdienten als die gleich Qualifizierten in Deutschland, kam es zu Streiks. Dadurch konnte B&L nicht die bestellte Anzahl an Karosserien nach Bochum liefern. Auch die Arbeitsmentalität in Creil war anders als in Deutschland. Trotz größter Bemühungen gab es mehr Ausschuss, als Opel erlaubte und tolerierte. Das belastete das Verhältnis zwischen Opel und B&L. Neue amerikanische Sicherheitsbestimmungen machten dem Opel GT überdies das Leben schwer, er hätte konstruktiv angepasst werden müssen, was wiederum hoher Investitionen bedurft hätte.

Doch das vorzeitige Aus des Opel GT im Juli 1973 hatte andere, multikausale Ursachen. Zunächst gefiel dem B&L-Haupteigentü-

Der GT war in aller Munde. In seinem Fahrwasser schwamm die Zubehörindustrie mit. Mit einem Opel GT schmückte man sich gerne. Werbung aus Auto Motor Sport vom März 1969.

mer Renault nicht, dass der Opel GT dem eigenen Produkt, der Alpine A 110, ernsthafte Konkurrenz machte. Die Ursachen lagen auch in der diffusen Furcht der französischen Automobilindustrie begründet, die Deutschen könnten in ihren Bereich »eindringen«, was als feindlicher Akt eingeschätzt wurde. Aus heutiger Sicht im vereinten Europa scheint dies unverständlich. Aber um 1970 gab es durchaus noch Kriegsnachwirkungen, und die Meinungsbildner der damaligen Zeit waren eben noch Kriegsteilnehmer gewesen. Zudem herrschte in den frühen 70er Jahren zwischen Frankreich und Deutschland ein eifersüchtiger Wettbewerb um die wirtschaftliche Vorherrschaft in Europa. Der Staatsbetrieb Renault war in seinem Tun der verlängerte Arm der französischen Regierung unter Staatspräsident Georges Pompidou, während dessen Präsidentschaft die zuvor und danach gelebte deutsch-französische Freundschaft ziemlich kriselte. Die französische Regierung wollte es damals nicht, dass französische Firmen als Zulieferer für deutsche fungierten. Renault kündigte aufgrund seiner Mehrheit bei B&L einseitig den Vertrag mit Opel. Dieser Protektionismus kostete alle Arbeitnehmer, die mit der GT-Karosserieproduktion beschäftigt waren, ihren Job, und den Opel GT kostete er das Leben.

Der Eye-Catcher: Opel Aero-GT

Es hat nicht sollen sein: Zum Bedauern der Fans wurde aus dem Eye-Catcher der IAA 1969, dem Opel Aero-GT, kein Serienwagen. Es blieb bei zwei Prototypen. Das Publikum war verwöhnt von Opel. Zwar sollte die Studie Opel CD im Frankfurter Rampenlicht glänzen, aber es war klar, dass dies kein Ausblick auf einen bald verfügbaren Serienwagen darstellte. Die Opel-Stylingabteilung unter Chuck Jordan musste also eine kleine Sensation erfinden. Coupéartige Wagen mit herausnehmbarem Dachteil und stabilem Überrollbügel waren angesagt, Porsche hatte es mit dem 911 Targa vorgemacht und legte mit dem 914er (»VW-Porsche«) nach, und auch die 1968er Chevrolet Corvette war dergestalt gezeichnet. Das Sicherheitsdenken überwog den Frischluftgedanken. Den GT in einen solchen »Targa« zu verwandeln, lag also nahe.

Mangels Zeit und Kapazität gab Opel den Bau des Prototyps außer Haus. Fissore im italienischen Savigliano erhielt den Auftrag, Entwurf und Entwicklung stammten aus Rüsselsheim. Fissore schnitt das Dach auf und entwickelte einen stabilen Überrollbügel mit seitlichen Kiemen, der eine steil stehende Heckscheibe in sich barg. Diese war elektrisch zu betätigen und übernahm die Aufgabe des Windschotts. Das einteilige Kunststoffdach (bei der Corvette waren es zwei Teile) fand seinen Platz hinter den Vordersitzen, wenn offen gefahren werden sollte. Tief greifende Einschnitte in die Karosseriestruktur: Der Aero wurde mitnichten nur im Dachbereich gegenüber dem Serien-GT verändert. So ist das Heck höher, das mattschwarz lackierte Abschlussblech ist in einem veränderten Winkel ausgeführt. Einige Details im Innenraum wurden geändert, so die Sitze, und die Lenkradnabe schmückte eine schwarz-weiß karierte Rallyeflagge, die Alufelgen von Fuchs waren völlige Neuentwicklungen.

Der orangerot lackierte Prototyp sorgte auf dem IAA-Stand 1969 also für Furore, und die Fachwelt und -presse prognostizierte ihm einen guten Erfolg. Für weitere Ausstellungen, vor allem in den USA, wurde ein zweiter Prototyp benötigt, den nicht Fissore, sondern Michelotti baute. Er ist hellblaumetallic lackiert. Es blieb

Der Aero-GT war ein Blickfang auf der IAA 1969, aber zu einer Serienfertigung kam es nicht.

bei diesen beiden Wagen. Opel konnte sich nach Abwägen der Entwicklungskosten bis zur Serienreife und den prognostizierten Verkaufszahlen nicht zur Produktion entscheiden.

Targa: Neues Genre, neuer Name

In der Karosseriebauersprache hatte es für die Aufbauform des Aero-GT, ein Coupé mit herausnehmbarem, festem Dachteil, keine Bezeichnung gegeben. Als Porsche 1965 den 911er mit derartigem Aufbau auf den Markt brachte und Targa nannte, wurde dies schnell zum Genrebegriff. Aber nur inoffiziell. Denn die Bezeichnung ließ sich Porsche markenrechtlich schützen. Das Wort kommt aus dem Italienischen und bedeutet »Schild«, in Autokreisen wird es mit dem Langstreckenrennen Targa Florio verbunden. Danach ist der Porsche auch benannt, denn hier errangen die Zuffenhausener etliche bedeutende Siege.

Boxenstop der »silbernen Nagelfeile« während der Rekordfahrten in Dudenhofen. Der Diesel-GT war drei Tage und zwei Nächte unterwegs.

Die silberne Nagelfeile: Opel GT Diesel-Monoposto

Mit der »silbernen Nagelfeile« brachte Opel dem Diesel das Spurten bei. Als Werbe- und Imageträger stellte der zum Monoposto umgebaute Opel GT mit neuem Wirbelkammer-Diesel anno 1972 etliche Weltrekorde auf.

Einen Benziner oder einen Diesel zu fahren, war bis zum Ausbruch der »Diesel-Krise« 2015/16 keine Glaubensfrage mehr, frei von jeglicher Ideologie und lediglich eine pragmatische Entscheidung. Doch in den 70er Jahren hafteten dem Dieselmotor noch etliche Vorurteile an: Er sei ein schlapper Metallklumpen, drehe unwillig hoch, müsse häufig geschaltet werden, er würde nageln, rußen, stinken, vibrieren und habe Nutzfahrzeugcharakter.

Daimler ist der Pionier bei Pkw-Dieselmotoren (erster Mercedes 260 D von 1936), und mit dem legendären »Strich-Achter« wurde der Dieselmotor in Privatwagen salonfähig. Gerade der fünfzylindrige »Autobahn-Diesel« im 240 D ließ den zuvor immensen Unterschied zwischen einem Auto mit Otto- und mit Dieselmotor schrumpfen. Zu Beginn der 80er Jahre war dann, parallel zur Diesel-Manie in den USA, ein Selbstzünder sogar in Luxusautomobilen etwas ganz Selbstverständliches.

Opel bot ab September 1972 einen Diesel im Rekord D an und hatte Überzeugungsarbeit zu leisten, trotz des Steilpasses, den Daimler-Benz vorgab. Zu groß waren die Vorurteile und Klischees, als dass ein Opel-Diesel »einfach so« hätte auf den Markt kommen können. So entschieden sich die Rüsselsheimer dafür, dem Diesel sportlich auf die Sprünge zu helfen und verpassten ihm Trainingsanzug und Laufschuhe. Ein voll verkleideter Monoposto mit dem neuen 2,1-Liter-Wirbelkammer-Dieselmotor drehte im Juni 1972 auf der Rundstrecke des Opel-Prüfzentrums in Dudenhofen seine Runden, unter den wachsamen Augen vieler Journalisten und Abgesandter der FIA (Fédération Internationale de l'Automobile). Innerhalb von drei Tagen und zwei Nächten brach der Einsitzer auf GT-Basis, hausintern »silberne Nagelfeile« genannt, zwei Welt- und 18 internationale Rekorde für Dieselfahrzeuge in der Klasse zwischen zwei und drei Litern Hubraum. Mittels Turbolader wurde sein Motor auf

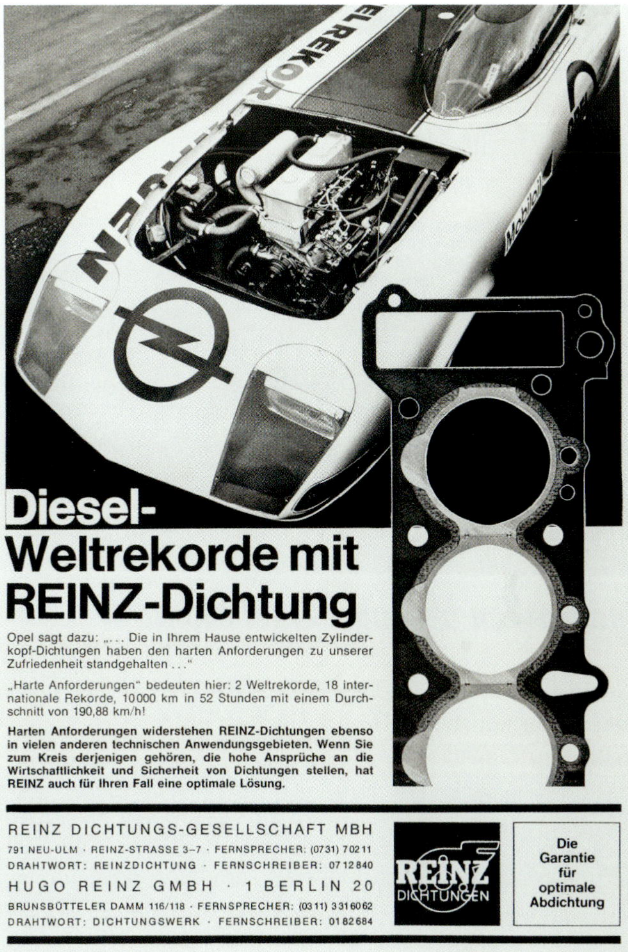

Zwei Welt- und 18 internationale Rekorde für Dieselfahrzeuge in seiner Klasse stellte der Diesel-GT auf. Das war eine viel beachtete Sache. Auch die Zulieferindustrie war stolz auf ihr Zutun und stellte es in der Werbung heraus.

95 PS getrimmt. Er schaffte nicht nur 197,5 km/h Topspeed, sondern absolvierte auf der knapp fünf Kilometer langen Strecke auch 10.000 Kilometer Distanz mit einem Durchschnittstempo von über Tempo 190. Der Rekord-GT (im wahrsten Sinne des Wortes!) war Werbe- und Sympathieträger für den Opel-Selbstzünder. Das war ebenso öffentlichkeitswirksam wie respektabel. Der Rekordwagen glänzte durch konsequenten Leichtbau und beste Aerodynamik.

Zu Beginn der 70er Jahre war Elektromobilität eher ein Gedankenspiel als Realität. Der Elektro-GT von 1971 demonstriert seine optimierte Aerodynamik.

Projekt 1450 im Stadium von 1969: Das hätte die Coupéversion des Kadett C werden sollen. Projekt 1450 wurde befördert zum Ascona, und über Umwege entstand der Manta.

Die Türen waren zugeschweißt, das Dach bestand aus einer Plexiglaskuppel über dem Fahrersitz; der zusätzlichen Versteifung der Karosserie dienten ein Rohrrahmen und Überrollbügel. Achsen original vom GT, die hintere mit besonders langer Übersetzung.
Die Opel-Leistungen müssen großen Eindruck auf die Herren in Untertürkheim gemacht haben. Deshalb implantierten sie ihren fünfzylindrigen Diesel in das für Wankelmotorversuche geschaffene Experimental-Coupé und schickten den C 111-II D im Juni 1976 ebenfalls auf die Piste. Auf der süditalienischen Rennstrecke in Nardo brach der mit Hilfe eines Turbos auf 190 PS gekitzelte Wagen gleich 16 Weltrekorde und stellte damit Opel in den Schatten. Macht nichts. Opel gebührt die Ehre, als erster Großserienhersteller bewiesen zu haben, dass ein Diesel richtig sportlich sein kann.

George A. Gallion schuf die spezifische Manta-Front.

Den Rochen als Logo: Opel Manta A

Eigentlich hätte es den Opel Manta nicht geben sollen. Eigentlich hätte einem Kadett-B-Nachfolger einfach wieder eine Coupé-Variante an die Seite gestellt werden sollen. Aber Opel erkannte, dass zwischen Kadett und Rekord eine zu große Lücke klaffte und füllte sie mit einer völlig neuen Modellreihe aus, dem Ascona. Und weil Opel auf den anhaltenden Erfolg des Ford Capri reagieren musste, wurde das Coupé auf Ascona-Basis zur eigenständigen Modellreihe erhoben, dem Manta.
Der Opel Kadett B war zwar erwachsener als sein Vorgänger, aber nach wie vor ein kleiner Wagen. Der Rekord seinerseits war von Generation zu Generation gewachsen, zwar weiterhin das Volumenmodell aus Rüsselsheim, aber längst nicht mehr für alle Bevölkerungsschichten erreichbar. Opel schloss die Lücke mit dem Olympia A, einem aufgewerteten Kadett B. Als er geboren wurde, arbeitete Rüsselsheim längst am Nachfolger. Damals blies ein orkanartiger Wind aus Köln genau ins Gesicht der Rüsselsheimer. Dieser Wind hieß Capri, war ein schnittig gezeichnetes Sportcoupé mit langer Haube, Stummelheck und vier vollwertigen Sitzen. Es verkaufte sich ebenso blendend wie es aussah. Opel musste reagieren.

Aus einem Sondermodell wurde ein Serienmodell, der luxuriöseste Manta. Er hieß Berlinetta und trug das Vinyldach und die Innenausstattung in mit dem Außenlack korrespondierenden Tönen.

Diese beiden Aspekte ließen den geplanten Kadett-/Olympia-Nachfolger um eine ganze Klasse wachsen. Als die Entscheidung für den Manta als eigenständiges Modell fiel, waren die Autos fast schon fertig - eine Modellreihe in den Karosserievarianten Zwei- und Viertürer-Limousine, Caravan und Coupé, alle mit der gleichen (späteren Ascona-) Front, und gezeichnet vom Opel-Styling-Chef Charles M. Jordan. Im Zuge der Erhöhung zum Manta erhielt das Coupé einen stilistisch anderen Vorbau, geschaffen vom Opel-Designer George Gallion: Der Bereich vor den Rädern und somit die Haube wurden länger, beim Gesicht orientierte er sich an einer Bertone-Schöpfung, dem im Frühjahr 1967 vorgestellten Fiat Dino Coupé.

Mit dem Manta wollte Opel sein Stück vom neuen Kuchen. Neu deshalb, weil er auf eine zunehmend kaufkräftige Klientel abzielte, der die Automobilkonzerne vorher keine Bedeutung zugemessen hatte - einfach, weil sie zu klein war. Doch Ende der 60er Jahre entwickelte sich quasi eine erste Generation der Yuppies: junge Leute zwischen Ende 20 und Anfang 40 mit Geld, selbständige Handwerker mit Erfolg, Akademiker mit gut bezahlten Anstellungen. Richtige Sportwagen waren für sie mehrere Nummern zu groß, und kleine Flitzer à la Opel GT um zwei Sitzplätze zu klein – wegen der Familienplanung. Für sie mussten originäre Fahrzeuge geschaffen werden, und damit diese Projekte für die Konzerne nicht zu teuer wurden, wollten sie ins Regal greifen und möglichst viele vorhandene Komponenten verwenden. Das war das Erfolgsrezept des amerikanischen Ford Mustang und seiner europäischen Übersetzung, des Ford Capri. Darauf reagierte GM in Amerika mit dem Chevrolet Camaro/Pontiac Firebird und in Europa mit dem Opel Manta.

Am 25. September 1970 wurde europaweit der Opel Manta präsentiert. Durch geschickt gesteuerte Indiskretionen war der Manta zuvor schon als Prototyp durch die Fachpresse gegeistert, und Opel warb nachdrücklich. Der Manta als neuer Opel und der Manta als Opel in einem neuen Segment ging an niemandem vorbei. Plötzlich wusste jeder Pennäler, was ein Manta ist: ein Teufelsrochen nämlich, und das ist ein Fisch. Wie er aussieht? Eben so, wie das Emblem am Vorderkotflügel eines jeden Opel Manta. Überliefert ist, dass der stellvertretende Opel-Design-Studioleiter George Gallion extra nach Paris reiste und den Meeresbiologen Jacques Cousteau besuchte, um von ihm viel über den Manta, also das Tier, zu erfahren.

Im Manta gab es zunächst zwei cih-Motoren in drei Leistungsstufen: Der durch geringere Bohrung auf 1,6 Liter gebrachte Volumenmotor im Manta 16 N mit 68 PS und im Manta 16 S mit 80 PS basierte auf der 1700er-Maschine, der 90 PS starke 1900er im Manta 19 S stammte unverändert aus dem Rekord. Dem Charakter des Wagens angemessen war einzig die 1,9-Liter-S-Maschine. 13 Sekunden für

Vor dem GT/E war der Manta SR der sportlichste Rochen.

Giftig, richtig giftig, GT/E: Endlich war der Manta so schnell, wie er aussah.

Der Manta GT/E, präsentiert auf der IAA 1973 und in Serie ab März 1974, war der heißeste Serien-Manta-A. Erkennungsmerkmal sind der tief herabgezogene Spoiler und die Kriegsbemalung. Aufnahme vom September 1974.

Das schwarze Vinyldach wurde zwar als sportlich propagiert, war aber eher elegant und wurde von den Kunden auch so gesehen.

die klassische Beschleunigungsfahrt, 170 km/h Topspeed – das waren Werte, die der Optik entsprachen. Der schwächste Manta war der Manta 1,2 Liter, 60 PS kämpften mit 865 Kilo Gewicht, in 18 Sekunden war Tempo 100 erreicht, und bei 145 km/h war Schluss. Dieser Motor wollte nicht in den Manta passen, kaum jemand kaufte ihn und im Mai 1973 wurde er ersatzlos gestrichen – um im März 1974 erneut ins Programm aufgenommen zu werden als Reaktion auf die Ölkrise.
Die vordere Einzelradaufhängung an Doppel-Querlenkern mit Schraubenfedern war eine völlige Neukonstruktion, die Hinterachse wurde vom Kadett B übernommen, eine Zentralgelenk-Starrachse mit Schraubenfedern, Längslenker, Panhardstab und Stabilisator, optional Sperrdifferenzial. Die Motoren konnten mit drei Ausstattungsvarianten kombiniert werden. Das Basismodell hieß Manta ohne Zusatz und war arg nackt ausgestattet, darüber rangierten der Manta L und der SR. Die L-Version gab sich innen und außen wesentlich attraktiver: feinere Sitzbezüge, mehr Chrom, dezenter doppelter Zierstreifen entlang der Lichtkante, Stoßstangenhörner und Radzierringe. Der SR setzte auf Sportlichkeit. Sein äußeres Erkennungsmerkmal waren die mattschwarze Motorhaube, der über das Abrissheck fortlaufende, doppelte Rallyestreifen entlang der Flanke, mattschwarzes Heck und Sportfelgen. Die stets schwarze Innenausstattung gab sich ebenfalls betont sportiv (Sitze, Drehzahlmesser, Ampèremeter, Ölmanometer). Für mehr Sicherheit sorgten Halogenscheinwerfer, und das Fahrwerk war etwas härter abgestimmt.
Die 90 Pferde des 1,9-Liter-Motors machten den Manta also fast so schnell wie er aussah, aber vielen Kunden fehlte einfach noch mehr Power. Opel ließ sich bis 1974 Zeit, um diese Wünsche zu erfüllen, gab dann aber Vollgas: GT/E. Drei magische Buchstaben. GT stand für Grand Tourismo, das hinter dem Schrägstrich platzierte E für Einspritzung. Der Genfer Salon im März 1974 war die Drehscheibe für den Manta GT/E.
Der 1,9-Liter-S-Motor kam dank Einspritzung, etwas höherer Verdichtung und Drehzahl auf 105 statt 90 PS. Nun vergingen nur noch 10,8 Sekunden für den Spurt auf Tempo 100, und der Manta GT/E rannte 192 km/h – das Traum-Auto für Manta-Fans. Auch das Fahrwerk wurde überarbeitet, der GT/E lag etwas tiefer (vorne 14, hinten 22 mm), hatte Gasdruck-Stoßdämpfer und härtere Federn. Außerdem stand er auf breiteren Rädern. Sein Auftritt war beeindruckend: Rostyle-Felgen mit 185/70-HR-13-Reifen, ein Frontspoiler mit Rallyestreifen, noch breitere Seitenstreifen als der SR und selbstverständlich eine mattschwarze Motorhaube.
Weil der Manta ohne Kinderkrankheiten auf den Markt kam, waren die Modellpflegemaßnahmen eher gering. Wesentliche Einschnitte waren neue Motoren und neue Typen, Detailverbesserungen

Vic Heylens Firma Transeurop Engineering transplantierte den Commodore-2,8-Liter-Sechszylinder in den Manta A und nannte den Wagen TE2800.

Einen Turbo-Manta fasste Opel ins Auge und beauftragte den Schweizer Michael May mit der Entwicklung. Der Manta GT/E machte das Projekt überflüssig.

Breit, fett, fetzig und stark: Irmscher-Manta von 1973.

Schon ein serienmäßiger oder soft getunter Manta reichte, um Freude zu machen: Manta SR 1971 beim Sudelfeld-Bergrennen in Bayrischzell.

Schwarze Magie: Das Sondermodell Black Magic auf GT/E-Basis ist unter heutigen Manta-Enthusiasten das wohl begehrteste Stück.

Viele Manta A wurden nachträglich ihres Daches beraubt. Für eine seriöse Fertigung prädestiniert war nur einer, das Manta Cabriolet von Karmann. Es blieb beim Prototyp, der sich heute in der Hand eines Manta-Liebhabers befindet.

Ebenfalls eine Studie ist der Manta Landau. Es war Anfang der 70er in den USA Mode, halbe Vinyldächer zu tragen (so genannte Landau Coupés), gepaart mit verkleinerten hinteren Seitenscheiben (»Opera Windows«).

Dieses Modell hätte lediglich in den USA verkauft werden sollen. Doch auch hier blieb es beim Denkmodell.

hielten sich in Grenzen. Das Ziergitter für die Zwangsentlüftung in der C-Säule war bis April 1971 in Wagenfarbe, danach schwarz lackiert. 1972 Einführung des 1,2-Liter-Motors, schwarz lackierte Scheibenwischer und Textilgürtelreifen. 1973 Vollgummi- anstelle verchromter Stoßstangenhörner, serienmäßige Kopfstützen, neu gestalteter Außenspiegel, neue Mittelkonsole. Durch verringerte Verdichtung wegen geringerem Bleigehalt im Benzin kleine Leistungseinbußen ab Januar 1975; fortan 16 N mit 60 PS, 16 S mit 75 PS, 19 S mit 88 PS, Einspritzer unverändert. Verbesserte Bremsanlage vom GT/E für alle Manta, keine Stoßstangenhörner mehr, dafür auf Wunsch Gummileisten, Stahlgürtelreifen serienmäßig. Opel bot zahlreiche Manta-Sondermodelle an, so den Holiday (Mai 1972), den luxuriösen Berlinetta (Ende 1972, später im regulären Programm), Manta Plus (Mai 1973), Manta Swinger (Anfang 1975) in weiß mit gelb-orange-roten Streifen, Sommer-Bazar '75 (Frühling 1975). Das letzte Sondermodell war der Black Magic auf GT/E-Basis. Seine Besonderheiten: Nie zuvor hatte es einen schwarzen Opel Manta gegeben, der Black Magic war tiefschwarz und hochglänzend. Mit dem normalen GT/E teilte er die mattschwarze Motorhaube, nicht aber das matte Heckabschlussblech. Einen feurigen Touch gaben ihm seine bunten Zierstreifen in Rot, Orange und Gelb, fünffach gestaffelt und über die Flanken und den Frontspoiler verlaufend. Die bekannten Sportstahlfelgen, normalerweise silbern mit mattschwarz abgesetzt, erstrahlten in tiefstem Schwarz und trugen Chromzierringe. Innen trug der Black Magic schwarze Recaro-Sitze, deren Sitz- und Lehnenflächen mit einem Karomuster in denselben Farben wie die Karosseriezierstreifen bezogen waren. Rund 850 Black Magic wurden gebaut.

Die beiden Tuning-Legenden in Sachen Opel heißen Steinmetz und Irmscher. Die Gebrüder Steinmetz in Rüsselsheim waren die treibende Kraft bis zu ihrem Konkurs 1976, danach nahm Günther Irmschers Firma die Stelle als Opel-Haus-und-Hof-Tuner ein. Gerade beim Manta 1900 S verlangten die Kunden nach mehr Kraft, und so bot Steinmetz schon früh alltagstaugliche Viagra-Spritzen mit TÜV-Segen an. Aus dem 1900er schöpfte Steinmetz bis zu 121 PS ohne Hubraumvergrößerung, und bis über 200 PS leistete dieser Motor mit 2,3 Litern Hubraum. Die Potenzpillen waren klassisches Motortuning: Optimieren der Nebenaggregate, besondere Abgaskrümmer, andere Vergaser, gar eine Doppelvergaseranlage, spezielle Nockenwelle, härtere Ventilfedern, andere Zylinderkopfdichtung, spezielle Pleuel und Kolben, Trockensumpfschmierung und was auch immer einem Motor-Medizinmann einfällt – die Maßnahmen stiegen graduell je nach Tuningwunsch an. Parallel dazu optimierte Steinmetz das Fahrwerk entsprechend der Tuningstufe.

Nach dem Aus von Steinmetz trat die Firma Irmscher in deren Fußstapfen. Zunächst waren die Irmscher-Tuningsätze identisch zu denjenigen von Steinmetz, später emanzipierten sich die Konstruktionen. Nach der Behandlung durch die fachkundigen Hände beider Opel-Tuner machte der Manta A im Motorsport eine ordentliche Figur.

Neben dem »after-market«-Tuning gab es auch Firmen, die ihre Komplettlösungen nur in fertigen Fahrzeugen anboten. Die Tuningfirma Transeurop Engineering des Vic Heylen im belgischen Zolder war auf sportliche Opel für Renneinsätze spezialisiert und implantierte den Commodore-2,8-Liter-Sechszylinder in den Manta A, eine kleine Serie startete zwei Jahre später mit Unterstützung von GM Continental. Der Wagen hieß TE 2800 und hatte nicht nur einen 142 PS starken Sechszylinder unter der Haube, sondern auch entsprechende Technik unterm Blech, die der Leistung angepasst war. Seine optischen Merkmale: kastenförmig verbreiterte Kotflügel, Spoilerstoßstange und Kunststoffmotorhaube mit hoch gestellter Hutze. Steinmetz und später Irmscher importierten den TE 2800 ab Anfang 1974 nach Deutschland, aber mit knapp 20.000 D-Mark war er sehr teuer, und der mittlerweile erschienene Serien-GT/E war auch nicht viel langsamer. 79 Exemplare seien gebaut worden, sagt Vic Heylen, aber wahrscheinlich waren es weit weniger, nämlich circa 40 bis 50 Fahrzeuge.

Zwei Firmen erstellten Turbo-Mantas, eine in England, eine in Deutschland. Auf der London Motor Show 1974 debütierte der D.O.T. Turbo-Manta mit Turbolader von Ralph Broads Firma Broadspeed Engineering, 156 PS, gut für Tempo 205. Der Schweizer Michael May hatte schon den Ford-Modellen Capri, 20m P7 und Granada mit V6-Motor mittels Turbolader Flügel verliehen. Auch Opel setzte auf sein Können und erteilte Mays Firma im schwäbischen Hechingen den offiziellen Auftrag, den 1,9-Liter-Vierzylinder mit einem Turbolader aufzumöbeln. Der Lader kam von KKK (Kühnle, Kopp & Kausch). Mays Turbo Manta rannte 200 km/h und leistete 140 PS. Mindestens drei Prototypen wurden gefertigt. Der GT/E machte auch den Turbo-Manta überflüssig. Er machte überhaupt das Opel-Manta-A-Tuning mehr oder weniger überflüssig, denn Opel lieferte nun, was die leistungshungrigen Kunden wünschten. Und das ab Fließband und mit Werksgarantie.

Die Manta-Produktion startete im August 1970, Markteinführung war am 25. September. Im August 1975 stoppte die Herstellung nach 498.553 Exemplaren; 175.454 davon gingen in die USA, 142.997 verblieben in Deutschland. Das heißt, dass mehr Manta A nach Nordamerika exportiert wurden als in der Heimat verblieben. In den USA und Kanada wurde der Manta von Buick-Händlern verkauft. Ein riesiger Erfolg. Die US-Mantas kamen aus dem Werk Antwerpen. Zunächst hießen sie Opel 1900 Sport-Coupé, erst ab 1973 Manta. Ab 1974 trug der US-Manta voluminöse Stoßfänger, die einen Aufprall von 5 km/h schadlos überstanden. In den USA bot Opel den Ascona Voyage als Opel 1900 Wagon an, im Modelljahr 1974 wurde er zum Opel Manta Wagon befördert.

Der Dauerbrenner im Opel-Programm: Opel Manta B

Parallel zum zweiten Ascona stellte Opel den Manta B im August 1975 vor. Die technischen Veränderungen gegenüber dem Vormodell waren marginal, es handelte sich lediglich um eine Optimierung des bewährten Konzepts. Völlig neu hingegen zeigte sich die Karosserie mit Stufenheck statt Fastback als Ergebnis ausgefeilter Tests im Windkanal. Auf den ersten Blick sticht ins Auge: Der Manta hatte offensichtlich keinen Kühlergrill. Zwischen den sachlichen Breitbandscheinwerfern befanden sich lediglich zwei Schlitze, die Hauptkühlluft strömte durch die Öffnung unterhalb der Stoßstangen. Das Design bestach auch durch die großen Fensterflächen und war klar und schnörkellos, ganz dem Stil der Mittsiebziger und der Vorgabe des Rekord D folgend.

Die Motoren übernahm der Manta B anfangs vom Vorgänger, die Vorderachse glich der des Kadett C, der Innenraum bot deutlich mehr Platz. Die Ausstattungslinien blieben zunächst gleich: Basis, Luxus, Berlinetta, SR und GT/E, letztere beiden mit strafferem Fahrwerk. Weil nicht jeder leistungshungrige Kunde die GT/E-Attribute

Silberling: Manta GT/E Sondermodell Silver Manta vom März 1978.

Jenseits des Eisernen Vorhangs: Opel-Stand auf der Leipziger Herbstmesse 1977. Opel zeigte stets Präsenz in der DDR, ganz nach dem Motto: Wer weiß, wofür's gut sein könnte.

Was für ein heißes Gerät! Eine Stylingstudie von 1973. So hätte der Manta B aussehen können. Hätte …

liebte, kombinierte Opel den Einspritzer ab 1977 mit der Berlinetta-Ausstattung als Manta E. Der GT/J mit sportlichem Touch und ohne Chrom ersetzte den SR ab Frühjahr 1980.

Zu Beginn der langen Bauzeit offerierte Opel den schwachbrüstigen 1,2 Liter-N mit 55 sowie in S-Version mit 60 PS, den gleich starken aber mit besserem Drehmoment versehenen 1,6-Liter-N, den 1600er-S mit 75 PS (kurz darauf 1900-N mit derselben Leistung) sowie den 1900-S mit 90 und mit Einspritzung 105 PS. Analog zum Rekord erhielt der Manta mit Zeitverzögerung den auf 2 Liter aufgebohrten Motor, 100 PS mit Vergaser, 110 als Einspritzer. Die neue Motorengeneration für den Kadett E erlebte ihren Einstand im Manta/Ascona. Der moderne, 60 und 75 PS starke 1300er mit Alu-Zylinderkopf und oben liegender Nockenwelle ersetzte ab März 1980 beide 1200er. Ein Jahr später wurde das breit gefächerte Motorenangebot sehr gestrafft: der kleine 1300er entfiel ebenso wie der 1,9-N und 2,0-N. Übrig blieben also der 1,3 mit 75 PS als Basis sowie die Vergaser- und Einspritzer-Version des 2-Liter mit 100 und 110 PS.

Als Nachzügler erschien im August 1978 der Manta CC. Das Kürzel stand für Combi-Coupé und für eine neue Dachform mit schrägem Heck, großer Klappe und umlegbarer Rücksitzlehne à la Capri und Scirocco. Die Heckpartie wurde um 7 Zentimeter gekürzt, für das Auge kaum wahrnehmbar. Vom kleinsten Motor blieb er verschont, was beweist, dass ihn Opel leicht oberhalb des Stufenheck-Coupés positioniert wissen wollte. Die englische GM-Filiale Vauxhall machte es anders. Sie ersetzte den Stufenheck-Manta B, der in England Vauxhall Cavalier hieß, durch den Manta CC, den Vauxhall Cavalier Sports Hatch. Vom Manta CC wurden sicherlich weit weniger verkauft, als Opel erwartet hatte. Die Kunden wollten den Stufenheck-Manta.

Der Jahrgang 1980 hatte anstelle der verchromten neue, schwarz ummantelte Stoßstangen mit integrierten Blinkern. Den wesentlichsten Einschnitt in die Geschichte des Manta B brachte der März 1982. Sein Organspender, der Ascona B, wich einem neu konstruierten Wagen mit Frontantrieb, und eigentlich hätte dies auch das Finale für den Manta bedeutet. Doch sein anhaltender Erfolg ließ Opel am Coupé festhalten, dem letzten Hecktriebler im Programm. Sachlich mattschwarze Fenstereinfassungen ersetzten nunmehr das Chrom. Die vordere, schwarze Stoßstange wich einem Kunststoff-Stoßfänger mit integrierten Blinkern, die hintere wurde neu gestylt, aus Kunststoff gefertigt und in Karosseriefarbe lackiert. Zwischen den Scheinwerfern hatte der modernisierte Manta vier Lüftungsschlitze. Mit einem überarbeiteten Interieur ging er in seine zweite Runde, beide Karosserievarianten blieben im Angebot, auch der CC erhielt einen Heckspoiler. Ein Fünfgang-Getriebe war nun Serie im GT/E. Auf Basis des 1,3-Liter mit Alu-Zylinderkopf entwickelte Opel einen 1800er mit 90 PS, der auch den Rekord E2 antrieb. Der 1,3-Liter-S und der 2-Liter in beiden Versionen blieben im Angebot, die Ausstattungsvarianten hießen nun GT/J, Berlinetta und GT/E. Aus den beiden ersteren wurde im Herbst 1983 der

Das Combi-Coupé: Manta CC Berlinetta nebst Commodore C, Aufnahme vom November 1978.

Mit T-Bar-Roof nach amerikanischem Muster: Manta Berlinetta Florida nach einer Idee von Klostermann in Kamen, ausgeführt von Caruna in der Schweiz. Produziert in manuell gefertigter Kleinserie.

Durch den Manta CC obsolet geworden: Eine weitere Klostermann-Schöpfung war der Manta Cargo von 1978. Den Prototyp baute Pollmann in Bremen.

Englischer Manta alias Vauxhall Cavalier Coupé als Cabriolet mit Überrollbügel von Magraw Engineering in Bromley/Kent.

Manta GT mit Seitenschwellern und Heckspoiler, gleichzeitig entfiel der 2-Liter-Vergasermotor, der GT/E hieß ab August 1984 GSi. Mit Sondermodellen hielt Opel sein Coupé aktuell: GT/E 2 Liter als Silver-Manta ab Frühjahr 1978, Manta Magic auf GT/E-Basis mit Spoilern, Sonderlackierung und Streifen ab Februar 1981, Manta Sport Ende 1981 auf Basis des GT/J. Irmscher bot über das offizielle Händlernetz 1983 den Manta i200 an, einen auf 125 PS gebrachten GT/E, und 1984 den Manta i240 mit Doppelscheinwerfern und 2,4-Liter-Vierzylinder mit eingespritzten 136 PS, Basis bildete der 2-Liter-cih-Motor. Ab 1985 offerierte Irmscher via Opel den GSi Exclusiv mit dreiteiligem Heckspoiler und Doppelscheinwerfern. 1986 strich Opel den 1,3- Liter. Nachdem im August 1987 der Manta GT, also die letzte Vergaser-Version mit 1,8 Litern, entschlief, gab es nur noch den GSi und GSi Exclusiv mit 2-Liter-Einspritzer. Die letzten Manta ab 1985 wurden zum Großteil über die Irmscher-Schiene fertig gestellt. Vom Mainstream-Coupé wurde der Manta B schon zu Lebzeiten zum individuellen Liebhaber-Objekt.

Der speziellste Manta direkt ab Werk trug die Zusatzbezeichnung 400, denn diese Stückzahl hätte aus Homologationsgründen für den Einsatz im Rallyesport gebaut werden müssen. Eine Änderung im Reglement ergab, dass 200 reichten, doch den Namen Manta 400 trug der Spitzensportler dennoch. Debüt Genfer Salon 1981 als Nachfolger des Ascona 400, Konstruktion Irmscher. Nach demselben Muster wie sein Vorgänger gestrickt, war der Manta 400 eine straßentaugliche Ausgangsversion für Rallyefahrzeuge. Im Oktober 1981 ging er in Produktion. Türen und Hauben aus Kunststoff sowie Plexiglasscheiben reduzierten sein Gewicht auf 900 Kilo. Es gab den Manta 400 in schmaler Version, aber kaum jemand orderte ihn so. Kotflügelverbreiterungen sowie Front- und Heckspoiler demonstrierten auch äußerlich seine Extravaganz, fast alle Manta 400 trugen diesen »Wide-Body-Kit« ab Werk. Innen dominierte eine Kombination aus Sportlichkeit (Instrumentierung, Recaro-Sitze) und Eleganz (Berlinetta-Details). Sein Herz war ein 2,4-Liter-Vierzylinder mit Vierventiltechnik, von Irmscher auf 144 PS getrimmt und mittels werksseitig angebotenem Tuningsatz locker auf 252 PS zu erhöhen. 245 Exemplare entstanden.

Als Werksrallyewagen ersetzte der Manta 400 im Jahre 1983 den Ascona 400. Mit bewährter Ascona-400-Technik schaffte der Manta 400, sich auf Anhieb Respekt zu verschaffen. Aber nicht viel mehr. Was fehlte, war der Vierradantrieb. Ein Manta 4x4 mit Antrieb nach dem System Ferguson blieb im Versuchsstadium stecken. Immerhin kam der Manta 400 beim Langstreckenmarathon von Hongkong nach Peking als Dritter auf dem Platz des Himmlischen Friedens an und schaffte bei der berüchtigten Rallye Paris-Dakar

Wie der Manta A war auch der Manta B ein Favorit des lokalen Breitensports, und der Manta 400 bot beste Voraussetzungen. Dabei sah mancher heiße Manta B nur so aus wie ein Manta 400, …

… während so mancher Manta 400 gar nicht so heiß aussah, wie er zumeist in Erinnerung blieb. Serienmäßig war der Manta 400 nämlich so schlank wie ein GT/E.

Aber die Kunststoffanbauteile gehörten schon dazu. Wenn schon 400, dann richtig. Im Bild eine Wettbewerbs-Stylingstudie, IAA 1981.

einen Sieg in der Klasse der zweiradgetriebenen Pkw und wurde Vierter in der Gesamtwertung.
Gebaut wurde der Manta B bis 1979 in Bochum, danach in Antwerpen. Er lebte 13 Jahre lang von August 1975 bis Juni 1988, 557.940 Fahrzeuge liefen vom Band, davon knapp 20 Prozent Manta CC.

Die verlorene Ehre des Opel M.

Der wollte doch nur spielen. Der Opel Manta B wurde getunt auf Teufel komm' raus und verlor darüber seine Ehre. Heute ist sie wieder hergestellt. Der Opel Manta B ist mehr als ein Auto. Ihn kennt man als Erscheinung, als Symbol für eine gesellschaftliche Tendenz, sozusagen als Diagnose. Der Opel Manta B hat sich verselbständigt, hat eine Eigendynamik angenommen, die Opel nicht angenehm war und die ihm auch nicht gerecht wurde. Gemein aus der Sicht seines Erbauers und seiner Freunde war, dass dem Opel Manta erst nach seinem Produktionsauslauf so übel mitgespielt wurde. Zumindest Opel selber konnte also gar nichts mehr dafür – aber auch nichts dagegen tun. Zuvor war der Manta B einfach einer der drei populären deutschen Sportwagen gewesen, Capri, Manta und Scirocco. Sie sprachen dieselbe Klientel an, sie besetzten dasselbe Marktsegment, sie kosteten ungefähr den gleichen Preis. Wa-

Dieser Manta hieß nicht nur »Extrem«, er war es auch. Das ist das Filmauto von Manni aus »Manta, Manta«, und er war es letztlich auch, der der Welt den »wahren Manta« zeigte. Eigentlich ist er schuld.

Pop-Art-Lackierung und fast so breit wie lang. Mattig-Manta Extrem, ein GfK-Bomber mit Batmobil-Allüren. Aber über Geschmack lässt sich bekanntlich nicht streiten.

Das war definitiv der Heißeste, heißer als Mannis Mattig Extrem: 3,6-Liter-24V-Sechszylinder mit 408 PS, ausgehend von der 3-Liter-Senator-Maschine, Topspeed über 300 km/h. Und alles, alles war vom Tüv abgesegnet. Der Ersteller: die Firma SKT des Jürgen Strauss aus dem schwäbischen Böhmenkirch.

Das ist dagegen ziemlich seriös: Manta B CC nach einer Kur beim Tuner Lexmaul.

Nochmals Lexmaul in Rödermark bei Frankfurt/Main, viel Kunststoff und eine interessante Zweifarbenlackierung.

Die Manta B der letzten Baujahre kamen nahezu alle über die Irmscher-Schiene via Opel-Händler zum Kunden. Ein Manta GSi Exclusiv von 1985/86 mit dreiteiligem Heckspoiler und Doppelscheinwerfern.

rum gerade der Opel Manta und nicht der Ford Capri oder der VW Scirocco ins Fadenkreuz des allgemeinen Spottes kam und gerade ihm die zweifelhafte Ehre zuteil wurde, jahrelang für allgemeinen Gesprächsstoff zu sorgen, wissen die Götter. Rational begründbar ist es nicht.

Der Opel Manta sprach, gelinde gesagt, nicht gerade Großstädter mit abgeschlossenem Hochschulstudium an. Zwar gönnten sich auch einige grau melierte Herren oder wohlhabende Damen einen Opel Manta. Aber die Hauptklientel nach dem Produktionsauslauf, also als der Manta B ein Gebrauchtwagen war, waren junge Leute, zumeist Handwerker. Damals, Ende der 80er und Anfang der 90er Jahre, war die Tuningwelle auf höchstem Stand und zog so manche Stilblüte nach sich. Getunt wurden sie alle. Aber der Opel Manta B war eben das beliebteste Tuningobjekt, und wenn sein Besitzer nicht sonderlich stilsicher war, so war es seine Art des Optiktunings eben auch nicht. Jedenfalls trug so mancher Opel Manta B damals Plastikverkleidungen mit sich, welche die Grenzen des allgemein definierten »guten Geschmacks« überschritten. Nicht nur kraftvoll, tief und breit, was damals allgemein angestrebt wurde, sondern auch röhrend, verunstaltet, aufgebläht, beflügelt – eben schlichtweg übertrieben gaben sich die Mantas. Dazu kam dann noch die Mentalität der Fahrer, und schon entwickelte sich in den Augen der Allgemeinheit ein Klischee, das dem Manta-Fahrer und somit dem Manta selber zugeschrieben wurde und das teilweise auch zutraf: Am Steuer ein jugendlicher Superprolet, auf dem Beifahrersitz die aufgetakelte Blondine, und an der Radioantenne ein baumelnder Fuchsschwanz. Wer sich dieser Bevölkerungsschicht überlegen fühlte oder ihr faktisch überlegen war, maßte sich ein Urteil an. Und dieses war niederschmetternd. Hohn und Spott wurde über dem armen Opel Manta ausgeschüttet. Witze wurden über ihn gerissen. Zwei Filme wurden über ihn gedreht. Seiner Würde wurde er beraubt.

Wer waren nun also die GfK-Künstler und Tuner, die des Manta verlorene Ehre zu verantworten hatten? Koenig Specials war der Inbegriff des Brachialtunings, technisch wie optisch. Der Münchner veredelte vornehmlich Luxus-Sportwagen und implantierte ihnen monströse seitliche Lufteinlässe à la Ferrari Testarossa. Davon ließen sich andere Tuner inspirieren, zum Beispiel Mattig, der damit so manchen Opel Kadett C radikalisierte. Diese wilden Verbreiterungen, die einen DTM-Boliden schmalbrüstig wirken ließen, wurden auch dem Manta B zuteil. Legende sind die sternförmig gestylten Leichtmetallräder der Schwarzwälder Firma BBS, die Recaro-Schalensitze sowie die Anbauteile von D&W, besonders aber deren dicke Kataloge mit besonders leicht geschürzten Mädchen. In den 80ern war Günther Irmscher natürlich aktiv, und sein Betrieb war das einzige von Opel anerkannte Tuning-Unternehmen. Lexmaul veredelte den Manta mit Karosseriebausätzen, Fahrwerkteilen, Motortuning und Spezial-Auspuffanlagen; ein ähnliches Programm boten Leidinger und Mattig an. Mattig schuf bei seinem »Manta Extrem« großflächige Verkleidungen. Zwar war ein »Manta Extrem« nach wie vor als Opel Manta zu erkennen. Aber er entfernte sich weit vom Original und war fast schon eine schöpferische Eigenleistung. Mantzel spezialisierte sich zunächst eher auf die Technik, kreierte dann aber mit dem »Evolution« genannten Bausatz einen Manta B mit Batmobile-Allüren. Allen getunten Manta war eines gemein: In ihrer Uniformität waren sie ein verzweifelter Versuch des Individualismus'.

Die Würde des Opel Manta B ist heute wieder hergestellt. Die Witze haben allenfalls historischen Wert. Die Filme, wenn sie im Fernsehen wiederholt werden, zeugen vom Zeitgeist der frühen 90er Jahre. Der Opel Manta selbst ist heute ein arrivierter Klassiker.

Der Erbe des Manta: Opel Calibra

Wenn einer Opel Manta heißt, so ist er schwierig zu beerben. Es waren riesige Fußstapfen, die das entschlafene Opel-Coupé hinterlassen hatte. Die Mammutaufgabe, den Manta zu ersetzen, wurde dem Opel Calibra zuteil. Und er hat sie geschafft! Die Manta-Kunden akzeptierten den Calibra vollauf als Nachfolger »ihres« Autos. Das Rezept des Opel Calibra war dasselbe wie dasjenige, welches zu zwei Manta-Generationen führte: Man nehme einen ausgereiften Mittelklassewagen und karossiere ihn neu, dazu einige sportliche Zutaten, und fertig war das Sportcoupé.

Über ein Jahr mussten die Manta-Freunde warten, bis sie einen Calibra kaufen konnten. Zwar stand der Prototyp im September 1989 auf der IAA, die Auslieferung begann aber erst im Juni 1990. Sein Technikspender, der Opel Vectra A, war zu diesem Zeitpunkt bereits 21 Monate lang auf dem Markt und somit ausgereift. Erhard Schnell ist der Künstler, der die Außenhaut zeichnete. Schnell arbeitete von 1952 bis zu seiner Pensionierung 1991 als Autodesigner bei Opel. Prinzipiell reiht sich der Opel Calibra stilistisch in die Sportcoupés seiner Zeit ein. Lange, kraftvolle Motorhaube und so genanntes Two-Box-Design. Schnell entschied sich für eine Kombination aus Schräg- und Stummelheck, also für eine große

Die Zeiten sind vorüber, als ein Opel Calibra in der hintersten Reihe auf dem Gebrauchtwagenplatz darbte. Heute ist ein Calibra schon wieder gefragt. Gesehen 2009 im französischen Vesoul.

Calibra 4x4 16V, nicht nur sportlich, sondern auch tauglich für schlechte Streckenverhältnisse. 4x4 hat eigentlich nur Vorteile.

Das war mal ein irgendein Calibra, jetzt ist es ein Kunstwerk, ein Szenevehikel, ein »Flash«.

Heckklappe, kombiniert mit einem angedeuteten Stufenheck, was den Opel Calibra im Profil von der Konkurrenz wohltuend abhob. Und er entschied sich gegen noch etwas: Die Klappscheinwerfer, eine Mode der Zeit. Sie haben unbestritten Vorteile. Ihr Hauptmanko ist aber: Sie machen Autos gesichtslos. Der Opel Calibra hat ein Gesicht. So schmal waren Breitbandscheinwerfer bei einem Großserienauto noch nie, bis der Calibra kam. Mit den schmalen Augenschlitzen, gepaart mit der strengen, umlaufenden Gummiauflage der Stoßfänger und dem grimmigen Grill, machte der Opel Calibra nachhaltigen Eindruck.

Die Technik teilte der Opel Calibra weitgehend mit seinem Konzernbruder Vectra. Aber wie sein Vorgänger Manta überlebte der Calibra seinen Organspender Vectra A, wenngleich nur um zwei Jahre. Der Calibra startete mit den beiden 2-Liter-Motoren mit Zwei- oder Vierventiltechnik (115 respektive 150 PS), wobei schon der 115-PS-Calibra gut für mehr als 200 Stundenkilometer war. Die 150-PS-Version rannte sogar Tempo 223. 1990 folgte für beide Motoren ein Allradantrieb auf Wunsch. Im März 1992 erweiterte Opel das Calibra-Programm um den unheimlich starken 2.0 Turbo, 245 km/h schnell und ein maximales Drehmoment von immerhin 280 Nm. Zwar schwächer, aber um zwei Zylinder angereichert, war der Opel Calibra 2.5 V6. Er sprach eine andere Zielgruppe an. Die 170 PS starke Maschine aus dem Omega MV6 lief seidenweich, hatte eine ebenso sanfte wie nachdrückliche Kraftentfaltung und machte aus dem Opel Calibra ein richtig komfortables Reisecoupé, und der Motor harmonierte hervorragend mit der optionalen Vier-

Drei Autos, viele Männer: das Calibra-Team der Saison 1994.

DTM ist Spitzensport. Der ex-Formel-1-Weltmeister Keke Rosberg startete in der DTM zunächst für Mercedes-AMG, 1993 für Opel und gründete 1994 sein eigenes Team, fuhr aber weiterhin Calibra.

Keke Rosberg zu Ehren kreierte Opel sogar eine Keke-Rosberg-Edition des Straßen-Calibra.

Auch ein Spitzensportler in Opel-Diensten ist Manuel Reuter, und Keke Rosberg war sein Manager. Auf Calibra war er bei der DTM erfolgreich, und zusammen mit Volker Strycek, Timo Scheider und Marcel Tiemann gewann Reuter 2003 das 24-Stunden-Rennen auf dem Nürburgring in einem DTM-Astra G V8.

stufen-Automatik. Der Sechszylinder blieb am längsten im Calibra-Programm. Im März 1994 ersetzte Opel den 150 PS starken 2-Liter durch einen gleich großen Vierzylinder mit 136 PS. 1996 lief die Turbo-Version aus. Opel geizte nicht mit Sondermodellen auf Calibra-Basis, und zuletzt bestand das komplette Programm nur noch aus speziellen Editionen. Zwei Produktionsstandorte, Rüsselsheim und die Valmet-Werke im finnischen Uusikaupunki. Im Juni 1997 lief die Produktion aus. 239.318 Opel Calibra wurden gebaut, darunter nur 12.015 Sechszylinder-Modelle.

So etwas ähnliches wie die Keke-Rosberg-Edition, aber in Kontinentaleuropa seltener: englischer Vauxhall Calibra DTM-Edition von 1994.

Der Omega Evo war das Lehrstück, der Calibra das Meisterstück des Opel-Rennstalls. Sein Tourenwagen-Einsatz gipfelte im Meistertitel in der International Touring Car Championship 1996. Opel-Sportchef Walter Treser setzte beim Calibra auf Allradantrieb und V6-Technik, bei den Fahrern auf den Le-Mans-Sieger Manuel Reuter und den Formel-1-Weltmeister Keke Rosberg. Den ersten Sieg fuhr der Calibra in der Saison 1994 ein, Tresers Nachfolger Wolfgang-Peter Flohr erreichte eine ordentliche Saison 1995, und 1996 war das Jahr des Opel Calibra auf der Rennstrecke: Schon vorzeitig, mitten in der laufenden Saison, hatte Manuel Reuter so viele Punkte gesammelt, dass er und sein High-Tech-Calibra gekrönt wurden.

Das tat dem Image des Opel Calibra natürlich gut. Aber er hatte es nicht nötig gehabt. Auf der Straße war er ebenfalls ein Siegertyp, ganz einfach der meist verkaufte Wagen seiner Klasse. Mit seiner Markteinführung einher ging gleich ein Superlativ: Sein Luftwiderstandsbeiwert (cw) lag bei 0,26, Weltrekord für ein Großserienfahrzeug. Der Opel Calibra hielt ihn zehn Jahre lang, erst dann wurde er vom Honda Insight und Audi A2 entthront.

Emotion pur, Widerstand zwecklos: Opel Speedster

Er ist Emotion pur. Er hat vier Räder, dazwischen einen Motor und Platz für zwei. Kein Gramm zuviel auf den Rippen. Einen kompromisslosen Mittelmotor-Sportwagen hatte von Opel niemand erwartet, eine Fahrmaschine, ein pures Lust-Objekt. Für Opel war das Nischenfahrzeug Speedster nichts als die Hoffnung auf Imagegewinn. Er wurde im Lohnauftrag bei Lotus im englischen Norwich hergestellt. Der englische Sportwagenhersteller, einst von Colin

Chapman gegründet, gehörte ab Januar 1986 zum GM-Konzern und wurde Ende 1996 von Proton in Malaysia gekauft. Die Bande dauerten aber fort, und der Speedster sicherte Lotus in Krisenzeiten neben dem eigenen Gewächs Elise das Überleben.

Die Speedster-Fiberglaskarosserie (Design: Martin Smith) wurde über ein Aluminium-Strangpressprofilchassis gestülpt. Das machte den zweisitzigen Roadster besonders leicht (leer 870 Kilo) und fahraktiv (Leistungsgewicht 5,9 Kilo pro PS). Er war absolut minimalistisch und verfügte über keinerlei Komfort - dafür aber über Power pur. Für Vortrieb sorgte der neue, in den USA entwickelte Leichtmetall-Motor, der sein Opel-Debüt bereits im Astra Coupé gegeben hatte. Er saß quer hinter dem Fahrgastraum, was ein ausgezeichnetes Handling dank ausgewogener Gewichtsverteilung zwischen Vorder- und Hinterachse bewirkte. Puristen waren begeistert. Ihnen war wichtig, beim Beschleunigen in die Schalensitze gepresst zu werden, auf engen Landstraßen durch Serpentinen zu brettern, gepflegte Drifts hinzulegen und den Fahrspaß mit Bikern zu teilen. Opel begab sich mit dem Speedster auf dünnes Eis. Es war ein ideologischer Spagat, einerseits mit dem Corsa Eco auf grünen Spritsparer zu machen, andererseits ein Gerät anzubieten, das sämtliche Grundsätze der Vernunft und politischen Korrektheit über den Haufen wirft und Spaß macht. Der Speedster erregte Aufsehen, war aber im Straßenverkehr kaum zu sehen. Opel-Verkäufer erschraken teilweise, wenn ein Kunde einen Prospekt wollte. Oft bekam er keinen, weil nur rund 300 deutsche Händler für Vertrieb und Wartung geschult waren.

Am Armaturenbrett jedes Speedster prangt auf der Beifahrerseite ein Emblem mit seiner individuellen Produktionsnummer, also Individualität pur. Der Opel Speedster kostete 32.500 Euro. Es gab allerlei Zubehör, womit der Fan den Kaufpreis locker um 5.000 Euro nach oben schrauben konnte: Ledersitze, Hardtop, Metalliclackierung, zusätzliches Alu-Dekor. Im Frühjahr 2003 legte Opel nach und präsentierte den Speedster Turbo, nun mit satten 200 PS direkt im Rücken seines Dompteurs. 4,9 Sekunden für den klassischen Spurt auf Tempo 100, 243 km/h Topspeed. Wichtiger als diese nackten Zahlen war aber etwas anderes: nämlich einige Newtonmeter durften bei einigen Umdrehungen früher drehmomenten, was den Fahrspaß gerade auf kurvigen Landstraßen noch mehr erhöhte. In England gab es einen leistungsstärkeren Turbo als in Deutschland. Der Vauxhall VXR 220 von 2004 hatte 220 PS und Speedline-Alufelgen mit Semi-Slick-Reifen. In Deutschland gab es nur ein Speedster-Sondermodell. Der Speedster Turbo Scorpions von 2003, benannt nach der Hannoveraner Band, war auf 80 Stück limitiert, silbern lackiert, Felgen und Scheibenrahmen schwarz, und trug Vollausstattung. Zum Serienumfang gehörte eine E-Gitarre Marke Gibson Flying V, von der Band signiert. Der »Scorpions« kostete 39.995 Euro.

Zeitlebens litt der Opel Speedster unter der etwas nonchalanten Verarbeitungsqualität. Er bewegte sich eben auf dem Niveau eines Kleinserienfahrzeugs, und von Opel erwartet der Kunde Großserienperfektion. Das passte aus Opels Sicht nicht zusammen. Aber dem Speedster verziehen es seine Freunde. Und jeder Speeds-

Ein Gerät, das niemand Opel je zugetraut hätte, wie weiland der GT: Opel Speedster von 2001.

Hotter than hot und noch hotter than Opel: Vauxhall VXR220 Speedster mit satten 220 PS. So stark war der Opel nicht.

Organspender: Der Lotus Elise

Optisch erinnert wenig am Opel Speedster an seinen Organspender, den Lotus Elise (im Bild die Serie 2 von 2001). Beim Lotus dominieren Rundungen, beim Opel Ecken und Kanten, beider Karosserien sind aus glasfaserverstärktem Kunststoff. Unterm Blech sind sie Zwillinge, wenngleich der Lotus von MG-, später von Toyota-Motoren befeuert wurde. Identisch ist das von Richard Rackham bei Lotus konzipierte Alu-Chassis.

ter-Kunde war ein Speedster-Fan. Keiner jammerte über das Auto. Jeder genoss es. Viele sind noch heute in erster Hand und werden es bleiben. Der Opel Speedster wurde als Prototyp auf dem Genfer Salon im März 1999 vorgestellt und war zwischen September 2000 und Herbst 2005 zu haben. 7996 Fahrzeuge verließen bis 21. Juli 2005 das Lotus-Werk. Der Verkauf des Opel Speedster und seines englischen Pendants Vauxhall VX 220 verlief nicht erwartungsgemäß. In Deutschland wurden nur rund 1700 Fahrzeuge neu zugelassen, darunter etliche Vorführwagen und Pressefahrzeuge. Im national gesonnenen England wurde der Vauxhall als Opel-Derivat gesehen. Die Engländer bevorzugten den originalen Lotus statt einem umgebadgten Opel.

Kein Opel: Opel GT '07

Frühjahr 2007 in den Hügeln nahe Palm Springs. Eine knallgelbe Karosserie mit langer Haube und knackigem Hintern räkelt sich in der Sonne, im Hintergrund flimmert die Villa von Komiker-Legende Bob Hope. Der GT zeigte sich offen für alles, vor allem wegen seines windigen Stofffetzens, den man Verdeck nennt. Seine 264 PS sollten all den Grauschleier von Vectra und Co. wegziehen, den Opel bis dato aufgeladen hatte. Und, fast schon provozierend, stellte Opel den Neuen in eine Armada piekfein restaurierter Ur-GT, gedacht als prickelndes Vorspiel für die Präsentation. Aber in Wahrheit stahl der Alte dem Neuen völlig die Schau. Der GT '07 musste aber auch wirklich in riesige Fußstapfen treten. Und originär, wie der echte GT, war er nie. Auf Druck der Konzernzentrale sollte Opel sein Image aufpeppen, und Detroit verordnete Rüsselsheim

Ein rassiger Roadster mit klassischem Segeltuchverdeck ist der Opel GT '07. Nur 7519 Fahrzeuge wurden gebaut, die meisten davon 2008.

Eng verwandt mit dem GT '07 ist der Pontiac Solstice, trägt aber eine eigenständige Karosserie. Die Pontiac-Version war das erfolgreichste Fahrzeug auf der Kappa-Plattform von GM.

Auch als Saturn Sky war der Roadster unterwegs. Die Karosserie des Quartetts (es gab auch eine Daewoo-Version) wurde vom Stilisten Franz von Holzhausen gezeichnet, heute Chefdesigner von Tesla.

den Pontiac Solstice alias Saturn Sky. Dieser bekam etwas Kosmetik, wurde autobahntauglich abgestimmt, bekam eine modifizierte Bremsanlage und ein Opel-Signet – that's all. Figur und Technik waren okay, aber der Innenraum bestach durch Langeweile, Lieblosigkeit und Low-Budget-Kunststoff, 08/15-Instrumente und schwierig ablesbare Digital-Displays. Das Verdeck zu betätigen war eine Fummelarbeit, das Kofferraumvolumen darf gar nicht mit dem Wort Volumen beschrieben werden. Eine bessere Damenhandtasche eben. Sich selbst ein Denkmal zum 40sten Geburtstag setzte Irmscher mit dem GT i40, 6-Liter-V8 aus der Chevrolet Corvette, 480 PS im Opel GT '07, außen dezent aufgepeppt, innen Leder, Topspeed 275 km/h. In drei Jahren erwärmten sich 7500 deutsche Kunden für den Opel GT '07, trotz des eigentlich erschwinglichen Kaufpreises. Ganz anders in den USA: Vom Saturn und Pontiac wurde GM während der gleichen Zeit rund 100.000 Exemplare los. Da ging dem deutschen GT bald die Puste aus, im Sommer 2009 endete die Produktion im Pontiac-Werk in Wilmington/USA. Denn im Zuge der Weltwirtschaftskrise hatte GM das Werk geschlossen. Auf dem Genfer Salon 2016 enthüllte Opel einen neuen GT, wie dereinst ein leichtes und puristisches Coupé, aber ohne Klappscheinwerfer, dafür mit Matrix-LED-Technologie. Damals prognostizierter Serienstart 2018. Aber dann kam ein Eigentümerwechsel dazwischen, und vom Opel GT '18 spricht schon lange niemand mehr.

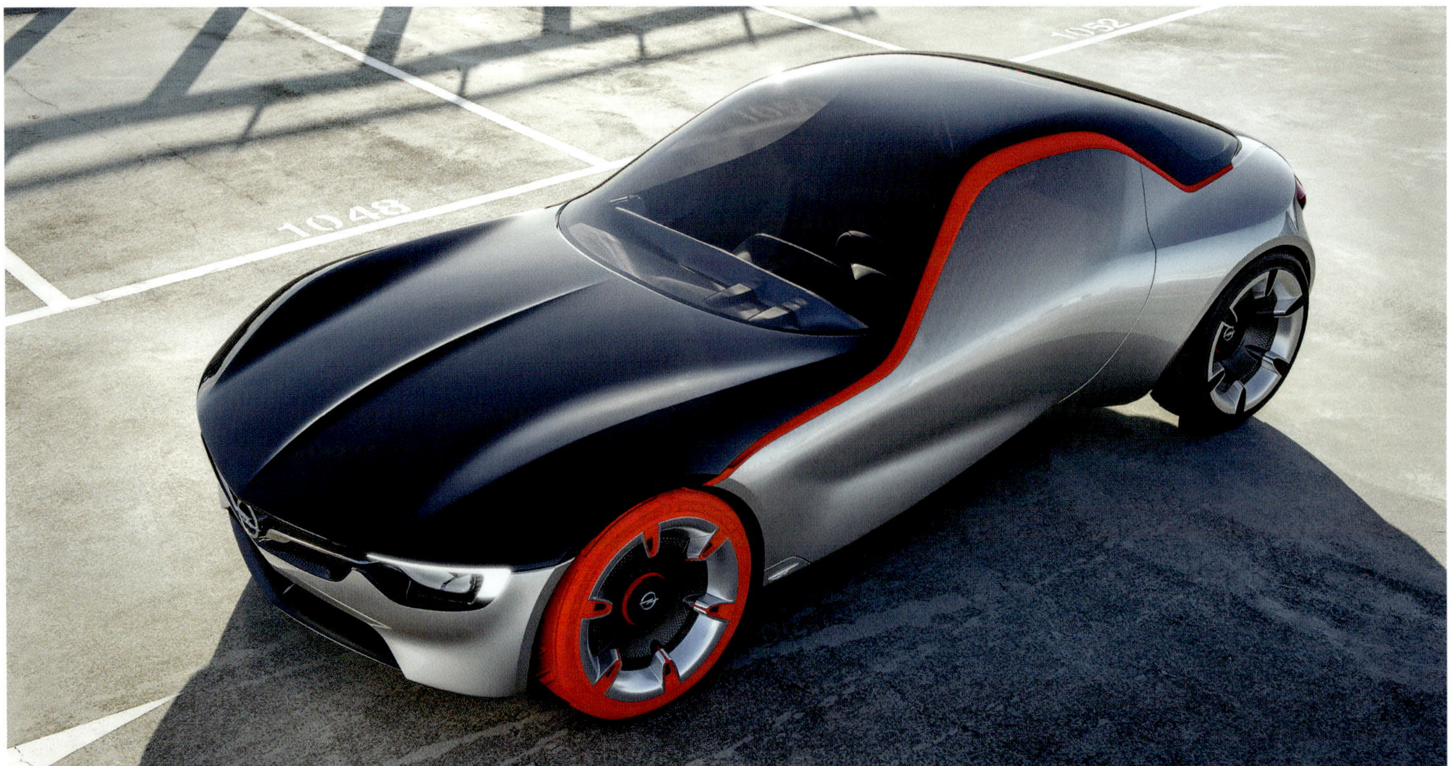

Rote Reifen hatte schon mal ein Opel-Produkt, das Motorrad Motoclub von 1928. Mit dem GT Concept von 2016 wollte Opel an alte Glorien anknüpfen. Aber es kam alles ganz anders, als man in Opel-Kreisen noch 2016 dachte.

»Hopp, hopp, hopp, hopp!«

Opel war 21 Jahre lang der Schirmherr und Organisator der Deutschen Seifenkisten-Meisterschaften. Nach dem Rückzug der Rüsselsheimer 1972 ging die Popularität des Sports massiv zurück. Kaum tuckerten die ersten Automobile über das Kopfsteinpflaster des beginnenden 20. Jahrhunderts, da waren die Köpfe der Buben beseelt von nur einem Gedanken: Ich will auch! Und zwar dieses: fahren, fahren, fahren. Carl Benz und Gottlieb Daimler, so ist es überliefert, erfanden 1886 das Automobil. Das erste Kinderautorennen fand 18 Jahre später in Oberusel im Taunus statt. Das ist auch überliefert. Oberusel ist also die Geburtsstätte der Seifenkisten und der wettbewerbsmäßig ausgetragenen Seifenkistenrennen. 1904 und 1907 fanden dort mehrere Wettbewerbe statt, inspiriert von den damals populären Zuverlässigkeitsfahrten für »richtige« Automobile, dem Kaiserpreis- und dem Gordon-Bennett-Rennen.

Unter einer Seifenkiste versteht man ein selbst gebautes Fahrzeug mit meistens vier Rädern, anfänglich aus Holz, später aus glasfaserverstärktem Kunststoff. Sie haben keinen eigenen Antrieb, auch keinen Muskelantrieb (Pedale), sondern werden an abschüssigen Strecken durch Hangabtriebskraft bewegt. Sie haben hinten und vorne Starrachsen, die vordere besitzt eine einfache Schwenkachslenkung mittels Seilen. Jeder halbwegs handwerklich begabte Vater kann eine Seifenkiste bauen, Voraussetzung ist, er kann auf vorhandene Räder (meist von Kinderwagen) zurückgreifen.

In den USA entwickelten sich Seifenkisten-Rennen schon in der Zwischenkriegszeit äußerst erfolgreich. In Deutschland wurden die Kistchen mit ihren tollkühnen Nachwuchs-Rennfahrern erst nach dem Zweiten Weltkrieg populär. Die US-Rennen wurden seit den 30er Jahren von Chevrolet gesponsert. So lag es nahe, dass sich Opel ab 1951 für den Seifenkistensport in Deutschland engagierte. Die US-Amerikaner brachten den hierzulande fast vergessenen Sport wieder nach Deutschland. Die Besatzungssoldaten wollten den Buben im Nachkriegsdeutschland etwas Nettes bieten. Ab 1949 wurden die Rennen organisiert, in 214 Städten fanden sie

Szene von der gleichen Veranstaltung im Folgejahr 1965. Auf der abschüssigen Bahn sind die drei Konkurrenten zwar fast gleich schnell. Aber eben nur fast.

Erneut 1964: Der Sieger ist den Verfolgern weit voraus. Nur Buben starteten. Für die Mädchen war das nichts. So dachte man damals.

Auf die Plätze, fertig, looooos! Start zum Münchner Seifenkistenrennen 1964.

Start 1966, widrige Umstände. Es wird ein Regenrennen. Aber die genormten Opel-Seifenkistenräder gab es nicht mit Regenreifen.

Programm für den Vorlauf um den Großen Opelpreis in München 1965.

»... und morgen vielleicht im Opel Kadett«. Natürlich schlachtete Opel das Seifenkistenderby werblich aus. Wofür sonst betrieb man den ganzen Aufwand?

statt, abschließend gab es eine Meisterschaft auf der Theresienwiese in München, 1950 fand sie in Stuttgart statt.

Mit dem Engagement von Opel fanden Seifenkistenrennen in ganz Deutschland, nicht nur in der US-Besatzungszone, statt. Opel rief zum Kampf um den großen »Opel-Preis« auf und stellte einheitliche Radsätze und Lenkungen. Als Anreiz für das Mitmachen winkten interessante Preise, so Ausbildungsbeihilfen, Deutschland-Rundreisen und für den Deutschen Meister eine Zwei-Wochen-Amerikareise.

Plötzlich wurden Seifenkistenderbys sehr populär. Die Rennen zogen immens viele Zuschauer an, auch der ADAC engagierte sich, und in Tageszeitungen wurde ausführlich berichtet. Ab 1952 wurden die Deutschen Meisterschaften stets im Duisburger Stadtwald ausgetragen. Der Deutsche Meister seinerseits war berechtigt, in den USA am All-American Soap Box Derby teilzunehmen.

In allen Städten, in denen die Vorrunden ausgetragen wurden, waren die Opel-Händler als Veranstalter tätig. Dementsprechend werbewirksam für Opel waren die Derbys. Die Händler präsentierten ihre Fahrzeuge, steuerten selbständig Trostpreise bei, in der Presseberichterstattung wurde häufig der Name »Opel« erwähnt, und die Fotojournalisten machten Aufnahmen, auf denen im Hintergrund die Opel-Fahne wehte und der Markenname auf Spruchbändern zu sehen war. Und vor allem: Die Buben, also die Autofahrer der Zukunft, wurden an die Marke Opel gebunden.

Die Rennstrecken hatten eine Länge von rund 250 bis 500 Metern mit leichtem Gefälle, die Startrampen waren genormt. Für die Seifenkisten galten strenge Vorgaben bezüglich der Dimensionen, der Bremsen und des Gewichtes, und für die Nachwuchs-Rennfahrer bestand Helmpflicht. Die Kinder starteten in den Altersklassen Junior (8–12 Jahre), Senior (11–18 Jahre) und Elite XL-Klasse (13–18 Jahre), wobei bei der Einstufung die Körpergröße, das Körpergewicht sowie das Gesamtgewicht des Fahrzeugs ausschlaggebend waren.

1972 zogen sich Opel und der ADAC aus dem wettbewerbsmäßig organisierten Seifenkistensport zurück. Das bedeutete, dass sich die Opel-Händler nicht mehr engagierten und lokale Sponsoren ausstiegen. Dieses Datum war der Anfang vom Ende des Seifenkistensports in Deutschland. In den 70er Jahren kamen vermehrt Kett-Cars auf, die durchaus das Erbe der Seifenkisten antraten.

Kapitel 11:

Das neue automobile Verständnis

Die neue Mitte: Opel Ascona A

Als Kadett-Nachfolger wurde er gezeugt, aber als eigenständiges Modell geboren. Der Ascona etablierte Opels neue Rolle in der unteren Mittelklasse. Eigentlich hätte es den Ascona in dieser Form nie geben sollen. Und sein Schwestermodell Manta ebenso wenig. Denn die beiden hätten Kadett heißen und den Kadett B ablösen sollen. Die gewaltige Lücke, die zuvor zwischen Kadett B und Rekord C geklafft hatte und die Notwendigkeit, auf den erfolgreichen Ford Capri reagieren zu müssen, ließen den geplanten Kadett-Nachfolger um eine ganze Klasse wachsen. Der neue Kadett C hingegen entstand als völlig anderes Auto, nämlich auf der weltweiten »T-Car«-Plattform von General Motors. Das Projekt 1450, der nachmalige Ascona/Manta, erbte einige Komponenten vom Kadett B, vor allem die völlig neue Hinterachse mit Schraubenfedern, Längslenkern und Panhardstab. Die vordere Aufhängung war eine eigens dafür geschaffene Konstruktion mit Doppel-Querlenkern, Schraubenfedern und Drehstab-Stabilisator.

Die Ascona-Markteinführung war am 28. Oktober 1970, sechs Wochen nach dem Manta A. Als der Opel Ascona A auf den Markt kam, hatte er sofort zu kämpfen. Denn Ford lancierte zeitgleich den Konkurrenten, den Taunus mit der »Knudsen-Nase«. Das Verhältnis der beiden zueinander war genauso, wie das Verhältnis Opel-Ford damals stets war: Der Ascona war das sachlichere, vernünftigere, sportlichere und besser verarbeitete Fahrzeug, der Ford machte optisch mehr her und bot alternativ sogar sechs Zylinder.

Ein früher Ascona A mit poliertem Aluminiumgrill in der Straße Rollberg in Osterode am Harz. Der Turm im Hintergrund gehört zur St.-Jacobi-Schlosskirche.

Das sind Farben! Das ist bunt! So bunt wie die Swinger-Sondermodelle aus dem Jahre 1975 war kein Opel zuvor oder danach. Und die ganz Ernsthaften bekamen die Fahrzeuge auch ohne Streifen und ganz seriös.

Facelift-Ascona mit schwarzem Kunststoffgrill ab Modelljahr 1974 in karger Umgebung an einem norwegischen Fjord.

Auch bevor er zum Werks-Rallyewagen erkoren wurde, zeigte der Ascona A bereits Dynamik: Fahrzeug des französischen Greder-Racing-Teams bei der Rallye des Journalistes in den französischen Seealpen 1972.

Der Schöpfer des Ascona A: Opel-Designchef Charles M. Jordan.

Die Formensprache war typisch Opel, und der Ascona markiert den stilistischen Übergang und Fortschritt vom Kadett B zum Rekord D: Vom Kadett übernahm er die gesamte Anmutungsqualität, warf aber den 60er-Jahre Schnörkel à la Hüftschwung über Bord. Die klare, sachliche Linie des Ascona nahm eindeutig die Form des Rekord D von 1972 voraus, aber der Ascona hatte noch nicht die für den Rekord charakteristischen, großen Fensterflächen mit den grazilen Dachpfosten, die in absoluter Reinkultur erst im letzten Epigonen dieser Formensprache, dem Ascona B, zum Tragen kamen. Danach war dieser Karosseriestil passé, er war der letzte Ausdruck der klassischen Stufenheck-Bauweise. Was danach kam, war bei den Stufenheck-Autos die Keilform (Rekord E), und in der kleineren Klasse das neue Layout des schrägen Hecks mit großer Klappe, gepaart mit Frontantrieb.

Das höhere Gewicht des Ascona A gegenüber seinem Vorgänger Olympia A bedingte stärkere Motoren, und aus dem 1,2-Liter-Aggregat wurde dank größerer Bohrung ein 1600er. Das war in der unteren Mittelklasse das Maß aller Dinge, die Kunden konnten zwischen 68 und 80 PS wählen. Im März 1971 ergänzte Opel das Ascona-Limousinen-Programm nach oben und unten mit dem 90 PS starken 1,9 Liter sowie dem 1200er-S mit 60 PS. Der Volumenmotor wurde im Januar 1975 wegen Einführung bleiärmeren Benzins etwas kastriert und leistete nur noch 60 und 75 PS.

Die zwei- und viertürige Limousine war, dem üblichen Opel-Schema entsprechend, in Normal- und Luxusversion lieferbar. Eine Sonderstellung nahm der dreitürige Ascona Voyage ein. Ihn wollte Opel ganz anders positionieren als damals üblich, nämlich nicht als Lastesel, sondern als Luxuskombi. So gab es ihn anfangs nicht in der Basisausstattung, sondern nur als Voyage, der L-Version entsprechend. Ihn krönte ein optional erhältliches, attraktives Optik-Paket mit Vinyldach und großflächigem Holzimitat an den Flanken und zwischen den Rückleuchten. Aber dem Käuferwunsch gehorchend schob Opel im August 1973 einen normal ausgestatteten Ascona Caravan nach und nahm kurz darauf das Optik-Paket des Voyage aus dem Programm.

Die sportliche SR-Version folgte im März 1971, für Limousine und Caravan mit 80- oder 90-PS-Motoren erhältlich. Stahlsportfelgen mit Gürtelreifen, ein straffer abgestimmtes Fahrwerk, zusätzliche Instrumente und ein spezielles Lenkrad, ein zarter doppelter Zierstreifen außen und der SR-Schriftzug auf dem Kofferraumdeckel (»sportlich in Rot ausgelegt«, so der Prospekttext) machten aus dem Ascona A zwar kein Sportfahrzeug, nutzten aber das im Fahrwerk ohnehin gelegene Potenzial sinnvoll aus. Die einzige optische Überarbeitung erfolgte im August 1973, als der Ascona einen schwarzen Kunststoff-Kühlergrill mit größerem Markenzeichen erhielt.

Viel D-C-Fix: Ascona Voyage in der Woodie-Option mit Holzfurnier an den Flanken und der Heckklappe sowie einem schwarzen Vinyldach. Das war den Europäern zu viel des Amerikanismus'.

Ascanta oder Mancona: Die Manta-Front passte an den Ascona, die Ascona-Front hätte auch an den Manta gepasst, aber das wollte wohl niemand haben. Dies ist die Arbeit eines engagierten Karosseriebauers, aber allzu schwierig war das Unternehmen nicht.

Vom Ascona A gab es Sonderangebote, so den »Plus« ab November 1973 und den »Swinger« ab Januar 1975. Letzterer war ein besonderes Fahrzeug, polarweiß lackiert, die Stahlsportfelgen auch. Ihn zierte ein breiter, nach hinten sukzessive unterbrochener und knallorangefarbener Zierstreifen. Für die etwas seriösere Kundschaft bot Opel die »Swinger«-Modelle auch ohne Streifen an, dann in Signalfarben.

Eine Sonderstellung nahmen die USA-Modelle ein. Prinzipiell unterschieden sie sich von den europäischen Fahrzeugen durch all jene Attribute, welche die US-Straßenverkehrsordnung vorschrieben. Als Opel 1900 Sedan bot Buick den Ascona A an, der Caravan hieß 1900 Wagon, und als 1900 Sport Wagon hatte er dasselbe aufgeklebte Holz-Dekor wie bei uns der Voyage. Das Opel 1900 Sport Coupé war der Manta. In den USA gab es ausschließlich den 1,9-Liter-Motor, für dortige Marktbesonderheiten (Benzinqualität, Abgasvorschriften) überarbeitet und nur 78 PS stark. Das Modelljahr 1974 sah eine optische Veränderung: Den US-Sicherheitsbestimmungen folgend, erhielten alle Opel 1900 voluminöse Stoßfänger, die einen Aufprall mit 5 km/h schadlos überstehen mussten. Gleichzeitig wurde der Sedan aus dem US-Programm gestrichen. Coupé und Caravan wurden zum Manta befördert. So hieß der 1900 Wagon in den USA in seinem letzten Jahr Opel Manta Sportwagon, und der 1900er-Motor wurde wegen der rigiden Abgasbestimmungen auf Einspritzung umgestellt. Er leistete nun 102 PS.

Zwischen August 1970 und Juli 1975 wurden 691.438 Ascona A gebaut, darunter 173.431 Viertürer-Limousinen sowie 75.570 Caravan und Voyage.

Röhrl auf Ascona: Der neue Stern am Rallyehimmel

Opel wollte, aber durfte nicht. Opel wollte sich schon immer sportlich engagieren, aber die Konzernmutter sagte Nein. Besonders die schwedische Händlervereinigung GM Nordiska setzte sich über das Verbot hinweg und hielt das Opel-Logo im Rallyesport aufrecht. Erst Ende der 60er Jahre lockerte GM die Zügel und erlaubte es seinen Filialen, auf die Pisten zu gehen. Das sportliche Engagement von Opel startete bescheiden 1968, als die Abteilung Sportförderung zur Betreuung von Privatfahrern gegründet wurde. Die Tuner Steinmetz in Rüsselsheim und Irmscher in Winnenden bereiteten die Fahrzeuge für Wettbewerbe vor und Opel-Teams errangen Jahr für Jahr Meisterschaftstitel in verschiedenen Nationen. Zu den deutschen Nachwuchsfahrern im Irmscher-Team gehörte auch Walter Röhrl, der 1973 im Irmscher-Ascona zusammen mit seinem Beifahrer Jochen Berger viel beachtete Platzierungen erreichte. Wegen der Ölkrise fielen die letzten beiden Läufe der Rallye-Europameisterschaft (EM) aus, Röhrl/Berger wurden Vizemeister.

1974 nahm Opel die Motorsport-Zügel selbst in die Hand. Aus der Sportabteilung wurde das Opel-Eurohändler-Team. Die Energieverknappung hinterließ auch in der Saison 1974 ihre Spuren, so wurden bei der Rallye-WM populäre Läufe wie die Rallye Monte Carlo, die Akropolis- und Schwedenrallye abgesagt. Opel entschied sich für das Europa-Championat. Walter Röhrl holte den EM-Titel nach Rüsselsheim. Nach sechs Gesamtsiegen in Folge war das Team

Walter Röhrl, der Ascona-Dompteur schlechthin, strahlte 1974 als neuer Stern am Rallye-Olymp, nachdem er Opel die Europameisterschaft auf Ascona A gesichert hatte.

Der Europameisterschaftswagen 1974. Nach sechs Gesamtsiegen in Folge war das Team nach der Rallye di Lugano noch vor drei ausstehenden Wertungsläufen bereits Titelgewinner.

Walter Röhrl und Helmut Berger mit ihrem meisterlichen Ascona, begleitet von einem speziellen Admiral Caravan, erstellt in drei Exemplaren im Opel-Auftrag vom Karosseriebauer Vogt mit dem Heck des Rekord D Caravan für das Opel-Euro-Händler-Team als Servicewagen.

Ganz logisch: Opel vermarktete die Siege des Ascona A, Opel war stolz. Das Image des Rallyegewinners, des Meisters, färbte auf den biederen Straßen-Ascona ab. Und plötzlich war er gar nicht mehr bieder.

nach der Rallye di Lugano vor noch drei ausstehenden Wertungsläufen bereits Titelgewinner. Röhrl wurde zum neuen Stern am Rallye-Himmel. Für Opel hatte die Rallye-EM das Ziel, Weltmeister in der folgenden Saison zu werden. Sie wurde zur Hälfte auf Ascona ausgetragen, Nachfolger wurde im Herbst 1975 der Kadett C GT/E. Doch den WM-Titel konnte Opel erst 1982 einfahren.

Klein und brav und familiär: Opel Kadett C

Vom Opel Kadett C geht keine Faszination aus, keine technische Brillanz, keine Ästhetik. Aber ein wohltuendes Gefühl der Geborgenheit. Das Wort »brav« im Zusammenhang mit dem Kadett C klingt nach Durchschnitt. Das stimmt zwar, aber im positiven Sinne. Mit einem Opel Kadett C machte niemand etwas falsch, erlebte niemand böse Überraschungen. Er funktionierte ganz einfach und tat, was er sollte. In Rüsselsheim für die ganze Welt entwickelt wurde das T-Car, und in Kontinentaleuropa erschien es als Opel Kadett C unter der Projektbezeichnung 1685. Das war das erste Auto von GM, das in eng verwandten Karosserieformen unter Nutzung lokaler Komponenten weltweit produziert und verkauft wurde. Hintergedanke dieser Vereinheitlichung war, dass teure Mehrfachinvestitionen für Design und Konstruktion vermieden werden konnten. Seine Premiere erlebte das T-Car, obgleich eine deutsche Entwicklung, nicht als Opel, sondern als Chevrolet Chevette bei GM do Brazil und erschien danach in folgender Reihenfolge: Opel, Isuzu in Japan, Vauxhall, Holden in Australien, GM-Argentinien, schließlich als Chevrolet und Pontiac in den USA.

Die Hinterachse übernahm der Kadett C vom Vorgänger, die Vorderachse vom Ascona A. Die technische Evolution hielt sich in Grenzen: 1975 vordere Scheibenbremsen, 13- statt 12-Zoll-Felgen und Servobremsen, ab 1976 Verbundglas-Frontscheibe und Automatikgurte. Der Kadett C profitierte im Alltagsbetrieb davon, völlig unspektakulär und somit zuverlässig und sparsam zu sein. Darum verkaufte er sich gleich am Anfang seiner Karriere, in den Jahren der Energiekrise 1973/74, gut. Basismotorisierung war der 1200er mit 52 PS, der 1,2-Liter-S-Motor brachte es auf 60 PS. 1974 wurde der alte Einliter-Motor mit 40 PS im Zuge der Benzinpreisverteuerung nachgeschoben. Im Mai 1977, die Erregung um die Ölkrise hatte sich gelegt, erweiterte Opel um den 1,6-Liter-S mit 75 PS nach oben.

Das Karosseriedesign mit integriertem Frontspoiler stammte vom Team um Opel-Styling-Chef David Holls. Angeboten wurde zunächst eine zwei- und viertürige Limousine, ein Coupé sowie ein dreitüriger Caravan. Im Mai 1975 folgte der um 20 cm verkürzte

Gefällig ist das richtige Wort für das Design des Kadett C. Er gefiel allen. Er schaut freundlich in die Gegend und fällt durch nichts negativ auf. Im Bild ein früher Kadett C in L-Austattung mit hübschen Chromapplikationen, neben ihm sein Vorgänger in frühester Version mit den kleinen Heckleuchten.

Kadett C in Basisausstattung, aber aufgewertet mit den geschmiedeten Fuchs-Leichtmetallfelgen. Und immerhin mit Schweinwerfer-Waschanlage. Aufnahme vom März 1974.

Willkommen im Swinger-Club! Die 70er waren bunt, aber bunter als der Kadett Swinger war kaum einer. Diese Autos fielen im Straßenbild richtig auf.

Nicht nur das Werk selbst brachte Sondermodelle, auch größere Händler taten es. Das Rezept war einfach: Der Händler orderte eine Anzahl identischer Wagen mit einiger Sonderausstattung und ließ sich Dekorstreifen anfertigen, mit denen das Fahrzeug beklebt wurde. So entstand beispielsweise dieses Opel-Kadett-Rallye-Sondermodell »Black« eines Ludwigsburger Opel-Händlers.

Coupé in L-Ausstattung nebst Rekord D. Das Coupé gab es nicht als Basismodell, und anfangs hatte der Käufer also die Wahl zwischen Luxus und Sport, also dem SR-Modell. Doch nach Einführung des GT/E hatte der SR seine Daseinsberechtigung weitgehend verloren.

Kadett City, ein zweitüriger Hatchback mit großer Heckklappe als Antwort auf die frontgetriebenen Bestseller in diesem Segment, den VW Golf und Ford Fiesta, aber natürlich mit dem konventionellen Antriebslayout seines Organspenders. Wie gewohnt offerierte Opel den Kadett in Grund- und L-Ausstattung, das Basismodell mit runden, den L mit eckigen Scheinwerfern; das Coupé gab es nur in Luxusversion. In der Tradition des bisherigen Rallye Kadett war der SR ein sportlich aufgemachter Wagen mit mattschwarzer Haube und Seitenstreifen sowie speziellen Felgen. Das Sport-Paket mit strafferer Fahrwerksabstimmung offerierte Opel für das Coupé, die Limousine und später den City während der gesamten Produktionszeit, doch mit Erscheinen des GT/E und Rallye nahm das Interesse am Kadett SR rapide ab – zumal ihm nie ein besonderer Motor zu eigen war.

Im Mai 1977 debütierte der innen besonders fein gemachte Kadett Berlina. Er und das L-Modell erhielten ein Facelift mit geändertem

Heiße Kadett C Coupé sind nach wie vor sehr en vogue in der Opel-Szene, mehr oder weniger original, mehr oder weniger getunt, aber stets mit Herzblut aufgebaut.

Einen gelb-schwarzen Renner hatte auch VW mal im Programm, aber der Kadett GT/E in den Opel-Hausfarben war mit Abstand schärfer. 105 PS in einem Auto, das leer weniger als eine Tonne wiegt, waren schon eine Ansage. Aufnahme eines Neuwagens im April 1976.

Weniger radikal aber ebenso individuell die spätere Opel-Sport-Farbkombination gelb-weiß, 115 PS aus 2 Litern Hubraum ab 1977. Immerhin war zwischenzeitlich der VW Golf GTI erschienen. Es gab den gelb-weißen Rallye auch als 1,6-Liter-S, Foto vom April 1978.

Gelb-schwarz ist eine wahrhaft diabolische Farbkombination, und sie fasziniert noch heute.

Den Schwanz kupiert: Nach einfachem Strickmuster gestaltete Opel einen Kompaktwagen, kürzer als die anderen Kadetten, mit großer Heckklapppe. Aber das technische Layout blieb gleich, der Kadett City ab 1975 hatte konventionellen Heckantrieb und war somit keine Alternative, sondern nur ein Kompromiss.

Kühlergrill und größeren Rechteckscheinwerfern mit integrierten Blinkern. Das Grundmodell behielt das seitherige Gesicht und somit die Blinker unter der Stoßstange, hatte aber nun die kleinen Rechteckscheinwerfer des bisherigen Kadett L. Im Zuge der Rationalisierung übernahm Opel im Herbst 1978 die L- und Berlina-Front auch für das Grundmodell.

Wie beim Rallye Kadett B nahmen die sportlichen Coupéversionen auch bei der neuen Generation eine Sonderstellung ein, zumal sie Opel als offizielle Werks-Rallyeautos einsetzte. Heiß hingegen wurde das Kadett-Programm im August 1975. Der GT/E erschien, eigentlich als Basis für ein Wettbewerbsauto gedacht, aber auch im normalen Straßenverkehr gerne gefahren. »E« gleich Einspritzung, »E« gleich sportlich. Weniger aufwändig und alltagstauglicher als elektronische Einspritzungen waren mechanische Einspritzungen, mit denen das System großserientauglich wurde und auch in weniger teure Fahrzeuge eingebaut werden konnte. VW setzte im Golf GTI auf die K-Jetronic, die nächste Generation hieß L-Jetronic, und sie beflügelte den Kadett C GT/E. Beide Konkurrenten, Opel Kadett GT/E und Ford Escort RS 2000, waren nach demselben Muster gestrickt: Eine sportlich aufgemotzte Version eines technisch simplen Großserienwagens der unteren Mittelklasse. Innen dominierte die Farbe Schwarz, ein paar Zusatzinstrumente mussten rein, ein Sportlenkrad und Sitze mit besonderem Seitenhalt. Das Fahrwerk wurde härter und damit sportlicher, Alus mit breiten Reifen gehörten zum Standard, und die optische Sportlichkeit wurde von einer auffälligen Lackierung und ein paar aerodynamischen Gummilippen unterstrichen. Der GT/E war knallig gelb bis zur Gürtellinie, darunter tiefschwarz, und sein 1,9-Liter-Einspritzer brachte es auf satte 105 PS (bei einem Leergewicht von nur 925 Kilo!). Wer die Opel-Power diskreter zur Schau stellen wollte, wurde ebenfalls bedient: Den ersten GT/E gab es statt in Gelb/Schwarz

Der individuellste Kadett C war der Aero, hergestellt vom Stuttgarter Karosseriewerk Baur nach seinem Top-Cabrio-Rezept, das bereits am BMW 02 verwirklicht wurde.

1341 Kadett Aero entstanden, ein Liebhaberfahrzeug schon zu Zeiten, als er aktuell war. Foto vom November 1978.

Von Irmscher veredelt: Kadett City J vom Herbst 1978.

Sicherheitsbestimmungen machten den Kleinserienherstellern das Leben schwer. Auch ein Kadett Aero musste Crashtests über sich ergehen lassen (die er übrigens gut bestand!).

auch in einfarbiger Signallackierung. Nach zwei Jahren, im September 1977, wurde er vom GT/E 2000 mit 2-Liter-Einspritzer und 115 PS getoppt. Dieses Modell, auch GT/E 2 genannt, wurde zunächst in einer 1000er-Auflage produziert, es war weniger auffallend lackiert, nunmehr in den Opel-Sportfarben Weiß und Gelb (szeneintern spricht man vom »1000er« oder von der »1000er-Serie«). Wegen der enormen Nachfrage wurden zwei weitere Serien aufgelegt, nochmals 500 und danach weitere 734 Stück. Die ersten 1500 waren weiß/gelb lackiert, die letzte Serie gab es in in jeder lieferbaren Kadett-Farbe, auch in Metallictönen. Seinen Motor trug auch der Opel Rallye mit fünf Pferdestärken weniger, eher für den Alltagsgebrauch gedacht als der GT/E und charakterisiert durch den mattschwarz beklebten unteren Karosseriebereich mit großen Lettern »Opel Rallye«. Ihn gab es auch mit zahmeren 75 PS aus 1,6 Litern. Während der GT/E 1900 und der Rallye 2000 nur optional ein Fünfgang-Getriebe trugen, war es im GT/E 2000 serienmäßig.

Ein neues Genre schuf der Stuttgarter Karosserier Baur auf Kadett-C-Basis. Er wandte sein Topcabrio-Konzept auf den kleinen Opel an und schuf einen nahezu konkurrenzlosen offenen Viersitzer. Baur hatte das viersitzige BMW 1600 Vollcabriolet im Programm gehabt, dessen Stabilität im Zuge der Sicherheitsdiskussion angezweifelt wurde und das BMW aus dem Verkaufsprogramm nehmen wollte. Baur kreierte daraufhin eine völlig neue Fahrzeuggattung und gab ihr den geschützten Namen Topcabrio. Der Wagen bekam einen sehr breiten Überrollbügel mit integriertem, kleinem Seitenfenster. Der Bereich zuvor bis hin zur Windschutzscheibe wurde von einem abnehmbaren Hardtop bedeckt, der Bereich dahinter besaß in Landaulet-Manier ein Faltverdeck. Baur schaffte es, diese neue Erfindung nicht als Kompromiss zu positionieren, sondern als neues Genre, eben als Topcabrio. Wer ein solches Fahrzeug fuhr, stand ihm positiv gegenüber – es war keine Empfindung des Makels (»zwar offen, aber mit Bügel«), sondern des Stolzes auf die neue Errungenschaft (»ein sicherer, offener Wagen«). Das Topcabrio-Rezept wandte Baur auf den Opel Kadett C an und schuf damit die einzige Alternative zum Dauerbrenner VW Käfer Cabriolet. Wer sollte den Opel Kadett C Aero kaufen? Immerhin waren rund 15.000 Mark dafür auf den Tisch des Hauses zu legen. Für dasselbe Geld bekam man bei Opel einen Commodore Spezial, einen veritablen 2,5-Liter-Sechszylinder. Ein Opel Kadett C Aero hatte alleine schon des Preises wegen eine gewisse Exklusivität, mit der gerade der Hauptkonkurrent, das Käfer Cabriolet, nicht aufwarten konnte. Opel wandte sich also an eine Kundschaft des gehobenen Wohlstandes. Mit diesen wahrscheinlichen Kadett-Aero-Käufern lag Opel richtig, was das Potenzial angeht. Aber genau diese Leute haben eben auch ein Statusdenken, mit dem nicht vereinbar war, dass der Aero eben doch »nur« ein Opel Kadett war. Genau das war seine Achillesferse.

Im Aero verbaute Baur die feinsten Dinge der Kadett-Ausstattungspalette: Velours- oder Glencheck-Polsterstoffe mit Kopfstützen, Sportlenkrad, komplette Instrumentierung in der SR-Konsole plus elektrische Uhr, Verbundglas-Windschutzscheibe (auf Wunsch getönt), breite Reifen auf Sportstahlfelgen mit Zierringen, Seitenzierleiste mit PVC-Einlage, Automatik gegen Mehrpreis. Die Farbe von Dachmittelteil und Verdeck harmonierte mit der Innenausstattung. Der Kadett C erreichte nicht den Verkaufserfolg seines Vorgängers, denn spätestens in seinem zweiten Produktionsjahr war klar, dass sein Antriebskonzept in dieser Fahrzeugklasse veraltet ist, die Zukunft dem quer eingebauten Frontmotor und einer Karosserie mit praktischer Heckklappe gehört. Mit Sondermodellen hielt Opel den Verkauf am Kochen, so gab es unter anderen als preiswertes Einsteigermodell den Kadett J (= Junior), den farbenfrohen Kadett Swinger, den edlen Euro-Kadett und einen Caravan speziell für die Bedürfnisse von Jägern. Der Kadett verkaufte sich zwischen August 1973 und Juli 1979 insgesamt 1.701.076 Mal, am häufigsten als Zweitürer-Limousine mit 1,2-Liter-Motor. Der seltenste Vertreter der Baureihe war naturgemäß der Kadett Aero. Von März 1976 bis August 1978 wurden nur 1341 Exemplare gebaut, was ihn schon früh zum Liebhaberauto machte.

Seinem Zeichenstift entsprang der Kadett C: Opel-Stylingchef David R. Holls.

Verhexte Saison, frustrierter Röhrl

Mit dem Kadett C GT/E wollte Opel den Weltmeisterschaftstitel nach Rüsselsheim holen – vergeblich. Nachdem Opel mit Walter Röhrl und Copilot Jochen Berger am Steuer eines Ascona A den Europameister-Titel 1974 eingefahren hatte, strebte Opel im Folgejahr nach der Weltmeisterschaft. Diese wurde zur Hälfte auf Ascona A ausgetragen, Nachfolger wurde im September der Kadett C GT/E. Im Herbst 1975 feierte der GT/E sein Rallye-Debüt in San Remo, zunächst 205 PS stark und der Konkurrenz unterlegen. Dies hätte der Opel durch seine sprichwörtliche Zuverlässigkeit wettmachen können, aber anfangs war es mit dieser nicht gut bestellt. Die Premierensaison des Kadett GT/E, wenngleich nur eine halbe Saison, verlief also nicht wie erhofft.
Für die Saison 1976 erhielt das Opel-Eurohändler-Team Verstärkung durch den legendären Finnen Hannu Mikkola, und der Kadett brachte es nun auf 212 PS. Der Auftakt verlief sehr viel versprechend. Röhrl/Berger schafften den vierten Platz bei der Monte Carlo. Am Kadett-Motor wurde fleißig gewerkelt, und das neue 16V-Aggregat basierte auf dem bisherigen Querstrom-Motor, brachte es dank High Tech aber auf 225 PS. Doch das Opel-Eurohändler-Team war vom Dauerpech verfolgt. Eine verhexte Saison! 1976 konnte Opel (nahezu) keinen Blumentopf gewinnen. Das galt aber nur für das Werksteam. Damals hatte jedes Land seine eigenen Opel-Teams, Team Opel-Austria, Team Belgien, Greder-Racing in Frankreich, Conrero in Italien, auch einige Tuner unterhielten eigene Teams. Sie alle sammelten Punkte auf Kadett GT/E, und auch Privatfahrer hielten die Opel-Flagge hoch (obgleich sie eigentlich nie richtig in die Punkte kamen), und sicherten den Rüsselsheimern immerhin den zweiten Platz in der Marken-WM hinter Lancia.
1977 sollte die letzte Saison des Kadett C GT/E sein, und der Saisonauftakt war, wie immer, die Monte: Totalausfall. Opel implantierte dem Kadett wieder den alten Zweiventiler-Querstrom-Motor, der gerade mal 160 PS leistete – die Hälfte dessen, was die Konkurrenz unter der Haube hatte. Seine ganze Fahrkunst vermochte Röhrl nicht zu helfen. Völlig frustriert kehrte er Opel den Rücken und heuerte bei Fiat an.

Sicherlich kein schlechter Rallyewagen. Aber eben ein zu schwacher Rallyewagen im Verhältnis zur Konkurrenz war der Kadett C GT/E. Nach seiner Ära konnte es nur aufwärts gehen. Und es ging aufwärts. 1982 holte Opel den Titel, mit dem Ascona B 400. Im Bild der gelb/grüne Kadett von Smolej/Geistdörfer des Irmscher-Rallyeteams, 1976 bei der Hessen-Rallye unterwegs. Er wurde Sieger vor Röhrl/Pitz im gelb/schwarzen GT/E unter den Flaggen des Opel-Eurohändler-Teams.

Szene von der Hunsrück-Rallye 1977, Pilot Vossen und sein Co van Tunen.

Kadett C GT/E bei der Hessen-Rallye im Juli 1978: Die Niederländer Henk Vossen und Thomas Stef missbrauchen den Kadett als Amphibium.

Der Kadett C als Weltauto und die Chevette in Deutschland

Isuzu in Japan baute den Kadett C als Gemini mit hauseigenen Motoren, ihn bot GM über das Buick-Händlernetz in den USA als Buick-Opel an, nach Australien wurde er als Holden Gemini exportiert. Auch Daewoo baute den Kadett C. In Südamerika lief er als Chevrolet Chevette bis 1994 mit eigenständiger Front in Brasilien und als Opel K-180 in Argentinien vom Band. Eine Sonderstellung in Südamerika nahm der Aymesa Cóndor aus Ecuador ein.

Das war ein Kadett C als Limousine, Coupé oder als Pickup mit eigenständiger Front im Stile des Manta B und mit Kunststoff-Karosserie. Dann gab es natürlich noch das britische Kadett-C-Derivat aus dem Vauxhall-Werk Elsmere Port, den Vauxhall Chevette, ebenfalls mit Frontgestaltung à la Manta B. Er erschien zwei Jahre später als der Opel, überlebte ihn aber um vier Jahre bis März 1984. Damals hatte Opel bereits den Kadett D mit Frontantrieb im Programm. Weil es hierzulande eingefleischte Liebhaber des Heckantriebs in dieser Klasse gab, offerierte Opel zwischen Oktober 1980 und April 1982 den Briten als Opel Chevette. Opel verkaufte die Chevette als Opel. Doch nirgends am Auto stand »Opel«, es gab nur »Chevette«-Schriftzüge, und auf den Radkappen respektive den Naben der Sportstahlfelgen sowie am Lenkrad war das Vauxhall-Markenzeichen zu sehen. Das zeigt deutlich, dass die Chevette kein »echter« Opel war. In Deutschland bestand das Chevette-Programm aus zwei- und viertüriger Limousine, dreitürigem Hatchback und Kombi (von Opel nicht Caravan genannt). Alle waren in der L-Ausstattung lieferbar, nur die viertürige Limousine auch als GL mit mehr Chrom, Sportstahlfelgen, breiter Seitenschutzleiste, Stoßstangenhörnern, farblich passendem Teppichboden, Sitze mit Schottenstoffmuster bezogen.

Bei den L-Modellen gab es Karo-Stoff für die Sitze, beim Kombi hingegen Kunstlederbezüge. Die L-Modelle verfügten über einen neutralen Schlingenflor-Teppich, ihr Instrumententräger war weniger gut bestückt. Opel bot zwei Motorvarianten an: Der 1,3-Liter-N-Motor hatte 53 PS, war mit einer Viergang-Schaltung gekoppelt und für Normalbenzin ausgelegt. Die Chevette mit Dreistufen-Automatik kam in den Genuss

Zwischen 1974 und 1985 baute Isuzu den Gemini, im Bild die erste Serie mit Rundscheinwerfern von November 1974 bis Juni 1977, fotografiert zusammen mit Affen 1975 in Jakarta/Indonesien.

Fabrikneue Daewoo Gemini im Hafen, für den Export bestimmt.

Kunststoff-Kadetten aus Ecuador: Aymesa Condor 1400 und Condor GT Coupé.

Interessante Farbkombination: roter Aymesa Condor SL von 1980 mit weißem Vinyldach, die ecuadorianische Version des GM T-Car mit Kunststoffkarosserie.

Auch als Pickup: Der südkoreanische SMC von 1979, produziert von der Saehan Motor Company.

Aus Brasilien kommt die Chevrolet Chevette, im Bild ein frühes Modell von 1973. Sie hatte stets eine eigenständige Frontpartie und wurde, zuletzt schwer modifiziert, bis 1994 gefertigt.

Mit minimalem Werbeaufwand vermarktete Opel die Chevette. Immerhin gab es einen Prospekt.

Die Opel-Chevette-Familie des Modelljahrs 1981 im deutschen Programm: Hinten die L-Version, der vordere Viertürer als Chevette GL.

Die in den USA vertriebenen Buick-Opel hießen zwar Opel, kamen aber nicht aus Bochum. Den Buick-Opel, im Bild ein 1975er Coupé, fertigte Isuzu in Japan.

des stärkeren und höher verdichteten 1,3-Liter-S-Aggregates mit 57 PS und schluckte Superkraftstoff. Begründet wurde das Vorhandensein der Chevette schlichtweg damit, dass der neue Opel Kadett D gewachsen sei und somit einer höheren Fahrzeugklasse angehöre. Anfang der 80er Jahre geisterte durch die Presse ohnehin, dass Opel in einem völlig neuen Werk in Spanien den damals so genannten Opel Mini bauen wollte, aus dem 1982 der Corsa werden sollte. Opel sagte, die Chevette überbrücke im Opel-Programm als Einstiegsmodell die Zeit, bis der Opel Mini produktionsbereit sei. Das war eine kluge Argumentation.

Bei der Markteinführung betrug der Grundpreis für die Opel Chevette 10.300 D-Mark, am Schluss 11.400 D-Mark. Über die Opel-Händlerorganisation wurden in Deutschland trotz minimalem Werbeaufwand 12.332 Fahrzeuge zwischen Oktober 1980 und April 1982 verkauft.

Als Rallyewagen erfolgreich war die Chevette mit Hatchback-Karosserie ab 1976, entwickelt zusammen mit Blydenstein Racing (Dealer Team Vauxhall). Die Chevette HSR war ein Gruppe-4-Fahrzeug mit 2,3-Liter-Vierzylindermotor und Lotus-16-Ventiler-Kopf, 135 PS stark. 1979 setzte sich die Chevette gegen die starken Ford Escort RS durch und gewann die Britische Rallye-Fahrermeisterschaft, 1981 sogar den Markentitel. Der Wagen trug den Spitznamen »Plastic Fantastic«.

Alles sicher!

Sicherheitsautos waren ein wichtiges Thema in den 70er Jahren, und es gab das weltweite ESV-Programm (=Experimental Safety Vehicle), an dem sich nahezu alle Fahrzeughersteller beteiligten. Ziel war, bis zum Jahre 1980 das ultimative Sicherheitsauto zu entwickeln, in welchem kein Mensch mehr den Unfalltod stirbt. Das Ziel war natürlich Illusion, aber die ESV brachten die aktive und passive Unfallsicherheit gehörig voran. GM beteiligte sich unter anderem mit einem ESV auf Kadett-C-Basis, dem OSV 40, präsentiert auf der fünften ESV-Sicherheitskonferenz in London und entwickelt von Charles Chapman. Front- und Heckpartie waren mit Polyurethan gepolstert und hielten einem Crash mit 8 km/h stand, derselbe Kunststoff schützte auch die Türen. Die Kopfstützen waren am Dach befestigt und dienten als eine Art Überrollschutz im Falle eines Überschlages. Es gab auch ein Sicherheitsauto auf Basis Manta A.

Opel OSV 40 vom Sommer 1974, ein Kadett C mit leistungsfähigen Knautschzonen vorne und hinten, Überrollkäfig und viel aufgeschäumtem Passagierschutz innen.

Manta A als ESV (Experimental Safety Vehicle).

Dr. Jekyll und Mr. Hyde: Opel Ascona B

Heerscharen von Ascona B bevölkerten ein Jahrzehnt lang unsere Straßen. Sie waren gefällig-unauffällig, optisch und technisch unspektakulär, einfach gut. Eine relativ lange Motorhaube, große Fensterflächen, die einen Licht durchfluteten Pavillon ermöglichen, ein Stufenheck mit einem familientauglichen Kofferraum. So sah der Opel Ascona B aus. So sahen auch seine Hauptkonkurrenten aus, der Ford Taunus und der Audi 80. Am Opel Ascona war, generell gesprochen, alles gut. Dieses Auto hatte keine Macken. Es war solide konstruiert, kam bereits ausgereift auf den Markt und trug keine revolutionären konstruktiven Neuerungen unterm Blech. Dem Wagen war durch seine Konstruktion und sein Äußeres der Erfolg in die Wiege gelegt. Er profitierte vom Rallye-Europameister-Renommee des Vorgängers, dessen Technik er weitgehend übernahm, er profitierte vom sportlichen Image seines Bruders Manta, von dem ihn nur die Karosserie unterschied. Der Opel Ascona B wurde, egal ob klein oder groß motorisiert, ob als Zwei- oder als Viertürer, sofort zum braven Liebling des Bürgertums.

Optisch nahm der Opel Ascona die Formensprache des drei Jahre zuvor erschienenen Rekord D auf – es war auf den ersten Blick ersichtlich, dass diese beiden aus demselben Stall kamen: klare Linien ohne jede Schnörkel und sehr große Fensterflächen, vor allem an den Seitenscheiben.

Die Front des Ascona B war freundlich gestaltet, der große Kühlergrill lachte den Betrachter regelrecht an, große Scheinwerfer sorgten für beste Lichtausbeute. Das für den Kadett D entwickelte 1,3-Liter-Aggregat als Schrittmacher für eine neue Motorengeneration mit Querstrom-Zylinderkopf und hydraulischem Ventilspielausgleich erlebte sein Debüt im Ascona/Manta B; die 1,2-Liter-Basistriebwerke mit 55 und 60 PS verschwanden Anfang 1979. Im Juli 1976 ersetzte Opel den 1,6-Liter-S durch den 1900er-N, im März 1978 den 1,9-Liter-S durch den 2-Liter-N. Schon im September 1977 hielt das 2-Liter-S-Aggregat Einzug, übernommen vom

Bürgers Liebling: Ascona B 1,9 in Berlina-Ausstattung von 1979. Da hat man sich etwas geleistet!

Sehr bunter Ascona B als Begleitfahrzeug beim Giro d'Italia 1978.

Ein Händler-Sondermodell: Ascona B 2.0E »Black Exclusive« von Opel-Härter in Besigheim, August 1980.

Die typischen Opel-Stahlsportfelgen, die es einfarbig silbern oder schwarz ausgelegt gab.

Zusammen mit Irmscher entstand 1979/80 das Sondermodell i2000 auf Basis des 2.0 SR, 120 PS dank Doppelvergaseranlage, ausschließlich weiß-gelb lackiert.

Mit Sondermodellen hielt Opel das Interesse an seinem Bestseller hoch: Ascona JS vom Februar 1981.

neuen Rekord E. Damit hatte es der Ascona geschafft, in die Klasse der 2-Liter-Autos mit 100 PS aufzusteigen. Ein Selbstzünder wurde ab Herbst 1978 nachgereicht, der Wirbelkammer-Diesel brachte es im Ascona auf 58 PS aus 2 Litern Hubraum, optisch zu erkennen an der bombierten Motorhaube. Er erlebte seine Blüte eher im Export nach Frankreich und Italien, wo Dieselöl wesentlich billiger war als Benzin. Für das Modelljahr 1980 präsentierte Opel einen leicht überarbeiteten Ascona mit neuen Sitzen und mit schwarzem Kunststoff ummantelten Stoßstangen anstelle von Chrom. Der Plastik-Grill war nun silbergrau durchgefärbt. Als Spitzenmodell fungierte ab Januar 1980 der 2.0 E mit 110 PS und tief herab gezogenem Kunststoff-Frontspoiler.

Sonderserie Ascona 2.0 SR Irmscher in Zweifarbenlackierung vom Herbst 1979.

Es gab zwei Karosserievarianten, zwei- und viertürige Limousine. Als Ausstattungsvarianten bot Opel zunächst das Basis- und L-Modell an, im Oktober 1976 folgte der luxuriöse Berlina mit zusätzlichem Chromstreifen im Grill und Flankenschutzleisten. Während Opel früher den Fußraum der Basis-Modelle nur mit Gummimatten auslegte, hatte der Einstiegs-Ascona bereits einen Vliesteppich, das L-Modell einen farblich zum Interieur passenden Schlingenteppich, der Berlina wartete mit Velourspolstern und -teppichen auf. Für alle Varianten bot Opel das zweiteilige SR-Paket an: Getrennt zu ordern waren die Optik (schwarze Streifen, Zusatzinstrumente, Sportfelgen) und die Technik (strafferes Fahrwerk). Zusätzlich kam ab Januar 1980 der pfiffige Ascona J (=Junior). Im letzten Drittel seines Lebenszyklus' sorgten diverse Sondermodelle für Kaufanreiz.

Der Opel Ascona B war Teil eines General-Motors-Weltautokonzeptes. Die meisten Auslandsproduktionen des Ascona B hatten eine andere Frontgestaltung als die deutsche Version. Ohne konstruktive Änderung passte an den Ascona der Vorbau des Manta B. Mit Ausnahme des in Südafrika gebauten Chevrolet Ascona, der optisch identisch zum deutschen Wagen war, aber einen Vauxhall-Motor aufwies, besaßen alle weltweit produzierten Ascona-Varianten die Manta-Front. In Großbritannien entstand der Vauxhall Cavalier als Zwei- und Viertürer sowie als Kombi, der von Holden in Australien importiert wurde. Bei GM im südafrikanischen Port Elizabeth gab es den Chevrolet Chevair als Viertürer, er basierte auf der britischen Vauxhall-Version, ebenso die brasilianische Variante gleichen Namens.

Der Chevair führte ab Modelljahr 1980 ein Eigenleben, denn er bekam ein Facelift, das ihn noch mehr vom Ascona respektive Vauxhall entfernte: Die herabgezogene Manta-Front wurde überarbeitet und erhielt zwei nebeneinander liegende, große Lufteinlässe, die schwarzen Stoßfänger wurden ziemlich wuchtig und das Interieur erfuhr eine Überarbeitung. Entgegen der sonstigen GM-Praxis liefen nahezu alle Ascona-B-Derivate weltweit zeitgleich aus. Denn noch mehr als er war sein Nachfolger Ascona C (das J-Car-Konzept) ein Weltauto. In allen GM-Werken löste er den Ascona B ab.

Von August 1975 bis Juli 1981 lief der Ascona B in 1.512.971 Exemplaren in Bochum und Antwerpen vom Band.

Vom Biedermann zum Weltmeister

Nachdem Walter Röhrl 1974 den Rallye-EM-Titel nach Rüsselsheim geholt hatte, strebte Opel nach der Weltmeisterschaft. Das gelang nicht mit dem Kadett C, aber 1982 mit dem Ascona B. Zunächst setzte Opel in der Rallyesport-Gruppe-B auf den 186 PS starken Ascona B 2000 mit Spezialzylinderkopf, größeren Ventilen, Sportnockenwelle, zwei Doppelvergasern und weiteren Motorverfeinerungen. Er bescherte den Rüsselsheimern 1979 den zweiten Rallye-EM-Titel nach 1974. Als Homologationsmodell für den Rallyesport fungierte ab 1979 der Ascona 400. Bei ihm steht die Zahl für die Homologation, 400 Fahrzeuge mussten gebaut werden, damit er zum offiziellen Rallyeauto zugelassen wurde. Motorpräparator war die englische Formel-1-Schmiede Cosworth, der 2,4-Liter-16-Ventiler entstand aus dem 2,3-Liter-Dieselblock (weil er besonders stabil war), leistete in der Straßenversion 144 PS und war durch allerlei Hochleistungsinnereien locker auf 240 PS hinaufzuschrauben. Präsentiert wurde der 400er

»Street Car«, also Straßenversion, des Ascona 400 auf dem Opel-Händlerhof im September 1979, daneben ein Irmscher Rekord E.

Da stehen sie also, in Antwerpen: viele fertige Ascona B 400, bereit zur Auslieferung.

Das 400er-Herz, bis zu 270 PS stark, in der Straßenversion immerhin deren 144.

Immer wieder spektakulär: Donut mit einem scharfen Ascona 400. Das macht so schöne schwarze Striche auf den Asphalt.

Und nach dem Donut geht es weiter, als sei nichts gewesen. Dieser restaurierte 400er entspricht ziemlich genau dem Werks-Rallyewagen von 1982.

Weltmeisterlich: Aus dem Opel-Eurohändler-Team war 1982 das Rothmans-Opel-Rallye-Team geworden mit 18 Mechanikern, neun Servicewagen und einem Springerauto für den Werkstattmeister sowie den Rallye-Arzt. Walter Röhrl und Christian Geistdörfer gewannen 1982 den Fahrertitel, doch den Markentitel schaffte Audi mit dem Allrad-Quattro.

auf dem Genfer Salon 1979, im Oktober waren die verlangten 400 Straßen-Exemplare in Antwerpen produziert (Preis: 39.900 D-Mark), charakterisiert durch großen Bug- und Heckspoiler, Kotflügelverbreiterungen, LM-Felgen vom Monza auf Commodore-GS/E-Achsen, Lackierung polarisweiß mit drei farbigen Streifen (gelb-silber-schwarz) auf der Motorhaube und an den Flanken.

Der Ascona 400 durfte ab 1980 starten, zu seinen spektakulärsten Siegen gehören die Schweden-Rallye 1980, die Monte Carlo 1982, die Bandama-Rallye 1982 und die Safari-Rallye 1983. Opel konnte für die Saison 1982 den Tabakkonzern Rothmans als Hauptsponsor der Rallye-Equipe gewinnen, so war das Opel-Eurohändler-Team Vergangenheit. Zur WM 1982 liefen die Motoren bereits in ihrer zweiten oder dritten Überarbeitung und hatten 260 bis 270 PS. Sie verfügten über eine Trockensumpfschmierung. Das heißt, der Motor hatte auch in extremen Situationen wie raschen Kurvenfahrten oder Vollbremsungen eine konstante Schmierung. Außerdem wird hierbei keine Ölwanne benötigt, was die Bodenfreiheit des Rallyeautos erhöht. Walter Röhrl war mit seinem Copiloten Christian Geistdörfer nach einem Intermezzo bei Fiat zu Opel zurückgekehrt. Gegen die allradgetriebenen Audi Quattro hatte der Ascona schwer zu kämpfen, vor allem gegen die französische Rallye-Amazone Michèle Mouton. Zwar schaffte Audi den Markentitel, doch Röhrl/Geistdörfer gewannen auf Ascona 400 den Fahrertitel. In der Saison 1983 ging das erfolgreiche Duo zu Lancia und der ebenso erfolgreiche Ascona 400 in Rente.

Die neue Sachlichkeit: Opel Rekord D

Ein richtig deutsches Auto war der Rekord – mit all seinen Anlagen: die vom amerikanischen (!) Designer Charles M. Jordan gezeichnete ebenso funktionale wie elegante, fast schon fragile Karosserie ohne jeden Schwulst, ein aufgeräumtes Interieur mit genügend Platz, ein familientauglicher Kofferraum. Opel hatte Schluss gemacht mit den Amerikanismen und den barocken Formen des Vorgängers.

Zweitüriger Rekord D in Berlin 1979. Damals herrschte Wahlkampf in der geteilten Stadt.

Rekord 1900 mit buntem Hawaii-Hemd: Ein Händler-Sondermodell von Opel-Häusler in München mit Namen Hawaii im passend dekorierten Ausstellungsraum.

Letztverwertung eines Gebrauchtwagens: So grün kann ein Auto sein. Rekord D mit professionell ausgeschnittener Dachluke in der Frankfurter Innenstadt, ein temporäres Kunstwerk. Deutlich zu sehen ist, wie schwer Erde und Pflanzen sind. Der Opel geht gewaltig in die Knie.

Der Rekord D kam auch zur richtigen Zeit: Anfang der 70er Jahre waren Deutschland und Europa im Wirtschaftswachstum begriffen, die Kunden hatten Kauflust und Geld. Der Rekord D ging weg wie warme Semmeln und sein Luxusäquivalent Commodore verkaufte sich ebenfalls bestens.

In der Werbung nannte Opel den Neuen ab September 1972 »Rekord II«, damit keine Verwechslungen mit einem Dieselauto aufkommen konnten. Tatsächlich sollte der D-Rekord der erste Opel mit Dieselmotor werden. Doch zunächst setzte Opel auf die bewährte Technik und behielt die zwar sauber geführte aber nach wie vor starre Hinterachse bei. Dennoch wurde aus dem konservativen Fahrwerk das Beste herausgeholt, und der Rekord lag gut auf der Straße. Erkauft wurde dies freilich durch Komforteinbußen. Leicht weiterentwickelt wurden die Motoren. Die 1700er- und 1900er-Maschinen leisteten zunächst etwas mehr, die PS-Zahl wurde im Rahmen der Ökologiediskussion jedoch wieder reduziert. Ab Herbst 1975 wurde das Motorenangebot durch einen 2-Liter-S-Motor mit 100 PS ergänzt, der sich schnell zur meistverkauften Variante entwickelte.

Neben der zwei- und viertürigen Limousine, dem drei- und fünftürigen Caravan sowie dem dreitürigen Lieferwagen gab es wieder ein Coupé, diesmal nicht im Fastback-Stil wie beim Rekord C, sondern einfach mit schräger gestellten Scheiben und niedrigerem Dachpavillon. Die B-Säule, hier sehr dezent ausgeführt, blieb immer stehen, sodass der Hardtop-Effekt des Vorgänger-Coupés bei geöffneten Seitenfenstern passé war. Das Coupé sah elegant aus, unterschied sich aber auf den ersten Blick nicht besonders von der Limousine. Wie bisher gab es anfangs den jetzt sehr reduzierten Basis-Rekord, den Luxus, Sprint hieß die sportlich ausgestattete Variante. Sie wurde im Gegensatz zum Vorgänger nur noch als Coupé angeboten und bekam keinen leistungsstärkeren Motor mehr. Der Sprint war lediglich eine sportlich ausgestattete Version, jedoch kein eigenständiges Modell.

Während des Lebenszyklus' des Rekord D geschah die Ölkrise 1973/74. Sie bedingte eine Konjunkturschwäche und Benzinpreise auf bis dato unbekanntem Niveau. Dadurch brachen die Rekord-Verkäufe um die Hälfte ein. Dem begegnete Opel durch immer neue Sondermodelle und Varianten. So erschien 1974 die Berlina-Ausstattung mit Veloursitzbezügen und übertraf das L-Modell. Anlässlich des millionsten Rekord D lancierte Opel den Rekord Millionär mit erweiterter Luxus-Ausstattung. Prinzipiell verkaufte Opel den Rekord D zwischen Dezember 1971 und Juli 1977 gut. Dennoch kündigte sich an, dass in dieser Klasse der Sechszylindermotor eine immer größere Rolle spielen würde und das eigentliche Mittelklassemodell von Opel der Ascona war.

Mit dem Rekord Diesel versuchte Opel, die Mercedes-Übermacht am Taxistand zu brechen. Mercedes hat so vieles erfunden. Vom Auto als solches mal ganz abgesehen, unter anderem auch den Diesel-Motor für den Personenwagen. Das war 1936. Der Diesel war ein Auto für Taxifahrer und Sparfüchse, aber kein Alltagsauto für jedermann. In mehreren Schritten kämpfte der Diesel-Motor gegen vorherrschende Klischees an, und Mercedes war stets der Vorreiter neuer Techniken. Im September 1972 präsentierte Opel seinen Dieselmotor, und die Rüsselsheimer entschieden sich nicht für Vorkammer-Maschinen wie Daimler-Benz, sondern für das Wirbelkammerprinzip. Dieses Verfahren ermöglicht mehr Leistung

Rekord D Caravan als Funkstreifenwagen der Polizei in Rheinland-Pfalz, vorwiegend Gendarmerie-Kommandos auf dem Lande zugeteilt wegen des guten Stauraumes für Unfallaufnahmegeräte und sonstige Verkehrssicherungsgegenstände.

Rekord D und Commodore B Funkstreifenwagen der hessischen Autobahnpolizei in weiß mit Streifen in roter Tagesleuchtfarbe. Ein Versuch, durch die Farbgebung die Wahrnehmbarkeit zu verbessern.

Eindeutig ein Rentnerauto. Die beiden Peilstäbe hintern erleichtern dem Herrn das Rückwärtsfahren. So hat er stets im Blick, wo sein Auto aufhört. Gar nicht dumm.

Commodore GS 2.8 in diplomatischen Diensten, eingereiht von zwei ebenfalls staatstragenden Mercedes W 109.

wegen höherer Drehzahlen. Ein Vorkammer-Diesel nagelt zwar weniger, dreht aber auch ungern hoch und verdammt den Fahrer zu häufigem Schalten, weil sein günstiges Drehmoment in einem eng begrenzten Drehzahlbereich liegt. Anfang der 70er Jahre allerdings war die Begeisterung für den Rekord Diesel gering, nicht zuletzt wegen der konservativen Einstellung vieler Autokäufer. Sie sahen zwar die Vorteile (keine störanfällige Zündung, Langlebigkeit, Sparsamkeit), aber das Diesel-Image war damals noch schlecht. Äußeres Erkennungszeichen des Rekord Diesel war neben dem Heckschriftzug die ausgebuchtete Motorhaube.

Produktionszahlen: 858.551 Limousinen, 183.550 Caravan, 12.108 Lieferwagen, 73.987 Coupés. Insgesamt wurden 1.128.196 Rekord D inklusive der im Ausland montierten Wagen hergestellt, der Löwenanteil lag beim 1,9-Liter-S-Motor.

Elegant statt spektakulär: Opel Commodore B

Opel hat das von der zweitürigen Limousine abgeleitete Coupé quasi erfunden und vom teuren Liebhaberstück, das bei Karosseriebauern in kleiner Serie erstellt wurde, zum Großserienfahrzeug befördert. Opel hat dieses Genre sozusagen demokratisiert, also erschwinglich gemacht.

Stilistisch ein absoluter Kracher war das Coupé auf Rekord-C-Basis, gleichzeitig das erste Commodore Coupé. Ganz nach dem Vorbild der aktuellen US-Mode kreierte das Opel-Designstudio unter Clare MacKichan ein derart rassiges Fahrzeug, dass es von vielen Markenenthusiasten als einer der schönsten Opel bezeichnet wird. Als der Rekord D erschien, gab es erneut ein Coupé, wieder als Rekord und als Commodore. Die Erwartungen an das neue Coupé waren immens, denn es wurde selbstverständlich am wunderschönen Vorgänger gemessen. Jordan machte alles anders als sein Vorgänger MacKichan. Auch er beließ den Unterbau im Serienzustand. Er spendierte seiner Schöpfung ein Stufenheck mit dem gleichen Kofferraumdeckel wie bei der Limousine. Letztlich schuf er eine zweitürige Limousine, aber mit viel stärker geneigten vorderen und hinteren Scheiben und wesentlich niedrigerem Dachpavillon. Das Coupé auf Rekord D/Commodore B war zwar hoch elegant. Aber es war unspektakulär. Es litt unter dem Vorgänger.

Der Genfer Salon 1972 war die Drehscheibe für den Commodore B, lieferbar wieder als normaler Commodore und als GS, beide als Viertürer-Limousine und Coupé. Die optischen Unterscheidungsmerkmale gegenüber dem Opel Rekord D waren größere 14-Zoll-Räder, ein geänderter, grobmaschiger Kühlergrill sowie die vom Vorgänger bekannte Zierblende zwischen den Rückleuchten, jeder Commodore hatte einen doppelten, schmalen Zierstreifen an den Flanken. Der Innenraum war sportiv-komfortabel, orientierte sich am Rekord Luxus und übertraf ihn in mancher Hinsicht. Der 2,5-Liter-S-Motor im Commodore leistete 115 PS, der H-Motor mit zwei Vergasern für den GS brachte es auf 130. Ab Januar 1973 gab es den GS auch mit dem 2800-H-Motor mit zwei Vergasern und 142 PS, der ab Sommer 1973 den 2,5-Liter ersetzte.

Wie bisher war der GS sportlich aufgepeppt: Zusatzscheinwerfer, schwarzer Grill, Stahlsportfelgen, Doppelauspuff, und die frühen GS bekamen auf Wunsch einen von der Oberkante der Vorderkotflügel bis zum Ende der hinteren Seitenscheibe verlaufenden Rallyestreifen sowie eine schwarze Motorhaube. Aber die Zeit der Kriegsbemalung war abgelaufen, die Kunden wünschten in dieser Klasse ein eher dezentes Auftreten. Das GS-Fahrwerk war mit Gasdruck-Stoßdämpfern und breiteren Reifen modifiziert, die ohnehin schon straffe Federung wurde noch härter. Dafür lag der Wagen wie ein Brett auf der Straße. Zusätzliche Instrumente vermittelten dem Fahrer das Gefühl, sehr sportlich unterwegs zu sein. Um dies auch in Mehr-PS zum Ausdruck zu bringen, offerierte Opel ab September 1972 den GS/E mit 2,8-Liter-Einspritzmotor und elektronischem Motormanagement. Als Coupé erreichte der 160-PS-Wagen (ab 1975: 155) die magische Tempo-200-Schwelle locker. GS und GS/E sind auf den ersten Blick vom Standard-Commodore zu unterscheiden: Gürtelreifen

Den Erfolg seines Vorgängers konnte der Commodore B auf der Rundstrecke und der Rallyepiste nicht wiederholen. Aber er schlug sich wacker, und dieser GS/E kämpft im niederländischen Zolder. Immerhin startete Walter Röhrl auf einem GS/E Coupé bei der Monte Carlo 1973 und schaffte den Klassensieg.

Irmscher-Stylingstudie auf Basis Commodore B 2.8 GS Coupé, ausgestellt auf dem Genfer Salon 1973. Irmscher baute vier Exemplare, davon zwei verbreitert (Foto). Sie wurden als Ausstellungsstücke von Händler zu Händler gereicht.

Nur die ersten Commodore B GS/E trugen noch eine wilde Kriegsbemalung, in Anlehnung an den Vorgänger. Das war den Kunden zu expressiv. In den 70ern mochten sie es eher diskret.

auf Stahlsportfelgen mit Chromzierringen, Zwillingsauspuff, Zusatzscheinwerfer, schwarzer Kühlergrill, teilgeschwärzte Heckblende und zarte Zierlinie unterhalb der Gürtellinie. Der GS/E besticht durch einen Frontspoiler mit schwarzem Rallyestreifen. Technisch ist er mit serienmäßiger Servolenkung, Drehstromlichtmaschine, Verbundglaswindschutzscheibe und elektrischer Scheibenwaschanlage aufgewertet. Innen haben GS und GS/E zusätzliche Armaturen gemeinsam (Drehzahlmesser, Öldruckmesser, Voltmeter).

Ab Frühjahr 1975 lieferte Opel für alle Commodore wahlweise die vom Rekord bekannte Berlina-Ausstattung mit Veloursitzen, äußerlich kenntlich durch die schmalen PVC-Leisten an den Flanken. Ab dem Modelljahr 1976 gab es eine Programmstraffung. Der GS war kein eigener Typ mehr mit besonderem Motor, sondern wurde zur sportlichen Ausstattungslinie degradiert und mit allen Motoren außer dem Einspritzer kombiniert. Alle 2,8-Liter-Modelle hatten jetzt Servolenkung. Die Zierlinie wich einem breiten PVC-Flankenschutz, der Gummibelag der Stoßstangen wurde deutlich breiter, das Vinyldach kostete keinen Aufpreis mehr, für den GS/E waren Alufelgen lieferbar, das Interieur wurde aufgewertet. Im selben Jahr offerierte Opel ein neues Einsteigermodell für die Commodore-Reihe, den Commodore Spezial mit Rekord-Luxus-Ausstattung und 2,5-Liter-Sechszylindermotor ohne Servolenkung. Eigentlich wäre er, in historischer Nomenklatur gedacht, mit dem Namen Rekord L-6 besser bezeichnet gewesen. Zielgruppe waren Käufer, die zwar einen kultivierten und starken Motor mit sechs Töpfen, aber nicht die Commodore-Ausstattung wollten. Am anderen Ende stand der im April 1977 lancierte Commodore E, ein Coupé mit vereinfachter Ausstattung und 2,8-Liter-Einspritzer. Im Frühjahr 1977 bot Opel das Commodore GS/E Coupé als Sondermodell in schwarz mit silbernem Bugspoiler an, viele Extras serienmäßig, dazu Ronal-Alufelgen mit breiten 195/70-HR-14-Reifen. Im Juli 1977 endete die Produktion des Commodore B nach 140.827 Fahrzeugen, darunter 98.548 Limousinen und 42.279 Coupés.

Persien, Südafrika und Indien: Der Rekord in aller Welt

Der Opel Rekord D und sein großer Bruder Commodore B waren internationale Fahrzeuge, die in sehr unterschiedlichen Ecken der Welt produziert wurden. Die landläufig wohl am wenigsten bekannte Produktionsstätte ist Persien. In Teheran wurde 1967 die Iran Pars Khodro gegründet, und weil Schah Reza Pahlavi die Absicht hatte, sein Land zu »verwestlichen« und enge Bande zu den USA pflegte, baute Pars Khodro amerikanische Wagen, zunächst den Rambler. 1972 wurde Pars Khodro zu Iran-General-Motors und baute diverse US-Cars in Lizenz. Vom Band rollten auch rund 10.000 Exemplare des Opel Rekord D/Commodore B unter den Namen Chevrolet-Opel 1900 und Chevrolet-Opel 2500 Royale. Die Produktion lief bis 1977. In Europa bekannter sind die unter dem Namen Ranger produzierten Varianten des Opel Rekord D aus Antwerpen/Belgien und Biel/Schweiz. In Südafrika wurde der Wagen sogar mit einem 4,1-Liter-Sechszylinder gebaut. Viele technische und stilistische Gemeinsamkeiten hat der Opel Rekord D mit seinem britischen Schwestermodell, dem Vauxhall Victor FE/FX, aber kein Karosserieteil ist identisch und im Briten sind englische Motoren verbaut. Aber die Plattform beider Wagen ist gleich, auch die Produktionsdauer ist identisch, und beide wurden im Herbst 1977 vom gemeinsamen Nachfolger abgelöst, dem Opel Rekord E, der in Großbritannien Vauxhall Carlton hieß. Auch der Opel Commodore B hatte ein Vauxhall-Parallelmodell auf Basis des Victor FE mit entsprechend größeren Sechszylindermotoren. Er hieß Vauxhall Ventora. Dieses britische Rekord-D-Schwestermodell, der Vauxhall Victor FE, hatte ein langes Leben: Er wurde als Hindustan Contessa von 1978 bis 2002 in Indien gebaut, nachdem die Produktionseinrichtung von Vauxhall an Hindustan in Uttapara bei Kolkata verkauft worden waren.

Dann gab es noch den »Record« mit C aus Südkorea. Mit Familiennamen hieß er nicht Opel, sondern Shinjin, und anstelle des Opel-Blitzes trug er ein anderes Emblem im Grill. Der Shinjin Record kommt aus Südkorea, und er unterscheidet sich nebst seinem Heckschriftzug auch durch andere Details vom deutschen Opel Rekord D. Als Shinjin Record 1900 entspricht er ziemlich genau dem Rekord L und trägt den 1,9-Liter-Vierzylinder unter der Haube. Ein besonderer Rekord hingegen ist der Shinjin Record Crown. Technisch identisch, ist er die Luxusversion und entspricht

Kein Südkoreaner, sondern ein deutsches Importfahrzeug für Japan. Deshalb der Heckschriftzug in konventioneller Schreibweise.

Am Kotflügel gut zu erkennen: »Record« mit »c« geschrieben. Eindeutig ein Südkoreaner.

in Bezug auf das Ausstattungsniveau dem Opel Commodore. Sein hauptsächliches Unterscheidungsmerkmal zum deutschen Rekord und auch zum Shinjin Record 1900 sind seine Stoßstangen. Sie sind wuchtig, stehen von der Karosserie etwas ab und entsprechen stilistisch den Stoßstangen amerikanischer Straßenkreuzer der frühen 70er Jahre. Ab 1971 gab es ein Agreement zwischen Opel und der Shinjin-Motors, und in Südkorea wurden während des kompletten Jahrzehnts Opel-Fahrzeuge montiert, die sich in Details von den Originalen unterschieden. Als erste Opel-Lizenz lancierte Shinjin 1971 den Royale, baugleich mit dem Opel Ascona A, 1972 folgten der Shinjin Record 1900 und Record Crown. Mitte der 70er Jahre hielt der 2,5-Liter-Sechszylinder Einzug im Record Crown, in der südkoreanischen Version leistete er 154 PS. Am unteren Ende der Palette bot Shinjin den Maepsy an, er entsprach dem Opel Kadett C als Viertürer-Limousine und als Kompaktversion (unser Kadett City). Der Royale wurde 1976, analog dem deutschen Ascona, vom Nachfolger ersetzt. Den Ascona B gab es in Südkorea als Royale Diesel und als Royale Duke. Dem Rekord D folgte 1978 der Rekord E1, wieder als 1900 und als Crown, natürlich weiterhin mit C geschrieben. Die beiden Modellwechsel vom Kadett C auf den Kadett D respektive vom Ascona B auf den frontgetriebenen Ascona C machte Shinjin ebenfalls mit. Danach hörte Shinjin als Automarke auf zu existieren, denn sie wurde von Dong-A-Motors aufgekauft. Das bedeutete aber nicht das Ende der südkoreanischen Opel-Derivate. Denn GM Korea, 1972 gegründet, pflegte eine enge Kooperation mit allen südkoreanischen Autobauern, auch mit Dong-A-Motors. Der Nachfolger des Rekord E1 hieß nunmehr Dong-A und entsprach dem Rekord E2, allerdings mit Karosserieretouchen. Er war eine optische Kreuzung zwischen Rekord E2 und Senator A. 1983 begab sich Dong-A in den Schoß des mächtigen Daewoo-Konzerns. Aus dem Dong-A Crown wurde der Daewoo Crown, denn GM pflegte weiterhin die Zusammenarbeit. Mit Unterbrechungen gilt dies bis heute.

Shinjin Record Premier hieß die unserem Rekord L entsprechende Ausstattungsvariante des südkoreanischen Rekord-D-Ablegers.

Eine Mischung aus Rekord D und Commodore B, mit ganz speziellen Stoßstangen ist der Shinjin Record Royale.

Top of the line in Südkorea: Shinjin Record Royale mit Stoßstangen im US-Stil.

Die Form aus dem Wind: Opel Rekord E1 und E2

Da war die Rekord-Welt noch in Ordnung. Als Opel den Rekord E auf den Markt brachte, war dieser noch übersichtlich und klar strukturiert. Der Opel Rekord war traditionell ein Wagen der Mittelklasse, und gekauft haben ihn Angehörige der Mittelklasse. Das war bereits 1953 so, als Opel den Olympia-Nachfolger mit Namen Rekord auf den Markt brachte, und das sollte während der 70er auch noch gelten. Erst als ihn Opel überarbeitete und aus dem im Nachhinein E1 genannten Rekord den E2 machte, senkten sich langsam aber sicher dunkle Wolken über den Traditionalisten und sein Stern begann zu sinken.

Ein Opel war ein Wagen für die Mittelschicht, in allen graduellen Abstufungen. Ein arrivierter Angestellter oder Facharbeiter war der typische Käufer des Opel Rekord E, die Alternative lautete Ford Granada. Opel oder Ford war eine Glaubensfrage und für die Wenigsten eine Alternative. Man blieb damals seiner Marke und seinem Händler treu, oftmals ein Leben lang. Als Opel im September 1977 den Rekord E lancierte, war er eine kleine Sensation. Nicht technisch, denn unterm Blech tat sich nichts Revolutionäres. Aber die Karosserie war so komplett anders als beim Vorgänger, dass es für die Opel-Stilisten ein arger Spagat war, die neuen, vor allem aerodynamischen Vorgaben zu erfüllen und dabei eine Karosserie zu schaffen, die nach wie vor auf den ersten Blick als Opel Rekord zu identifizieren war. Das lag daran, dass sich zwischen dem Produktionsbeginn des Vorgängers anno 1972 und demjenigen des Rekord E die automobile Welt radikal verändert hatte.

Diese Veränderung war in erster Linie politischer Natur und basierte auf der Ölkrise 1973/74 und ihren Folgen. Weitere Zeitströmung war das zunehmende Sicherheitsbedürfnis der Autofahrer. Dies beherrschte das automobile Denken ab 1974 und veränderte die Einstellung der Kunden wie der Konstrukteure zum Auto maßgeblich. Stand zuvor der Fahrspaß ganz oben, so trat nun die Vernunft an seine Stelle. Dies alles sind die Gründe, warum der Opel Rekord E so ist, wie er ist. Denn er ist ein Kind seiner Zeit, ein Kind der 70er Jahre nach dem Ölschock. Er gehört zur ersten Generation neu gestalteter Fahrzeuge, die unter den veränderten Prämissen entstanden. Seine Keilform und vor allem sein schräg gestellter Kühlergrill sind die Tribute an die Aerodynamik mit der Absicht, den Benzinkonsum zu reduzieren, und seine Sicherheitsattribute zollen den Erfordernissen der Zeit.

Die letzte Neukonstruktion unter dem traditionsreichen Namen Rekord wurde im Herbst 1977 als zwei- und viertürige Limousine sowie als drei- und fünftüriger Caravan präsentiert. Ein Rekord

Rekord mit Dieselbuckel auf der Motorhaube und ungewöhnlichem Signet im Grill. Und alle sind sie grün! Blick auf das südkoreanische Fließband, auf dem der Daewoo Record E entsteht.

Noch gab es die Zweitürer-Limousine, aber dieses typisch deutsche Karosseriegenre war im Aussterben begriffen. Rekord L 2.0 im Herbst 1977.

Am Anfang seiner Karriere war das schwarze Kunstlederdach noch in Mode, aber die Mode war am Abflauen: viertüriger Rekord 2.0 L im September 1977.

Hamburger Opel Rekord L als Feuerwehr-Einsatzleitwagen.

Ende der 70er Jahre gab es bei Irmscher die hauseigene Sonderserie »Weiße Flotte« in einheitlichem Farbschema weiß-silbern mit Karosserieanbauteilen und speziellen Felgen. Dieser Rekord 2.0 S ist Bestandteil der »Weißen Flotte«, Aufnahme September 1979.

Coupé sollte es nicht mehr geben, seine Stelle nahm wenig später der Monza ein. Die Designmerkmale der 80er Jahre vorwegnehmend, war das Styling kantig und leicht keilförmig mit großen Fensterflächen. Des Designteam um Henry Haga schuf ein eher schlichtes Erscheinungsbild mit fast schon einfallsloser Front. Opel bot wie beim Vorgänger die drei Varianten Basis, Luxus und Berlina an. Den Sprint ersetzte das S-Paket mit breiteren Reifen, härterer Federung und Gasdruckstoßdämpfern hinten.

Während die starre Fünflenker-Hinterachse unverändert beibehalten wurde, gönnten die Opel-Ingenieure dem Rekord E eine völlig neue Mc-Pherson-Vorderachse, also Federbeine mit einem unteren Querlenker und Querstabilisator anstelle der früher verwendeten Querlenkertrapeze. Die Motorenpalette orientierte sich am Vorgänger. Der 60 PS starke 1700er spielte nahezu keine Rolle und verschwand 1980. Der 1900-N-Motor mit 75 PS blieb unverändert, der 1900-H-Motor mit 90 PS ging in Rente zugunsten eines gleich starken Aggregats mit nunmehr zwei Litern. 100 PS leistete nach wie vor der Zwei-Liter-S-Motor. Ihm zur Seite gestellt wurde eine Einspritz-Version mit 110 PS. Am Diesel hielt Opel ebenfalls fest und installierte den bekannten 2,1-Liter mit 60 PS, ab 1978 fünf PS mehr aus 2,3 Litern. Mit dem Rekord E machte Opel ein gutes Geschäft, wenngleich die Typenreihe nach Kadett und Ascona intern nur noch die dritte Geige spielte. In der zweiten Hälfte seines Modellzyklus' machte die Wirtschaftsflaute Anfang der 80er Jahre dem Rekord das Leben schwer, Opel reagierte mit Ausstattungsverbesserungen und Sondermodellen. Der Jahrgang 1981 war an breiten Kunststoffleisten an den Flanken zu erkennen, die Felgen erhielten ein neues Design (Radkappen gab es seit Einführung dieser Baureihe nicht mehr), auch die Basisausführung erfreute seine Besitzer nun mit einem Teppichboden. Ein optionaler, drehzahlminimierender Overdrive senkte den Kraftstoffverbrauch. Einen Rekord Zweitürer kaufte kaum mehr jemand, per 1981 gab es ergo keinen zweitürigen Berlina mehr, dafür offerierte Opel diese Ausstattungsvariante nun für den Caravan. Auch der 1700er-Motor hatte ausgedient, das Motorenprogramm startete nun bei 75 PS. Die Luxus- und Berlina-Varianten unterschieden sich ab 1981 äußerlich stärker vom Basismodell, denn ihre hintere Stoßstange reichte bis zu den Radausschnitten, die Fensterrahmen waren verchromt plus mattschwarz abgesetzt. Ganz zum Schluss, im April 1982, lancierte Opel mit dem SR/E einen sportlichen Rekord in guter, alter Sprint-Manier: Der Rekord 2,0 E bekam nicht nur Recaro-Sitze, sondern auch eine auffällige Zweifarbenlackierung mit dunkel abgesetztem Karosserieunterteil. Im britischen Vauxhall-Werk in Luton wurde der Rekord E1 von Oktober 1978 bis August 1982 insgesamt 27.000 Mal unter dem Namen Carlton gebaut und hatte eine anders gezeichnete, abfallende Front.

Im August 1982 endete die Produktion des Rekord E. Sein Nachfolger sollte nicht etwa Rekord F heißen, sondern die interne Bezeichnung E beibehalten. Zur besseren Unterscheidung wurde nachträglich vom E1 und E2 gesprochen. Im Oktober 1982 erschien der Rekord E2, komplett revidiert, aber keine Neukonstruktion. Bodengruppe und Fahrgastzelle mit Türen blieben unverändert, Front und Heck zeigten sich deutlich modernisiert. Im Stile der Zeit wurde der Rekord E2 repräsentativer, reifer, die Aerodynamik hatte sich verbessert und unter dem höher angesetzten Heck verbarg sich mehr Laderaum. Dem zunehmenden Trend nach weniger Chrom trug er Rechnung, die verchromten Stoßstangen wurden durch Stoßfänger aus Plastik ersetzt, die (wieder eingeführten) Radkappen waren auch aus Kunststoff, und die nach wie vor metallenen Fensterumrandungen wurden grau lackiert, um mit der Farbe der Stoßfänger zu harmonieren. Alleine der Caravan trug den Fensterchrom mit Stolz. Der Innenraum zeigte sich ebenfalls auf der Höhe der Zeit, ein neues Armaturenbrett hielt Einzug.

Es gab einen neu entwickelten Motor: Neben den weiterhin von den Käufern bevorzugten 2-Liter-Maschinen mit 100 oder 110 PS bot Opel einen 75 oder 90 PS starken 1,8-Liter mit Leichtmetall-Zylinderkopf und oben liegenden Nockenwellen an. Die Zweitürer-Limousine war schon vor dem Modellwechsel entfallen, so gab es den Rekord in vier Karosserievarianten: Viertürer, Caravan drei- und fünftürig sowie Lieferwagen. Zu den bekannten Ausstattungsvarianten Basis, Luxus und Berlina gesellte sich im Frühjahr 1983 die CD-Version mit Fünfgang-Getriebe, Servolenkung, nochmals verfeinertem Interieur und - damals absolut notwendig - Bordcomputer. Zum Modelljahr 1985 ordnete Opel die Varianten neu: Aus der Basisausstattung wurde der LS, ihm folgten GL (ehedem Luxus), GLS (die bisherige Berlina-Linie), und CD. Der 2-Liter-Einspritzer bekam zeitgleich etwas mehr Hubraum eingeschenkt und leistete nun 115 PS aus 2,2 Litern, er mauserte sich zum beliebtesten Motor im Rekord. 1984 erfuhr der Diesel eine Leistungsspritze und brachte es auf 71 PS, vermittels Turboaufladung auf 86 PS. Ab Jahresende 1984 lieferte Opel ein Antiblockiersystem und 1985 folgte eine 100-PS-Einspritzversion des 1800ers mit Katalysator. Im September 1985 kam noch, quasi als Schwanengesang, der zusammen mit Irmscher entwickelte Rekord Sport mit 2,2-i-Motor, Fünfgang-Getriebe, Tieferlegung, fetten Pirelli-Reifen (195/60 HR 14) auf Alufelgen und Karosserieanbauteilen. Das war mit 30.000 Mark der teuerste Serien-Rekord aller Zeiten. Das Parallelmodell Vauxhall Carlton (53.000 Mal im Vauxhall-Werk in Luton gebaut) unterschied sich nicht vom Opel Rekord E2.

Die Zeit des Opel Rekord war vorbei. Im Export verkaufte er sich leidlich gut, in Deutschland waren er und sein Konkurrent Ford Granada auf absteigendem Ast. Das traditionelle Rekord-Segment der 1,5- bis 1,9-Liter-Hubraumklasse belegte bei Opel mittlerweile der Ascona, und Käufer der gehobenen Klasse, in die der Rekord gezwängt worden war, kauften lieber einen

Facegelifteter Rekord E1 Luxus ab 1981 als Campingmobil. Er trägt Rucksack, und dieser Rucksack ist aufklappbar und bietet Lebensraum. Eine geniale Idee, und werktags ist dieser Rekord ein ganz normaler Rekord.

Rundum verspoilert: Das war die Mode in den 80ern, auch der Rekord blieb nicht verschont: Front- und Heckspoiler, Seitenschweller, spezieller Grill, schicke Alus von Mattig.

Mercedes, BMW oder Audi – außerdem machte der Opel Senator seinem kleineren Bruder hauseigene Konkurrenz – zumal auch er mit dem 2,2-Liter-Einspritzer offeriert wurde. Zuletzt hatte der Rekord an der Opel-Gesamtproduktion weniger als neun Prozent Anteil. Mit Beginn der Werksferien im Juli 1986 wurde die Rekord-Produktion beendet. Im Ausland wurden nach wie vor Rekord-Modelle produziert, und auch in Rüsselsheim liefen bis 1989 Opel Rekord für den Export nach Südafrika vom Band, sogar mit Drei-Liter-Einspritzmotor.

967.064 Wagen liefen von August 1977 bis August 1982 vom Band, darunter 641.542 Viertürer-Limousinen, 127.544 Zweitürer, 26.652 Dreitürer-Caravan, 140.849 Fünftürer-Caravan und 30.477 Lieferwagen. Der Rekord E1 erreichte nicht die Million. Rechnet man die 487.193 Rekord E2 bis 1989 dazu, brachte es die Baureihe zwar auf fast 1,5 Millionen – das ist aber relativ, weil sie zwölf Jahre im Programm war, die erfolgreichen Vorgänger hingegen nur jeweils fünf.

Konzernintern kannibalisiert: Opel Commodore C

Er war ein echter Grand Routier. Doch Rekord und Senator gönnten dem Opel Commodore C keine Luft zum Atmen und nahmen seinen ursprünglichen Platz ein. Charles Darwin lässt grüßen. Der britische Evolutionstheoretiker sprach vom »Überleben der bestangepassten Individuen« (»survival of the fittest«) und meinte damit, dass nur diejenige Tierart bestehen könne, die sich den Gegebenheiten und Einflüssen ihrer Umwelt am besten anpasst. Das ist beim Opel Commodore genau das gleiche. Commodore A und B waren erfolgreiche Wagen und hatten (mehr als) ihre Nische. Dann mischte Opel die Karten völlig neu. Der Rekord sowie der Admiral-Nachfolger Senator entstammten derselben Modellfamilie. Sie basierten auf derselben Bodengruppe, wenngleich der Große ein paar Zentimeter mehr Luft zwischen den Rädern hatte, sie teilten sich sogar einige Karosserieteile wie beispielsweise die vorderen Türen. Die beiden neuen Opel waren also eng miteinander verwandt. Zwischen ihnen stand der Commodore C, ebenfalls Bestandteil dieser Modellfamilie. Er kombinierte die lange Senator-Front, unter die der Sechszylindermotor passte, mit dem Karosseriekörper des Opel Rekord und teilte mit ihm die starre Hinterachse, während der Senator eine aufwändige hintere Einzelradaufhängung besaß. Streng genommen war das Coupé Monza, das den kurzen Rekord- und Commodore-Radstand teilte, aber die Senator-Hinterachse und dessen große Motoren besaß, eigentlich gar kein Senator-Coupé, sondern ein Commodore-Coupé. Was war der Opel Commodore C nun? Ihn einen Lückenbüßer zu nennen, wäre unfair. Nicht, weil einem Lückenbüßer von vorne herein etwas Negatives anhaftet, was man dem Commodore nicht unterstellen darf. Sondern, weil es gar keine Lücke mehr gab, die auszufüllen gewesen wäre. So gesehen gab es den Commodore C nur, weil es zuvor schon einen Commodore gab und Opel keinen Grund sah, keinen mehr anzubieten. Innerhalb von vier Jahren liefen gerade mal 80.521 Opel Commodore C vom Band. Das war weit weniger, als sich die Rüsselsheimer erträumt hatten. Aber sie taten auch nicht viel für ihn. Sie konzentrierten sich auf Rekord und Senator/Monza. Der Opel Commodore C stand immer nur in der Mitte und manchmal hatte man den Eindruck, er stand sogar im Weg.

Als Opel für das Modelljahr 1982 die beiden erfolgreichen Baureihen Rekord und Senator/Monza einem großen Facelift unterzog, wurde die Luft für den Commodore noch dünner. Dem Trend der Zeit entsprechend, wuchs der Opel Rekord noch weiter an und bediente eine neue Zielgruppe, nämlich diejenigen, denen sogar zwei Liter Hubraum im Mittelklassewagen zu wenig waren. Nunmehr gab es den Opel Rekord E2 mit 2,2-Liter-Einspritzer. Opel

Ein ideales Urlaubsauto, und auch für die Nachzieh-Ente findet sich noch ein Plätzchen. Dennoch scheint dieser Commodore C mit seiner Beladung und all den Mitfahrern ziemlich ausgelastet zu sein.

Schick, aber werksseitig nicht vorgesehen: Fabrikneuer Commodore 2.5 S Berlina mit den Alus vom Senator/Monza.

Potenter und individueller als jeder Mercedes Diesel, aber auch teurer im täglichen Unterhalt: Opel Commodore C als Taxi. Viele wird es davon nicht gegeben haben.

In Schweden zugelassener Commodore Berlina mit den für ihn vorgesehenen Leichtmetallfelgen. Hübsch die Schmutzfänger mit »Opel«-Schriftzug.

Zwei Verwandte: Commodore Voyage und Monza gemeinsam auf der Fähre.

ließ dem Commodore C das Facelift nicht mehr angedeihen, es gab keinen Commodore C2. Stattdessen musste sich der Senator A2 gefallen lassen, nunmehr als Einsteigermodell in die Palette den 2,5-Liter-Sechszylinder des Commodore zu erben. Opel ging sogar noch weiter und implantierte den Top-Motor des Rekord E2 in den Senator A2, also den 2,2-Liter-Einspritzer. Das entwertete den Senator ungemein, er wurde zum Vierzylinderauto degradiert und rangierte damit sogar noch unter dem ehemaligen Commodore, über dem er einst angesiedelt war. Letztendlich wurde der Opel Commodore konzernintern vom Rekord und Senator kannibalisiert.

Die Besucher der IAA 1977 kamen, sie sahen, sie staunten. Doch sie wussten nicht, was sie sahen. Eine Attrappe nämlich. Der Opel Commodore C feierte, gemeinsam mit seinen Brüdern, die Premiere. Aber nur der Rekord war fertig. Commodore C, Senator A und Monza hingegen waren weit von der Serienreife entfernt. Opel präsentierte die drei mit dunkel getönten Scheiben, und die Fahrzeuge waren durch Kordeln abgeschirmt. Die Besucher durften ihnen nicht zu nahe kommen und sie auf keinen Fall anfassen. Sonst wäre der Schwindel aufgeflogen: Metall fühlt sich kälter an als Plastik. Die drei großen Opel waren Plastilinmodelle in Echtgröße, aus Kunststoff gefertigt, Türen und Hauben ließen sich nicht öffnen, und die dunklen Scheiben verbargen, dass es keine fertige Innenausstattung gab. Die Fachwelt hingegen beschäftigte sich so sehr mit dem neuen Opel Rekord E, dass kaum jemandem auffiel, dass seine Brüder nur Blendwerke waren.

Wie weit sie von der Serienreife entfernt waren, belegt vor allem die Tatsache, dass der Produktionsanlauf noch ein ganzes Jahr bis Herbst 1978 auf sich warten ließ. Der Commodore C: Weder GS-Modell noch Coupé, nur noch zwei- und viertürige Limousine, später der Voyage. Der Kunde hatte die Wahl zwischen Basis und Berlina, beide kombinierbar mit einem S-Paket, und das Interieur war Rekord pur. Zunächst gab es den 2,5-Liter-S-Motor mit 115 PS bis 1982, ab 1981 ergänzt von der 130 PS starken Einspritzerversion. Die S-Ausstattung beinhaltete ein härteres Fahrwerk, breitere Reifen (195/70 HR 14), Zusatzinstrumente und Vierspeichen-Sportlenkrad, äußerlich einen seitlichen Zierstreifen, schwarze Heckblende, Leichtmetallfelgen (6 J x 14). Die S-Ausstattung konnte allerdings das hohe Niveau der einstigen Commodore-GS-Varianten nicht erreichen. Und gerade sie waren für das gute Commodore-Image verantwortlich gewesen.

Der Commodore C verkaufte sich bis auf das erste Produktionsjahr schlecht, und am schlechtesten der zweitürige. Mitte 1981 lief er aus. Dafür gab es ab März 1981 einen Commodore Voyage, also einen fünftürigen Kombi in Normal- und Berlina-Ausstattung als Reaktion auf den erfolgreichen Ford Granada Turnier mit großvolumigen Sechszylindermotoren. 1981 unterzog Opel den Commodore C einer Modellpflege. Das Basis-Modell hieß nun Luxus, neue hintere Stoßfänger vom Senator und ein breiterer Flankenschutz vermittelten einen neuen optischen Pfiff, die Fensterrahmen waren sportlich geschwärzt. Der Berlina bekam einen dezenten Zierstreifen an der Oberkante der Seitenlinie, Türschweller und Heckblech waren fortan schwarz gehalten. Von September 1978 bis August 1982 liefen 80.521 Commodore C vom Band, darunter 3439 Voyage. Vor allem der Voyage avancierte schon in jungen Jahren zum Liebhaber-Fahrzeug, kaum ein Großserien-Opel ist seltener als er. Noch eine Zahl: Den zweitürigen Commodore als Einspritzer gab es 35 Mal. Und nicht einmal alle in diesen Zahlen enthaltenen Fahrzeuge erblickten mit Opel-Markenzeichen das Licht der Welt. Ein Teil wurde als Vauxhall Viceroy geboren und von Oktober 1980 bis Februar 1982 in Großbritannien verkauft. Das blieben echte Raritäten: 2295 Stück.

In Südafrika (und nur dort!) gab es einen Commodore C2 auf der Basis des Rekord E2 mit dem 3-Liter-Einspritzmotor aus dem Senator. Die Front entsprach dem Opel Monza A2, die Felgen kamen vom Senator A2.

Riesenkarriere down-under: Der Holden Commodore

Ein Trost für »Commo«-Liebhaber mag sein, dass der Opel Commodore C ab Oktober 1978 als Holden Commodore in Australien einen veritablen Siegeszug antrat. Kein Wunder, gehörte er doch zur weltweiten GM-Familie der V-Cars, wie Senator/Monza A und Rekord E. Im November 1978 startete in Australien der Holden Commodore VB, baugleich zum Opel, mit größeren Motoren (2,9- und 3,3-Liter-6-Zylinder, 4,2- und 5-Liter-V8), Limousine und Kombi. Mit vielen Facelifts und sogar neuen Karosserien auf der bekannten Plattform war der Commodore »down under« ein ungemein beliebter Wagen. Bis 1988 wurde der auf dem Commodore C basierende Holden angeboten, sein Nachfolger unter demselben Namen basierte auf dem Senator B. Seit 1997 bildet eine verlängerte Opel-Omega-Plattform die Grundlage für das Volumen-Modell von Holden. Commodore hieß er bis zuletzt. Holden war eine komplett eingerichtete Automobilfabrik mit Entwicklungsabteilung, Produktion und Vertrieb. Nur der Vertrieb blieb übrig. Am 20. Oktober 2017 lief der letzte Holden vom Band. Holden-Fahrzeuge gibt es in Australien noch immer, aber das sind alles umgebadgte GM-Modelle, die aus anderen Ländern importiert werden. Und seit der Übernahme Opels durch PSA reduziert sich die Zahl der Fahrzeuge mit Opel-Genen zusehends. Der 2018er Holden Commodore ZB ist ein verkleideter Opel Insignia. Und wo wird er gebaut? In Rüsselsheim!

Made in Rüsselsheim, verkauft only down under in Australien: Holden Commodore des Jahrgangs 2018, die Typen VXR, Calais und Calais V Tourer alias Opel Insignia B.

Repräsentativ mit eigenem Flair: Opel Senator A1 und A2

Es war ein radikaler Einschnitt. Seit dem Vorkriegs-Kapitän bis zum Kapitän/Admiral/Diplomat B war stets eine evolutionäre Konstanz beim großen Opel gegeben, jetzt folgte die Revolution: Das Top-Modell war kein originärer Wagen mehr, zwar ein eigenständiges Modell, aber keine solche Konstruktion. Er basierte auf dem Rekord E, und das entwertete den neuen großen Opel von vorne herein. Außerdem war er viel kompakter als sein Vorgänger, nämlich 20 cm kürzer und 13 cm schmäler, und ein prestigeträchtiger Achtzylinder blieb ihm verwehrt.

Die Präsentation von Senator und Monza erfolgte auf der IAA im Herbst 1977, die Produktion begann im Mai 1978. Der etwas verlängerte Unterbau sowie einige Karosserieteile stammten vom Rekord. Während dieser seinen Passagieren allerdings nur eine hintere Starrachse zubilligte, konnten sich Senator-/Monza-Fahrer über eine neue Hinterachse freuen (Dreieck-Schräglenkerachse mit Einzelradaufhängung und Miniblock-Federn). Durch den 15 mm längeren Radstand, das dritte Seitenfenster und den längeren Vorbau wirkte der Senator wesentlich stattlicher als der Rekord. Senator und Monza machten aus dem großen Opel ein Drei-Liter-Auto, denn die weitaus meisten Modelle wurden mit dem 3,0-cih-Einspritzer mit 180 PS, ein Derivat des cih-2800ers aus dem

Typische Farben für frühe Senatoren waren Silbermetallic sowie Silbermetallic mit leichtem Blaustich oder, wie im Bild am Senator C 3.0 E, mit leichtem Grünstich.

Formal war der Senator eindeutig ausgewogener als sein Organspender Rekord E. Aufnahme vom August 1978, kurz nach der Markteinführung.

Auch Klassewagen wie der Opel Senator blieben vom Tuningwahn nicht verschont: Rundum mit Kunststoff-Formteilen aufgewerteter oder umgewerteter Senator A2 von Mattig.

Wohl dem, der eine Doppelgarage besitzt. Wohl dem, der sie derart füllen kann: Der Eigentümer hat die Wahl zwischen Senator A2 und Monza A2.

Der zwanzigmillionste Opel war am 25. März 1983 ein Senator A2. Als Gratulanten kamen ein Opel-Lutzmann sowie ein Laubfrosch.

Das »L« steht nicht nur für »Luxus«, sondern auch für »lang«. Bei Keinath in Dettingen wird der Senator A2 auf Kundenwunsch um 10 Zentimeter im Bereich der hinteren Türen verlängert. Das Plus kommt ausschließlich dem hinteren Fußraum zugute.

Keinath macht auch anderes, nicht nur lange Senatoren und offene Monzas: Senator Caravan im Bau. Interessant: Nicht eine Rekord-Caravan-Rohkarosserie wird als Senator aufgebaut, sondern eine Senator Limousine zum Kombi umgebaut.

So sieht das Ergebnis der Kur aus: Ein Senator Luxuskombi, auf dem gleichen Niveau wie ein Granada 2.8 i Ghia S Turnier, aber individueller.

Admiral, ausgeliefert. Der 2,8-Liter-Vergasermotor mit 140 PS, unverändert vom Admiral geerbt, war weniger beliebt, die 150 PS starke Vergaser-Version des 3-Liters ab August 1978 spielte keine Rolle. Er wurde im Juni 1981 zugunsten des aus dem Commodore bekannten 2,5-Liter-Einspritzers mit 136 PS aufgegeben. Zeitgleich spendierte Opel dem Senator ein neues Armaturenbrett und Lenkrad. Das alternative Fünfgang-Getriebe gab es schon länger.

Opel differenzierte drei Ausstattungslinien, den Basis-Senator mit Stoffsitzen sowie den C und CD, beide mit Velours. Der CD hatte die Top-Motorisierung serienmäßig und auch sonst alles, was das Fahren angenehm machte, von Automatik über heizbare Sitze bis hin zur Klimaanlage. Sein optisches Charakteristikum waren die zweifarbigen Leichtmetallfelgen, den Farbstreifen entlang der Gürtellinie hatte auch das C-Modell. Eine Sportausstattung stand ebenfalls zur Wahl, sie bot Zusatzinstrumente, ein härter abgestimmtes Fahrwerk mit Alufelgen, einen schwarzen Kühlergrill und war am »S«-Zeichen auf den vorderen Kotflügeln zu erkennen. Als Vauxhall Royale wurde der in Deutschland produzierte Senator ab Oktober 1978 nach Großbritannien exportiert. Die erste Serie des Opel Senator wurde inklusive des sportlichen Cousins Monza bis Herbst 1982 gebaut.

Parallel zum Rekord E2 erfuhr auch der Senator ein großes Facelift und avancierte im Dezember 1982 zum Senator A2. Die tiefer herab gezogene Fronthaube war nicht nur aerodynamisch günstiger, sondern passte auch zum einheitlichen Opel-Erscheinungsbild; das Heck wurde modernisiert, große Kunststoffeinheiten vorne und hinten wirkten wie moderne Stoßfänger aus einem Guss als Karosserieabschluss. Doch darunter befand sich nach wie vor das gleiche Blech wie beim A1, denn die Rohkarosse blieb unberührt. Zu den bisherigen 2,5i- und 3.0i-Sechszylindern gesellte sich nun der 110 PS starke Zwei-Liter-Einspritzer mit vier Töpfen aus dem Rekord und wurde im Oktober 1984 vom 2,2 i mit 115 PS ersetzt. Die Ausstattungslinien Basis, C und CD blieben, ein S-Paket wurde nicht mehr angeboten. Zum Karriereende gab es ab September 1985 den Senator CS, ein Sondermodell mit einigen Extras serienmäßig. Der August 1983 brachte ein ABS, im Februar 1984 ersetzten LED-Anzeigen die konventionellen Instrumente, und ab Frühjahr offerierte Opel zwei weitere Karosserieversionen, den Krankenwagen sowie die auf Wunsch gepanzerte Langversion (Umbau: Keinath, Dettingen). Im Herbst 1984 wurde die Drei- durch eine Viergang-Automatik ersetzt und der 86 PS starke 2,3-Liter-Turbodiesel aus dem Rekord hielt Einzug, gefolgt vom Senator 2,3 TDX Comprex. Die Einführung des Senator Turbodiesel war lediglich eine Reaktion auf die in der zweiten Hälfte der 80er Jahre vorherrschende Dieseleuphorie. Technisch spannender war seine Alternative, ein Comprex-Diesel, basierend auf demselben Motor, aber mit 95 PS. Nur 700 Mal baute Opel den Senator Comprex, dessen Druckwellenlader von Brown, Boverie & Co. entwickelt worden war, die Umrüstung besorgte der Opel-Haustuner Irmscher. Der wesentliche Unterschied in der Praxis zwischen Turbodiesel und Comprex war, dass der Kompressor seine Leistung bei jeder Drehzahl lieferte, also auch bei niedriger, und nicht wie ein Abgasturbolader erst ab einer gewissen Drehzahl einsetzte, dann aber mit Vehemenz. Mit Comprex-Lader war der Senator Diesel rund 1000 D-Mark teurer als mit Turbolader.

Das letzte Modelljahr 1985/86 ist äußerlich erkennbar, Opel gönnte seinem Flaggschiff eine dezente Überarbeitung. Neben den geänderten Radkappen des Grundmodells erfuhren die Seitenscheibeneinfassungen eine Modifikation. Die Aluminiumteile erstrahlten zuvor in bestem Chromglanz. Ab September 1984 waren sie mattgrau eloxiert. Das entsprach dem Zeitgeist, der selbst bei Fahrzeugen der Luxusklasse Chromglanz zugunsten von sachlichem Kunststoff ablehnte. Ganz zum Schluss bot Opel im Senator den 3-Liter-Motor mit geringerer Verdichtung und deshalb nur 156 PS Leistung aber mit geregeltem Katalysator an. Die zweite Serie des Senator wurde in England nicht mehr als Vauxhall Royale, sondern als Vauxhall Senator verkauft. Der Senator A2 blieb bis Juni 1986 in Produktion, aber wegen entsprechender Vorräte fast ein Jahr länger im Angebot.

Das Baukasten-Coupé: Opel Monza A1 und A2

Er trägt seinen »schnellen« Namen mit Berechtigung, Würde und Stolz, wird ihm aber nicht unbedingt gerecht. Natürlich ist der Opel Monza ein schnelles Auto. Der 3-Liter-Monza rennt Tempo 210, die 2,5-Liter-Version schafft 190. Die beiden Vierzylinder-Versionen spielten nur eine Randrolle in der Opel-Monza-Geschichte, naturgemäß waren das keine sonderlich schnellen Autos. Ein 2-Liter-Monza mit Automatik ist gerade mal 175 km/h schnell. Dennoch zählte der Opel Monza Ende der 70er und bis in die Mitte der 80er Jahre zu den »Autobahn-Stormers«, wie die Briten schnelle deutsche Autos so treffend bezeichnen. Mit dem Monza verwirklichte Opel einen Grand Tourismo, ein schnelles und bequemes Reisecoupé, das lange Distanzen mit hohem Tempo bewältigen kann und dabei seine Passagiere umschmeichelt und so wenig wie möglich ermüdet. Ein Bolide war der Opel Monza nie und das sollte er auch nicht sein. Er war ein Wagen für arrivierte Bürger, eher für den graumelierten Herrn.

Opel positionierte den Monza auf gleicher Höhe wie den Senator und orientierte sich an seiner Ausstattung und Motorisierung. Der Opel Senator war ein Großserienwagen, und durch das Baukastenprinzip profitierte der Monza trotz verhältnismäßig geringer Stückzahlen von dessen technischer Ausgereiftheit. Sein geringeres Gewicht und der kürzere Radstand machten den Opel Monza sportlicher als die Limousine, trotz identischer Motorleistungen. Der Monza war innerhalb der Opel-Palette ein eigenständiges Fahrzeug und wird landläufig dem Senator zugeordnet, weil hier die Nähe wegen der Radaufhängung, der Motorisierung und der Ausstattung am deutlichsten ist. Gleichsam könnte man ihn aber auch als Commodore Coupé bezeichnen, des Radstands wegen.

Den Coupé-Käufer erwartet naturgemäß ein im Vergleich zur Limousine individuelleres Auto mit eleganterer Linie und weniger Platz zu einem höheren Preis. An den praktischen Nutzen denkt ein Coupé-Käufer weniger, schon allein, weil ein solcher per defini-

Ein funkelnagelneuer Monza A1 3.0 E, einer der ersten, die vom Fließband liefen. Aufnahme September 1978.

Privatfahrer setzten auf der Rundstrecke durchaus auch scharfe Monzas ein. Eigentlich logisch. Denn wegen seiner Typbezeichnung ist der Monza ja wie geschaffen für den Rundkurs. Szene von der Deutschen Produktionswagen-Meisterschaft 1985.

Das war mal ein Coupé: Keinath machte aus dem Monza einen KC 5. Aufnahme vom Juni 1985.

Was der Senator erdulden musste, musste der Monza ebenso ertragen: Von Mattig aufgerüsteter Monza A2 GSE.

So sah der Keinath KC 5 aus, nachdem er fertiggestellt wurde. Blick in den Keinath-Ausstellungsraum.

Monza A2 GSE 3.0 E von 1983 für den britischen Markt, aber nicht als Vauxhall deklariert.

Einem KC 5 sind innen keine Grenzen gesetzt. Der Kunde erhält, was er wünscht und bezahlen kann. Wenn er es möchte, so bekommt er weißes Leder im weißen Fahrzeug.

tionem kaum vorhanden ist. Nicht so beim Opel Monza. Er gehört der damals eher seltenen Kategorie der Kombi-Coupés an, welche eine elegante Schrägheck-Linienführung mit einer großen Heckklappe verbinden. Zwar benötigt ein Opel-Monza-Fahrer seinen Wagen weniger für Baumarkt-Transporte, aber über einen großen, variablen Kofferraum freut er sich trotzdem – je nach dem, was für ein Hobby er hat. Das Bedürfnis dafür war einerseits vorhanden, andererseits dachten etliche Aspiranten derartiger Grand-Tourismo-Wagen natürlich auch, dass Praktikabilität und Eleganz in dieser Klasse nicht kombiniert werden sollten. So polarisierte der Opel Monza also von Anfang an.

Technisch waren Opel Monza und Senator identisch: 3-Liter-Einspritzer mit 180 PS (später mit Kat 156 PS), 2,5-Liter-Einspritzer mit 136 PS. Der Diesel blieb dem Monza verwehrt. Den Vierzylinder-Rekord-Motor gab es im Monza A2, aber kaum jemand wollte ihn (971 Monza mit zwei Litern, 726 mit 2,2 Litern). Auch die Ausstattungslinien entsprachen sich, wenngleich die CD-Version dem Opel Senator vorbehalten blieb.

Das Monza-Spitzenmodell war ab September 1983 nicht mehr der Monza C, sondern der GSE. Dieses für Opel historische Kürzel steht für »Grand Sport« und »Einspritzung« und wurde nunmehr ohne trennenden Schrägstrich verwendet. Der Opel Monza GSE war ausschließlich mit dem Spitzenmotor lieferbar. Er erhielt ein modifiziertes Fahrwerk (etwas tiefer, etwas härter) und eine besonders luxuriöse Innenausstattung. Der Opel Monza GSE war in seiner gesamten Konzeption kein Sportwagen, sondern ein leistungsfähiges Reisecoupé. Seine Sitze hatten ein spezielles Design und stammten von Recaro. Der Veloursteppichboden war besonders weich und hochflorig, der Pilot hielt ein Lederlenkrad in Händen.

Weitere Annehmlichkeiten waren Zentralverriegelung, elektrische und beheizbare Außenspiegel, auch für den Heckscheibenwischer eine Intervallschaltung, und sehr praktisch war die mittig geteilte Rücksitzbank, die sich auch hälftig umklappen ließ. So konnte der Monza GSE beispielsweise drei Fahrgäste zu einem Skiausflug transportieren. Serienmäßig schaltete der Pilot eine 5-Gang-Box, auf Wunsch ließ er die Drei- bzw. (ab September 1985) Vierstufenautomatik für sich arbeiten. Ab Februar 1984 trug der Monza GSE eine elektronische LCD-Flüssigkristallanzeige. Das Tempo wird digital angezeigt; Drehzahl, Tankinhalt, Motortemperatur etc. erfolgen »quasi-analog« über bewegte Grafiken, die sich aus einzelnen Balken zusammensetzen. Das war in den 80er Jahren Mode, kein Autohersteller konnte sich der Digitalisierung entziehen. Der GSE machte das S-Paket für die übrigen Monza überflüssig. Vom Monza A1 wurden 27.218 Stück gebaut, 16.594 vom Monza A2.

Der deutsche Ferrari: Bitter SC

Die Vorstellung ist verführerisch: ein atemberaubendes Coupé, kombiniert mit bewährter Großserientechnik. Ein Wagen für Enthusiasten, die nicht die Leidensfähigkeit aufbringen, den Kapriolen und Eskapaden meist italienischer Supersportwagen ausgesetzt zu sein. Ein Traumauto, das jeder Opel-Händler zuverlässig warten kann. Ein Bitter SC mit Opel-Senator-Technik unterm Blechkleid. 450 Menschen begeisterte der Bitter SC so sehr, dass sie einen kauften. Für ungefähr das gleiche Geld hätten sie auch einen Ferrari, Lamborghini, Iso Rivolta, Maserati oder einen englischen Aston Martin bekommen – mit all dem Renommee, das diesen Traumwagen zu Eigen ist und mit all dem Aufwand, der ihren Unterhalt definiert.

Das Kürzel SC steht für Senator Coupé, so wie zuvor CD die Abkürzung für Coupé Diplomat war. Die Außenhaut war eine Kooperation aus Schwelm und Turin. Erich Bitter entwarf das Fahrzeug, wobei ihm die Opel-Stylingabteilung unter Henry Haga hilfreich zur Seite stand. Giovanni Michelotti baute den Prototyp. Formaler Ideengeber für den SC war der Ferrari 365 GT/4, 400 und 412 (1973 bis 1989).

Die Präsentation des Bitter SC erfolgte rund zwei Jahre später als ursprünglich geplant auf der IAA im Herbst 1979, und der erste Bitter SC, der tatsächlich fahrbereit war, feierte sein Debüt als Pace

Was für ein Name!

Monza. Was für ein Name! Was für ein Klang! Jeder Autobegeisterte auf der ganzen Welt kennt ihn und verbindet ihn mit donnernden Motoren, roten Boliden, mit »Forza Italia« und dem Flair des Rennzirkus'. Es ist erstaunlich, dass sich keine der italienischen Manufakturen von Hochleistungssportwagen diesen Namen als Typenbezeichnung gesichert hat. Sie waren nicht schnell genug. General Motors war schneller. Der Opel Monza war beileibe nicht der erste GM-Wagen, der diesen traditionsreichen Namen trug. Der erste Wagen von GM mit diesem Namen war das Chevrolet Corvair Monza Coupé, die sportliche Ausführung des amerikanischen VW-Käfer-Konkurrenten mit Heckmotor und Pendelachse ab Mai 1960. Aufsehen erregend war die Monza-Studie aus dem Jahre 1962, mit dem Corvair als technischer Basis, aber ein beeindruckendes Styling von Larry Shinoda und dem späteren Porsche-Chefdesigner Anatole Lapine. Wie beim späteren Opel CD öffnete sich bei diesem Mittelmotor-Sportwagen zum Einstieg das komplette Dach inklusive der Scheiben nach vorne. 1974 revitalisierte GM den Namen Monza und schmückte damit ein für amerikanische Verhältnisse kleines Coupé, den Chevrolet Monza, der auf dem US-Markt die Stelle des nicht mehr importierten Opel Manta einnahm. Konzeptionell ähnelte ihm der spätere Opel Monza, der ebenfalls ein schräges Heck mit großer Klappe trug. Monza ist der Name einer lombardischen Stadt und wäre ein international völlig unbekannter Ort nordöstlich von Mailand, würde dort nicht seit den 1920er Jahren das legendäre Grand-Prix-Rennen auf dem Autodromo Nazionale ausgetragen. Monza gilt als die schnellste Rennstrecke überhaupt mit einem baulich bedingten Vollgasanteil von 70 Prozent. Der Name »Monza« bedeutet also in erster Linie eines, nämlich Hochgeschwindigkeit.

Kein Stäubchen, kein Fettfleck. Aus diesem Motorraum könnte man essen.

Ein bisschen Musik ... Der Innenraum als Resonanzkörper. Wer hier aufdreht, hört natürlich nicht den Sound, der aus dem nicht eben dürren Auspuffendrohr kommt.

Bitter SC 4WD Ferguson, sechs Mal gebaute Allradvariante. Präsentiert wird der Bitter 4x4 auf der AAA 1982 auf dem Berliner Messegelände im September 1982.

Bitter SC der Bauserie 1981 bis 1983 mit Fensterrahmen in Wagenfarbe und Spiegel auf dem Türblech.

Nur fünf Exemplare entstanden von der Bitter Limosuine, dem SC Sedan. Den Prototyp baute JLCA Maggiora, ein Karosseriewerk bei Turin.

Keinath, Karosseriebauer und Opel-Händler aus dem schwäbischen Dettingen bei Reutlingen, erstellte das Cabriolet aus Coupé-Rohkarosserien in manueller Kleinstserie.

Car beim Formel-1-Rennen in Monaco. Beim Karosseriebauer Ocra in Turin entstanden die Rohkarosserien, ebenfalls in Turin beheimatet war Salt, die Firma für die Innenausstattungen, und die Endmontage erfolgte in Bitters Fabrik in Schwelm. 1981 wurden die ersten Bitter SC ausgeliefert.

So schön und begehrenswert der Bitter SC war – die ersten Exemplare litten unter gewaltigen Qualitätsproblemen. Ocra verwendete billiges Recyclingblech und verschwendete keine Zeit auf Rostvorsorge. Das war damals gang und gäbe, aber nicht angemessen bei einem teuren Luxusautomobil. Die Kunden waren unglücklich, und am unglücklichsten war Erich Bitter selbst. Nach 79 bei Ocra gebauten Exemplaren zog Bitter die Reißleine und fand ab Frühjahr 1982 in Ilca Maggiora (Moncalieri bei Turin) einen neuen Partner für die Karosserieherstellung, dem er bis zum Produktionsende treu blieb. In seinem eigenen Betrieb stellte Bitter nunmehr anderthalb SC-Modelle pro Woche her und konnte der Nachfrage nicht Herr werden. So suchte er einen größeren Partner für die Endmontage und fand ihn bei Steyr-Daimler-Puch in Graz. Die Österreicher konnten bis zu fünf Wagen wöchentlich fertig stellen und waren obendrein bekannt für gute Arbeit.

Mit dem 180 PS starken 3-Liter-Senator-Motor war der Bitter SC ein schneller Wagen, aber kein Überflieger. Die Kunden wollten mehr Power. Sie lieferte ab 1984 der Opel-Tuner Dieter Mantzel, der dem cih-Sechszylinder 210 PS aus 3,9 Litern entlockte. Während die ersten SC ausschließlich mit einer Opel-Dreigang-Automatik zu haben waren, bot Bitter später ein Fünfgang-Getriebe an.

Eine interessante Variante war der Bitter SC 4WD Ferguson. Das war ein SC mit Vierradantrieb, konstruiert vom britischen Spezialisten Ferguson. Das funktioniert so: Ferguson integrierte im Differenzial eine mit zähflüssigen Silikonen arbeitende Flüssigkeits-

Rot muss ein Ferrari sein. Also steht dem Bitter SC rot auch gut. Denn er sieht einem Ferrari sehr ähnlich.

Der Prototyp des Bitter SC Cabriolet stammt von IAD im englischen Worthing/Sussex. Die Produktion erfolgte 1985/86 bei Keinath.

kupplung. Sie ist bei geringen Drehzahldifferenzen (Kurvenfahrt) wirkungslos, hat aber erhebliche Sperrwirkung, sobald ein Rad durchzudrehen beginnt. Weiteres Merkmal des Ferguson-Systems ist ein Zwischendifferenzial, welches das von der Getriebeabtriebswelle abgegebene Drehmoment unterschiedlich auf die zwei Achsen verteilt. Die Hinterräder haben unter normalen Verhältnissen eine größere Treibkraft (63 Prozent) als die vorderen. Eigentlich eine super Sache, aber der immens teure Antrieb (Aufpreis 35.000

Vom Rennrad zum Rennwagen

Schwelm liegt in der Nähe von Wuppertal. Dort wurde Erich Bitter 1933 geboren. Seine Rennfahrer-Karriere startete er früh. Als Sohn eines Fahrradhändlers war er rennradbegeistert und erhielt als 20jähriger seinen ersten Profivertrag von den Bismarck-Fahrradwerken. Bald scheuchte er einen kleinen NSU Prinz über die Rennstrecken, dann wurden seine Boliden größer und schneller, und Bitter erwarb sich einen Namen als Autorennfahrer. Anfang der 60er Jahre machte er sein Hobby zum Beruf: Der gelernte Kaufmann wurde Autohändler für exklusive Marken (darunter Lamborghini) und übernahm den Deutschland-Vertrieb der italienischen Flitzer von Carlo Abarth, für den er bereits als Werksfahrer tätig war. Früh ergab sich eine Verbindung zu Opel. Bitter steuerte die so genannte Schwarze Witwe, einen auf Hochleistung getrimmten Opel Rekord C, nach dem Gruppe-5-Reglement für Spezialtourenwagen aufgebaut und 175 PS stark. Dieses Sportengagement, welches 1968 abseits der offiziellen Firmenlinie stattgefunden hatte, machte die Marke Opel mit der Rennstrecke vertraut, und in dessen Folge etablierten sich Günther Irmscher und Klaus Steinmetz als Opel-Rennwagen-Präparatoren.

Karl Baur (links) und Erich Bitter mit einem Bitter CD, bei Baur zwischen 1973 und 1979 in 395 Exemplaren gefertigt.

D-Mark) war auch für Kunden eines 100.000-D-Mark-Autos kein Pappenstiel. Nur sechs Allrad-Bitter wurden gebaut.

Durch den Kleinserienbau flossen Verbesserungen in die laufende Serie ein. Ab Herbst 1981 trug der SC die zuvor mattschwarzen Fensterrahmen in Wagenfarbe. 1983 erlebte das Coupé ein Facelift mit neuem Grill ohne übertrieben großem »Bitter«-Schriftzug und voluminöseren Stoßfängern, um die Zulassungsvorschriften für die USA zu erfüllen. Die 1984er SC erkennt man an den versetzten Außenspiegeln, weg vom Türblech hinein in das Dreiecksfenster, die 1985er Modelle an den seitlichen Reflektoren. Die Produktion endete im Herbst 1986.

Bei I.A.D. im englischen Worthing/Sussex ließ Erich Bitter ein Cabriolet entwickeln, gebaut wurde es ab 1985 beim schwäbischen Opel-Händler Keinath in Dettingen. Keinath schnitt kompletten Coupés das Dach ab, verstärkte die Karosserie und montierte das elektrisch zu betätigende Verdeck (27 Exemplare). Bei Ilca Maggiora entwickelt wurde der viertürige Bitter SC Sedan mit um 15 Zentimeter verlängertem Radstand und zwei Zentimeter erhöhtem Dach für mehr Kopffreiheit. Er war 1985 serienreif, verblieb aber im Prototypenstadium (5 Exemplare).

Bitter und der Indra

Erich Bitter importierte den Intermeccanica Indra nach Deutschland. Der italienische Supersportler nahm konzeptionell Bitters erste Eigenkonstruktion Bitter CD voraus. Auch er setzte auf Großserientechnik aus dem GM-Konzern. Es war ein Trend in den 60er Jahren, Hochleistungs-Sportwagen in kleiner Serie mit amerikanischen V8-Motoren zu bauen. Das hatte den Nebeneffekt, dass ein solcher Supersportwagen meist italienischer Herkunft einfach zu warten war und es keine (mechanischen) Ersatzteilprobleme gab. Die Firma Costruzione Automobili Intermeccanica des Frank A. Reisner, einem in Kanada aufgewachsenen Amerikaner ungarischer Herkunft, war seit 1969 in Trofarello bei Turin beheimatet, wo ab 1971 der Indra hergestellt wurde. Für die Karosserieentwicklung gewann Reisner den italienischen Designer Franco Scaglione, zuvor Chefdesigner bei Bertone. Zunächst zweisitziges Coupé, bald auch offener Roadster und 2+2sitziges Fastback-Coupé. Die Technik übertraf weit den damaligen (amerikanischen) Stand der Zeit. Denn statt einer starren Hinterachse verwendete Konstrukteur Reisner die DeDion-Hinterachse des KAD B, auch die Vorderradaufhängung entsprach dem Opel. Seinen Namen hat der Wagen vom österreichischen Ingenieur Fritz Indra, der das Chassis konstruierte. Er war danach Leiter der Motorenkonstruktion bei BMW-Alpina und Audi. Von 1985 bis 1998 übernahm Indra die Leitung der Motorenentwicklung bei Opel, er konstruierte die ersten Ecotec-Motoren. Der nicht ganz saubere Konkurs Reisners und dessen fluchtartiges Verlassen Italiens im Jahre 1975 bedeuteten das Aus für den Indra.

Breit, muskulös, italienisch: Franco Scaglione zeichnete den Indra, und jeder Zentimeter zeigt: Scaglione kam von Bertone.

Kleinserienproduktion von 1971 bis 1975: Intermeccanica Indra als zweisitziges Coupé. Seine allgemeine Bekanntheit verdankt der Indra hauptsächlich einem populären Spielzeugauto von Auto-Pilen, das in (fast) jeder Spielzeugkiste in den 70ern wohnte.

KAPITEL 12:

Gezogen statt geschoben

Die neue Zeit in Bochum: Opel Kadett D

Keine Evolution. Eine Revolution. Einzig der Name blieb bestehen. Ein Bestseller war der Kadett D mit quer eingebautem Motor, Frontantrieb und großer Klappe. Das neue Layout in der Kompaktklasse kam bei Opel erst 1979. Bedeutet das, dass Opel einen Trend verschlafen und gerade noch rechtzeitig, aber in letzter Minute, die Kurve gekratzt hatte?

Letztlich ging es um nicht mehr und nicht weniger als um die ewigen Widersacher Opel und VW. Volkswagen hatte ein hoffnungslos veraltetes Fahrzeug durch ein völlig neu konstruiertes Modell mit hochmodernem Layout ersetzt. 1974 kam der Golf und läutete, zusammen mit seinen Markenbrüdern, ein neues Zeitalter in Wolfsburg ein. Ein Jahr zuvor hatte Opel einen neuen Kadett auf den Markt gebracht, der konzeptionell genauso war wie seine Vorgänger. Aber natürlich waren schon seine Vorgänger Fahrzeuge, die dem damals gängigen Layout entsprochen hatten: Frontmotor, Heckantrieb, dreivolumige Karosserie. Der ewige Käfer hingegen war eine 30er-Jahre-Konstruktion. So gesehen hatte es VW also viel dringender nötig, einen modernen Wagen zu bringen. Aber weil er so modern war, war er eben auch moderner als der Opel Kadett C. Wenn VW etwas tat, so mussten sich alle anderen damit auseinandersetzen – auch Opel.

Einen Kompaktwagen mit Frontantrieb fährt eine andere Klientel als einen kleinen Hecktriebler mit angehängtem Kofferraum. Der Opel Kadett C bediente die eher konservative Kundschaft, die auf Qualität und Zuverlässigkeit setzte, die keine Experimente wünschte. Und die Frontantriebstechnik war Anfang bis Mitte der 70er Jahre noch nicht so ausgereift, dass jeder damit glücklich war. Es war konstruktiv zwar zu bewerkstelligen, aber barg doch

Die Front in den Wind gestellt und ein integrierter Frontspoiler: gelb der Kadett 1.3 S in Luxusausstattung mit Breitbandscheinwerfern, grünmetallic der 1.3 SR, der einen zusätzlichen Kunststoffspoiler trägt. Ebenfalls zu sehen sind seine schwarzen Kotflügelverbreiterungen.

Reminiszenz an alte Tage: neuer Kadett D 1,3 mit den Stahlsportfelgen seines Vorgängers. Sieht gut aus! Aufnahme auf dem Händlerhof im September 1979.

Gelber Engel: Der kubische Gepäckraum kam dem ADAC zu Gute. Da passte eine halbe Werkstatt rein.

Keine neue Erfindung, sondern nur Reaktion auf Vorhandenes der Wolfsburger Konkurrenz: Kadett D GTE, hier in der Vauxhall-Version namens Astra GTE.

Kein Vergleich zum Vorgänger: Die motorsportliche Karriere des Kadett D hielt sich in erträglichen Grenzen. Aber zum Trost: Der Golf I war auch kein ausgesprochener Rundstreckenathlet, lediglich im Rallyesport reüssierte er ein wenig.

einige Fehlerquellen in sich, wenn die Vorderräder nicht nur zum Lenken da waren, sondern das Auto auch noch antreiben sollten. Opel entschied sich zum neuen Layout. Völlig falsch wäre zu behaupten, der Opel Kadett D hätte den Golf kopiert. Nein, er entsprach ganz einfach dem Stand der Technik. Etwas anderes wäre in dieser Klasse in den ausgehenden 70er Jahren einfach ein undenkbarer Dinosaurier gewesen. Opel vollzog die geniale Wendung, den Kadett D etwas oberhalb des Kadett C zu positionieren – nicht zuletzt, um dem seit Jahren durch die Presse geisternden »Opel-Mini« Platz zu lassen. Dieser war 1979 noch nicht produktionsreif, aber jeder wusste, der Corsa würde kommen.

Als Projekt 2040 entstand in der zweiten Hälfte der 70er Jahre in Rüsselsheim ein Kompaktwagen im neuen Layout. Vorne hatte der Kadett D MacPherson-Federbeine mit Schraubenfedern, hinten eine Verbundlenkerachse. Das ist die wohl ausgefeilteste Evolution der Starrachse, aber eben doch eine Starrachse. Der negative Lenkrollradius machte die Lenkung wesentlich bremsstabiler.

Für den Kadett D schuf Opel eine neue OHC-Motoren-Generation, die allerdings bereits im Februar 1979 im Ascona und Manta debütierte. Als Basismotorisierung diente der altbekannte 1,2-Liter aus dem Kadett C mit nunmehr 53 oder 60 PS. Die neue Generation hielt in Form zweier 1,3-Liter-Versionen Einzug (60 und 75 PS), darüber rangierte ein 1600er mit 90 PS, den GTE beflügelten 115 PS aus 1,8 Litern Hubraum. Als raubeiniges Sparschwein gab sich der 1,6-Liter-Wirbelkammer-Diesel mit 54 PS.

Wie bei Opel üblich bestand die Kadett-Baureihe aus vielen Karosserie- und Ausstattungsvarianten: Das Schrägheck-Modell gab es nicht nur mit großer Heckklappe, also drei- und fünftürig, sondern auch mit kleinem Kofferraumdeckel, also zwei- und viertürig. Ein Schrägheckwagen ohne große Klappe ist eigentlich ein Widerspruch, er verschwand bald. Beim zwei- und viertürigen Caravan mit 20 cm längerer Karosserie bei gleichem Radstand kam das Plus dem kubischen Laderaum zu Gute. Den Caravan gab es auch als zweitürigen Lieferwagen mit Verblechungen anstelle der hinteren Seitenscheiben.

Der Kadett D hatte eine ausgewogene Karosserieform, sehr kantig und sachlich. Die Gürtellinie stieg leicht, die Motorhaube steil an. Charakteristisch für die künftigen Opel war die schräg gestellte Front und der tief herab gezogene Spoiler. Die Ausstattungen entsprachen der bisherigen Linie: Basis mit Rundscheinwerfern, Luxus und Berlina mit Rechteckscheinwerfern, dem sportlichen

Fahrstil wurde der SR gerecht: Sportfahrwerk mit Stabilisatoren, innen Recarositze, 185er-Reifen auf Alufelgen sowie Front- und Heckspoiler. Sein optisches Merkmal waren schwarz lackierte Flanken und Kotflügelausbuchtungen. Den Caravan gab es ebenfalls als Basis- und L-Modell, in familienfreundlicher Luxusversion mit Niveauregulierung hieß er ab Mai 1980 Voyage und Voyage Berlina, letzterer nur viertürig. Im letzten Modelljahr wurde der Kadett GLS präsentiert, erkennbar am aufgeklebten, doppelten Zierstreifen entlang der Gürtellinie und breiten PVC-Seitenschutzleisten.

Über dem SR rangierte ab Januar 1983 der Kadett GTE. Mit seinen 90 PS aus 1,6 Litern Hubraum und einer althergebrachten Gasfabrik hatte der Kadett SR dem Rivalen VW Golf GTI nichts entgegenzusetzen. Opel musste auf den Wolfsburger Bestseller reagieren, der mit 110 benzineingespritzten PS aus 1,6 Litern startete und 1982 mehr Hubraum eingeschenkt bekam (1,8 Liter, 112 PS). Dieser Wagen war so wegweisend, dass ihn Opel nur kopieren konnte. Selbst sein Charakteristikum, die mattschwarze Heckscheibeneinfassung, übernahm der Kadett GTE, und den beim Golf rot umrandeten Kühlergrill fasste Opel beim Kadett GTE in Weiß ein. 115 PS leistete der 1,8-Liter-ohc-Motor mit LE-Jetronic, gut für 187 km/h und eine Beschleunigungszeit von nur 9,5 Sekunden auf Tempo 100. Zunächst nur hinten, im letzten Modelljahr 1984 auch vorne arbeiteten Gasdruckstoßdämpfer, zeitgleich ersetzte Opel das bisherige durch ein neues Fünfganggetriebe, das für bessere Beschleunigung und mehr Elastizität sorgte. Die Füße des GTE trugen ebenfalls Sportschuhe: breite Niederquerschnittreifen auf Leichtmetallfelgen (beim weißen Auto weiß, sonst silbern lackiert), dazu innenbelüftete Scheibenbremsen vorne. Der GTE trug nicht nur einen Front- und Heckspoiler, sondern auch noch Seitenschwellerverbreiterungen, und all diese Kunststoffteile waren in Wagenfarbe lackiert. Innen war der GTE durch schiefergraue Recaro-Sportsitze mit speziellem Muster, einen hochflorigen und farblich abgestimmten Teppichboden sowie ein knackiges Sportlenkrad mit GTE-Schriftzug charakterisiert, natürlich auch Zusatzinstrumente. Dass die Rüsselsheimer mit dem Opel Kadett D GTE auf den VW Golf GTI reagierten, zeigt die fast schon entschuldigende Aussage im Kadett-Prospekt vom August 1983: »Eine starke Erscheinung im Kreis der etablierten Sportlimousinen.«

Ab August 1981 bot Opel den 1600er als Programmerweiterung nach oben an und ab Januar 1982 den Diesel. Die runden Scheinwerfer des Basismodells wurden ab September 1982 durch die trapezförmigen der höherwertigen Kadett ersetzt. 1983 erschien der Kadett J als Einsteigermodell in die Palette. Er erhielt den Motor des Corsa. Von Anfang an wurde der Kadett D von den Kunden begeistert aufgenommen. Von August 1979 bis Juli 1984 verkaufte er sich 2.056.771 Mal. Bestseller war die Schrägheck-Limousine mit großer Heckklappe. Der Caravan wurde über 227.000 Mal gebaut. Während des ersten Produktionsjahres lief in Rüsselsheim auch der baugleiche Vauxhall Astra, das englische Kadett-D-Pendant, vom Band. Im November 1981 nahm Vauxhall dann die Produktion im Werk Ellesmere Port selbst auf.

Der Euro-Einheitsstil: Opel Kadett E

Der neue Kadett E, Verkaufsstart im September 1984, erfüllte hinsichtlich seiner Allround-Eigenschaften, der Wirtschaftlichkeit und Zuverlässigkeit, der Fahreigenschaften und des brauchbaren Federungskomforts alle in ihn gesetzten Erwartungen. Das Karosserieangebot blieb anfangs mit drei- und fünftüriger Schrägheck-Limousine (Hatchback) sowie zwei und viertürigem Caravan plus dreitürigem Lieferwagen (ab Juni 1985) unverändert zum Vorgängermodell.

»Der größte seiner Klasse« werbetextete Opel. Und das stimmte. 1800 Liter Ladevolumen passen in den Kadett E Caravan, 595 Kilo beträgt die größtmögliche Zuladung. Das erreichte Opel, indem der Hecküberhang des Caravan gegenüber der Limousine um 23 cm verlängert wurde, bei gleich bleibendem Radstand.

Der Caravan war also 4,23 m lang, der Hatchback nur 4 m, und der Caravan übertraf auch die viertürige Stufenheck-Limousine

Vauxhall Astra GTE, das britische Derivat des Kadett E GSi. Mit in Wagenfarbe lackierten Stoßfängern sieht der Wagen wesentlich seriöser aus. Und er entspricht einfach der allgemeinen Vorstellung, wie ein Auto auszusehen hat.

Notarzt-Einsatzleitwagen aus Holland: Kadett E in LS-Ausstattung nach dem 1989er Facelift.

Behindertengerecht: Durch das erhöhte Dach mit guter Rundumsicht konnte der Rollstuhlfahrer im Laderaum sitzen, das Heck des Wagens konnte abgelassen werden, damit der Rollstuhlfahrer via Rampe selbständig hineinfahren konnte. Im Rahmen des Sonderfahrzeugprogramms hatte Opel auch derartige Wagen im offiziellen Angebot. Hersteller war die Firma Paravan aus der Nähe von Reutlingen.

Ebenso tauglich für den Breitensport wie für anspruchsvolle Rallyeeinsätze: Opel-Werksfahrer Sepp Haider auf Kadett E GSi bei der Formula Rallye Gründautal.

Der Würzburger Karosseriebauer Voll entwickelte zusammen mit GM Nordiska einen speziellen Kadett E für die Königlich-Schwedische Post und baute den Wagen in Kleinserie. Er erinnert etwas an den VW Fridolin für die Deutsche Bundespost aus den 60er Jahren.

um gut einen Zentimeter. Analog zum VW Jetta entwickelte Opel eine viertürige Dreivolumen-Karosserie, am Markt ab September 1985. Das mochten nicht nur konservativ eingestellte Käufer. In vielen Exportmärkten, vor allem im Süden und Osten, wird bis heute ein Schrägheckwagen nicht als familientaugliches Fahrzeug akzeptiert. Opel sah im Stufenheck-Kadett nicht nur eine Variante, sondern differenzierte sehr zwischen beiden Typen. Das Stufenheckmodell versuchte Opel, eine Klasse über dem Hatchback anzusiedeln. Vauxhall in England, wo der Wagen baugleich vom Band lief, verlieh dem nachgeschobenen Stufenheckfahrzeug sogar einen anderen Namen: Der Hatchback hieß, wie schon sein Vorgänger, Astra, die Stufenheckversion hörte auf Belmont. 1985 lancierte Opel mit dem Kadett Combo einen größeren Kastenwagen mit kubischem Laderaum und zweiflügeliger Beladungstüre, nur das Vorderteil stammte vom Kadett.

Eine Besonderheit war das Kadett Cabriolet, vom italienischen Karosserier Nuccio Bertone im Rüsselsheimer Auftrag konstruiert und als Prototyp auf der IAA 1985 präsentiert. Die Serienproduktion begann bei Bertone in Grugliasco im Mai 1987. Angeboten wurde es als GL mit 1.6 i- und als GSi mit 2.0 i-Motor. Es überlebte seinen geschlossenen Bruder um zwei Jahre und wurde bis 1993 gebaut, zuletzt als 1.4 i. Das Kadett Cabrio erlebte nur einen Achtungserfolg. Zu sehr waren Golf und Escort Cabrio etabliert, als dass sich der Nachzügler hätte durchsetzen können; 60.218 Exemplare liefen vom Band.

Technisch entsprach der Opel Kadett E weitgehend seinem Vorgänger, auch die Aggregate blieben zunächst identisch. Die Umrüstung auf Katalysatoren zwang Opel zu einer neuen Motorenpalette. Auftakt dazu waren ab Mai 1985 der 1.8 i und im Januar 1986 der 1.3 i, im Sommer folgten der 1,6 i und 2.0 i. Im Oktober 1989 ersetzte der 1.4 i den 1.3 i. Im Januar 1989 erhielt der etwas unkultivierte Diesel 100 cm³ mehr Hubraum. Der Basis-Kadett hieß nun LS, darüber rangierten GL und GLS, letzterer entfiel im August 1987 zugunsten der aufgewerteten LS- und GL-Ausstattung.

Der Kadett GSi in Tradition des Rallye Kadett und als Nachfolger des GTE musste erst einmal mit dem 115 PS starken 1,8-Liter (mit Kat nur 100 PS) Vorlieb nehmen. Die eigenständige Version mit neuem 2-Liter-Motor ließ bis August 1986 auf sich warten. Er leistete 130 PS (mit Kat 115 PS), ab Februar 1988 als GSi 16V sogar 150 PS dank von Lotus entwickeltem Zylinderkopf. Dem 2-Liter half Opel mittels vier Ventilen je Zylinder und zwei oben liegenden Nockenwellen auf die Sprünge, das Fahrwerk wurde sportlich-straffer dank Dual-Stabilisatoren und hinteren Scheibenbremsen – was damals in seiner Klasse ein ungewöhnliches Detail war. Mit 220 km/h und einem Spurt auf Tempo 100 in 8,5 Sekunden übertraf der GSi 16V seine Hauptkonkurrenten Golf GTI 16V und Escort RS Turbo deutlich. Der GSi, drei- und fünftürig erhältlich, hatte nicht nur einen schmaleren Kühlergrill, er wirkte durch lackierte Stoßfänger auch weit seriöser als seine zahmeren Brüder.

Ein Facelift im Februar 1989 brachte nicht nur lackierte Stoßfänger für die höherwertigeren Kadett-Versionen, sondern auch ein dem

Klein- und Kompaktwagen müssen in Südeuropa zwangsweise ein Stufenheck tragen. Dort wird die Zweivolumenkarosserie nicht als Familienauto akzeptiert. Kadett E LS Stufenheck mit portugiesischer Zulassung.

Gut in Form: Drei offene Opel, vorne das Bertone-Kadett Cabriolet, für das Opel verantwortlich zeichnete. Die beiden dahinter stammen ebenfalls von externen Spezialisten, der Corsa von Irmscher und der Ascona von Voll.

Boah, ist der fett, ey! Mattig Kadett E, fast so breit wie lang. Mit Kunststoffanbauteilen ist hier nicht viel auszurichten. Für derartige Umbauten muss die traditionelle Karosseriebaukunst ran.

GSi angepasstes Gesicht mit kleinerem Grill sowie neue Varianten. Der GSi war, zumal in der 150-PS-Version, zu hoch angesiedelt für die Freunde des einst so geliebten SR, also des normalen Kadett mit sportlichem Touch. Dafür erschien nun der Kadett GT, erhältlich mit der gesamten Motorenpalette von 1,3 bis 2 Liter und in allen Karosserievarianten. Ebenfalls neu war der CS mit pfiffig-sportlichem Innenraum und ABS. Im letzten Modelljahr überschwemmte Opel die Kunden mit einer wahren Flut an Sondermodellen, um den Verkauf nochmals anzukurbeln: Life, Beauty, Frisco und, als Caravan, Club Special.

So gut und brav und vernünftig der Kadett E auch war, optisch polarisierte er – zumindest zu Beginn seiner Karriere, bis sich die Kunden an ihn gewöhnten und er prägend im Straßenbild war. Intellektuell waren die Kunden bereit, die automobile Moderne des Opel Kadett E mit großen Kunststoff-Stoßfängern zu akzeptieren, emotional waren sie aber noch nicht so weit. Wer seinem Äußeren wohl gesonnen war, sprach vom Euro-Stil. Wer sich mit der Besonderheit des Opel Kadett E und seinen zeitgleichen Artgenossen nicht anfreunden konnte, nannte die Karosserieform despektierlich »Leberwurst-Stil«. Was war es, das die Betrachter so irritierte? Es war die Tatsache, dass vorne und hinten ein Stück der Karosserie quasi »fehlte« wegen der massiven Kunststoff-Stoßfänger. Zuvor war es jahrzehntelang Usus gewesen, dass Autos eine Front- und Heckschürze aus in Wagenfarbe lackiertem Blech aufwiesen, verziert mit verchromten Stoßstangen. Der Chrom war schon in den 70er Jahren sachlichem Schwarz gewichen, manche Stoßstangen waren nicht mehr aus Stahl, sondern aus Kunststoff und somit bedingt verformbar im Falle eines leichten Aufpralls. Aber sie trugen immerhin die althergebrachte Form, und hinter und unter ihnen war lackiertes Blech als Karosseriebestandteil zu sehen.

Der erste Vertreter dieses Euro-Stils bei Opel war der Kadett E. Vorne unterhalb der Scheinwerfer und hinten unterhalb der Rücklichter hörte das Blech auf und ein riesiges Kunststoffteil, der Stoßfänger, begrenzte den Wagen nicht nur nach unten, sondern auch zur Seite, denn die Formteile waren bis zu den Radausschnitten seitlich herum gezogen. Das empfanden viele Betrachter als gewöhnungsbedürftig, viele sagten, es sei hässlich. Die Stoßfänger haben sich durchgesetzt, bis heute. Aber außer an Billigstautos sind sie nicht

mehr aus grauem Kunststoff, sondern in Wagenfarbe lackiert. Das gaukelt zumindest vor, das Auto habe einen karosserieintegrierten vorderen und hinteren Abschluss. Der Windkanal hatte den Kadett E weichgespült. Seine Aerodynamikwerte waren ein großer Fortschritt gegenüber dem weit kantigeren Kadett D, und die Kunststoff-Formteile steckten wirklich so manchen kleinen Parkrempler weg. Die Kunden waren aber mit der Optik unzufrieden. Zunächst hatte nur die Topversion Kadett GSi in Wagenfarbe lackierte Stoßfänger, doch bald wurden die Plastik-Formteile an allen höherwertigen Kadett-E-Versionen lackiert, nicht am Grundmodell.
Der Opel Kadett E wurde von August 1984 bis Juli 1991 gebaut, die Stufenheck-Limousine von August 1985 bis August 1991, das Cabrio von Mai 1987 bis 1993. 3.779.289 Exemplare entstanden.

400 PS und Allrad für die Gruppe B

Die Opel-Sportabteilung arbeitete nach dem Rallye-Ende des Manta 400 an einer 4x4-Version des Kadett E, wollte also wieder in der Gruppe B mitspielen. Der 400-PS-Hightech-Bolide sah zwar optisch aus wie ein Kadett, hatte aber technisch rein gar nichts mit dem Serienpendant zu tun. Zunächst startete die Erprobung noch mit dem alten 250-PS-Motor aus dem Ascona/Manta 400. Damit bestritten zwei Opel-Mannschaften die 1985er Paris-Dakar (Plätze 37 und 40). Doch Reglementsänderungen in der Gruppe B machten den Kadett obsolet und er wanderte ins Museum.

Der zweite Aufguss: Daewoo Nexia

Der Opel Kadett E genießt unter dem Namen Daewoo Nexia beinahe das Privileg der Unsterblichkeit. Noch heute wird er in Usbekistan in ziemlich modifizierter Form bei Uz-Daewoo-Avto gefertigt. Zwischen 1995 und 1997 war der Südkoreaner in Deutschland erhältlich. Der Erfolg war, wie zu erwarten, nicht gerade groß. Denn wer sollte ein Auto, dessen Produktion bereits ausgelaufen und das durch seinen Nachfolger ersetzt worden war, als Neufahrzeug kaufen?
Als südkoreanische Lizenzausgabe gab es den Daewoo Nexia gerade mal drei Jahre, von 1994 bis 1997. Daewoo hatte stets Kontakte zu General Motors, seit 1998 ist die Autosparte dieses südkoreanischen Mischkonzerns Bestandteil von GM. In der Tradition des ehemaligen Buick-Opel wollte GM auf dem US-Markt inklusive Kanada ein Einsteigermodell anbieten und importierte den Nexia als Pontiac LeMans. Im Heimatland Südkorea emanzipierte sich der Nexia zunehmend vom originalen Opel Kadett E und bekam eine überarbeite Karosserie. Die Frontgestaltung wurde moderner. Serienmäßig hatte der Nexia das, was vor allem junge Leute in den 90er Jahren schätzten: den »bösen Blick«. Die Überarbeitung des Hecks hingegen zeigt nichts Originäres. Letztlich kann man sagen,

Ein Daewoo Nexia GL in der Exportversion für Deutschland von 1995, ein Kadett E mit Facelift und immerhin mit Airbag, ABS und Seitenaufprallschutz. Ohne diese Sicherheitsattribute wäre er als Neufahrzeug nicht zulassungsfähig gewesen.

der Daewoo Nexia war eine dem asiatischen Geschmack angepasste Faceliftversion des Opel Kadett E. Er teilte bis auf den Caravan sämtliche Karosserievarianten mit dem Bochumer Original. Der 1,5-Liter-Vierzylinder war in drei Ausbaustufen erhältlich, mit 60 oder 75 PS, als 16-Ventiler mit 90 PS. Der in Europa nie erhältliche 1,8-Liter-Vierzylinder brachte es auf 101 PS. Es gab zwei Ausstattungsversionen, die Schrägheckmodelle hießen GL und GTX, die Stufenheck-Nexias hörten auf die Kürzel GLE und GLX. Die leistungsstärkeren und besser ausgestatteten Modelle waren optional mit einer Automatik ausgestattet, ansonsten, wie beim Opel Kadett, ein 5-Gang-Getriebe.

Nur der Name ist neu: Opel Astra F

Ein neuer Name suggeriert ein neues Auto. Beim Opel Astra F waren aber nur der Name und die Karosserie neu. Die Technik spendierte sein Vorgänger. Was heißt Astra? Es ist eine grammatikalische Form des lateinischen Wortes astrum, das heißt Stern, im Plural heißt es Himmel, Ruhm und Unsterblichkeit – ein Wort, mit dem man nur Positives verbindet. Jedenfalls steht fest, dass Astra, ob nun als wohl klingendes Kunstwort verstanden oder als Ableitung von lateinisch Stern, international besser auszusprechen ist als Kadett. Der Opel Astra war letztlich ein Kadett E mit neuer Karosserie. Deshalb heißt er intern auch nicht Astra A, sondern Astra F. Das F bezieht sich auf das voran gegangene E, und als E hieß Opels Kompaktwagen noch Kadett.

Er machte eine Autofahrergeneration glücklich: Der Opel Astra F machte dem Erzrivalen VW Golf das Leben schwer und blieb in guter Erinnerung. Zunächst offerierte Opel den drei- und fünftürigen Hatchback, ab Oktober den viertürigen Caravan und den zweitürigen Lieferwagen, die Stufenheck-Limousine folgte im Mai 1992. Mit dem Caravan lag Opel anfangs gut im Rennen und hatte nur den Ford Escort Turnier als Mitbewerber, der Volkswagen Golf Variant folgte erst später. Mit den Modellvarianten GL (das Basismodell), GLS, dem neuen CD als Luxusversion und dem sportlich aufgemachten GT mit roten Stoßfänger-Einlagen deckte Opel wieder das komplette Angebotsspektrum ab. Auch ein GSi gehörte zum Programm, mit denselben Motoren wie der Vorgänger (2.0 i mit 115 und 2.0i 16V mit 150 PS). Auch die zahmeren Astra-Modelle behielten die vom Kadett E bekannten Motoren (1.4 i, 1.6 i, 1.8 i, 2.0 i, 1,7 Saugdiesel). Im August 1994 ergänzte Opel die Palette durch einen 1.6 i 16V, und der 2-Liter musste im

Endfertig: 1993er Astra F 1,6i im Jahre 2014. Laut seinem Besitzer technisch super und sehr zuverlässig. Aber der Tüv wird ihn von seinem Auto scheiden.

Dieses Astra F Cabriolet hatte im Sommer 2005 seine besten Jahre auch bereits hinter sich, ist aber nach wie vor erklärter Liebling seines Erstbesitzers.

Ein an sich braver Stufenheck-Astra lässt seine Muskeln spielen, zumindest optisch: Für den Karosseriekit verlangte der Opel-Tuner Mattig 1800 D-Mark im Herbst 1992.

Youngtimer in Bestform ohne Originalitätsanspruch: Astra F beim Opel-Tuning-Treffen in Münsingen auf der Schwäbischen Alb im August 2013. Vom Ersthand-Rentnerauto zum Szeneflash.

September 1995 einem 1.8 i 16V weichen. Der April 1994 brachte zusätzlich zum Saugdiesel einen neuen, leicht aufgeladenen 1,7-Liter-Turbodiesel mit 68 PS (»Soft-TD«) und einen 82 PS starken Turbodiesel mit Ladeluftkühler, beide mit unterschiedlichen Hubräumen. Zahlreiche limitierte Versionen erschienen auf Basis des Opel Astra F, die einen mit ein paar Extras, die anderen in speziellen Lackierungen. Einige Beispiele aus der Zeit vor dem Facelift: California, Hattrick, Plus, Elegance, Sportive, Vision, Irmscher Edition.

Ganz bügelfrei und hochelegant präsentierte sich im August 1993 das Astra Cabrio, wie schon der Vorgänger eine Schöpfung Nuccio Bertones und in dessen Werk gebaut. Die Italiener erstellten die Karosserien am Fließband, die Technik wurde aus Deutschland nach Turin spediert, Bertone lieferte komplette Autos bei Opel ab. Für Vortrieb sorgten die 1,6-, 2,0- und später 1,8-16V-Triebwerke, ein elektrisches Verdeck gehörte ab Herbst 1996 zur Serienausstattung. Nach Produktionsauslauf des geschlossenen Astra F verblieb die offene Variante im Programm, büßte aber den Namen Astra ein. Sie hieß dann nur noch Opel Cabrio. Insgesamt liefen 52.866 Cabrios vom Bertone-Fließband.

Ein Facelift verjüngte den Astra F im Herbst 1994. Der Kühlergrill zeigte Familienähnlichkeit zum Vectra, die Blinkergläser waren weiß, die Rückleuchten erhielten eine dunkle Tönung, zwischen ihnen prangte eine schwarze Blende. Der Hatchback bekam einen Dachspoiler. Außenspiegel und Türgriffe wurden überarbeitet. Prinzipiell wirkte der modifizierte Astra optisch hochwertiger, weil er weniger Kunststoff zu Schau stellte. Die Plastikleiste am unteren Rand der Caravan-Heckklappe war nun lackiert (außer beim Basismodell). Auffälliger war aber die Farbe an den Kunststoff-Stoßfängern. Waren sie zuvor größtenteils grauschwarze, massive Teile, so wurden sie nun partiell in Wagenfarbe lackiert. Dadurch sahen sie aus, als seien sie Bestandteil der Karosserie, und vor allem im Profil wirkte der Opel Astra dadurch wesentlich gestreckter. Die Ausstattungsvarianten wurden neu sortiert, der CDX ersetzte den CD als Luxusmodell, der GT hieß Sport. Der schwächere GSi erhielt eine Leistungsspritze von 115 auf 136 PS und kam dem 16V bedrohlich nahe. Ab 1996 ABS serienmäßig. Beispiele für Sondermodelle auf Basis des Astra F nach dem Facelift: Sunshine, Champion, Expression, Cool, Season, Style, Trend. Kurz vor der Ablösung, im Modelljahr 1997, brachten neue Modellbezeichnungen letzten Pep, der Kunde wählte nun zwischen Basis, Dream und Motion, die Stufenheck-Limousine lief aus. Der 2-Liter-16V-Motor aus dem GSi musste abtreten, stärkster Astra war fortan der 136-PS-2-Liter. Der GSi war mitnichten nur ein dreitüriger Hatchback. Es gab ihn auch als Fünftürer und als Caravan. Nach dem Facelift führte der GSi optisch weniger ein Eigenleben als zuvor, sondern glich sich den »braven« Astras an. Zwar waren die Stoßfänger und der Dachkantenspoiler weiterhin vollständig lackiert und die Radioantenne fand ihren Platz auf dem Dach statt auf dem hinteren Seitenteil. Aber vorbei waren die Zeiten wilder Lufthutzen und Schwellerverbreiterungen.

Westeuropäische Produktionsstandorte des Opel Astra F waren neben den Werken Bochum und Ellesmere Port (England) ab September 1992 auch Eisenach. Die Modellreihe wurde von Juli 1991 bis Februar 1998 gebaut, der Stufenheck von Mai 1992 bis 1997, insgesamt wurden 4.952.116 Opel Astra F gebaut.

Das Stummelheck hält Einzug: Opel Astra G

Die Abkehr vom reinen Schrägheck praktizierte Opel beim Astra G Hatchback ab Februar 1998. Das Stummelheck ließ den Wagen erwachsener aussehen und verlieh ihm ein eigenes Profil – neu war das aber nicht, der Volvo 343 machte es bereits Mitte der 70er Jahre vor und der Ford Escort setzte 1980 auf Stummelheck. Durch die unterschiedliche Gestaltung der hinteren Seitenscheibe beim Drei- und Fünftürer erhielten beide ein eigenständiges Aussehen, und die stark akzentuierten Kotflügelverbreiterungen verpassten ihnen einen markanten Auftritt. Zum Hatchback gesellte sich von Anbeginn der viertürige Caravan, ein Jahr später kam die Viertürer-Limousine hinzu, die eine nur unwesentlich längere Heckpartie als der Hatchback hatte und ihrerseits kürzer als der Caravan war.

Astra G von 1999 mit großem Irmscher-Karosserieumbausatz: Rundum verschwellert und verspoilert. Der Astra-G-Designer Martin Smith mag solche Optikveränderungen nicht gerne gesehen haben.

Noch immer ein vertrauter Anblick im Verkehrsgeschehen, obgleich die ersten Astra G bereits 21 Jahre alt sind. So mancher Rentnerwagen befindet sich im Neuzustand, …

Der Astra G war ein neues Auto – auch unter dem Blech, das erstmals vollverzinkt war. Vorderachse und Motor saßen auf einem Fahrschemel, auch die Hinterachse mit vielen Leichtmetallkomponenten war eine völlige Neukonstruktion – aber es handelte sich weiterhin um eine Verbundlenkerachse. Die Servolenkung war elektrohydraulisch gesteuert. Zwei neue Motoren spendierte Opel dem Astra, einen 1200er Vierventiler mit 65 (ab Ende 2000: 75 PS) und einen 1800er 16V mit 115 PS (ab Ende 2000: 125 PS). Alte Bekannte: 1.6 i, 1.6 16V, 2.0 i 16V und 1,7 Diesel. Dazu kam ein direkt eingespritzter 2-Liter-Turbodiesel mit Vierventiltechnik und 82 PS; ihm zur Seite ab Herbst 1999 eine 100-PS-Variante mit Ladeluftkühler (2.0 DTI) und ein neuer 1,7-Liter-DTI mit Vierventiltechnik. Er trieb ab August 2000 eine Spezialversion an, den Supersparer Astra Eco 4 mit aufwändig verkleidetem Unterboden, Tieferlegung, besonders schmalen Reifen, aerodynamischen Hilfsmitteln und länger übersetzten oberen Gängen. Im Idealfall lag sein Verbrauch bei 4,4 Litern auf 100 Kilometer. Im Jahre 2002 folgte ein 125 PS starker, bulliger 2,2-Liter-DTI mit Direkteinspritzung und Verteilereinspritzpumpe, also noch ohne Common-Rail-Technik. Als Spitzenmodell fungierte ab Frühjahr 2001 ein 2,2-Liter komplett aus Aluminium mit 147 PS als Ersatz für den elf PS schwächeren 2-Liter.

Dem Trend der Zeit entsprechend war der Astra G ein ziemlich komplett ausgestattetes Auto, Opel differenzierte zwischen Basis, Comfort, Selection und Elegance. Wer es sportlich liebte und die frühere GT- oder SR- Ausstattung mochte, griff nun zum Sport-Paket: Karosserie tiefer gelegt, Sportsitze, Lederlenkrad und weiß hinterlegte Instrumente. Richtig Gas gab Opel im August 1999 mit dem Astra OPC, einem Hochleistungssportler mit 160 PS starkem 2-Liter-Motor, limitiert auf 3000 Exemplare. Die Karosserie kauerte 2 cm tiefer auf der Straße, fette BBS-Alus sorgten neben aerodynamisch optimierten Front- und Heckschürzen sowie einem übergroßen Heckflügel für sportiven Auftritt, und der Fahrer freute sich über Recaro-Sitze und weiße Armaturenziffernblätter. Es gab zwei Astra-OPC-Ausführungen, Dreitürer und Caravan. Dem 160-PS-OPC folgte im Herbst 2002 die zweite Auflage, der gleiche Motor brachte es nun auf 200 PS.

1999 ersetzte Opel den verblichenen Calibra durch das Astra Coupé mit niedriger und fließender Dachlinie, eine Bertone-Schöpfung und auch bei ihm gebaut. Präsentation war 1999, Auslieferung ab November 2000, und nur die ersten Exemplare hießen noch Astra. Danach sprach Opel nur noch vom Coupé. Im Coupé werkelten drei Maschinen, zwei davon neu: Das Einstiegsmodell erhielt den bekannten 1.8 i 16V mit 125 PS, darüber rangierten ein 2-Liter-Turbo mit satten 190 PS sowie ein 2,2-Liter mit 147 PS. Er war Vertreter einer neuen Motorengeneration zwischen 1,8 und 2,2 Litern Hubraum mit 115 bis 150 PS und komplett aus Leichtmetall, bei GM nicht nur für Opel entstanden. Die ersten im Astra Coupé verwendeten Maschinen kamen aus den USA, erst Ende 2000 nahm das neue Motorenwerk in Kaiserslautern die Produktion auf. Auf Basis des Coupés drehte sich auf dem Genfer Salon im März 2001 das Opel Cabrio, ebenfalls mit italienischer Handschrift. Der drehmomentstarke 2,2-Liter-DTI hielt 2002 in Coupé und Cabrio Einzug.

... und die Gilde der Opel-Youngtimer-Freaks hat den Astra G längst für sich entdeckt und so manch zauberhafte Kreation auf seiner Basis geschaffen.

OPC: Das Opel Performance Center

Der heißeste Opel mit der Typbezeichnung OPC war das Astra G Coupé OPC X-Treme von 2001, die Straßenversion des Astra V8 Coupé aus der DTM mit 4-Liter-Cadillac-Alumotor, ein 300-km/h-Bolide. Das Fahrzeug ging nie in Serie. Das OPC existiert seit 1997 unter der Leitung des ex-DTM-Piloten Volker Strycek und ist eine selbständige Opel-Tochter. Hier werden Hochleistungsmodelle in überschaubarer Stückzahl konzipiert, die OPC-Versionen. Auch die OPC-Linie, also Optikveränderungen, stammt aus diesem Unternehmen. Hier überschneiden sich die OPC-Aktivitäten mit jenen der angestammten Opel-Tuner wie Irmscher und Steinmetz, die aber Opel-unabhängige, selbständige Unternehmen sind.

Das ist extrem: Astra Coupé OPC X-Treme V8 Concept Car, 444 PS stark. Das hätte eine Straßenversion auf Basis der 2000er-DTM-Version sein können, aber es blieb beim Prototyp. Der 4-Liter-V8 stammte von GM, und der X-Treme erreichte je nach Übersetzung bis zu 330 km/h.

2016er Astra GTC OPC bei Testfahrten auf der Nürburgring-Nordschleife. Hier findet die Feinabstimmung der OPC-Modelle statt. Opel unterhält seit 2006 ein eigenes Testzentrum direkt am Eifelkurs. Was Nürburgring-tauglich ist, ist für Opel auch straßentauglich. Ein Astra OPC hat heute 280 PS, braucht 6 Sekunden auf Tempo 100 und rennt mit 250 km/h.

Im Frühjahr 2004 endete die Produktion des Astra G in seiner populärsten Form, dem Hatchback. Caravan und Viertürer-Limousine wurde noch ein Jahr länger gebaut. Das Bertone-Coupé wurde bis 2004 rund 70.000 Mal, das Cabrio bis 2005 ungefähr 67.000 Mal hergestellt, beide wurden dann durch den Astra H TwinTop ersetzt. Insgesamt entstanden rund 3,6 Millionen Fahrzeuge. Doch der Astra G war nicht tot. Im schlesischen Gleiwitz lief er bis 2006 als Astra Classic für bestimmte Märkte in den drei Karosserieformen Hatchback, Stufenheck und Caravan weiterhin vom Band.

Revival des Chromglanzes: Opel Astra H

Ein halbes Jahr vor Serienanlauf präsentierte Opel den Astra H auf der IAA im Herbst 2003. Im März 2004 debütierte der Viertürer, im Abstand von je einem halben Jahr folgten der Caravan und der sportlich anmutende Zweitürer GTC (Genf 2005). Die Stufenheckversion, vorgestellt auf der Autoshow in Istanbul im Herbst 2006 und produziert in Gleiwitz, blieb für die Märkte in Zentral- und Osteuropa reserviert.

Wenngleich die Karosserie völlig neu war, setzte Opel vertraute Merkmale anders um, so die Kotflügelverbreiterungen, das Stummelheck und die Form der C-Säule beim Viertürer. Die Front ist sehr dynamisch, Akzente bildet der v-förmig bis zum unteren Wagenabschluss verlängerte Grill, der von der Kennzeichengrundplatte horizontal geteilt wird. Chromglanz ist beim Astra ein wichtiges Stilmittel. Der Zweitürer trägt fast schon coupéhafte Allüren, das Dach niedrig, die hinteren Seitenscheiben sehr schmal. Trotzdem ist der GTC, wenn auch nur auf Wunsch, ganz besonders lichtdurchflutet: Optional gibt es eine bis weit ins Dach reichende Windschutzscheibe, ganz im Terminus der 50er Jahre Panoramascheibe genannt.

Der Verbundlenkerhinterachse ist der Astra treu geblieben. Diese Weiterentwicklung einer Starrachse baut kompakter und ist günstiger als eine Mehrlenkerachse, wie beim Golf. Immerhin ist sie mit dem elektronischen Dämpfersystem IDS kombiniert, das zudem auf Knopfdruck einen zweiten, härteren Abstimmungsmodus erlaubt. Die Vorderachse mit dem Fahrschemel wurde vom Vorgänger übernommen, elektrohydraulische Servolenkung. Vier Getriebe, darunter Easytronic (eine Kombination von Schaltung und Automatik, auf Wunsch mit Lenkrad-Tipptasten für sequenziellen Gangwechsel). Neu ist eine automatische Scheinwerfer-Aktivierung bei Dunkelheit, und die Lichter können bis zu 15° um die Ecke schauen.

Die Motorenpalette wurde modifiziert: Basis-Benziner ist der 1,4-Liter-Twinport mit 90 PS, Einstiegs-Diesel ein 80-PS-Common-Rail mit 1,7 Litern. Die Spitze markierte der Astra OPC mit seinem 240 PS starken 2-Liter-Turbo (nur Dreitürer, kein Caravan). Er unterscheidet sich von der Basis durch zusätzliche Kunststoffbeplankungen, einen Wabengrill, ein mittig angeordnetes Trapezauspuffendrohr und Sportsitze, überdies ist der OPC tiefer gelegt. Neu ab September 2005 war der 150-PS-Diesel im 1.9 CDTI und der 140-PS-Benziner aus dem Zafira.

Facelift ab der Bologna Motor Show im Dezember 2006. Beim Astra '07 revidierte Opel den Innenraum mit frischen Farben und neuen Oberflächen. Basisversion blieb der 90-PS-Twinport-Benziner, darüber rangierten der 1,6-Liter-Twinport mit 115 PS, der 2-Liter-Softturbo wurde durch eine aufgeladene 1,6-Liter-Variante ersetzt, die 180 PS leistet. Bei der Twinport-Technik besteht die Zylinderfüllung im Teillastbereich bis zu einem Viertel aus Abgas. Damit das so abgemagerte Gemisch zündfähig bleibt, wird einer von zwei Einlasskanälen pro Zylinder geschlossen,

Astra H mit belgischer Nordsee und Sandstrand im Hintergrund.

In einigen Ländern, so in Österreich und in der Schweiz, sind Kombis mit Verblechung statt hinterer Seitenscheiben weiterhin verbreitet, sie genießen Steuervorteile: Astra H 1.9 CDTI Lieferwagen mit österreichischer Zulassung.

Astra H Twin Top, gebaut von Mai 2006 bis November 2010, entwickelt mit Bertones Hilfe, aber im Opel-Werk Antwerpen gebaut.

Wie Schmetterlingsflügel: Das ist ein Astra H Twin Top, aber kaum etwas an ihm entspricht dem Serienzustand. Die Windschutzscheibe vielleicht noch …

wodurch ein Drall entsteht, der Frisch- und Abgas durchmischt. Die 1,7-Liter-Common-Rail-Dieselmotoren gab es weiterhin in vier Leistungsstufen zwischen 90 und 150 PS. Auch optisch zeigte sich der Astra '07 erneuert: Größerer und weiter nach unten gezogener Kühlergrill, schärfer akzentuierte Bügelfalte auf der Motorhaube. Neben dem Basis-Astra bot Opel die Ausstattungsvarianten Enjoy und Elegance (ab 2005 in der Linie Edition zusammengefasst), Sport, Cosmo und zwei OPC-Pakete an. Ab Oktober 2008 war die Stufenhecklimousine auch in Deutschland erhältlich, führte aber ein absolutes Schattendasein.

Auf der IAA 2005 präsentierte Opel den Astra Twin Top, entwickelt in Kooperation mit Bertone, aber in Eigenregie im Werk Antwerpen hergestellt. Auslieferung ab Frühjahr 2006. Opel hatte zusammen mit dem Tigra Twin Top nun zwei oben-ohne-Autos im Programm. Das Prinzip Twin Top ist ein viersitziges Cabriolet mit variablem Blechdach, das sich per Knopfdruck in einer zirkusreifen Nummer zusammenfalten kann. Eine konzertierte Aktion von Stangen, Klappen, Zügen, Relais und Hydraulikpumpen lässt die Blechhaut im Kofferraum verschwinden. Fünf Motoren, vier Benziner (105 bis 200 PS) und der 150 PS starke 1.9 CDTI.

Für den westeuropäischen Markt wurde der Astra H bis September 2010 hergestellt. Bis zum Produktionsstopp im Werk Bochum im Dezember 2014 lief er dort parallel zum Nachfolger vom Band, bestimmt für osteuropäische Märkte, wo er als Astra Classic III angeboten wurde.

Schultern, mutig und gepfeilt: Opel Astra J

Markteinführung Ende 2009. Neue Delta-Plattform, größer (4,35 Meter), mutigeres Design als der Hauptkonkurrent Golf: stark zugepfeilte Frontpartie, die sich bis in den Bereich des unteren Kühllufteinlasses fortsetzt, starke Schulterbildung. Rein elektrische Lenkung, ESP und Motorsteuerung eng miteinander vernetzt. Downgesizte Motoren aus Umweltgründen, weniger Hubraum, aber Aufladung und Direkteinspritzung zur Leistungssteigerung. Benziner 1,2 bis 2 Liter (90 bis 250 PS), vier Diesel von 95 bis 160 PS, später eine Variante mit E-Antrieb, 2010 aufgeladener 1,6 für Erdgas, 2014 sogar 170 PS (1,6-Liter-SIDI-Biturbo) und 195 PS im 2-Liter-CDTI-Biturbo-Diesel.

Endlich war die einfache Verbundlenker-Hinterachse passé, aber so weit wie Golf und Focus mit aufwändigen Multilenker-Achsen ging Opel nicht. Beim Astra J wurde die bisherige Aufhängung durch ein Watt-Gestänge ergänzt (benannt nach dem Schotten James Watt, dem es gelang, eine geradlinige in eine Schwenk-

Die Astra-J-Modellfamilie. Im Vordergrund derjenige, der in Westeuropa am wenigsten auf der Straße zu sehen ist, die Stufenheckvariante ab 2011.

Ganz schön muskulös und ganz schön gelb: Astra GTC des letzten Modelljahrs 2018. Den Nachfolger gab es nie als Zweitürer.

bewegung umzusetzen). Zusammen mit den optionalen adaptiven Dämpfern geriert sich das Flex-Ride-System, das neben der Dämpferhärte auch Lenkunterstützung, Gasannahme sowie die Steuerung des adaptiven Bixenon-Lichtes variiert und stets für gute Bodenhaftung sorgt. Viele Bedien-Details erbte der Astra J vom Insignia, und wie jener wuchs auch der Astra: 17 cm länger, 7 cm mehr Radstand.

Sports-Tourer-Variante auf Pariser Salon 2010 präsentiert und ab November verkauft, konsequenter auf Nutzwert ausgelegt als die des Insignia mit dem Fokus auf Lifestyle. Ihr Clou: Um eine besonders einfache Handhabung zu ermöglichen, lässt sich die Rücksitzbank per Knopfdruck im Heckabteil versenken und schafft eine ebene Ladefläche. Der Längenzuwachs gegenüber dem Vorgänger kam ausschließlich den Fondpassagieren zugute, nicht dem normalen Kofferraumvolumen, das sogar etwas schrumpfte. Als neue Motorvariante wurde der aus dem Meriva bekannte, 120 PS starke Turbobenziner zusammen mit einer Start-Stopp-Automatik eingeführt.

Astra GTC ab Frühjahr 2011 mit ungewöhnlichem Linienspiel an den Flanken. Seine Front mit schmal geschnittenen Scheinwerfern, trapezförmigem Grill und opeltyischer Bügelfalte ist eigenständig geformt. Stufenheck-Modell Ende 2011. Während der Astra H mit Stufenheck auf dem deutschen Markt ein absoluter Flop war und nicht beworben wurde, sollte der Astra J Stufenheck reüssieren, tat er aber nicht, Produktion bis 2018. Das ewige Duell Golf GTI gegen Astra GSi (220 PS) ging in eine neue Runde. In Genf 2012 debütierte der Astra OPC, ein 2-Liter-Vierzylinder-Turbo mit Direkteinspritzung, 280 PS, nur mit der zweitürigen Coupé-Karosserie des Astra GTC. Lamellen-Sperrdifferenzial, Brembo-Bremsanlage, flexibles Fahrwerk, scharfe Optik mit mittigem Auspuffendrohr. 2016 nannte Opel den Wagen nicht mehr »Astra GTC«, sondern nur noch »Opel GTC«, er überlebte, zusammen mit dem sportlichen OPC, als Vertreter der Astra-J-Generation bis Juni 2018.

Der Astra J schwächelte Zeit seines Lebens, den Astra GTC akzeptierten die Käufer nicht als Erbe erfolgreicher Opel-Coupés à la Manta und Calibra. Nach nur sechs Jahren wurde der Astra J im September 2015 (IAA) vom Astra K abgelöst. In seinem letzten Produktionsjahr kam die populärste Version, der Fünftürer, aus Polen, weil das Werk Bochum geschlossen worden war.

Genmanipuliert: Opel Cascada

Cabrioletvariante des Astra J ab April 2013, Produktion in Polen. Kein Coupé-Cabriolet mehr, sondern Stoffverdeck. Dessen Konstruktion stammt von Magna in Graz, ebenso wie diejenige vom Audi A5 Cabriolet, gegen das der Cascada antritt. Er basiert auf der Delta-II-Plattform wie der Astra J, trägt aber auch etliche Gene des Insignia in sich. Das aufwändige Fahrwerk mit Hiperstrut-Federbeinen ist ein Erbe vom Astra GTC. Bei den Hiperstruts dreht sich nicht das gesamte Federbein beim Lenken, sondern nur der Radträger, was eine präzisere Radführung erlaubt. Es gibt keinerlei Ka-

Wieder ein richtiges Cabriolet mit einem richtigen Stoffverdeck: Opel Cascada des Modelljahrs 2019.

rosseriegleichteile zum Astra und Insignia. Somit kann von einem eigenständigen Modell gesprochen werden. Das Styling stammt von Andrew Dyson unter dem Opel-Designchef Malcom Ward. Zunächst zwei 1,4-Liter-Benziner (120 und 140 PS), ein 2-Liter-Diesel (165 PS) und ein 2-Liter-Biturbo-CDTI mit 195 PS (beide bis August 2015). Von September 2015 bis April 2018 zusätzlich zwei 1,6-Liter-Benziner mit 170 und 200 PS (neu, erstmalig verwendet im Cascada), ersetzt im April 2018 durch den 1,6 Liter Direct Injection Turbo mit 170 PS. Den 2-Liter-CDTI-Diesel mit 170 PS zwischen September 2015 und April 2018 ersetzte ein 2-Liter-Biturbo-CDTI Start/Stop mit 196 Pferden, immerhin 230 km/h schnell. Seit April 2018 gibt es keinen Cascada Diesel mehr. Ausstattungsvarianten Edition (bis 2018), Innovation und Ultimate, Ende 2016 erschien als dauerhaftes Sondermodell der Cascada Supreme. Opel machte auf der Astra-Plattform ein alltagstaugliches Mittelklasse-Cabrio mit Erstwagenqualitäten. Als Kompakter à la Golf oder Peugeot 308 wäre er nur einer von vielen, in der Mittelklasse galt er als Sonderangebot gegenüber dem Audi A5, allerdings auch mit entsprechendem Markenimage. Verkauf als Opel, als Vauxhall in Großbritannien, als Holden in Australien und als Buick in den USA. Weil er ein reines GM-Fahrzeug ist, wurde der Cascada 2019 eingestellt, aber während der kompletten Sommersaison 2019 waren noch genügend Neufahrzeuge lieferbar.

Kein deutscher Wagen mehr: Opel Astra K

Produktionsbeginn Juli 2015, Präsentation IAA, Verkaufsstart als Fünftürer Oktober 2015. Der Opel Astra ist kein deutsches Fahrzeug mehr, Produktion im Vauxhall-Werk in Ellesmere Port und im polnischen Gleiwitz. Doch das gilt nicht für immer. Die kommende Generation ab 2021 soll wieder ein Rüsselsheimer Auto sein, weil sich Gleiwitz künftig ausschließlich den Nutzfahrzeugen widmen soll. Zunächst Fünftürer und Sports Tourer. Etwas mehr Innenraum, 200 Kilo leichter als der Vorgänger, dadurch agiler. Die Benziner: 1-Liter-Dreizylinder mit 90 und 105 PS, 1,4 Liter mit 100 PS bis 2018, 125 und 150 PS, 1,6 Liter mit 200 PS. 1,6-Liter-Diesel mit 95, 110 (beide bis 2018), 136 und 150/160 PS. Neuer Einstiegsmotor ab 2019 ist ein 1-Liter-Turbo-Direkteinspritzer mit 90 PS. Mit weiter entwickelten Technikfeatures sowie Infotainment- und Internet-Möglichkeiten verlieh Opel dem Astra K Premiumanspruch und machte verlorenes Terrain gut. Mit ihm erreichte Opel 2016 europaweit in seinem Segment Platz Zwei der Neuzulassungen, in manchen Ländern wie den Niederlanden sogar Platz Eins. Doch 2017 erfolgte ein Einbruch. Facelift zum Pariser Salon 2018 mit angepasstem Opel-Gesicht und Infotainment-System aus dem Insignia. Der geplante dreitürige GTC mit eigenständiger Optik an Front und Heck sowie eine OPC-Version, erschienen auf Basis Astra K

Das Danubiana Meulensteen Art Museum in Cunovo ist das erste Privatmuseum für moderne Kunst in der Slowakei, auf einem Stausee-Damm. Dieser Hintergrund adelt den Astra K, Modelljahr 2019, zur modernen Kunst. Seinen Schöpfer Mark Adams dürfte das stolz machen.

bislang nicht. Nach Auslaufen des GTC und OPC auf Astra-J-Basis im Juni 2018 gibt es derzeit weder einen GTC noch einen OPC. Ein solcher dürfte wohl erst auf Basis des neuen Astra L entwickelt werden, der 2020 oder 2021 kommen und auf der PSA-Plattform EM P2 fußen wird, also enge Verwandtschaft zum Peugeot 308 - sofern es überhaupt künftig noch OPC-Modelle geben wird. Die Sportversion des Insignia B seit März 2018 jedenfalls heißt nicht mehr OPC, sondern GSI – wie früher! Die GM-Plattformen, egal wie sehr sie sich beim Astra K und auch beim Insignia B bewährt haben mögen, sind künftig für diese Opel-Fahrzeuge tabu.

Das General Motors J-Car: Opel Ascona C

Ein rundum, prinzipiell und konzeptionell neues Mittelklassemodell war der Opel Ascona C. Mit Frontantrieb und quer eingebauten Motoren brach er mit der Tradition. Das einzig Alte war der Name. Acht Jahre brauchte Opel, um den Ascona C respektive das GM-J-Car auf die Räder zu stellen. Der neue Wagen hatte einen quer statt längs eingebauten Motor, Vorder- statt Hinterradantrieb, eine Vorderachse mit MacPherson-Federbeinen und hinten eine Längslenker-Verbund- anstelle der Starrachse. Das waren lauter moderne Konstruktionsmerkmale, die in ihrer Gesamtheit dafür sorgten, dass der Ascona C bei weitgehend gleichen Abmessungen wesentlich mehr Innen- und Gepäckraum bot als sein Vorgänger.

Der Ascona C präsentierte sich recht kantig, wie alle Autos anfangs der 80er Jahre, das Heck war hoch, die Front schräg – insgesamt ein Wagen, der sich ohne aufzufallen harmonisch in das Straßenbild fügte. Neben der zwei- und viertürigen Stufenhecklimousine gab es einen fünftürigen Hatchback. Er übertrug die Praktikabilität der kleinen Opel in die Mittelklasse und machte aus den althergebrachten Dreivolumenkarosserien plötzlich konservative Autos für ebensolche Käufer: Zwar entfiel das Gros der Produktion auf den Viertürer, aber ein Drittel nahm der Hatchback ein, der Zweitürer nur rund zehn Prozent. Die Zahlen zwischen September 1981 und Oktober 1988: 1.721.647 Ascona C, davon 947.737 Viertürer, 587.155 Hatchbacks und 186.757 Zweitürer. Rund 3000 Zweitürer wurden zu Cabriolets umgebaut. Auf Basis des GM-J-Cars gab es Kombis, doch nie einen Ascona C Caravan.

Von einem Tag auf den anderen aus dem Straßenbild verschwunden: Ascona C. Gestern noch ein Gebrauchtwagen, heute ein Youngtimer, kaum mehr in erster Rentnerhand, aber durchaus schon in Liebhaberhand. Der Stufenheck-Zweitürer blieb die seltenste Karosserievariante.

Konservativ-bürgerlich mit Stufenheck, fortschrittlich-praktisch mit Schrägheck: In den 80er Jahren setzte sich die große Klappe auch jenseits der Kompaktwagen durch. Und heute ist es sogar in der Mittelklasse Usus.

Selten erfährt eine Modellreihe zwei Mal ein Restyling. Das erste Facelift erlebte der Ascona C im Oktober 1984, das letzte im September 1986 (im Bild ein 1.8i GT Sport) für seine letzten beiden Produktionsjahre.

Meistens weiß, unten herum stets anthrazitfarben: Der Ascona C SR. Die meisten SR-Kunden orderten ihren Wagen in Schrägheckversion.

Der Eine, der Ascona Cabriolets baute, war der Dettinger Karosseriebaubetrieb Keinath …

… und der Andere war Voll in Würzburg. Das Voll-Cabriolet vertrieb Opel über die eigene Händlerschiene.

Altbekannt waren die jeweils zwei 1300er (60 und 75 PS) und 1600er (75 und 90 PS) sowie ab März 1982 der 54 PS starke Diesel. Nach einem Jahr Produktionszeit folgte der 1,8-Liter-Einspritzer mit 115 PS (mit Kat 100 PS). Im August 1986 wurde er vom 2-Liter-Einspritzer abgelöst (130 PS ohne, 115 mit Kat), ab 1986 leistete der 1600er 82 (mit Kat 75) PS, ein Vergaser-1800er mit 84 PS kam 1987. Ganz zum Schluss im November 1987 wurde das Fünfgang-Getriebe serienmäßig für alle Versionen.

Anfangs hatten die Varianten die üblichen Namen: Basis, Luxus, Berlina und SR (nur mit 1.6-S-Motor), mit Einzug des 1,8-Liter-Einspritzers wurde daraus der SR/E, beide mit anthrazitfarben lackierten unteren Karosseriesegmenten und Fensterrahmen. Im August 1982 erschien als Spitzenmodell der CD mit betont luxuriöser Innenausstattung und Fünfgang-Getriebe; ein neuer Grill und größere Scheinwerfer distanzierten ihn von den einfacheren Modellen. Im Oktober 1984 frischte Opel den Ascona optisch und technisch auf, das CD-Gesicht hielt allgemeinen Einzug, eine rot durchfärbte Plastik-Heckblende verband die Rückleuchten miteinander. Das bisherige Basismodell hieß nun LS, aus dem Luxus wurde der GL, aus Berlina GLS, aus SR/E wurde GT, der CD blieb. Wieder ein Restyling brachte der September 1986, die Front wurde schräger, der in Wagenfarbe lackierte Grill erhielt sechs große Schlitze anstelle der Wabenform, weiße vordere Blinker- und dunkel getönte Rücklichtgläser entsprachen der Mode. Im letzten Produktionsjahr erhielten die Ausstattungen erneut andere Namen; aus dem GLS wurde der Touring, aus dem CD der GLS-Exklusiv, der GT hieß fortan GT/Sport. Prinzipiell waren beide Karosserien in allen Ausstattungen erhältlich.

Das erste Cabriolet seit langem, das offiziell beim Opel-Händler zu kaufen war, war ein Ascona C. Hergestellt wurde es nicht bei Opel, sondern war eine Karosseriebauer-Angelegenheit. Mehrere Hersteller spezialisierten sich auf Cabriolet-Umbauten auf Basis des zweitürigen Opel Ascona C. Die bekanntesten waren der Dettinger Opel-Händler Keinath (Typbezeichnung Keinath KC3, Debüt April 1983) und die Würzburger Karosseriefabrik Voll. Nachdem Opel selbst den Vertrieb der Voll-Cabrios mit vier vollwertigen Sitzen übernommen hatte, fanden die offenen Ascona C sogar eine beachtliche Verbreitung. Viele Opel-Fans halten die Cabriolets von Voll und Hammond & Thiede für unterschiedliche Fahrzeuge unterschiedlicher Hersteller. Denn die Wagen tragen verschiedene Typenschilder und es gibt Verkaufsprospekte sowohl von Voll als auch von Hammond & Thiede. Die Annahme der unterschiedlichen Fahrzeuge ist falsch und erklärt sich aus der Firmengeschichte. Ende 1983 erschien das Cabriolet der Würzburger Karosseriefabrik Voll. Die Entwicklungskosten hatten bereits am Firmenvermögen gezehrt und der Karosseriebauingenieur Georg Voll, Sohn des Firmengründers, sah sich gezwungen, die Firma zu verkaufen. Zuvor schon hatte Voll mit der britischen George Hammond Ltd zusammengearbeitet, und unter deren Regie war das Ascona Cabriolet entwickelt worden. Hammond Ltd hatte in Sulzbach am Main eine deutsche Vertriebsfirma namens Hammond & Thiede, und von dieser wurde das Würzburger Traditionsunternehmen im Jahre 1985 zu 100 Prozent übernommen. Daher fungieren die ersten in Würzburg gebauten Ascona Cabriolets unter dem Namen Voll, Hammond & Thiede hießen sie ab Mitte der 80er Jahre. Hammond & Thiede behielt das Karosseriewerk nur zwei Jahre lang und verkaufte das Würzburger Werk 1987 an den englischen Investor Leventis. Er geriet Anfang der 90er Jahre in finanzielle Schieflage, und damit auch Voll: Bankrott 1992.

Neuer Name und neuer Inhalt: Opel Vectra A

In einer anderen Liga als seine Vorgänger spielte der Opel Vectra. Zwar startete er mit einem 1,6-Liter-Motor. Aber das Maß in der Mittelklasse lautete mittlerweile zwei Liter Hubraum und rund 100 Pferdestärken. Und im Laufe seines Lebens stieg er sogar in ungeahnte Höhen auf und wurde zum Sechszylinder befördert. Damit entfernte er sich meilenweit von seinen Vorgängern.

Eine völlige Neukonstruktion war der Opel Vectra A. Ein neuer Name symbolisiert einen neuen Inhalt. Dabei stellt sich allerdings die Frage, warum Opel die gut eingeführte Bezeichnung Ascona (ein mondäner Kurort am Lago Maggiore im Schweizer Kanton

Ein absolutes Durchschnittsauto, allgegenwärtig auf der Straße. Und heute? Wann sieht man einen Vectra A auf der Straße?

Gefällig unauffällig: facegelifteter Vectra A (August 1993 bis August 1995) vis-à-vis eines Astra F Caravan. Beide waren, als sie 2015 fotografiert wurden, bereits alte Autos.

Was gut ist für den Bürger, ist auch gut für die Polizei: Ein beliebter Streifenwagen war der Vecta A, und er blieb den Polizeibeamten in guter Erinnerung.

Schneekönig: 4x4 im Straßenauto gehörte in den 90ern zum guten Ton, war aber auch ein echter Vorteil in Bezug auf Nässe und Glätte. Eigentlich schade, dass die Hersteller den Allradantrieb künstlich exklusiv gestalteten, indem sie ihn nur mit hoch positionierten Ausstattungen verbanden.

Tessin) zugunsten des Kunstwortes Vectra aufgab. Diesen Namen erfand der Werbetexter Manfred Gotta (wie auch Calibra, Agila, Omega und Sintra). Eine Mittelklasse-Limousine in zwei Karosserievarianten, viertürig mit Stufenheck und fünftürig mit Schrägheck, mit Frontantrieb und quer vor der Vorderachse eingebauten Motoren. Beim Fahrwerks-Layout setzte Opel auf das bewährte Konzept mit einer vorderen MacPherson-Radaufhängung und einer hinteren Längslenker-Verbundachse.

Zunächst einmal tat der Opel Vectra A das, was alle Autos Ende der 80er Jahre taten: Er wuchs gegenüber dem Vorgänger, nämlich 14 Zentimeter in der Länge und deren drei in der Breite, und dabei blieb die von Hideo Kodama gezeichnete Schrägheck-Variante, ebenso wie beim Ascona C, um acht Zentimeter hinter ihrem Viertürer-Pendant zurück. Das Wachstum war ein allgemeiner Trend der Zeit, und über ein paar Autogenerationen hinweg wuchsen die Wagen in die nächst höhere Klasse und gaben den Platz frei im ehemaligen Segment. Der Vectra wuchs so lange, bis er unter dem Namen Insignia den Omega ersetzen konnte, und das ursprüngliche Ascona-Segment wird nunmehr vom gewachsenen Astra besetzt.

Ende August 1988 stellte Opel den Vectra A vor, Auslieferung der Stufenheck-Limousine im Oktober, die Schrägheck-Variante folgte im März 1989. Produktionsstandorte waren Rüsselsheim, Antwerpen und zeitweise auch Eisenach.

Schon die Einstiegsvariante trug das symbolträchtige Kürzel GL für Grand Luxe, und tatsächlich kam der Basis-Vectra nicht wie Aschenputtel daher. Opel spendierte ihm ein Fünfgang-Getriebe, zwei von innen verstellbare Außenspiegel, einen höhenverstellbaren Fahrersitz und eine geteilt umlegbare Rücksitzbank. Zum GLS musste greifen, wer Wert legte auf Servolenkung, Zentralverriegelung, Drehzahlmesser und Velours-Sitzbezüge mit feinem Teppichboden. Richtig luxuriös wurde der Vectra A in der CD-Version. Alleine schon das Kürzel versprach den Glanz der großen Welt, steht CD doch für Corps Diplomatique. Der Diplomaten-Vectra verfügte über ABS, was damals alles andere als selbstverständlich war.

Mit 1,6 Litern und munteren 75 Pferden war der »kleine« Vectra wahrlich nicht untermotorisiert. Der 2-Liter konnte alles noch besser und er war sogar ein wenig sparsamer. Im Fahrbetrieb war der Brot- und Butter-Vectra ein harmonischer Wagen, der sich in keiner Disziplin eine Blöße gab. Der Vectra A fuhr sich unspektakulär, untersteuerte leicht und war handlich, darüber hinaus bot er einen

Und auch er wird bereits von den Opel-Youngtimer-Freaks geschätzt. Kaum stirbt eine Modellreihe aus, wird sie schon wieder interessant.

ordentlichen Federungskomfort. Seine gute Aerodynamik sorgte schon beim 1600er für eine Spitze von Tempo 170.

Der allgemeine Trend am Ende der 80er Jahre lautete: 4x4 im Pkw. Im Dunstkreis von Sport- und Rallyewagen, die mit Allradantrieb Furore gemacht hatten, gehörte es einfach zum guten Ton, eine Allradvariante im Programm zu haben. Stand der Technik war die bei Bedarf selbst sperrende Visko-Kupplung, die wenn nötig, die Hinterräder zusätzlich antrieb. Beim Bremsen unterbrach die Verbindung zu den Hinterrädern dank einer computergesteuerten, hydraulischen Lamellenkupplung, damit das ABS greifen konnte. Der 4x4-Vectra brauchte natürlich eine völlig andere Hinterachse als sein frontgetriebener Bruder. Opel implantierte ihm die Schräglenker-Hinterachse aus dem heckgetriebenen Omega. Das Verteilergetriebe wurde komplett beim Allradspezialisten Steyr-Daimler-Puch in Graz gefertigt. Gerade in den schneereichen Alpenländern Schweiz und Österreich war er ein echter Verkaufsschlager.

Das Vectra-Topmodell ab Oktober 1989 bestach durch seinen 2-Liter-16V-Motor mit knackigen 150 PS, bekannt aus dem Kadett 16 V. Den Motor garnierte Opel mit Allradantrieb und einer gehörigen Portion optischer Sportlichkeit. Der 150-PS-Vectra war drehmomentstark, hatte ein perfekt angepasstes Fünfgang-Getriebe und ein strafferes Fahrwerk. Sein Preis war hoch: 41.000 Mark anno 1990, aber immer noch günstiger als die direkte Konkurrenz Audi 90 Quattro und VW Passat Syncro.

Vom Vectra A1 zum A2 wurde der Mittelklasse-Opel Anfang 1993: Neue Bugschürze und neuer Grill, beides in Wagenfarbe, hinten eine umgestylte Plastikblende zwischen den Rückleuchten. Alle Vectras mit ABS und Servolenkung, Rohrverstärkungen in den Türen, Gurtstraffer an den Vordersitzen.

Wegen des Allradantriebs war der Vectra 2000 16V 4x4 teuer, zu teuer für viele. So bot Opel seinen Top-Vectra fortan ohne 4x4 an und nannte ihn nach einigen Retouchen und mit abgespeckter Ausstattung Vectra GT 16V. War der 2000er nur als Stufenheck-Limousine erhältlich, so setzte Opel nun auf das Gegenteil und bot den GT 16V nur als Schrägheck-Fünftürer an. Opel kannibalisierte den Vectra GT kurz nach dessen Erscheinen. Im Frühjahr 1993 kam der Vectra V6. Ihn gab es nur als Stufenheck-Limousine, und Opel packte alles rein, was gut und schön war: Airbag, ABS, Kasetten-Radio, Zentralverriegelung und elektronische Traktionskontrolle. Mit diesem Wagen hoffte Opel auf keine hohen Stückzahlen, aber auf eine kräftige Imagepolitur. Opel hatte mitnichten ins Regal gegriffen und den Omega- und Senator-Reihensechszylinder in den Vectra implantiert. Ein Fronttriebler braucht einen quer eingebauten Motor, und der muss kürzer bauen. Opel hatte den neuen Omega B in der Pipeline, und unter dessen Frontpartie hätte der bisherige Reihensechser auch nicht gepasst. Also konstruierte Opel einen neuen V6, dessen Zylinder im unüblichen Winkel von 54 ° zueinander stehen. Der Vierventil-V6 drehte bereitwillig hoch, war nie zäh, zwar nicht völlig geräuschlos, aber es macht ja stets Spaß, einem Sechszylinder zuzuhören.

Die 170 V6-PS sollten nicht die Krönung im Vectra-Programm bleiben. Getoppt wurde der noble V6 vom bissigen Vectra Turbo. Wieder der 2-Lter-Motor, nun von einem Turbolader auf 204 PS beflügelt. Dazu Allradantrieb. Diese Technik verpackte Opel dezent in der Stufenheck-Limousine. Zwar stand Turbo und 4x4 hinten drauf, ansonsten aber glänzte der High-Tech-Vectra durch Understatement. Neu war auch das eng gestufte Sechsgang-Getriebe, das aus der biederen Familienschaukel einen Überflieger machte. Mit Tempo 240 erschreckte er auf der Autobahn so manche E-Klasse. Der Turbo war zwar höllisch schnell, aber der günstigere V6 passte eher zum Gesamtcharakter eines top-of-the-line-Vectra. Der Turbo ist der seltenste Opel Vectra A. Von ihm gab es nur 2252 Exemplare. Insgesamt wurden 2.347.921 Fahrzeuge der Baureihe Vectra A hergestellt, inklusive der als Vauxhall in Großbritannien und Chevrolet in Lateinamerika verkauften Autos.

Vom braven Diesel zum Tourenwagenmeister: Opel Vectra B

Eine große Spannweite deckte Opel mit dem Vectra-B-Programm ab: Die Palette reichte vom braven Diesel-Biedermann bis zum hochkarätigen i500 mit 195 PS und Tourenwagenmeister in der STW.
Eine Nummer größer als der formal ähnliche Vorgänger gab sich der zweite Vectra: um 4 cm längerer Radstand, die Stufenheck-Limousine wuchs um 5, der Hatchback gar um 13 cm, was voll dem Innenraum zugute kam. Auf den ersten Blick wirkte der Vectra B lediglich wie ein gründlich überarbeiteter Vectra A, war aber ein neu konstruierter Wagen. Der Stil blieb gleich, die Linien waren noch flüssiger, sein Charakteristikum waren die Motorhaubensicken, die in den integrierten Außenspiegeln ausliefen. Komplett neu war das Fahrwerk mit vorderem und hinterem Hilfsrahmen und einer hinteren Mehrlenkerachse. Eine Allradversion wie beim Vectra A gab es nicht mehr. Erstmals seit dem Ascona A bot Opel wieder einen Caravan in diesem Segment an.
Zunächst wenig Neues in Sachen Motoren: 1.6 i mit 75 PS, 1,6 i 16V mit 100 PS, 1.8 i 16V mit 115 (ab 2000: 125) PS, 2.0 i 16V mit 136 PS und 2,5-Liter-V6 mit 170 PS, anno 2000 vom gleich starken 2,6-Liter-90°-V6-Einspritzer ersetzt, analog zum Opel Omega. Bis 1997 nagelte der 1,7-Liter-Isuzu-Turbodiesel im Vectra B, ab 1996 zusätzlich ein 2-Liter-TD, ab 1997 ein 2-Liter-DTI und zuletzt ab dem Jahr 2000 kam ein 2.2 DTI mit 125 PS zum Einsatz. Zusammen mit einem umfangreichen Restyling Ende 1998 (»Vectra '99«) verbaute Opel auch neue Motoren. Optisch erkennbar war der Vectra '99 an neu gestalteten, in Wagenfarbe lackierten Stoßfängern, Seitenschwellern und Schutzleisten, er trug stolz eine Chromleiste im Kühlergrill und Xenon-Scheinwerfer in Klarglas-Optik. Das Heck glänzte durch geänderte Rückleuchten und eine horizontal verlaufende Sicke auf dem Kofferraumdeckel. Das modifizierte Fahrwerk versprach mehr Komfort. Der schwächste Vectra B hatte nun 100 PS aus 1,6 Litern, und der 136-PS-2-Liter wich im Folgejahr einem 2.2 i 16V mit 147 PS.

Eintracht: Vectra A (vorne) und Vectra B nach dem 1999er Restyling. Sie sprechen zwar dieselbe Formensprache, aber der Vectra B wirkt stattlicher.

Aus der Studie wurde Realität: Der Vectra B i500 von Irmscher in zwei Serien war – für seine Nischen-Verhältnisse – ein wahrer Bestseller. Immerhin 2500 Exemplare, quasi ein Wegweiser für die späteren OPC-Modelle.

An Ausstattungsversionen offerierte Opel für den Vectra B: Basis, CD, Comfort, Elegance, Beauty, CD Sport, SD Exklusiv, Selection Free, Selection Comfort, Edition 2000, Sport Exklusiv und CD Exklusiv. Als Stufenheck und Hatchback war der Vectra ab Oktober 1995 am Markt, der Caravan folgte im September 1996. Die Produktion von Opel Vectra und dem britischen Pendant Vauxhall Cavalier fand in Rüsselsheim und Antwerpen, die Montage auch im polnischen Gleiwitz statt. Bis Januar 2002 wurde der Vectra B in allen Versionen gebaut, der Caravan lebte bis 2003, rund eine Million Fahrzeuge entstanden. Der Vectra A hatte seinerzeit das Privileg genossen, Nummer Eins in den Verkaufszahlen seiner Klasse gewesen zu sein. Dies gelang dem Vectra B zwar nicht, aber er verkaufte sich, zumindest anfänglich, gut.

Der Überflieger in der Vectra-B-Palette hieß Vectra i 500, quasi ein Vorläufer der OPC-Modelle. Er war eine Irmscher-Entwicklung, der 2,5-Liter-V6 leistete satte 195 PS, und umfangreiche Karosserieanbausätze distanzierten den 236-km/h-Renner von seinen braveren Artgenossen. Weitere Spezifikationen: um 20 mm tiefer gelegt, gelochte Scheibenbremsen mit roten Sätteln, breite BBS-Alufelgen, Doppelauspuffendrohr, Ledersportsitze und Alu-Applikationen innen, Vollaussstattung. Auch Caravan-Fahrer kamen in den i-500-Genuss, und ausschließlich sie durften sich über den stärksten Vectra B überhaupt freuen: Irmscher legte eine kleine Serie mit Namen i 30 auf, Anlass war sein 30jähriges Bestehen. Diesen Edel-Caravan beflügelte ein 3-Liter-V6 mit 220 PS (Produktion April bis November 1998). Der i500 war als Viertürer-Limousine und Caravan lieferbar, nicht als Schrägheck-limousine. Die erste Auflage des Irmscher i500 ging weg wie warme Semmeln. Nachdem die ersten 500 Exemplare 1998 an den Mann gebracht worden waren und weiterhin Nachfrage bestand, entschlossen sich Opel und Irmscher zu einer zweiten Auflage des Sondermodells, nun nach dem Vectra-Facelift, und verkauften 2000 weitere i500 ab Frühjahr 1999. Nach der Produktionseinstellung des i500 im Herbst 2000 hielt Opel die Vectra-Enthusiasten mit dem Vectra Sport am Ball. Er wurde, allerdings in allen drei Karosserievarianten und mit allen Motoren, ab Januar 2001 angeboten und bediente sich einiger Features des i500: 17-Zöller, Sportfahrwerk, innen Teilleder-Sportsitze, außen Karosserieanbauteile (Stoßfänger, Schweller und Grill) sowie Xenon-Scheinwerfer. Der Vectra Sport entstand ebenfalls in Kleinserie, aber bei der Opel-Tochter OSV.

Der Vectra war erfolgreich bei der Super Tourenwagen Meisterschaft (STW). Weil die DTM zu dieser Zeit nicht existierte, galt die STW als deutsche Meisterschaft der Tourenwagen.

Gefällig und dezent: Opel Vectra C und Signum

Opel präsentierte die erneut gewachsenen Vectra-C-Varianten nacheinander: Zunächst ging der Viertürer im März 2002, im Sommer der Hatchback und zuletzt der Caravan mit 13 cm mehr Radstand an den Start. Saab 9-3, Cadillac BLS und Chevrolet Malibu teilten die Plattform mit dem Vectra C. Das Fahrwerk des Fronttrieblers entsprach im Wesentlichen dem Vorgänger. Der Caravan war mit 1850 Litern Volumen ein wahres Ladewunder; die Radstandverlängerung kam den Fondpassagieren und dem Kofferraum zugute. Strenger als bisher trennte Opel den Stufenheck vom Hatchback. Ersterer sprach die Familie an (Versionen: Basis, Elegance, Cosmo), während der Hatchback mit seinem Suffix GTS ein eher sportlich orientierter Wagen war. Zwar viertürig und mit praktischer Heckklappe versehen, wirkte er im Gegensatz zum Stufenheck-Vectra beinahe schon wie ein Coupé. Seiner höheren Positionierung entsprechend war ihm der schwächste Motor versagt.

Anfangs waren fünf Motoren im Angebot: drei Benziner (1.8 i 16V mit 122 PS, 2.2 i 16V mit 147 (später 155) PS und für den GTS zusätzlich ein 3,2-Liter-V6-24V mit 211 PS) sowie zwei Diesel mit 2 Litern und 101 PS und der 125 PS starke 2,2 Liter. 2003 folgte ein 3-Liter-V6-Common-Rail-Diesel mit 177 PS sowie ein 2-Liter-Turbo mit 175 PS, ebenfalls nur für den GTS, und als neue Basismotorisierung ein 1.6 i 16V mit 100 PS (nicht für GTS). Ebenfalls neu für 2005: der 1,9-Liter-Turbodiesel mit 100 oder 120 sowie mit zwei Nockenwellen 150 PS. Gleichzeitig überarbeitete Opel die Optik sanft: Rück-, Brems- und die seitlichen Blinkleuchten weiß eingefärbt, Instrumente und Schaltkulisse chromumrandet. Ein echtes Facelift erlebte der Vectra C im Herbst 2005: Das Design näherte sich dem Astra an, das lachende und mit Chrom gut versorgte, in die Frontschürze nach unten verlängerte Kühlergesicht entsprach dem aktuellen Opel-Erscheinungsbild, und die etwas klein geratenen Scheinwerfer wuchsen (Versionen: Basis, Edition, Sport, Cosmo). Das Fahrwerk wurde modifiziert, neue Motoren komplettieren das Angebot: ein 1,9-Liter-CDTI mit 100 PS (anstelle des gleich starken 2-Liter-Diesel), der 3-Liter-V6-Diesel brachte sieben Mehr-PS, die Spitzenposition nahm ein 2,8-Liter-Turbo-V6 mit 230 PS, in der OPC-Variante sogar 255 PS, ein. Zum Modelljahr 2007 spendierte Opel dem Vectra aus dem Baukasten den 1,8-Liter-Ecotec-Motor mit 144 PS, der die bisherige 122-PS-Variante ablöste. Auch der 100-PS-Basismotor musste weichen, an seine Stelle trat ein 105-PS-Twinport-Triebwerk.

Der wahrlich legitime Nachfolger des Irmscher-Opel Vectra i500 musste natürlich wieder aus dem Hause Irmscher kommen. Irmscher präsentierte den Vectra GTS i500 auf Basis des 3,2-Liter-V6 mit 20 Mehr-PS im Sommer 2004. Der neue i500 glänzte mit einer markanten Spoilerstoßstange, bis in die Radhäuser integrierte Seitenschweller, dazu einem Heckflügel und einem Heckschürzeneinsatz. Der Grill trug einen Edelstahleinsatz, und dort waren, wie am Heck, i500-Embleme angebracht. Innen Leder und Carbonlook sowie Accessoires in Alu-Optik, und unter der Haube 231 statt 211 Pferde, dazu tiefer gelegtes Sportfahrwerk und fette 20-Zöller. Die OPC-Modelle, bisher mit 255 PS schon sehr potent, wurden auf 280 PS getrimmt und rannten mit Tempo 260

Der Vectra GTS trug, im Gegensatz zur Limousine, fast schon coupéhafte Züge.

Ein Opel Signum ist heute ein seltener Anblick auf der Straße. Eigentlich war er schon immer eine Rarität – was nicht im Sinne von Opel war. Noch seltener ist ein Signum im Irmscher-Design, Aufnahme vom Juni 2011.

... und dieser Wagen sollte tatsächlich den Opel Omega ersetzen?! Diese Schuhe waren ihm entschieden zu groß!

über die Autobahn (in Deutschland bei 250 km/h abgeregelt). Der Vectra OPC war ein souveräner Hochleistungswagen, zwar optisch aufgepeppt, aber dennoch dezent genug, um als Wolf im Schafspelz gelten zu können. Seine elektronische Advanced Skyhook-Dämpferkontrolle entstammte purer Rennwagentechnik, der Vectra OPC besaß sie als erste Serienlimousine weltweit. Er war in allen drei Karosserievarianten erhältlich. Bis Sommer 2007 gab es zwei OPC-Ausstattungsvarianten (OPC-Line-Paket 1 und 2), danach hieß das Ganze Sport-Paket. Die OPC-Studie mit Dieselmotor ging nicht in Serie.

Fast schon ein Cross-over: Der Signum wollte Limousine, Kombi und Van gleichzeitig sein und sollte überdies als Omega-Nachfolger die Position von Opel in der gehobenen Mittelklasse halten. Das waren hohe Anforderungen an einen Wagen, der lediglich ein Vectra-Derivat war. Der neue Name sollte ein eigenständiges Modell suggerieren. Es wurde auf dem Pariser Salon im Herbst 2002 als Prototyp und auf dem Genfer Salon im März 2003 als Serienwagen präsentiert. Sein Radstand entsprach dem des Vectra Caravan. Er bot innen viel Platz und vor allem ein äußerst variables Sitzkonzept. Anstelle einer Rücksitzbank fanden sich im Signum zwei hintere Einzelsitze, die sich unabhängig voneinander verstellen ließen. Sind sie parallel justiert, darf ein Dritter zusteigen. Außer dem Basismotor waren die Vectra-Maschinen auch im Signum erhältlich. Das Restyling des Vectra im Herbst 2005 kam ihm ebenso zu Gute. Varianten: Basis, Elegance (ab 2005: Edition), Sport, Cosmo.

Produktion des Vectra C und Signum bis Juli 2008. Der Opel Vectra C verkaufte sich schlecht und hatte in seiner Klasse zeitweise nur 3,6 Prozent Marktanteil. Opel dachte sogar darüber nach, den Vectra ersatzlos zu streichen, entschied sich aber für einen Neuanfang mit neuem Namen. Der Signum blieb wegen absoluter Erfolglosigkeit ohne Nachfolger.

Das Auto ohne Vergangenheit: Opel Insignia A

Er gilt bei Opel nicht als Vectra-Nachfolger, sondern als Auto ohne Vergangenheit: der Insignia. Präsentation British International Motor Show im Juli/August 2008, Markteinführung Dezember 2008 mit zwei Modellreihen, Fließheck und Stufenheck, die sich optisch kaum unterscheiden, Design Mark Adams. Beim Fließheck ist die Heckklappe oberhalb der Heckscheibe angeschlagen, beim Stufenheck unterhalb. Die Stufenheck-Variante macht nur 20 Prozent aller Insignias aus. Neun Motoren: vier Vierzylinder-Benziner von 1,6 bis 2 Liter Hubraum und einer Leistungsspanne von 115 bis 220 PS; als Spitzenmodell fungiert ein 2,8-Liter-V6-Benziner mit 260 oder 325 PS, serienmäßig mit Allradantrieb. Opel offerierte drei 2-Liter-Diesel von 110 bis 160 PS sowie einen V6-Turbodiesel. Sechsgang-Schaltung oder Wandler-Automatik. 4x4 als Option, damit verbunden das »Flex-Ride« mit aktiven, verstellbaren Stoßdämpfern. Weitere Option war adaptives Fahrlicht. Es ist sensor- und computergesteuert und sucht aus sieben verschiedenen Lichtkegeln je nach Fahrstil den passenden aus.

Der Insignia Kombi brach nach 55 Jahren mit der Tradition des Namens Caravan. Er hörte auf den Namen Sports Tourer, wollte keine Kombi-Version der Limousine sein, sondern ein eigenständiges Modell, und zwar völlig Handwerker-ungeeignet. So war er auch sportlicher und zierlicher als alle bisherigen Opel-Kombis gezeichnet, und dabei überragte er die Limousine mit 4,91 Metern um acht Zentimeter. Der Radstand war allerdings, im Gegensatz zum Vorgänger, bei allen Insignia gleich. Premiere feierte der Sports Tourer auf dem Pariser Salon im Oktober 2008,Verkaufsstart Frühjahr 2009. Im September 2009 startete Opel beim Insignia eine Öko-Offensive. Der bekannte 2-Liter-Diesel mit 160 PS mutierte zum eco-Flex dank kurz übersetztem ersten und zweiten Gang, besserer Aerodynamik und weiteren spritsparenden Maßnahmen. Laut Hersteller benötigte der Insignia ecoFlex nur 5,2 Liter auf 100 km. 2-Liter-Biturbo-Diesel, 195 PS, in einer Kooperation mit Fiat entstanden, ab Frühjahr 2012. Frühjahr 2015: »Flüster-Diesel« (2 Liter, 170 PS) ersetzte den 163 PS starken Diesel.

Opel OPC In Formation über den Nürburgring, angeführt vom Insignia A OPC 2016.

Kombi mit Premiumanspruch: Insignia A Sports Tourer von 2017. Caravan darf er nicht mehr heißen.

Insignia OPC (2,8-Liter-V6-Turbo, 323 PS) ab Sommer 2009 (Präsentation Barcelona Motor Show), auch als Sports Tourer, ab Frühjahr 2011 mit 6-Stufen-Automatik. Der Wandler wechselt im Sport- und OPC-Modus jeweils später die Gänge und erhöhte den Verbrauch nicht. OPC Unlimited: OPC-Modell mit nicht werksbegrenzter Höchstgeschwindigkeit, er erreicht Tempo 270.
Am 22. August 2013 Produktionsbeginn des facegelifteten Insignia. Überarbeitetes Design, neu gestaltetes Cockpit und elaboriertes Unterhaltungssystem. Das bisherige Credo lautete »One function, one button«. Es klingt logisch, jeder Funktion genau einen Knopf zuzuordnen. Aber die Fahrer waren von den vielen kleinen Tasten überfordert gewesen. Opel gestaltete das Cockpit demnach einfacher. Neue Motoren: zwei 1,6-Liter-Benziner mit Direkteinspritzung und Turbo (170 und 250 PS), mehr PS bei den kleinen Dieselmotoren, neu ein 2-Liter-CDTI mit 195 PS. Ende 2013 erschien auch der höher gelegte Kombi Country Tourer in Offroad-Verkleidung. Bis Ende 2016 wurde der Insignia A gebaut, rund 900.000 Exemplare, der weitaus größte Teil Kombis (Verkaufsanteil 80 Prozent, hauptsächlich Dienstwagen).
Insignia international: Der auf der IAA 2009 präsentierte, komplett neue Saab 9-5 nutzte die gleiche Plattform wie der Insignia; ab Dezember 2008 als Buick Insignia in China; ab Sommer 2010 auch in USA, Präsentation Los Angeles Motor Show als Buick Regal, in Rüsselsheim gebaut. Eigentlich hätte er ein Saturn sein sollen, aber GM hatte sich von dieser Marke im Zuge der Insolvenz 2009/10 getrennt. Australien: Rüsselsheimer Insignia A wurden nach down under exportiert und dort sowohl als Opel als auch als Holden verkauft.

Der letzte Insignia unter GM-Regie: Insignia B

Spätestens mit dem zweiten Insignia erreichte Opels Flaggschiff wieder das alte Omega-Niveau. Zumindest was die Größe und die Motorisierung betrifft, kann er als würdiger Nachfolger gelten und hat das Image des Ascona-Nachfolgers längst abgelegt. Aber was nützt es? Die Omega-Klientel ist längst bei Mercedes, Audi oder BMW angekommen, und ein Opel Insignia kann, all seiner Qualitäten zum Trotz, nicht mit den Premiummarken mithalten. Er kämpft nach wie vor im Mainstream-Segment gegen den Ford Mondeo, den Volkswagen Passat und den Škoda Superb um seinen Platz und kann die Premiumhersteller höchstens ärgern. Er ist der letzte, vollständig neue Opel, der unter GM-Regie entstand. Geplant war das so nicht. Opel und PSA wollten schon 2012 gemeinsam ein Mittelklassemodell entwickeln. Heraus aus dieser Liaison kamen Grandland und Crossland, aber kein Mittelklässler, denn GM stieg bei den Franzosen wieder aus, dafür Chinesen bei PSA ein. Resultat: PSA musste bis Herbst 2018 auf den neuen Peugeot 508 warten. Aber Opel hat seit Juni 2017 den Insignia B auf der Epsilon-2XX-Plattform - einer Opel-Konstruktion, die sich der Insignia B mit folgenden Wagen teilt: Buick Regal, Chevrolet Malibu, Cadillac XT4 und Holden ZB Commodore, der in Rüsselsheim gebaut und nach Australien verschifft wird. Interessant: Dort trägt der Insignia B, im Gegensatz zum Vorgänger, den traditionellen Namen Commodore.

Das Topmodell der Insignia-B-Baureihe ist kein OPC mehr, sondern heißt GSI, bis zu 260 PS stark.

Die Limousine ist schon lange nicht mehr das Volumenmodell. In dieser Klasse trägt man Kombi. Der Insignia B heißt nicht mehr Caravan, denn mit dem Spruch »This car is a Van« will der Lifestyle-Kombis nichts mehr zu tun haben. Noch lifestyliger wird er in der Version Country Tourer. Hier ist das Image des Flottenfahrzeugs völlig weg.

Die Limousine heißt Grand Sport, der Kombi wieder Sports Tourer, im Offroad-Stil mit 20 mm mehr Bodenfreiheit, adaptivem Fahrwerk und (teilweise) 4x4 präsentiert sich der Country Tourer. Der Kombi ist die wichtigere der beiden Karosserievarianten, etwas mehr Kofferraumvolumen als der Astra Kombi, und der Laderaum ist so aufgeräumt und praktisch wie weiland der Omega Caravan. Langstreckenqualitäten hat der Insignia B nicht nur durch die gewachsenen Innenraummaße (Außenlängenzuwachs 6 cm auf 4,90 Meter, ein richtig großer Wagen), sondern auch durch rückenfreundliche Ergonomiesitze. Die Fahrwerksabstimmung ist eher drahtig als komfortabel. Motoren: 1,5-Liter-Turbobenziner mit 140 oder 165 PS, 1,6-Liter-Turbobenziner mit 200 PS, 2-Liter-Turbobenziner mit 260 PS (bis 2018), 1,6-Liter-Diesel mit 110 oder 136 PS, 2-Liter-Diesel mit 170 PS, 2-Liter-Biturbo-Diesel mit 210 PS. Die größten Motoren mit Allradantrieb. Das sportliche Topmodell ist der Insignia GSI, 210-PS-Diesel und 260-PS-Turbobenziner, präsentiert auf der IAA 2017, Verkauf ab März 2018. Der GSI ließ die Hoffnungen auf einen Insignia B OPC schwinden, doch OPC-Chef Volker Strycek kümmert sich nun auch um GSI-Modelle, und der Insignia B GSI übertrifft die Fahrleistungen des Insignia A OPC: Brembo-Bremsen mit roten Zangen, Bodykit, Performance-Sitze, spezielle Felgen. Modifikationen ab Juni 2018 zum Modelljahr 2019: Motoren nach 6d-TEMP-Norm, kleine Optikanpassungen an den Zeitgeschmack. Irmscher legt den Insignia B GSI um 30 mm tiefer und verbaut Sportoptik, Leistungssteigerungen bis 280 PS in Vorbereitung. Design, ebenso wie beim Vorgänger, Mark Adams.

Zu teuer zum Sparen: Opel Ampera

Tatsächlich kein Opel, und doch ein Opel: der elektrische Ampera auf Basis des amerikanischen Chevrolet Volt. Angekündigt auf der IAA 2009 für Ende 2011, wurde aus den USA importiert. Die 4,40 Meter lange Fließheck-Limousine schafft rund 60 Kilometer mit der Kraft der Lithium-Ionen-Akkus (150-PS-Elektromotor), dann schaltet der Ampera auf den 82-PS-Ottomotor um, der weiteren Fahrstrom liefert. Ist der Akku allerdings leer, kann ihn der Benziner nicht wieder aufladen, das funktioniert nur über die 220-Volt-Steckdose und dauert etwa acht Stunden. Allgemein nennt man das seriellen Hybrid, Opel nennt die Bauart hingegen »E-Mobil mit Reichweiten-Verlängerer«. Ab 2012 wurde der Motor auf E85 (85 % Bio-Ethanol) umgestellt. Durch den kleinen Onboard-Verbrennungsmotor musste sich niemand Sorgen machen, mit leeren Batterien liegen zu bleiben, ein wichtiges psychologisches Moment.

Opel-Entwicklungschefin Rita Forst bezeichnete den Ampera als »das erste alltags- und reisetaugliche Elektrofahrzeug auf

Wer fuhr oder fährt Ampera? Privatleute selten. Repräsentaten des Umweltschutzes beispielsweise nutzten ihn als politisch korrekten Dienstwagen, auch Menschen, die eine Vorbildfunktion zu haben meinen.

Das Bumerang-Design der Scheinwerfer war eine kurzlebige Opel-Mode, auch der Zafira C trug sie – bis zu seinem Facelift, dann war die angesagte Mode eine Mode von gestern.

dem Markt«. Der verzögerte Verkaufsstart des Ampera lag darin begründet, dass ein Chevrolet Volt öffentlichkeitswirksam abgebrannt ist (ausgerechnet in einer Halle der US-Sicherheitsbehörden!) und deshalb Sicherheitsmängel vermutet wurden. Drei Ausstattungsversionen, Ampera, Komfort Edition und ePionier Edition, recht teuer (zwischen 46.000 und 52.000 Euro). Geringe Nachfrage sowohl nach Chevrolet Volt als auch nach Opel Ampera. Ab September 2013 bot Opel den Wagen deutlich günstiger ab 38.300 Euro an. Trotzdem kaufte kaum jemand einen. April 2015 Produktionseinstellung wegen Erfolglosigkeit. Design Mark Adams.

Blackout der Verfügbarkeit: Opel Ampera-e

Für 2017 kündigte Opel den Ampera-e auf Basis des Chevolet Bolt EV mit einer Reichweite von mehr als 500 km an, erstmals in Deutschland im November 2016 der Presse gezeigt, ein Konkurrent zum BMW i30. Diese Reichweite liegt deutlich über derjenigen der Konkurrenten. Der Bolt respektive Ampera-e wurde in den USA entwickelt. Auf der IAA 2017 standen zwei Ampera-e, aber nur zum Anschauen. Das Interesse war groß, die Fahrzeuge waren aber nicht verfügbar und auch nicht bestellbar. Opel sprach ausweichend vom »Reservierungsstopp wegen der hohen Nachfrage«. Laut Kraftfahrt-Bundesamt waren in Deutschland bis Ende 2017 gerade mal 231 Ampera-e zugelassen, hauptsächlich auf Opel-Händler, 4000 hätten es laut Opel sein sollen. 2018 wurden weitere 385 Stück zugelassen. In Norwegen, in den Niederlanden und in der Schweiz wurde der Wagen 2018 zum Kauf angeboten, in Deutschland wurden erste Kundenfahrzeuge erst 2019 ausgeliefert – zunächst nur von 44 so genannten Ampera-e-Agenten, also speziell geschulten Opel-Händlern. Und auf der Opel-Webseite ist unter »Konfigurator« zu lesen: »Aufgrund eingeschränkter Verfügbarkeit ist Ihre Wunschkonfiguration ggf. nicht erhältlich (...) Prüfen Sie gemeinsam mit Ihrem Opel-Partner die Verfügbarkeit.«

PSA-Chef Carlos Taveres findet den Wagen zwar gut, aber er verursache Verluste. Peugeot will 2020 ein eigenes Elektroauto für seine Marken, und damit auch für Opel (den Elektro-Corsa), lancieren. Da passt der Ampera-e nicht ins Portfolio. Zudem ist er ein Chevrolet, ein GM-Fahrzeug. Opel muss seit der Übernahme durch PSA dafür Lizenzgebühren an GM entrichten. Dennoch verlautbarte Opel, am Ampera-e mindestens bis Ende 2019 festzuhalten. Der Ampera-e macht Schlagzeilen, aber nicht nur positive. So wurde er von den Lesern der »Automobilwoche« zum »Showroom-Flop des Jahres 2017« gewählt. Die nahezu nicht verkauften Versionen Ampera-e und Ampera-e First Edition wurden 2018 durch Ampera-e Plus (42.990 Euro) und Ampera-e Ultimate (48.385 Euro mit Ledersitzen) ersetzt. Von dem Preis gehen 4380 Euro Umweltprämie ab (2000 vom Staat, ebensoviel von Opel, 380 Euro geringerer Mehrwertsteuerbetrag). Bei einer Reservierung muss ein Opel-Kunde 1000 Euro anzahlen.

Der Ampera-e ist ein Kompaktwagen, Produktion gemeinsam mit dem Chevrolet Bolt in Orion/Michigan. Das Energiespeichersystem ist im Fahrzeugboden untergebracht, wodurch der Wagenschwerpunkt sehr tief liegt. Der Wagen ist auf in den USA üblichen einphasigen Wechselstrom ausgelegt. In Europa und somit in Deutschland ist in Privathäusern dreiphasiger Wechselstrom die Regel. Dafür ist der Ampera-e nicht geeignet, er kann nur an öffentlichen Ladestationen einphasig aufgeladen werden, nicht an der Steckdose in der eigenen Garage. Offiziell reicht der Akku des Opel Ampera-e 520 Kilometer weit, aber das ist ein theoretischer Wert. In Tests wurden schon 700 km erreicht, aber auch nur 380 km. Der Elektromotor liefert 360 Nm und 204 PS, den Standardsprint auf Tempo 100 absolviert er in 7,3 Sekunden, die Höchstgeschwindigkeit ist auf 150 km/h beschränkt.

Tanken, einmal anders: Von »süffeln« oder »schlucken« kann man nicht mehr reden, wenn ein Elektriker Strom aufsaugt. Der 2019er Ampera-e trägt das »E« im Kennzeichen, aber keine Umweltplakette.

Im Gegensatz zu so manch anderem Stromer sieht ein Amepra-e halbwegs so aus, wie man sich ein Auto vorstellt. Manch ein Hersteller meint, Elektroautros durch Micky-Maus-Design alternativ-attraktiv machen zu müssen.

Opels Hoffnungsstromer ist der Ampera-e. Hier schmückt er den Opel-Stand auf dem Pariser Salon im Herbst 2016. Opel hat einen Stromer, viele andere reden nur davon. Aber hat Opel wirklich einen Stromer? Sonderlich häufig sieht man ihn nicht auf der Straße.

Kapitel 13:

Highlights der oberen Mittelklasse

Radikal in den Wind gelegt: Opel Omega A

Die Zeit der stilistischen Amerikanismen war bei Opel seit 25 Jahren vorüber. Und dann das: teilverschalte Hinterräder am Chevrolet Caprice von 1989, eindeutig abgekupfert am aktuellen Opel Omega A. Eine Umkehrung tradierter Werte, denn früher war es anders herum gewesen. Aber das Undenkbare fand statt. Die teilverschalten Hinterräder waren eine ganz kurzlebige Mode. Rüsselsheim entschied sich zur Realisierung und der Chevy Caprice sowie sein Bruder Buick Roadmaster aus dem Mutterhaus zogen nach. Allerdings war genau dieses Stylingelement in den USA von Anfang an umstritten, weswegen der Caprice bei seinem Facelift zum Modelljahr 1994 konventionelle hintere Radausschnitte erhielt.

Dem Omega A ging die Studie Opel Tech 1 voraus, einer der Stars auf der IAA 1981. Für die einen war er eine graue Maus, für die anderen ein High-Tech-Gerät mit zukünftigem Realisierungsfaktor. Letztere hatten Recht. Der Opel Tech 1 war Wegbereiter für den ersten Omega. George Gallion, der GM-Designer, hatte ihn entworfen und wollte damit Aerodynamik-Weltmeister werden (cw = 0,235). Alles war flüssig, keine Schnörkel ruinierten den homogenen Fluss der Linienführung, der Tech 1 bestand quasi nur aus Flächen. Nicht nur die Form war aerodynamisch gezeichnet, auch die Technik ordnete sich dem Diktat des Windes unter: bündig verklebte Scheiben, keine Regenrinnen, ein voll verkleideter Unterboden. Fünf Jahre vor der Omega-Präsentati-

Der Omega erbte vom Tech 1 die Frontpartie, der Kadett E den Karosseriekörper. George Gallion schuf mit dieser Studie 1981 den Aerodynamik-Weltmeister.

Spektakulärer Roll-over: Präsentation des neuen Omega im Oktober 1986. Auf diese Weise konnte ihn das staunende Publikum auch von unten sehen.

Brandstifter: Omega A Evo 500, das Auto von Gerd Dobersch, aufbereitet von Kissling-Motorsport, bei der Spezial-Tourenwagen-Trophy 1996, wo auch DTM-Fahrzeuge starteten. In diesem Jahr wurde Dobersch Meister seiner Klasse über 2000 cm³.

In LS-Ausstattung gab es den Caravan nur für Flottenkäufer wie den ADAC. Als Straßenwachtfahrzeug war der Opel Omega Caravan aufgrund seines großen Ladevolumens prädestiniert.

on nahm der Tech 1 dessen Formensprache und Mimik voraus und stimmte das Opel-Publikum auf die hauseigene Zukunft ein. Stellt man sich den Tech 1 neben dem soeben einem Facelift unterzogenen Opel Rekord E2 vor, so liegen Welten dazwischen. Der Omega erbte seine Front, der Kadett E nahm Anleihen an seiner Flanke und Heckpartie.

Die Entwicklung des Omega A, begonnen im Herbst 1981, kostete Opel 2,5 Milliarden D-Mark, das war die bis dato teuerste Neuentwicklung. Der konventionell ausgelegte Mittelklässler sollte wieder die Basis für einen Senator liefern, und die Zahl der für den Omega neu konstruierten Teile ist mit 6337 überliefert. Das Design des GM-intern als »V-Car« bezeichneten Wagens erledigte Herbert Kilmer mit dem Opel-Stylingstudio. Während Ford beim Scorpio auf eine Schräghecklimousine mit großer Heckklappe setzte, war der Opel Omega A eine klassische Viertürerlimousine, angereichert durch einen fünftürigen Caravan. Audi hatte 1982 mit dem Audi 100 C3 vorgemacht, wie eine strömungsgünstige Limousine auszusehen hatte (cw-Wert 0,30). Opel wollte ihn unterbieten und katapultierte seinen Omega als strömungsgünstigste Limousine seiner Klasse an die Weltspitze (cw = 0,28).

Am 17. Oktober 1986 fiel der Vorhang, der Opel Omega A wurde präsentiert. Seine technischen Novitäten stießen rundweg auf Begeisterung, ebenso seine Sicherheits-Features, denn vom Vorgänger waren die Kunden zwar Zuverlässigkeit und andere Tugenden gewöhnt, nicht aber Innovation. Seine aerodynamische Bestleistung wurde rundum gewürdigt. Erwähnenswert war damals auch der Einsatz vielfältiger Bordelektronik, aber ohne dieselbe wäre ein neu konstruierter Wagen ohnehin nicht mehr akzeptiert worden. Das Publikum verlangte LCD-Armaturen, Bordcomputer, elektronische Motor- und Getriebesteuerung sowie ABS. Aber ein elektronisches Fahrwerk, wie es der Omega aufzuweisen hatte, war schon etwas Besonderes. Der Senator hatte es auch, ebenso der sündhaft teure Porsche 959. Sonst hatte es keiner. Das Fahrwerk entsprach den Zeitanforderungen, vorne eine MacPherson-Achse, hinten endlich die Schräglenkerachse aus dem Senator A. Die 1800er-Motoren entstammten dem Rekord, daraus wurden 2-Liter-Aggregate abgeleitet. Zunächst gab es den 1800er mit 82 und 90 PS, als Einspritzer mit 115 PS. Ab dem Folgejahr 1987 bis Herbst 1991 stand in dieser Hubraumgröße nur noch der 1,8-Liter-S mit 88 PS zur Verfügung. Den 2 Liter offerierte Opel bis 1988 mit 122 PS und gleich ab Serienstart mit Katalysator und 115 PS. Dann gab es von August 1988 bis Herbst 1991 noch den 125 PS starken 2,4-Liter-Vierzylinder und ab Herbst 1990 einen 2,6-Liter-Sechszylinder mit 150 PS, eine Ableitung des 3-Liter-Aggregates. Das Spitzenmodell Omega 3000 war ein 3-Liter-Wagen mit sechs Zylindern. Als sportliche Reiselimousine ausgelegt, huldigte Opel dem Trend mit Spoilern rundum. Zunächst brachte der aus dem Senator bekannte Reihensechszylinder 177 PS (156 mit Katalysator), ab 1989 als 3.0 24V mit Vierventil-Technik satte 204 PS. Während der Omega 3000 als Limousine verspoilert und sportiv aufgemacht war, gab sich der Caravan mit 3-Liter-Motor dezent, nur der Heckschriftzug verriet die 204 PS des damals schnellsten Serienkombis in Deutschland (Topspeed 220 km/h). Der Diesel am anderen Ende der Leistungsskala war dem 1,4-Tonnen-Auto als Sauger mit 73 PS nicht gewachsen, als

Es muss nicht immer Lotus sein: Irmscher Omega 4.0i 24V mit satten 197 PS. Diese Maschine bot Irmscher auch im Senator B an.

2,3 Turbo mit 90 PS (100 PS ab 1988 dank Ladeluftkühlung) tat er sich immer noch schwer.

Von den verkappten Rennwagen abgesehen gab es sämtliche Motoren sowohl in der Limousine als auch im Caravan, und gerade mit den Drei-Liter-Maschinen und seinem immensen Laderaum war der Opel Omega Caravan ein sehr freizeitorientierter Wagen. Ford hingegen setzte beim Scorpio auf das so genannte Aero-Heck, das sowohl Granada Limousine als auch Granada Turnier ersetzen sollte. Die etablierte Granada-Turnier-Kundschaft wanderte scharenweise zu Opel und zu Mercedes ab. Ohne Not verschenkte Köln ein komplettes Marktsegment. Als mit sieben Jahren Verspätung 1992 endlich ein Scorpio Turnier erschien, waren die Ford-Kombi-Kunden längst in Rüsselsheim angelangt.

Für das Modelljahr 1991 erhielt der Omega A ein kleines Facelift. Der Kühlergrill wurde etwas schmaler, und eine umlaufende verchromte Zierlinie war der Tribut daran, dass die Kunden trotz modernem Funktionalismus eben nicht auf Chromzierrat verzichten mochten. Die neuen Stoßfänger trugen Wagenfarbe im Mittelteil und wirkten dadurch nicht mehr gar so billig, vordere Blinker und Rückleuchten wurden modifiziert.

An Ausstattungslinien offerierte Opel zunächst die Typen LS (Spar-Version, nur Caravan, ein reines Flottenfahrzeug), GL (Basis-Version), GLS und CD, nach dem Facelift von 1991 gab es als Topmodell den CD Diamant und als sportliche Version den Omega Sportive, Basismodell blieb der GL, etwas besser ausgestattet war der GLT. Der Omega A lebte bis Sommer 1994 und kratzte an der Millionen-Grenze. Exakt 961.241 Wagen wurden gebaut, darunter 47.955 Omega 2.4, 44.642 Omega 2.6, 15.917 Omega 3.0 sowie 15.383 Omega 3.0 24V.

Der Superlativ: Lotus Omega

Absoluter Überflieger im Omega-Programm war der zusammen mit Lotus (damals unter dem Dach des GM-Konzerns) entwickelte und bei Vauxhall in England gebaute Lotus Omega mit 360 PS starkem 3,6-Liter-Biturbo-Motor und von der Chevrolet Corvette ZR 1 abgeleitetem Sechsgang-Getriebe. Für den Spurt auf Tempo 100 brauchte er 5,3 Sekunden. 272 km/h schaffte die Rakete und katapultierte sich damit in den Adelsstand, die schnellste Serienlimousine der Welt zu sein. In zeitgenössischen Tests schaffte der Lotus Omega, was kein Opel je wieder wird leisten können: Er deplazierte den Ferrari Testarossa beim Beschleunigungswert aus dem Stand auf Tempo 200. Es gab ihn ausschließlich in Imperialgrün mit Mineraleffekt und Conolly-Lederinterieur mit einzeln ausgeformten Rücksitzen. Alle Instrumente und Schaltersysmbole erstrahlten in Rot. Rund 125.000 D-Mark waren für dieses schiere Understatement-Auto anzulegen, und in Deutschland taten dies 393 Kunden. 1100 Fahrzeuge waren avisiert, 907 wurden bis 1992 tatsächlich gebaut. Diese Zahl machte den Lotus Omega zu Lebzeiten zu einem exklusiven Fahrzeug und heute zu einem begehrten Klassiker. Von den rund 400 Lotus-Omega-Eigentümern in Deutschland schlossen sich 92 in einer Interessengemeinschaft zusammen. Sie alle waren von dauernden Pannen genervt. Die Zeitschrift Auto Motor Sport schrieb 1993: »Manche fahren schon mit dem dritten Motor, einige mussten Getriebe und Kupplungen häufiger wechseln lassen als der gemeine Opel-Astra-Fahrer das Motoröl.«

Der Markenname des Lotus Omega lautet weder Opel noch Vauxhall, der Hersteller war Lotus. Nur die Karosserie kam aus

Colin Chapman ist Mister Lotus. Hier sitzt der Meister beim Großen Preis von Deutschland für Formel-2-Wagen am 7. August 1960 am Steuer eines seiner Boliden.

Eigentlich war der Lotus Omega ein Brite, weder ein Opel, noch ein Vauxhall, sondern ein Lotus. 907 Exemplare des Ausnahmefahrzeugs entstanden ab September 1990. Im Bild ein englischer Lotus Carlton, denn der Omega hieß auf der Insel Vauxhall Carlton.

Rüsselsheim und wurde zu Lotus Cars nach Hethel bei Norwich in der britischen Grafschaft Norfolk verschifft. Opel ging es um einen Imageträger, ums Prestige. Lotus-Chef Mike Kimberley unterhielt gute Beziehungen zum GM-Europa-Boss Bob Eaton, und die beiden baldowerten 1988 das Projekt aus. Der reguläre Dreiliter-Reihensechser wurde auf 3,6 Liter vergrößert und erhielt neue Einlass- und Auspuffkrümmer, Mahle-Kolben, neue Pleuel und eine geschmiedete Kurbelwelle. Dazu kamen zwei Garrett-T25-Turbolader, jeder mit Ladeluftkühler versehen. Um das hohe Drehmoment verkraften zu können, implantierten die Lotus-Ingenieure das Sechsgang-Getriebe aus der Corvette ZR-1, das Differenzial stammte vom australischen Holden Commodore. Die innenbelüfteten Scheibenbremsen kamen von AP und basierten auf Rennbremsen der Gruppe C. Die Felgen (vorne 8,5J x 17, hinten 9,5J x 17) füllten die kompletten Radhäuser plus Verbreiterungen aus, weswegen der Lotus Omega hinten auch runde Radausschnitte trägt. Das Fahrwerk wurde im Prinzip beibehalten, aber der Leistung angepasst.

Bei seiner Präsentation auf dem Genfer Salon 1989 zog der Lotus Omega alle in seinen Bann. Niemand hätte Opel ein solches Auto zugetraut. Er war neben dem Alpina B10 Biturbo auf BMW-Basis die schnellste Serienlimousine der Welt (gestoppte 284 km/h auf der Rennstrecke in Nardo), überflügelte den Alpina sogar in Sachen Drehmoment (568 Nm) und Beschleunigung. Als die Studie vorgestellt wurde, war die Motorenentwicklung lange noch nicht abgeschlossen. Komplette Omega 3000 GSI entstanden in Rüsselsheim auf einem gesonderten Band, alle waren dunkelgrünmetallic lackiert und wurden in Hethel zunächst vollständig zerlegt. Motor und Getriebe wurden zurück nach Rüsselsheim geschickt, wo sie in das nächste Los zukünftiger Lotus Omega wanderten; das ermöglichte es, am Fließband die Elektronik zu testen und die Wagen zu bewegen. Andere Serienkomponenten wie Bremsen und Radnaben warf Lotus auf den Schrott und ersetzte sie durch Eigenkonstruktionen. Ebenfalls bei Lotus erfolgte der Karosserieumbau (Verstärkungen, neuer Getriebetunnel, Anbringen der Aerodynamikteile). Lotus komplettierte auch die Innenausstattung (Klimaanlage, CD-Player, Alarmanlage, Leder und Holz). Die Vordersitze basierten auf den Serienmöbeln, die hinteren Einzelsitze waren Neuentwicklungen. Auf dem Deckel des Handschuhfachs fand sich eine Plakette mit der laufenden Nummer. Der Lotus Omega entstand zum größten Teil in Handarbeit (ca. 150 Stunden pro Auto), was ihn entsetzlich teuer machte.

Einen weiteren Champion lancierte Opel 1990/91, den auf 500 Exemplare limitierten Omega Evolution 500 mit 230 PS starkem 3,0-24V-Motor, ein zivilisierter Renntourenwagen, von Irmscher aufgebaut, mit einer Topspeed von 249 km/h, geschwindigkeitsabhängig automatisch ausfahrbarem Heckspoiler und ausschließlich in Novaschwarzmetallic lackiert. Mit ihm hatte Opel den Kunden das Warten auf den Lotus-Omega versüßt.

Chefsessel ohne Image: Opel Senator B

Denkt man an den Opel Senator B, so fallen einem Worte ein, die mit Aufgabe, Ende oder gar dem Tod zu tun haben. Damit wird man dem Opel-Oberklassenmodell selber nicht gerecht, denn der Opel Senator B war sicherlich ein gutes Auto. Doch er ist der letzte einer langen Reihe, und häufig wird für den Niedergang einer Dynastie der letzte Spross verantwortlich gemacht. Das ist der Opel Senator B. Er ist der letzte große Opel.

Nah verwandt waren Opel Omega A und Opel Senator B. Beide entstanden auf der V-Plattform, beide wurden zeitgleich entwi-

Erkennungsmerkmal Waffelgrill: Opel schaffte es, dem Senator ein sehr eigenständiges Gesicht mit Wiedererkennungseffekt zu geben.

Ein eindrucksvoller, großer Wagen mit vielen Qualitäten, aber ohne das notwendige Image: Senator 4.0i 24V von 1990.

Es gab ihn, aber nicht viele Erstehilfeorganisiationen machten von dem Angebot Gebrauch: Werksseitig offerierter Senator als Notarztwagen von 1987.

ckelt. Dadurch ergaben sich Synergien, und die zu erwartende, eher geringe Stückzahl rechnete sich für Opel. Die Produktion des Senator B dauerte vom Frühjahr 1987 bis August 1993. Verkauft wurde er auch in Großbritannien von Vauxhall. Auf der Insel war er bis Frühjahr 1994 lieferbar. Trotz Baukastensystem und etlichen Gleichteilen gab es eklatante Unterschiede zwischen Omega und Senator, die einfach dem Umstand gezollt sind, dass der Senator in einer anderen Liga zu spielen hatte. So verfügte er über eine elektronische Innentemperaturregelung und eine geschwindigkeitsabhängige Servolenkung (»Servotronic«). Besonders lecker zur damaligen Zeit war die elektronische Fahrwerksregelung im Topmodell CD, bei welcher der Fahrer zwischen normaler, komfortabler und sportlicher Einstellung wählen konnte. Das war eine Pioniertat von Opel, und bekannt war dieses System gerade mal aus dem Technologieträger Porsche 959.

Optisch war der Senator eine Mischung aus dem Omega-Stil mit US-amerikanischen Einflüssen. Die umstrittene Gestaltung der hinteren Omega-Radläufe teilte er nicht, sein Charakteristikum war der Waffelgrill. Diese große Kühleröffnung nahm Anleihen bei Cadillac und Mercedes auf und erinnerte auch ein wenig an italienische Vollblüter. Sie sollte den Opel Senator B unverwechselbar machen, und dieser Anspruch wurde erfüllt. Opel offerierte zwei Ausstattungsvarianten, den Senator ohne Namenszusatz sowie den Senator CD. Der Einstiegs-Senator entsprach ausstattungsmäßig dem Omega GLS plus Servotronic und ABS. Der Senator CD verfügte über eine Vollausstattung, die keine Wünsche offen ließ und kaum Platz für Extras ließ (zum Beispiel Sitzheizung für die Rücksitzbank). Optisch gab es keine Unterschiede zwischen beiden. Im Frühjahr 1992 ergänzte Opel die Palette um den 24V Business Class mit C-Netz-Telefon, der Einstiegs-Senator trug fortan die Bezeichnung Senator Business, darüber rangierte der Senator Business Class, der CD blieb.

Der Senator B war stets ein Dreiliter-Auto, und sein Motor entstammte der Mitte der 60er Jahre entwickelten cih-Generation. Die aus dem Vorgänger bekannte 177-PS-Maschine war sein Standard. Für Behörden und vorzüglich im Export gab es ihn als 2,5-Liter mit 140 PS. Bald hielt die Katalysatortechnik Einzug, abgasgereinigt leistete der 3-Liter 156 PS. Zum Modelljahr 1990 lancierte Opel einen neuen 3-Liter-24V-Motor, zwar auf dem cih basierend, aber weithin modifiziert, nunmehr mit siebenfach gelagerter Kurbelwelle und 204 PS stark. Im Folgejahr kam ein neuer Einstiegsmotor zum Einsatz, 2,6 Liter Hubraum, 150 PS. Es gab dasselbe 5-Gang-Schaltgetriebe wie im Omega A, aber die meisten Senator-Piloten ließen schalten und erfreuten sich an einer Vierstufenautomatik.

So umfangreich das Omega-Facelift zum Modelljahr 1991 ausfiel, so dezent ging Opel beim Senator vor. Ein wenig Technik (Motorsteuerung, Bremsanlage, elektronisch gesteuerte Automatik, Ultraschall-Diebstahlwarnung), ein wenig Optik (schwarze Heckleuchten, Spoiler am Kofferraumdeckel, neue Alus), ein wenig Interieur (Polster, veränderte Mittelkonsole). 1992 hielt ein Bordcomputer Einzug, im CD brillierten digitale Instrumente. Nach ungefähr 70.000 Exemplaren, darunter rund 26.000 mit Vauxhall-Markenzeichen, stellte Opel die Senator-B-Produktion im Frühsommer 1993 ein. In den letzten Jahren führte er nur noch ein Nischendasein. Daraus resultierte die nur halbherzig betriebene Modellpflege. Konstruktionsbedingt war der Senator nicht Airbag-geeignet, und seine Karosseriestruktur war zu weich, um in Crashtests besonders viele Sterne zu erlangen. Das war für die

Oberklassekundschaft Anfang der 90er Jahre nicht mehr hinnehmbar. Die cih-Motoren waren damals ein Vierteljahrhundert alt und nicht mehr zeitgemäß, ihre sechszylindrigen Varianten verschwanden mit dem Ende des Opel Senator B, die Vierzylinder wurden noch weitergebaut (zum Beispiel im 2,4-Liter-Frontera).

Eine spannende Angelegenheit war der von Irmscher aufgebaute und über das offizielle Opel-Händlernetz angebotene Irmscher Senator 4,0 i 24V. Auch Mantzel bot einen Vierliter an, aufbauend auf dem 3-Liter-Aggregat. Doch Irmscher ging andere Wege und lancierte eine Neukonstruktion mit neuem Motorrumpf. Das war mit 272 PS damals der stärkste Serien-Saugmotor der Welt, gepaart mit 6-Gang-Schaltung oder Automatik. Als Schalter sprintete der Irmscher-Senator in 5,8 Sekunden auf Tempo 100, die Höchstgeschwindigkeit lag bei beachtlichen 255 km/h. Allerdings blieb dieses grandiose Aggregat nicht dem Senator vorbehalten, Irmscher offerierte auch Omegas mit diesem Antrieb – und wieder hatte der Senator nichts, was ihm exklusiv vorbehalten war. Irmscher nahm sich nicht nur der Technik an, sondern stattete den Senator auch sehr luxuriös aus, bis hin zu Büffelleder-Sitzen.

Der Letzte seiner Art: Opel Omega B

Der Letzte einer langen Reihe. Mit dem Omega B gab Opel das Segment der oberen Mittelklasse auf. Doch das letzte Modell war nochmals ein Paukenschlag. Omega ist der letzte Buchstabe im griechischen Alphabet. Als Opel den Omega B auf den Markt brachte, ahnte niemand, dass er der letzte Opel der oberen Mittelklasse sein sollte. Mit dem Tode des Senator hatte Opel bereits das Segment der großen Wagen aufgegeben. Mit dem Omega A wollte Opel in das Segment der gehobenen Mittelklasse aufsteigen, und mit dem Omega B war dieses Ziel erreicht. Er spielte in einer für Opel ungewohnten Liga und musste gegen potente Produkte der so genannten Premiumhersteller antreten. Dafür war der Opel Omega zu schwach. Zu schlecht war er nicht. Ihm fehlte es nicht an Qualitäten, sondern an der Reputation.

Als er präsentiert wurde, war Opel optimistisch. Optimistisch war auch die Formensprache des Omega B der ersten Generation, im Nachhinein Omega B1 genannt. Kaum ein anderes Automobil schaute so freundlich in die Welt wie er, er lachte richtig. Als ihn Opel zum Omega B2 beförderte, war ihm das Lachen vergangen, was beinahe schon sinnbildlich zu verstehen ist. Der letzte Omega war ein ernster Wagen – und ein ernst zu nehmender. Eigentlich ist die zweite Generation des Omega B ein anderer Wagen als die erste. Opel hatte über 3000 Bauteile geändert und die gesamte Anmutungsqualität des Omega B2 war anders als beim B1, hier ging es wirklich um weit mehr als nur um ein Facelift. Als der Omega B2 auf der IAA im Herbst 1999 präsentiert wurde, spekulierte die Fachpresse bereits sehr laut darüber, dass dies der letzte große Opel sein würde. Auch mit Blick gen Köln. Ford hatte den 1995 lancierten, zweiten Scorpio 1997 leicht überarbeitet und bereits ein Jahr später die Segel gestrichen. Opel hingegen investierte in den Omega B2 und die Rüsselsheimer waren damals nicht sicher, ob ein Ende mit Schrecken, wie es Ford vollzog, nicht besser gewesen wäre.

Selten schaute eine ausgewachsene Limousine so freundlich in die Welt wie der Opel Omega B1. Aber womöglich war dies auch seine Crux. Fahrer dieser Wagenklasse haben es gerne ernsthaft. Das Überholprestige eines lachenden Autos ist zumindest diskutabel.

Zwei Jahre im Programm war der 2.0 16V DTI, von 1998 bis 2000. Mit 100 PS war der Omega B1 Diesel gut motorisiert, sparsam im Verbrauch – einfach ein guter Allrounder.

Über 50 Prozent Marktanteil hatte der Caravan mit seiner charakteristisch bombierten Heckscheibe.

Dynamischer Kombi: 1999er Omega B2 Caravan, komplett bespoilert und beschwellert durch den großen Karosserieumbausatz von Irmscher.

Im Sommer 2001 hielt der zweite BMW-Diesel Einzug in den Omega B2, ein Sechszylinder-Turbo mit 2,5 Litern und 150 PS, ein Dampfhammer, sehr autobahntauglich.

Mit fließenden Linien, dem Zeitgeist entsprechend ohne Ecken und Kanten präsentierte Opel im Dezember 1993 den Omega B1. Der Verkauf von Viertürer-Limousine und Fünftürer-Caravan startete im März 1994. Dank der nach vorne versetzten Frontscheibe - ein USA-Stilelement mit dem Namen »cab forward design« - war der Innenraum bei gleichem Radstand größer als beim Vorgänger, und der Omega B1 zeigte sich als gut durchdachter Allround-Reisewagen. Der Caravan mit seiner nach außen bombierten Heckscheibe war von Anfang an sehr gefragt, sein Produktionsanteil lag bei über 50 Prozent.

Den Zweiventiler-2-Liter-Einspritzer mit 115 PS erbte der Omega B1 bis Herbst 1998 als Einstiegsmotorisierung vom Vorgänger, doch von Anfang an offerierte Opel auch den 2.0 i 16V mit 136 PS. Darüber rangierte der 2.5 i V6 mit 170 PS, das Topmodell MV6 schöpfte - wie sein Vorgänger Omega A 3.0i - aus drei Litern Hubraum und brachte 210 PS. Mit diesem Wagen wollte Opel die Senator-Kundschaft halten und an längst vergangene Oberklassen-Glorien anknüpfen. Den Dieselmotor kaufte Opel bei BMW zu, einen 2,5-Liter-Reihensechszylinder mit 130 PS aus dem BMW 525 tds; Ende 1997 ergänzt durch einen hauseigenen Ecotec-Diesel mit Direkteinspritzung (2.0 16V DTI mit 100 PS). Als Ausstattungslinien offerierte Opel den Basis-Omega, CD und MV6, jeweils mit unzähligen Extras und verschiedenen Komfortpaketen zu haben.

In seiner Klasse verkaufte sich der Omega, vor allem als Limousine, nicht wunschgemäß, zumal er entgegen dem Ruf des Hauses unter Qualitätsproblemen litt. Das Argument, preiswerter als die Konkurrenz zu sein, spielte in dieser Liga keine Rolle. Opel gönnte seinem Topmodell eine so breite Auffrischungskur, dass man fast von einem neuen Auto sprechen konnte. Über 3000 Bauteile änderte Opel für das Modelljahr 2000. Das Lachen wich einem ernsten Blick, der Kühlergrill war nun Bestandteil der Motorhaube. Moderne Stylingelemente wie Scheinwerfer in Klarglasoptik und ein Revival des Chromschmucks hielten ebenso Einzug wie eine wesentlich gehobene Serienausstattung, ein völlig neu gestaltetes Cockpit und eine höherwertige Anmutungsqualität sämtlicher Innenraummaterialien. Die Ausstattungslinien waren nun Basis, Sport (15 mm tiefer gelegt, Sportsitze und Alu-Applikationen im Interieur), Elegance (mit Bordcomputer, Xenon-Leuchten und elektrischen Fensterhebern) und Executive (mit allen Extras und Lederfauteuils), ein Sondermodell war der Edition 2000. Zum Modelljahr 2001 debütierten neue Motoren: Ein 2,6-Liter-90°-V6-Einspritzer mit 180 PS ersetzte den 10 PS schwächeren 2.5 i V6, als Basismotorisierung fungierte nun ein 2,2-Liter mit 144 PS. Der BMW-Diesel wurde gestrichen, der hauseigene 2-Liter-Vierzylinder-100-PS-Diesel wurde nach oben ergänzt (2.2 DTI mit 120 PS). Anfang 2001 bekam der bewährte 3-Liter eine Frischzellenkur und wurde zum 3,2-Liter-V6 mit 218 PS, und im Sommer folgte erneut ein BMW-Diesel als stärkster Selbstzünder im Omega-Programm. Vom BMW 525d entliehen war der 2,5-Liter-Common-Rail-Turbodiesel mit sechs Zylindern und 150 PS – ein typisches Vertreter-Langstreckenauto.

Die letzten Modelljahrgänge brachten keine großen Neuerungen mehr, die Ausstattungslinien wurden per 2001 neu sortiert: Omega Club (die bisherige Basis-Ausstattung nunmehr ausschließlich für den Caravan), Selection (ähnlich dem bisherigen Elegance), Sport (wie bisher), Design Edition (aufgewerteter Selection mit Lederinterieur) und Executive Edition (weiterhin das Top-Modell, nun mit Wabengrill und dunkel getönten Rückleuchten). Der 2002er Omega ist an weißen Seitenblinkern zu identifizieren. Die Varianten Design-Edition und Caravan Club liefen aus, Selection, Edition und Executive wurden aufgewertet. Gleichzeitig bot Opel für Behörden eine abgespeckte Selection-Version (wieder mit dem Namen Club) an, innen schwarz, außen mit Stahl- statt Alufelgen.

Der MV6 als Spitzenmodell war nicht nur besonders ausgestattet, sondern nahm auch stets einige Hightech-Spezifikationen voraus, die erst später in den niedriger angesiedelten Varianten Einzug hielten. Von Anfang an serienmäßig waren Klimaanlage, Scheinwerferreinigung, CD-Radio und Heckjalousie, technische Highlights waren Servotronic-Lenkung, Airbags und beim Caravan eine hintere Niveauregulierung. 1997 kamen Sidebags, höhenverstellbares Lenkrad und Xenon-Scheinwerfer, Traktionskontrolle und sogar ein Navigationssystem (damals ungewöhnlich!), zum Schluss (2001) wertete Opel den Sechszylinder mit belüfteten Scheibenbremsen rundum auf. Interessanterweise versuchte Opel, das Topmodell ab dem Facelift zum B2 sogar vom restlichen Omega-Programm zu distanzieren. Die Werbetexter sprachen fortan vom Omega und vom Opel MV6 – das Publikum machte diese Differenzierung nicht mit und sah den MV6 weiterhin als Omega-Variante.

Im Frühjahr 2003 präsentierte Opel mit dem Signum eine aufgewertete Vectra-Kombiversion mit verlängertem Radstand und propagierte ihn als neuen Vertreter der oberen Mittelklasse. Kurz darauf ist der Omega sanft entschlafen: Der letzte Opel Omega B2 wurde in Rüsselsheim am 17. Juni 2003 gefertigt. Bis Herbst 2003 blieb er in der offiziellen Angebots-Palette; auf Vorrat gefertigte Wagen wurden abverkauft.

Cadillac Catera: Der Omega für USA

Zwischen Juni 1996 und Anfang 2001 baute Opel für Cadillac knapp über 60.000 Catera. Die werksinternen Versuche mit dem 5,7-Liter-V8-Motor aus der Corvette im Omega wurden von Opel mit Catera-Modellen unternommen. Aus Marketinggründen wurde der Catera in den USA umgerechnet rund 20.000 D-Mark billiger angeboten als ein technisch nahezu identischer, aber weit schlechter ausgestatteter Omega MV6 in Europa. Deshalb untersagte GM auch, Cateras in Europa anzubieten – doch es gab Wagen mit Einzelzulassung in der Schweiz. Das waren vor allem Dienstfahrzeuge des GM-Europa-Managements. Analog zum Omega B2 erhielt der Catera im Herbst 1999 ein großes Facelift. Zwei Jahre später wurde der Verkauf eingestellt. Die Cadillac-Kunden haben ihn nie gemocht.

Made in Rüsselsheim for USA: Der Cadillac Catera war nicht gerade ein Erfolgsmodell, aber wer in der hiesigen Opel-Szene auf Omega schwört, wünscht sich natürlich einen Catera in Vollausstattung. Wegen Erfolglosigkeit wurde der Catera bereits im Sommer 2001 eingestellt. Er konnte in den USA nicht gegen die Importwagen von Mercedes und BMW ankämpfen – sowenig wie der Omega in Europa.

KAPITEL 14:

Damenwahl

Vom Opel Mini zum Corsa: Der Opel Corsa A

Minis waren aus Italien oder Frankreich gekommen, bis VW mit dem Polo und Ford mit dem Fiesta den Markt unter sich aufteilten. Als dritter im Bunde kam GM mit dem im spanischen Saragossa im eigens für ihn gebauten Werk produzierten Opel Corsa. Er war eine deutsche Konstruktion, aber nicht nur für den deutschen Markt gedacht – zwar kein Welt-Auto, aber ein Europa-Auto.

Als in den frühen 70er Jahren Bilder um die Welt gingen, die Henry Ford II beim ersten Spatenstich zu einem neuen Ford-Werk im spanischen Valencia zeigten, tat GM weiter nichts. Einige Jahre später, Ende 1975, gingen erneut Bilder um die Welt. Sie zeigten Henry Ford II zusammen mit König Juan Carlos von Spanien anlässlich der Fertigstellung der Fabrik. Ford kündigte an, das lange durch die Presse gegeisterte Projekt Bobcat sei zur Serienreife gelangt, 1976 erscheine der in Deutschland entwickelte Wagen als Ford Fiesta und werde in Spanien gebaut. Nun musste GM reagieren. Die Reaktion hieß S-Car. Seine Entwicklung lag vollständig in Rüsselsheimer Händen. Doch nicht nur das. Rüsselsheim erhielt auch den Auftrag, für das S-Car einen neuen Produktionsstandort zu suchen, zu erschließen, zu planen und eine hochmoderne Fabrik aus dem Boden zu stampfen. Eine Herkulesaufgabe, die Opel gut meisterte. Mit dem Siegeszug des Corsa einher ging der Aufstieg der Fabrik. Sie war die erste ihrer Art, die im Dreischichtbetrieb lief. Die Grundsteinlegung erfolgte 1979, seit 1983 Zwei-, seit 1988 Dreischichtbetrieb. Noch heute läuft der Corsa in Saragossa vom Band.

Im September 1982 wurde der Corsa vorgestellt, Verkauf zunächst in Frankreich und Spanien, in Deutschland ab März 1983. Als grundsolide und bereits bei Serienbeginn ausgereifte Konstruktion ohne technische Glanzleistungen aber auch ohne Schwächen eroberte der Opel Corsa sofort die Herzen, vor allem diejenigen der Damenwelt. Er war ein typisches Frauenauto – als Erstwagen junger Damen und als Zweitwagen älterer Damen. Zunächst gab es zwei Corsa-Karosserien, den hübsch gezeichneten Dreitürer, der stets das Volumenmodell bleiben sollte, und den zweitürigen

Nicht nur junge Mädchen hatten den Corsa A lieb, auch alte Mädchen und sogar alte französische Mädchen.

Als Berlin noch eine Automobilausstellung hatte: Corsa SR auf der AAA '82 im September auf dem Messegelände rund um den Funkturm. Der Deutschland-Verkauf startete erst ein halbes Jahr später. Die Auto, Avus, Attraktionen (AAA) fand zwischen 1978 und dem Jahr 2000 jährlich statt.

Dreitüriger Facelift-Corsa als Sondermodell Swing ab 1987, der Ersatz für den bisherigen Corsa GL und mit Karosserieanbauteilen von Zender aufgewertet.

100-PS-Giftzwerg, von allen anderen Verkehrsteilnehmern weitgehend unterschätzt: Corsa GSi von 1992.

Stufenheck-Corsa TR. Der Fünftürer mit großer Heckklappe und der viertürige TR bereicherten zwei Jahre später das Programm. Die Motorenpalette bestand aus drei kleinen Vierzylindern, 1,0 S mit 45, 1,2 S (ein neuer Motor) mit 55 und 1,3 S mit 70 PS, letzterer war der einzige Motor für den Corsa SR. Im September 1985 machte der Corsa von sich reden, als er das erste deutsche Auto seiner Klasse mit geregeltem Dreiwege-Katalysator mit Lambda-Sonde wurde: Sein 1,3-Liter-Motor leistete mit Einspritzung 60 PS. Im August 1987 bekam der Kühlergrill ein neues Design. Der 1-Liter-Basismotor wurde durch den 1,2-Liter-EN mit derselben Leistung, aber weniger hoch drehend und mit besserem Drehmoment ersetzt. Im Zuge der Diesel-Euphorie bei Kleinwagen erhielt der Corsa einen Isuzu-1,5-Liter-Diesel. Als Sauger brachte er es auf 50, ein Jahr später als Turbodiesel auf 67 PS. Im Oktober ersetzte der 1.4 i mit 60 PS den gleich starken 1.3 i, wie im Kadett. Viele Freunde fand der Corsa Joy mit elektrischem Stoffschiebedach. Das Faltdach war in den 30er bis 50er Jahren populär gewesen, bis das Stahlschiebedach kam. In den 80er Jahren erlebte es, nunmehr mit elektrischem Antrieb, eine Renaissance. Der September 1990 brachte dem Corsa eine Frischzellenkur, das Interieur erfuhr eine Überarbeitung. Dieses Facelift war eine konstruktive Meisterleistung, die mehr vorgaukelte als sie tatsächlich war. Der Corsa bekam eine neue Frontschürze aus Kunststoff, die den Wagen moderner aussehen ließ und vorgab, den bisherigen unteren Karosserieabschluss aus Blech zu ersetzen. Das tat sie aber nicht, sondern verdeckte ihn nur. Der blecherne Karosserieabschluss blieb erhalten. Die Heckschürze wurde optisch der Front angepasst. Dasselbe Rezept wandte Opel auch beim Senator A2 ab Herbst 1983 an. Neu war der Corsa Eco 3, ein vom 1.2 i mit 45 PS (alternativ: 1.5 D oder 1.5 TD) angetriebener und auf Minimalkonsum ausgelegter Spritsparer mit länger übersetztem Getriebe.

Die Reihe der Corsa-Sport-Derivate begann mit dem Corsa SR mit härterem Fahrwerk, Stahlsportfelgen, vorne und hinten spoilerbewehrt und schwarz lackiertem, unterem Karosseriebereich. Mit weitgehend denselben Attributen, aber neuem Grill löste der Corsa GT im August 1986 den SR ab. Auf der IAA im Herbst 1987 erlebte der Corsa GSi mit 1,6-Liter-Einspritzer und satten 100 PS sein Debüt und beendete das Leben des GT. Ab Mai 1988 war er lieferbar und eroberte sich im Flug eine große Fangemeinde. Etwas kastriert wurde er im Oktober 1989, damit sein Motor kat-verträglich wurde. Die Leistung schrumpfte zwar nur um 2 PS, die magische Zahl 100 war aber weg. Der Opel Corsa GSi war ein unheimlich fahraktives Auto. Seine 100 Pferde hatten gerade mal 870 Kilo Lebendgewicht zu beschleunigen. Dieser Giftzwerg, eine Klasse kleiner als der legendäre Golf GTI, wurde stets von anderen Autofahrern unterschätzt. Wenn man mit ihm mit 190 Sachen über die Autobahn donnert, erntet man verdutzte Gesichter. Ein Landstraßentrip gestaltet sich zum Ereignis. Der Kleine ist agil, liegt auf der Straße wie ein Gocart und umgibt den Piloten wie ein Neoprenanzug. Das Fünfganggetriebe mit kurzen Schaltwegen lässt sich knackig bedienen, in zehn Sekunden ist der Winzling auf Tempo 100, und dank vorderer Scheibenbremsen ist er auch schnell wieder langsamer.

Die Corsa-Ausstattungsvarianten entsprachen anfangs der üblichen Nomenklatur: Basis ohne alles, Luxus mit Seitenschutzleisten, Berlina mit ein paar Chromleistchen und SR. Ab 1985 bildete der LS die Basis, GL, GLS und GT rangierten darüber. Als Sonderserien gab es 1987 den Cup und 1988 den Steffi Special als Anerkennung der Erfolge von Tennisass Steffi Graf. 1987 ersetzte das Sondermodell Swing mit roten Einsätzen in den Stoßfängern und Seitenschutzleisten den Corsa GL, 1989 erledigte das der City, als Ergänzung kam 1990 der Joy mit Faltschiebedach, eine Luxusversion à la Berlina gab es nicht mehr.

Beim Opel Corsa erhielt jede Variante eine komplett andere Karosserie (Design: Erhard Schnell). Da ist zunächst das Volumenmodell, der Dreitürer, der am meisten verbreitet war. Kurz, knackig und mit einem äußerst pfiffigen Design. Er hob sich ab von der Masse seiner Artgenossen, weil er so charakteristische Kotflügelausbuchtungen vorne und hinten hatte. Das verlieh ihm nicht nur eine Portion Individualität, sondern sogar einen richtig starken Auftritt. Die Kotflügel sahen aus, als seien sie serienmäßig verbreitert. Dann gab es den Fünftürer. Das war bei weitem nicht nur ein Dreitürer mit zusätzlichen hinteren Türen. Er trug nämlich keine muskulösen Kotflügelverbreiterungen, sondern war ganz konventionell gestylt. War der Dreitürer eher ein Lifestyleauto für junge Menschen und hierbei hauptsächlich für junge Damen, also eine Art automobiles Accessoire für den persönlichen Auftritt, so fungierte der Fünftürer als braves Auto für junge Familien. Eine ganz andere Klientel sprach der TR an, das Limousinchen. In Westeuropa und besonders in Deutschland fand der TR kaum Anhänger. In dieser Klasse trug man, nach hiesigem Gefühl, keinen Rucksack. Aber in Süd- und in Südosteuropa ist das auto-

Vom Junior zum Adam

Der Corsa war nicht der einzige Kleinwagen, über den Opel nachgedacht hatte. 1983 entstand der Opel Junior auf Corsa-Basis, unterbot ihn um 21 cm in der Länge, war aber breiter und höher. Der viersitzige Innenraum war ökonomisch ausgefeilt, die Armaturen wie Würfelmodule gestaltet. Das Plastikdach konnte gegen ein Falt- oder Glasdach ausgetauscht werden, die Sitzpolster ließen sich als Schlafsäcke nutzen. Zwölf Jahre später kam ein ultrakompaktes und originelles Konzeptauto. Der knapp vier Meter kleine Maxx war leicht, innen variabel und intelligent konstruiert: Thermoplastisch geformte Aluprofile wurden zu einer Art Käfig zusammengeschweißt, so entstand ein modulares System. Je nach Bedarf könnte der Maxx auf identischer Bodengruppe mit unterschiedlichen Radständen entstehen; theoretisch ließ er sich während seines Lebens je nach persönlichem Bedürfnis oder Geschmack seines Halters verändern. Als echten Kleinen, der sich sofort wieder zum Frauenversteher entwickelte, präsentierte Opel im September 2012, parallel zur Feier des 150sten Firmenjubiläums, den Adam.

Trixx-Kleinstwagen vom Genfer Salon 2004, der Versuch Opels, den Smart zu bedrängen. Der Trixx hätte das sein sollen, was letztlich der Agila B wurde, der Einstieg in die Opel-Modellpalette.

Studie auf der IAA 1983: Opel Junior, nur 3,41 m kurz, modulares Interieur. Wesentliche Komponenten stammen vom Corsa A, Design Gert Hildebrand und Chris Bangle (Interieur).

Wonneproppen: Spaßmobil-Studie Frogster mit farblichen und nominativen Anklängen an den seligen Opel Laubfrosch. Seine Premiere auf der IAA 2001 wurde kaum wahrgenommen, so wenig wie diese IAA überhaupt. Wenige Tage vorher war »Nine-Eleven«, die Al-Qaida Selbstmordattentate in den USA. Die Welt hatte andere Themen als den Opel Frogster oder generell neue Autos.

mobile Verständnis anders. Ein »richtiges« Auto hat nach dortiger Anschauung einen separaten Kofferraum zu haben, und Opel gab dem Kunden, was der Kunde wünschte. In Italien, Spanien, Portugal und Griechenland überwogen die Stufenheck-Verkäufe. Wieder ein anderes Kaliber war der viertürige Opel Corsa TR. Seine etwas hämische Bezeichnung war »Schrumpf-Senator«. Denn wer den viertürigen Opel Corsa TR mit seinem dritten hinteren Seitenfenster sah, egal aus welcher Perspektive, fühlte sich an den zeitgleichen Opel Senator A erinnert. Beide sprachen genau dieselbe Formensprache, nur war der Opel Corsa eben erheblich kürzer. Das verlieh seiner kompletten Anmutungsqualität etwas Lächerliches. Den viertürigen Opel Corsa TR fuhr, wer vom Opel Senator träumte, ihn sich aber nicht leisten konnte. Rentner waren die Hauptklientel. Zwar wurde der Verkauf des Opel Corsa TR im August 1987 in Deutschland beendet, aber nur die Produktion des zweitürigen TR wurde in Saragossa eingestellt. Den viertürigen Corsa TR gab es auf bestimmten Märkten bis zum allgemeinen Corsa-A-Produktionsstopp im Juli 1993.

Corsa oben ohne

So smart der Corsa A als Serienfahrzeug war – noch viel pfiffiger war, was Karosseriebauer auf seiner Basis schufen. Die Palette reichte vom Spider über Strandwagen und einen Mittelmotor-Boliden bis zu reinen Spielzeugen. Kaum ein Kleinwagen inspirierte die Karosseriebauer in den 80er Jahren so sehr wie der Opel Corsa. Die Zunft erlebte damals eine letzte Hochphase, denn es war das Jahrzehnt des Optiktunings. Manch ein Spezialist ging über das Tagesgeschäft angespachtelter Kotflügelverbreiterungen, schneeschippenartiger Frontspoiler und aufgepflanzter Heckflügel hinaus und kreierte Eigenständiges. Sehr beliebt waren damals aufgeschnittene Limousinen. Der Opel Corsa eignete sich besonders gut. Denn durch seine Kürze war seine Bodengruppe einfach zu knapp bemessen, als dass sich hier viel hätte verwinden können. Bei einem Radstand von nur 2343 Millimetern bedurfte es keiner zu großen Versteifungsarbeit, um die Karosserie ohne das versteifende Dach strukturell stabil zu halten.

Der allererste Corsa war oben offen. Er war ein Concept Car, ein Appetithappen für den künftigen Opel-Mini. Mit deutlichen Anklängen an den späteren Serien-Corsa präsentierte Opel auf dem Genfer Salon im März 1982 den Corsa Spider, eine zweisitzige Studie mit Kunststoff-Karosserie und unorthodoxen Bedienelementen. Diese Spider-Studie inspirierte so manchen Karosseriebauer zu Eigenkreationen, nachdem der Serien-Corsa auf dem Markt war. So schuf Gilbert David im französischen Sainte Tulle den Corsa Tropica mit Überrollbügel und daran befestigtem, aufrollbarem Notverdeck. Das war ein Strandwagen für das sonnige Saint Tropez. Der Opel Corsa war auch die Grundlage für

Ein wetterfester Viersitzer ohne Türen und mit passendem Anhänger in modifizierter Corsa-Form ist der Michalak Topino: pfiffige Ausstattung, wasserfeste Instrumente, abwaschbare Sitze, spezieller Schrumpflack anstelle von Bodenteppichen.

Der Prototyp des Corsa und der Prototyp für viele hübsche Corsa-oben-ohne-Versionen: Die Styling-Studie des Corsa Spider, präsentiert auf dem Genfer Salon 1982.

Strandwagen für Saint Tropez: Corsa A Tropica von Gilbert David im französischen Sainte Tulle, ein hinten offener Wagen mit aufrollbarem Notverdeck.

After-Market-Cabrios, die von kleinen Karosseriebaufirmen als do-it-yourself-Bausätze in teilweise zweifelhafter Qualität angeboten wurden. In Deutschland machte sich besonders die Firma Bieber-Cabrio in Borken damit einen Namen. Professionell waren zwei Corsa Spider namhafter Karosseriebauer. Der Opel-Haustuner Irmscher in Remshalden legte eine kleine Serie als 2+2-Sitzer auf, ab Herbst 1985 übernahm Opel den offiziellen Vertrieb und setzte rund 1000 Exemplare ab. Der Irmscher Corsa hatte ein Faltverdeck, das unter einer Klappe hinter den hinteren Notsitzen verschwand. Als reinen Zweisitzer mit voll versenkbarem GfK-Hardtop interpretierte die Wiesbadener Firma Michalak ihren Spider. Wie beim Corsa-Prototyp kreierte Bernd Michalak einen Heckaufsatz mit in den Kopfstützen mündenden Höckern und schuf quasi einen Vorläufer der späteren Coupé-Cabrios. Gebaut wurden die 98 Exemplare des Michalak Corsaspider beim Würzburger Karosseriebauer Voll. Ein Einzelstück blieb eine weitere Michalak-Schöpfung, auf der IAA 1985 präsentiert: ein Opel Corsa Spider mit Mittelmotor (2-Liter-Aggregat mit 115 PS

Der Michalak Corsaspider von 1985 orientierte sich am 1982er Prototyp Corsa Spider, vorne ein ganz spezielles Modell mit Mittelmotor: 1,8-Liter-Motor mit 115 PS aus dem Kadett GSi (von Kissling auf ca. 170 PS getunt) sowie dessen 5-Gang-Getriebe, Vorderachse vom Ascona C.

aus dem Kadett GSi, kombiniert mit Kadett-5-Gang-Getriebe und Ascona-Vorderachse). Besonders pfiffig war eine weitere Michalak-Schöpfung, der Topino, ein wetterfester Viersitzer ohne Türen mit wasserdichten Instrumenten, waschbaren Sitzpolstern und einem speziellen Schrumpflack anstelle der Bodenteppiche. Sein Clou war der Anhänger in modifizierter Corsa-Form, in dem Sportgeräte transportiert werden konnten.

Weit weniger aktiv waren die Karosseriebauer auf Basis des Nachfolgemodells. Ab 1986 bot Opel mit dem Bertone-Kadett ein Cabriolet an, der Tigra bediente die Spaßgeneration; die Hoffnung auf einen offenen Tigra erstickte fast alle Ambitionen, den Corsa B aufzuschneiden. Mut bewies R & R in Maisach und schuf den Sunny Side, eine Cabrio-Limousine. Der Dachbereich um die Türen sowie die Fensterrahmen blieben stehen, der Rest war offen, ein Überrollbügel sorgte für Stabilität.

Ach, wie süß! Der Opel Corsa B

Der japanische Opel-Designer Hideo Kodama setzte beim Corsa B auf das Kindchenschema und schuf einen knuddeligen Kleinwagen, der die Frauen betörte. Es war schon immer eine Mammutaufgabe, etwas Gutes zu verbessern. Man kann daran fast nur scheitern, wird die eigene Leistung doch am Bestehenden gemessen. Eine solche Aufgabe hatte Hideo Kodama zu bewältigen. Ihm oblag, den zweiten Opel Corsa zu zeichnen. Natürlich wurde er am überaus erfolgreichen und pfiffig gestylten Corsa A gemessen. Und er machte seine Sache sehr gut. Die Kundschaft honorierte es und kaufte den zweiten Corsa zu Hauf. Und die Fachleute sahen und sehen es ebenso: Noch heute bekommt Kodama gute Kritiken für den zweiten Corsa. Für den dritten allerdings wurde er gescholten. Der Designer erlag nicht der Versuchung, das erfolgreiche Styling des Vorgängers einfach zu aktualisieren. Gerade das Charakteristikum des Corsa A, die ausgestellten Kotflügel, nahm er eben nicht auf und bewies damit den Mut, neue Wege gehen zu wollen. Statt eines Plagiats schuf er ein völlig neues Kleid und setzte dabei auf den weiblichen Schlüsselreiz zum Beschützen des Kleinen, Lieben, Süßen. Der Corsa B sah richtig knuffig aus mit seinen Kulleraugen, dem babyartigen Kühlergrill und der tief herabgezogenen Motorhaube, die Erinnerungen an die hohe Stirn eines Kleinkindes aufkommen ließen. Mit 63 Prozent weiblichen Käufern war er, wie sein Vorgänger, ein richtiges Frauenauto.

Erwachsener als sein Vorgänger war der Corsa B. Der Radstand wuchs um 10 Zentimeter, die Spur wurde breiter, die Karosserie

So mochten ihn die Mädels und schmolzen dahin, wenn er sie aus seinen Babyaugen anblickte.

Den netten Namen Sunny Side verlieh R & R in Maisach bei Fürstenfeldbruck seiner Cabrio-Limousine. Der Dachbereich um die Türen sowie die Fensterrahmen blieben stehen, der Rest war offen, ein Überrollbügel sorgte für Stabilität.

Lange nicht so pfiffig wie der Dreitürer, eher pragmatisch: Fünftüriger Corsa B in der Ausstattungsvariante Swing.

Diese Corsa-B-Werbung von 1994 blieb in Erinnerung.

war 10 Zentimeter länger, deren 8 breiter und 7 höher. Das kam in erster Linie seinem Innenraum zugute. Hideo Kodama kreierte ein absolut pfiffiges Interieur, das je nach Ausstattungsvariante sehr fetzige Farbakzente setzte. Diese Farbenspiele im Innenraum waren für viele meist jugendliche Kunden ein kräftiges Kaufargument. Auf eine Stufenheck-Ausführung verzichtete Opel in Mitteleuropa. In einem mitteleuropäischen Land wurde der Corsa B als Kombi angeboten: Opel Italia importierte den Corsa Caravan aus Argentinien und nannte ihn Opel Vita. Seine Konstruktion stammt aus Rüsselsheim. Während der erste Corsa stets aus dem eigens für ihn errichteten GM-Werk im spanischen Saragossa kam, wurde der Opel Corsa B sowohl dort als auch in Eisenach gebaut, und sein Lieferwagen-Derivat Combo respektive der Großraumkombi Tour (April 1994 bis September 2000) waren Importfahrzeuge aus dem portugiesischen Werk in Azambaja. Der Opel Corsa B wurde bis August 2000 gebaut.

Nach einem Jahr Produktion bekam er einen Fahrerairbag serienmäßig, zu Zeiten, als dieses wichtige Sicherheitsfeature bei der Konkurrenz noch nicht mal in der Aufpreisliste stand, und im August 1994 wurde sogar der Copilot durch einen Luftsack geschützt. Das waren natürlich Aspekte, die sehr für den Corsa B sprachen. Papas kauften ihrer Tochter guten Gewissens einen Corsa zum Abi.

Die erste Motorengeneration stammte aus dem Vorgänger. Nur ein halbes Jahr im Programm waren der 1,4-Liter-Vierventiler mit 82 PS sowie die GSi-Maschine (1,6 Liter, 109 PS). Die Volumenmotoren waren der 1,2-Liter mit 45 PS sowie die beiden 1,4-Liter-Aggregate mit 60 und 90 PS. Ab 1994 hatte der Topmotor für den GSi und Sport nur noch 106 statt 109 PS, aber der Kleine rannte dennoch fast 200 km/h schnell. Ab 1995 brachte der 1,4-Liter 90 statt 82 PS. Mit dem leichten Facelift im März 1997 (neue Stoßfänger, geänderter Grill, seitliche Blinker, neue Ausstattungsvarianten) hielt eine neue Einstiegsmotorisierung Einzug, mit ungewöhnlicher Zylinderzahl: Der aus dem Agila bekannte 3-Zylinder-Motor mit einem Liter Hubraum und 55 PS, charakterisiert durch einen kernigen Sound und hohe Sparsamkeit, aber nicht gerade ein Ausbund an Leistungsfähigkeit. Ihn erwarben nun die meisten Käufer, auf Platz Zwei des Motorrankings lag der im März 1998 eingeführte 1,2-Liter-Vierventiler mit 45 PS. Kaum eine Rolle spielten die bei Isuzu zugekauften Diesel-Motoren.

Der mit den Hasenohren: Opel Corsa C

War der Schritt vom Corsa A zur zweiten Generation kosmetischer Natur, so gönnte Opel dem Corsa C eine technische Evolution. Die Karosserie wurde modernisiert, doch hielt Designer Hideo Kodama an seiner erfolgreichen Formensprache fest – genau das sollte der dritten Generation zum Verhängnis werden. Der neue Corsa verkaufte sich lange nicht so gut, wie erhofft. Seine Augen waren weniger knuffig, die hochgezogenen Rückleuchten eine Hommage an den Zeitgeschmack. Ford Focus und Fiat Punto trugen diese »Hasenohren«-Mode auch. Die auf Rückfensterhöhe liegende Leuchten haben Vorteile, man sieht sie gut und sie gehen nicht bei jeder Karambolage zu Bruch. Umgekehrt wirkt der darunter liegende Bereich blechern, und die tradierte Konvention, wie ein Autoheck auszusehen hat, wird durch dieses Stylingelement verworfen. Gut für die Optik: Die Stoßfänger aller Corsa-Versionen waren in Wagenfarbe lackiert.

Präsentation war auf dem Pariser Salon 2000, Auslieferung ab Oktober. Der Corsa, nun mit verzinkter Karosserie und wieder als Drei- und Fünftürer lieferbar, wuchs in jeder Dimension. Vom Astra G hatten alle Corsa C den vorderen Fahrschemel geerbt; die Astra-Hinterachse erhielten nur die größeren Modelle, die 1- und 1,2-Liter-Fahrzeuge behielten die einfachere Hinterachse ihres Vorgängers. Hintere Scheibenbremsen blieben dem Top-Modell vorbehalten. Die Sportversion lag 15 mm tiefer auf der Straße. Die Corsa-C-Motorisierung war entweder überarbeitet oder wurde aus dem Baukasten übernommen. Der 1.0 12V leistete mit 58 nun drei PS mehr, die weiteren Benziner waren allesamt 16-Ventiler: 1.2 i mit 75 PS, 1.4 i mit 90 PS, 1.8 i mit 125 PS für den Corsa Sport und GSi. Die beiden 1,7-Liter Diesel brachten es auf 65 PS im DI und 75 PS im DTI.

Essen auf Rädern, Altenpflege – der Combo C war ein preiswerter Stadtlieferwagen, nahezu ausschließlich gewerbliche Nutzung.

Eine realitätsnahe Studie, die nie zur Realität wurde: Combo Outdoor auf Corsa-C-Basis. Dieses Auto erinnert ein wenig an den Matra-Simca Rancho, der auch nach Abenteuer und Off Road aussah, aber ebenfalls keinen Allradantrieb aufwies.

Umstrittene Hasenohren, überhaupt umstrittenes Heckdesign: Corsa C.

In fünf Ausstattungsversionen ging der Corsa C ins Rennen: Basis, Comfort (daraus wurde bald Fresh), Elegance, Sport und GSi. Schon zwei Jahre nach Produktionsbeginn zwang der schleppende Verkauf zur Modellpflege. Im Herbst 2002 bekam der Kleine Klarglasscheinwerfer und eine Chromstrebe im Grill. Neu war der Corsa Eco, wieder eine auf Sparschwein getrimmte Ausstattungsvariante mit dem Dreizylinder-Basismotor. Trotz dieser Auffrischung hinkte der Verkauf den Erwartungen hinterher, im Herbst 2003 erfolgte das nächste Facelift: Die Front reihte sich mit markanten Scheinwerfern und neuer Trapezform in die Opel-Familie ein. Endlich ESP, wenn auch gegen Aufpreis. Zwei weitere Common-Rail-Turbodiesel ergänzten das Motorenprogramm, der kleine 1,3 leistete 70, der 1,7 brachte es auf 100 PS. Auch neu: ein 1,4-Liter-Twinport-Benziner mit 90 PS. Die Versionen hießen nun Basis, Eco, Enjoy, Cosmo, Sport und GSi. Der ausschließlich dreitürige GSi büßte seine bisherige Sonderstellung als Spitzenmodell ein. Zwar war ihm der 129-PS-Motor eigen, es gab ihn aber auch mit dem 100-PS-Diesel und dem 1.4 i. Bis September 2006 blieb der Corsa C in Produktion, mit seinem zu braven und uncharismatischen Styling machte er weder seine Schöpfer noch die Kunden froh. Eine OPC-Version des Corsa C wurde zwar konzipiert, blieb aber eine Studie, auf der Essener Motorshow 2002 präsentiert. Der Combo C auf Basis Corsa C ab Oktober 2001 verfügte über eine durchgehende Dachlinie und sah »aus einem Guss« aus. Produktion zunächst in Portugal, ab 2007 in Spanien. Er überlebte seinen Organspender um viele Jahre. Der Combo Kastenwagen wurde bis Januar 2011 gebaut, seine freizeitorientierte Version Combo Tour bis Oktober 2010.

Muskeln und Schultern: Opel Corsa D

Offensiv und nicht mehr brav schaute der Corsa D mit Siegerlächeln und hochgezogenen Blinker-Brauen ab Oktober 2006 in die Welt. Er war muskulöser geworden, das Heck zeigte Schultern, die breiteren Radhäuser nahmen Designanleihen am Corsa A. Wieder war er gewachsen, 6 cm breiter und mit 15 mehr-cm-Länge kratzte er an der Vier-Meter-Marke. Mit dem Interieur ging Opel völlig neue Wege in dieser Klasse: Innen war er eine peppige Ikone mit riesigem Arsenal an Farben und Dekors, und die superioren Modelle brillierten sogar mit Oberflächen in edlem Klavierlack. Der Corsa D entstand in der Zeit der Zusammenarbeit vom GM mit Fiat. Daher teilte er neben der Plattform einige Komponenten mit dem Fiat Grande Punto (ein Drittel unsichtbarer Gleichteile). Wie üblich fünf Ausstattungslinien: Basis, Edition, Sport, Cosmo und OPC; Produktion in Saragossa und Eisenach.
Stärker als bisher trennte Opel den Dreitürer für eine sportlich ambitionierte Klientel vom Fünftürer mit seinem größeren Platzangebot im Fond als Familienauto. Bis zur B-Säule identisch, das Plus

Das Baby ist kein solches mehr, sondern zeigt Muskeln: Corsa D, als Neuwagen im Juli 2007 aufgenommen.

Ab der B-Säule unterschiedliche Fahrzeuge sind der Zwei- und der Viertürer. Sie sprechen auch eine völlig unterschiedliche Klientel an.

Wie sein Hauptkonkurrent VW Polo ist der viertürige Corsa mittlerweile auf dem Niveau eines Erstwagens für junge Familien.

an Raum erhielt der Fünftürer durch eine völlig anders gestaltete Heckpartie mit kaum nach hinten abfallender Dachlinie. Als pfiffiges Extra stand beiden ein integrierter Fahrrad-Heckträger zur Verfügung, der wie eine Schublade aus dem hinteren Wagenboden gezogen werden kann. Das Fahrwerk entsprach im Wesentlichen dem Vorgänger, wurde aber neu abgestimmt und mit noch mehr Elektronik versehen. Zunächst ging der Fronttriebler mit fünf unveränderten Motoren an den Start. Die drei Twinport-Benziner reichten vom 1-Liter-Dreizylinder mit 60 PS über den 1,2-Liter-Vierzylinder mit 80 PS bis zum 1.4 i mit 90 PS. Die beiden 1,3-Liter-Common-Rail-Diesel leisteten 75 und 90 PS, der 1,7-Liter-CDTi hatte 125 PS. Die Kraftübertragung besorgten Fünf- und – im OPC, GSi und den stärkeren Diesel – Sechs-Ganggetriebe, ESP gegen Aufpreis. Im April 2007 kam der ausschließlich dreitürige Corsa OPC mit der 192 PS starken 1,6-Liter-Maschine aus dem Meriva OPC. Das maximale Drehmoment des Turbomotors stieg per Overboost kurzzeitig von 230 auf 260 Nm. Damit war die Giftzwerg-Version des Corsa 225 km/h schnell und spurtete in 7,2 Sekunden auf Tempo 100.

Das Fahrwerk wurde mit abschaltbarem ESP der stark gestiegenen Leistung angepasst, der Corsa OPC kauerte 10 mm niedriger auf der Straße als seine zahmen Brüder. Auch äußerlich distanzierte er sich durch spezielle Schürzen mit dreieckigen Nebellampen und Wabengitter. Der Auspuff mit ebenfalls dreieckigem Endrohr saß in der Mitte. Der Corsa D OPC war die bis dato meist produzierte OPC-Version, immerhin 22400 Exemplare. Dem OPC folgte im September 2007 der GSi, 150 PS stark, auch als Fünftürer erhältlich, lieferbar bis November 2010.

Technische Überarbeitung im Januar 2010, Motoren Euro-5-tauglich, das 3-Zylinder-Basistriebwerk entfiel , dafür 1,2 und 1,4 in jeweils zwei Leistungsvarianten (87 und 100 PS). Neu kurz vor dem Facelift war die Sparversion Corsa 1.3 Ecoflex Diesel mit seinem um 20 auf 95 PS gestärkten Motor mit nominell nur 3,7 Liter Verbrauch auf 100 km. Um dies zu erzielen trug er rollwiderstandsarme Reifen, hatte eine längere Getriebeübersetzung, war tiefer gelegt und der Motor wurde neu kalibriert. Nach nur einem Jahr, im November 2010, folgte der technischen Überarbeitung das optische Facelift an Front- und Heckschürze. Produktion des Corsa D bis Oktober 2014. Er war ein absoluter Bestseller und verdrängte den Allzeitfavoriten VW Polo zeitweise vom Spitzenplatz der meistverkauften Kleinwagen in Deutschland.

Der Opel Combo D war ein Kind der Zusammenarbeit zwischen Fiat und Opel und wurde weitgehend baugleich mit dem Fiat Doblò II von Januar 2012 bis Mai 2018 bei Tofaş in der Türkei im Lohnauftrag gefertigt. Fiat bot den Doblò II deutlich günstiger an als Opel den Combo.

Ein Gag am Rande, ein echtes »Hai-Light«: Ein namentlich nicht bekannter und offenbar subversiv eingestellter Designer bei Opel wagte es, am Scharnier des Handschuhfachdeckels die Figur eines Haifisches einzugravieren. Niemand bemerkte es vor Aufnahme der Serienfertigung, und so blieb der kleine Hai während der kompletten Produktionszeit präsent. Was ein Scherzkeks ersann, wurde bei Opel eine Zeitlang zum running Gag, wiederholt beim Zafira (unter einer Gummimatte in der Ablage), beim Adam (gleich fünf Haifische, unter anderem an den Becherhaltern) und beim Grandland X.

Vermeintlich neu: Corsa E

Ein vermeintlich völlig neuer Wagen war der Opel Corsa E ab November 2014, neue Karosserie mit flügelförmigen Scheinwerfern und der Opel-typischen Sichelgrafik an den Flanken, neue Motoren, neues Fahrwerk, aber die Basis blieb nach wie vor der Vorgänger. Neu erfunden hatte Opel den Corsa also nicht, aber in vielen Punkten auf den aktuellen Stand gebracht. Etliche Assistenzsysteme, Innenraum und Kofferraumvolumen orientieren sich an der Konkurrenz. Sicherheitsassistenzsysteme kosteten Aufpreis (Auffahr-

Corsa mit Adamsgesicht: neue Karosserie auf bisheriger Basis, rundum aktualisiert.

So klein und schon 207 PS stark: Corsa E OPC 2019, wenig Hubraum, hohe Leistung, gelbe Farbe.

warnung mit Frontkamera, Spurassistent, Verkehrsschildassistent, Toter-Winkel-Warner, automatisches Rangieren in Parklücken). Die Bedienung gibt sich logischer als bei manch anderem Opel, was aber auch daran liegt, dass es nicht so viel zu bedienen gibt. Laut Tester hatte der Corsa mit dieser Generation den Sprung vom typischen Zweitwagen zum kleinen Erstwagen geschafft.

Optik: Der Corsa blieb seiner Linie treu (Drei- und Fünftürer), Rücklichtdesign ist dem Astra entlehnt, Frontpartie dem Adam. Weil sich am Design nichts Grundsätzliches änderte, blieben auch die bekannten Nachteile bestehen: beschwerlicher Zugang nach hinten, Rundumsicht nicht gerade gut. Praktisch: Je nach Bedarf lässt sich der Kofferraumboden mit seiner variablen Abdeckung für mehr Volumen oder einen ebenen Boden senken. Gutes Fahrwerk, sichere Straßenlage, kurzer Bremsweg. Der Einliter-Dreizylinder-Turbobenziner war eine Neuentwicklung, ein Direkteinspritzer in zwei Leistungsstufen (90 oder 115 PS), sodann 1,2 Liter mit 70 PS, 1,4 Liter mit 90, 100 oder 150 PS, im rasanten Corsa OPC ein 1,6-Liter-Turbo mit 207 PS. Diesel: 1,3-Liter-CDTI mit 75 oder 95 PS. Weil er keine Neuentwicklung war, brachte der Corsa E zu viele Pfunde auf die Waage und verbrauchte deshalb mehr Sprit als die Konkurrenz. Dafür fährt er sich gelassen und federt ordentlich. Ein unaufgeregtes und gereiftes Auto. 2017, gleich nach der Übernahme durch PSA, wurde die breitgefächerte Palette gerupft, denn Individualität ist teuer. 2018 entfielen der OPC und der 1,3-Liter-Diesel. Für 2019 heißt der Corsa S nunmehr Corsa GSI und glich seine Optik dem verflossenen OPC an. Weitere Reduzierung der Motoren- und Ausstattungspalette. Produktion zunächst Saragossa und Thüringen. Nachdem Anfang Mai 2019 der letzte Adam und Corsa in Eisenach vom Band liefen, sind die letzten Corsa E bis zum Produktionsstopp Ende 2019 ausschließlich spanische Fahrzeuge.

Wird elektrisch: Corsa F

Der sechste Opel Corsa wird ein Elektroauto. Opel verspricht 330 km Reichweite und 136 PS Leistung. Bis zu 108 Kilo weniger bringt der neue Corsa dank konsequentem Leichtbau auf die Waage und wetzt damit die Scharte des zu üppigen Vorgängers aus, der leichteste Corsa wird unter einer Tonne wiegen – was bis in die 80er Jahre für einen Kleinwagen selbstverständlich war. Bei 4 cm mehr Länge ist der Neue 5 cm niedriger und wirkt dadurch coupéhafter, dynamischer, jedoch ohne Einbußen an der Kopffreiheit, denn der Fahrer sitzt entsprechend tiefer. Etliche elektronische Innovationen, die sonst nur in höheren Fahrzeugklassen zu finden sind, moderne Assistenzsysteme. Noch geistern nur Erlkönigfotos vom fünftürigen Corsa umher, unklar ist derzeit, ob es ihn auch als Dreitürer geben wird. Der Corsa baut auf der CMP-Plattform auf, auf der auch der DS3 fußt. Die Motoren, drei Benziner (1,2-Liter-Turbo mit 75, 100 und 130 PS) und ein 1,5-Liter-Diesel mit 100 PS, werden aus dem PSA-Regal kommen, die aus dem Peugeot 208 bekannten Drei- und Vierzylinder. Immerhin hält Opel an einer Dieselversion

Ein Vorserienfahrzeug des Corsa F, und zwar seiner Elektroversion. Die Vorpremiere fand im Juni 2019 vor Journalisten statt, das Publikum durfte den Kleinen im September auf der IAA sehen.

fest. Die öffentliche Präsentation des Corsa F erfolgte auf der IAA im September 2019 – weit nach Redaktionsschluss dieses Buches. Vor der Presse zeigte Opel-CEO Michael Lohscheller bereits am 4. Juni 2019 den Elektro-Corsa in Rüsselsheim und versprach, bis 2024 gebe es Elektrovarianten auf Basis aller Opel-Baureihen.

In Mode und aus der Mode: Opel Tigra A und B

Er stand auf der IAA im Herbst 1993, und auf dem Autosalon von Tokio drehte er sich wieder im Rampenlicht: Ein kleiner Roadster, hinreißend gezeichnet, so offen wie ein Mazda MX-5, aber kein Jota an ihm war Marke Retro. Opel zeigte einen Roadster auf der Höhe der Zeit, und die ganze Welt verliebte sich in den Tigra. Als Roadster kam er nie, dafür im November 1994 als Coupé. Er schlug ein wie eine Bombe, und der Erzrivale Ford brauchte gut zwei Jahre, um mit dem Puma das Erfolgsrezept zu kopieren. Sein Charakteristikum war die weit um die Ecken reichende Panorama-Heckscheibe und die unerhört runde Form der Seitenscheiben, wie überhaupt das ganze Auto rund war und auf jeglichen Chromschmuck verzichtete. Verantwortlich für das Tigra-Design ist erneut Hideo Kodama, der auch den Corsa B und C zeichnete. Eben weil er sich dem Trend der Mitt-90er widersetzte, Designmerkmale vergangener Epochen zwanghaft zu revitalisieren, hatte der Tigra eine sehr kurze Halbwertszeit: Ähnlich wie seinerzeit der Panoramascheiben-Rekord, war er kurzfristig hochmodisch, aber genauso schnell völlig out. Technisch war der Tigra A ein Corsa B und somit ein Corsa A, und zwei Drittel seiner Bauteile stammten vom Organspender, auch sein Geburtsort Saragossa. Zwei Motoren begleiteten ihn: Der 1.4 i 16V mit 90 PS war während der gesamten Produktionszeit lieferbar, der 106 PS starke 1.6 i nur bis 1998. Opel experimentierte 1998 mit einem Tigra-2,5-Liter-V6 in Mittelmotoranordnung, er diente als Versuchsträger für den Speedster.

Von Modellpflege profitierte der Tigra kaum. 1995 hielt eine Automatik für den kleinen Motor Einzug, 1996 gab es das Sondermodell Color Line, 1997 ein überarbeitetes Fahrwerk, 1998 das Sondermodell Sports, 1999 ABS. Dann wurden die Türgriffe in Wagenfarbe statt schwarz lackiert, und die letzten Tigra hatten leicht modifizierte Interieurs. 1996 zeigte Opel-Haustuner Irmscher eine Pick-up-Studie auf dem Genfer Salon und bot kurz darauf einen entsprechenden Umbausatz an. Peter Kuhns Firma Autotechnik & Design in Reutlingen offerierte ab 1995 einen Targa-Kit. Er ersetzte die Original-Heckscheibe durch ein Bauteil mit drei herausnehmbaren Kunststoffscheiben. Das hatte nicht nur einen Spaß-Effekt. Tatsächlich wies die Panorama-Heckscheibe die negative Eigenschaft auf, dass sich der Innenraum im Sommer unerträglich erhitzte, die Passagiere saßen buchstäblich im

Dunkelgrün und völlig offen: Auf der Tokyo Motor Show 1992 war der Tigra Roadster ein Star, aber ohne Serienpotenzial.

Vom Tigra zum Tigra Targa: Kuhn-Autotechnik aus Reutlingen ersetzte die verglaste Käseglocke im Heck durch einen Open-Air-Bausatz mit drei herausnehmbaren Kunststoffscheiben. Preis 1995: knapp 4000 D-Mark

Tigra TwinTop mit Stahldach, das sich zusammenfaltet, gebaut in Frankreich bei Heuliez. Die Heuliez-Studie Cabrio-Style (IAA 2007) verleiht dem Stahldach das Aussehen eines Cabrioletverdecks aus Stoff, also Retro-Look. Dieser Vorschlag gefiel Opel so gut, dass daraus das Tigra-Sondermodell Illusion mit Lederausstattung und diversen Goodies wurde, auf dem Genfer Salon 2008 präsentiert.

Glashaus. Die optionale Klimaanlage war für Tigra-Fahrer ein Muss. Die Begeisterung der Tigra-Bändiger war anfangs hoch, ging aber zunehmend zurück. Die Verarbeitung war nicht besonders, Elektronik-Probleme häuften sich. Im Mai 2001 wurde die Tigra-Produktion nach rund 251.000 Stück eingestellt.

Eine neue Sonderversion auf Corsa-C-Basis ließ bis zum Genfer Salon 2004 auf sich warten. Für das elektrohydraulische Stahl-Klappdach des Tigra B Twin Top zeichnet der französische Systemzulieferer Henri Heuliez verantwortlich, und in seinem Werk in Cerizay lief der Wagen auch ab Spätsommer 2004 vom Band. Das Dach benötigte nur 18 Sekunden, um aus dem Coupé ein Cabriolet zu machen, also weit weniger Zeit als beim Astra Twin Top. Der kleine Open-Air-Opel war ein reiner Zweisitzer mit markanter Keilform. Das hohe Heck war aber weit mehr als nur Stylingelement, musste es doch die zusammengefalteten Dachkomponenten beherbergen und trotzdem noch ein bisschen Stauraum bieten. Mechanisch basierte das Einsteiger-Cabriolet auf dem Corsa, aus ihm stammten auch die beiden Benziner (90 und 125 PS) sowie, ab Frühjahr 2005, der 1,3-Liter-CDTi-Diesel mit 70 PS. Der 1,4 i war auf Wunsch mit dem automatisierten Schaltgetriebe Easytronic zu haben, ESP immer noch nur gegen Aufpreis. Aus zwei Ausstattungen konnte der progressive Mainstream-Kunde wählen, Basis und Edition. Hier waren die Sicherheitsgurte und einige Interieur-Applikationen in silber gehalten, die Scheinwerfer hatten Chromrahmen, eine Klimaanlage sorgte für gutes Wetter innen, und das hintere Dachteil war auf Wunsch in einer Kontrastfarbe gehalten. Produktionsende nach 90.874 Exemplaren im Mai 2009.

Äd'm: Der Opel Adam

Adam hieß Herr Opel, der Firmengründer. Eine Hommage an ihn ist der Opel Adam. Aber Opel wollte den Adam englisch ausgesprochen wissen: Äd'm. Der Viersitzer ist 3,70 m kurz und 1,72 m breit, Zielgruppe sind urbane, netzwerkende Stadtgutverdiener, deswegen elaboriertes Infotainmentsystem, das alle Arten von Smartphones andocken und Inhalte auf einen sieben Zoll großen Bildschirm übertragen kann. Dazu gibt es Bluetooth, USB-Port und die Möglichkeit, auf dem Monitor Videos zu sehen. Design: Opel-Chefdesigner Malcolm Ward.

Präsentation anlässlich der 150-Jahr-Feier im September 2012, Produktion in Eisenach. Ab Januar 2013 machte der Äd'm alias Adam den Lifestyle-Kleinwagen Fiat 500 und Mini Konkurrenz. Er übernahm das Fahrwerk vom Corsa D (MacPherson vorne, Torsionslenkerachse hinten), angepasst auf 2,31 Meter Radstand. Die e-Servolenkung hat eine zuschaltbare, besonders leichtgängige Kennlinie als City-Modus. Optional Spurwechselassistent, der den Toten Winkel mittels Ultraschall überwacht, und Einparkhilfe, die den Adam automatisch in Lücken kurbelt, die er sich zuvor selbst ausgesucht hat. Dazu Lifestyle-Schnickschnack. Drei Versionen, drei »lustige« Namen: Jam, Glam und Slam, später noch Black Jack, Unlimited, Open Air. Letztlich steht der Adam für einen allgemeinen Trend, wonach das Automobil immer mehr zum Lifestyle-Accessoire wird, das sich individuell und extrovertiert gestalten lässt. Es gab zu den drei Ausstattungsvarianten, die das Grund-Statement des Zeitgeist-Adepten widerspiegeln, unzählige Ausstattungsoptionen (82000 Innenraumvarianten!), die den Adam so individuell machten, dass er sich als Gebrauchtwagen kaum wird verkaufen lassen. Außerdem machte dies die Herstellung teuer, auch die Ersatzteilversorgung und -bevorratung, und so entschied PSA, den Adam im Mai 2019 einzustellen – zumal sein Organspender Corsa D ebenfalls abtritt.

Der knuffige Lifestyle-Mini fährt sich wie ein Gocart und ist ähnlich hart gefedert. Motoren, nur Benziner: 1-Liter-Dreizylinder-Turbo 90 oder 115 PS, 1,2 Liter 70 PS, 1,4 Liter, 87 oder 100 PS, seit 2014 auch 150 PS dank Turbo. Ab 2014 zwei neue Versionen: Adam Rocks im Offroad-Look mit Faltdach und Adam S als

Nicht nur eine junge Dame auf dem Olymp der Mode schmückt sich mit einem Adam als Lifestyle-Accessoire. Er repräsentiert in seiner Trendiness auch Firmen, auf deren Image das Seine abfärben soll.

Äd'm on the rocks: Der Adam Rocks sieht nach Abenteuer aus. Aber er sieht nur so aus.

Adam S, das Topmodell mit satten 150 Pferden seit 2014.

Wer suchet, der findet: Der Adam trägt Hai, und wenige Zentimeter von ihm entfernt blubbern naive Fischlein und erfreuen sich nichtsahnend ihres Daseins.

150-PS-Topmodell, und die Kombination der beiden heißt Adam Rocks S. 2017: Erste Kürzungen in Sachen Variantenvielfalt, 2018 weitere Reduzierung. Trendiges Sondermodell »Germany's next Topmodel« ab Februar 2018 zur Begleitung der gleichnamigen Fernsehsendung. Für private Rallyefahrer gab es den Adam Cup mit 190 PS.

Das Karlchen: Opel Karl

Den Einen soll der Kunde englisch aussprechen, obwohl er einen deutschen Namen trägt, den Adam. Den Anderen schreibt Opel treudeutsch »Karl«, obgleich er eine Hommage an Carl von Opel sein soll, einen der Söhne Adam Opels, der seinen Vornamen mit elegantem C schrieb. Karl kommt aus Südkorea und Karl ist ein ganz Kleiner – eben der Einstieg in die Opel-Palette, Design Mark Adams. Präsentation auf dem Genfer Salon im März 2015, Auslieferung seit Juni. Ausstattungspakete Selection, Edition, Active, Excite, Innovation. Antrieb ist ein 1-Liter-Dreizylinder mit 75 PS, ab 2019 zwei PS weniger. Mit 18 mm mehr Bodenfreiheit und rustikalen Kunststoffapplikationen wurde das Karlchen 2017 zum Karl Rocks. Der Karl ist unterhalb des Opel Adam positioniert, er ist preiswerter und wesentlich weniger lifestyliger. Seit der PSA-Übernahme muss er bei GM eingekauft werden, zudem gehen seine Neuzulassungszahlen zunehmend zurück. Eine lange Zukunft dürfte dem Karlchen nicht mehr beschieden sein.

Sein Namenspatron: Carl von Opel anno 1926. Zusammen mit seinen Brüdern Wilhelm und Fritz war er dafür verantwortlich, dass Opel zum Automobilhersteller wurde. Die Drei kauften Friedrich Lutzmann seine Automobilfabrik ab, spedierten die Produktionsanlagen und Herrn Lutzmann selbst von Dessau nach Rüsselsheim und stiegen ins Autogeschäft ein.

Karlchen on the Rocks: So sieht es aus, wenn ein Kleiner Aufputschmittel nimmt.

Kleiner koreanischer Karl, quadratisch, praktisch, gut.

Kein Corsa mehr: Opel Combo D und E

Erst ein Kadett, dann ein Corsa, dann ein Fiat, zuletzt ein Peugeot: Der Opel Combo, ein kleiner Stadtlieferwagen. Zuerst verpasste Opel dem Kadett E-Vorderteil einen kubischen Aufbau mit zwei Flügeltüren und starrer Hinterachse an Blattfedern (Combo A von Januar 1986 bis August 1993), dann das gleiche beim Corsa B (Combo B von Oktober 1993 bis August 2001), angereichert durch eine verglaste Version Combo Tour im Sommer 1995. Der Combo C (Oktober 2001 bis Januar 2011) war wie aus einem Guss gestylt, also ein integrierter Lieferwagen, der Laderaum entweder komplett verblecht oder teilverglast, hinten mit der Verbundlenkerachse des Meriva A/Astra G. Ihn gab es auch als familientauglichen Wagen, den Combo Tour, und Opel offerierte 2007 das Sondermodell Combo Tramp, etwas höher gelegt und mit Unterfahrschutz versehen. Diese Combos waren Derivate von Opel-Fahrzeugen.

Als eigenständiges Modell erschien der vierte Combo (Combo D von Januar 2012 bis Mai 2018). Eigenständig nur in Bezug auf das Opel-Programm. Einen Bruder hatte er schon, nämlich den Fiat Doblò II, und gebaut wurde das Paar bei Tofaş in der Türkei. Kastenwagen und Familienfahrzeug mit zwei Radständen und Karosserielängen, der zivile Kombi fünf- oder siebensitzig. Der aktuelle Combo E seit September 2018 baut auf der EMP2-Plattform von PSA auf und hat gleich mehrere Geschwister: Peugeot Rifter, Citroën Berlingo und Toyota Proace City. Erneut zwei Außenlängen (Combo Life und Life XL als Familienfahrzeuge, Combo Cargo und Cargo XL als Lieferwagen. Motoren: 1,2-Liter-Benziner mit 110 PS, 1,5-Liter-Diesel mit 76, 102 oder 130 PS). Wie Crossland X und Grandland X ist der Combo E natürlich noch kein Kind der Übernahme Opels durch PSA, sondern das Resultat der temporären Kooperation zwischen GM und PSA anno 2012/13. Alle Combos gab es auch als Vauxhall.

Der Wartburg aus dem Hause Opel: Wartburg 1.3 New Line

Das Automobilwerk Eisenach, die Produktionsstätte des Wartburg, wurde 1990 von Opel gekauft. Kurz lief der letzte Wartburg unter Opel-Ägide vom Band. Haustuner Irmscher modifizierte ihn sogar und schuf den Wartburg New Line.

»Opel baut den Wartburg.« Diese Schlagzeile titelten Wirtschafts- und Automobilzeitschriften im Jahre 2009. Es hat nicht sollen sein, Opel baute statt dessen im Werk Eisenach ab Oktober 2012 den Opel Adam als Lifestylemodell. Aber Opel baute den Wartburg. Ganz kurz nur. Als sich Opel in Eisenach engagierte, lief die DDR-Traditionslimousine noch vom Band. Opel bemühte sich sogar, der rollenden Mumie einen Herzschrittmacher zu verpassen und engagierte seinen Haustuner Irmscher für den Job, den Wartburg zu modernisieren. Es hat nichts gebracht. Der letzte Wartburg lief im Frühjahr 1991 vom Band. Zeitgleich rollten bereits erste Vectra A made in Eisenach aus den altehrwürdigen Produktionshallen. Sie wurden von Eisenacher Fachleuten montiert, sämtliche Einzelteile kamen aus Rüsselsheim. Dann lief die Corsa-Produktion in Eisenach an, in einem völlig neuen Werk. Am Traditionsstandort, der Produktionsstätte des Wartburg, hatte Opel kein Interesse. Die alte Wartburg-Fabrik existiert nicht mehr, in einem Teil ist seit 2005 das Eisenacher Automuseum untergebracht.

Maschinen, Anlagen, Ausrüstungen und die Produktionssubstanz von AWE (Automobilwerk Eisenach) waren total überaltert, das Werk war selbständig nicht konkurrenzfähig am Markt. Das einzige Kapital von AWE war ein bestens ausgebildeter Facharbeiterstamm sowie der Neubaustandort Eisenach-West. 1977 war damit begonnen worden, geplant war ein völlig neues Werk bis zum Jahre 2000. Zum Zeitpunkt des Mauerfalls in Betrieb war ein neues Presswerk, die Zylinderkopfproduktion für den Wartburg 1.3 sowie die Fertigung eines Teiles seiner Karosserie. AWE suchte einen starken Partner und fand ihn via Treuhandanstalt in Opel. Die Rüsselsheimer hatten nur Interesse am Standort Eisenach-West und bauten hier ein völlig neues Werk, aus dem ab September 1992 zunächst der Astra und später der Corsa rollten. Zuvor wurde ab Oktober 1990 der Opel Vectra 1.6, parallel zum Wartburg, im alten Eisenacher Werk gebaut. Der letzte Wartburg lief am 10. April 1991 vom Band. Nicht Opel, sondern die Treuhandanstalt stellte die Produktion des Wartburg 1.3 ein und liquidierte das Werk (damaliger Jargon: »abwickeln«).

Während der Opel-Ägide profitierte der Wartburg nur durch den Einbau von Vectra-Vordersitzen vom Rüsselsheimer Know-How. Dennoch gab es Pläne, ihn zu modernisieren. Opel stellte auf der Leipziger Herbstmesse 1990 den vom Haustuner Irmscher modifizierten Wartburg New Line vor, es blieb bei zwei Prototypen. Der Wartburg 1.3 New Line war feuerrot lackiert, Stoßfänger und Flankenunterseite in Schwarz, gepaart mit einem roten »GTI-Streifen« und rundum »Irmscher«-Logos. Der Kofferraumdeckel war neu gestaltet mit einem formintegrierten Heckspoiler, wie ihn seinerzeit die letzten, bei Irmscher montierten Opel Manta B trugen. Er hatte ein schwarzes Interieur mit griffigem Sportlenkrad, die Sitze trugen knallrote, schräg verlaufende Streifen. Irmscher überarbeitete das Fahrwerk, legte den Wartburg um 25 mm tiefer und verpasste ihm Alufelgen. Motor und Getriebe blieben unverändert.

Der Wartburg war ein bewährtes, wenngleich altmodisches Auto und hatte keine Zukunft, auch nicht als Irmscher New Line. DDR-Bürger hatten auf ihre Automobile bis zu 17 Jahre lang warten müssen. Diese Wartezeit wertete die Produkte der DDR-Autoproduktion in den Augen der Bevölkerung unverhältnismäßig auf. Und genauso unverhältnismäßig abgewertet wurden sie nach

Das ehemalige AWE-Torhaus und andere Teile der alten Fabrik stehen seit 1995 unter Denkmalschutz. Auf dem ehemaligen Werksgelände ist heute das Automuseum Automobile Welt Eisenach – AWE beheimatet. Aufnahme 2003.

der Wende – quasi als Synonym für das politische System. Niemand wollte mehr einen Wartburg haben.
Es gab um das Jahr 2009 Pläne, im Eisenacher Werk den Wartburg auferstehen zu lassen. Geplant war ein Einstiegsmodell, das in der Folge durch die Produktion des (noch) aktuellen Opel Karl (Produktion bei GM Korea) obsolet geworden ist. Der damalige Opel-Chef Carl-Peter Forster ließ durchsickern, ein Billigauto könnte auf der Basis des bisherigen Corsa unter dem Label Wartburg vom Band laufen. Besonderen Charme hätte diese Idee dadurch gewonnen, dass Opel ein Dreizylinder-Aggregat im Programm hat – ganz in der Tradition des seligen Wartburg. Allerdings besitzt Opel nicht die Rechte am Produktnamen Wartburg. Die liegen beim Wirtschaftsbetrieb der Wartburg-Stiftung, die ihn sich für verschiedene Produkte, auch Automobile, hatte schützen lassen.

Zwei Prototypen, ein Prospekt: Wartburg New Line von Irmscher im GTI-Look. Sieht gut aus. Wäre aber sicher ein Ladenhüter gewesen. Die Zeit des Wartburg war einfach um, so wie die Zeit der DDR.

Irmschers Verjüngungskur machte aus dem Wartburg 1.3 einen Wagen, der aussah, als hätte sich seiner ein Tuner angenommen. Und letztlich war es ja auch so. Die Flanken sind übrigens nicht beplankt, sondern nur lackiert. Eine Illusion also. Man sprach damals von einem Verkaufspreis von unter 17000 D-Mark für den Wartburg 1.3 New Line …

… aber bei AWE in Eisenach sollten ab 10. April 1991 keine Wartburg mehr vom Band rollen. Im neu errichteten Eisenacher Opel-Werk wurden hingegen ab 23. September 1992 Corsa und Astra vom Stapel gelassen.

Kapitel 15:

Vans und SUVs – eine Mode folgt der anderen

Der Ami-Van: Opel Sintra

Der erste und der größte Opel-Van war der Sintra, nachdem zuvor der aus USA importierte Pontiac Trans Sport mit futuristisch anmutender Plastik-Karosserie rund 10.000 Mal seit 1993 von Opel-Händlern verkauft worden war. Dessen Nachfolger war eine amerikanische Konstruktion mit deutschem Einfluss. Im GM-Werk Doraville/Georgia liefen parallel der kurze Opel/Vauxhall Sintra sowie der 44 cm längere Oldsmobile Silhouette/Chevrolet Venture vom Band, letzterer bei uns ab Frühjahr 1997 als Chevrolet Trans Sport angeboten. Der Sintra war also ein reines Importauto, aber speziell für den Europa-Markt gebaut.
Der Prototyp stand auf dem Genfer Salon 1996, Verkaufsstart hätte im November sein sollen. Doch wegen Problemen in der Anlaufserie dauerte es ein Jahr, bis er im März 1997 beim Händler stand. Der Konkurrent zum Ford Galaxy und VW Sharan war rein optisch kein typischer Van: Anstelle des One-Box-Design hatte er eine klare Trennung zwischen Motor- und Innenraum und war im Fahrgefühl und in der Anmutung eher ein überdimensionierter Personenwagen-Kombi. Opel offerierte zwei Versionen, GLS und CD. Die Vordersitze ließen sich für die Picknick-Pause um 180° drehen und die mittleren zum Tisch zusammenklappen (nur GLS), 14 Cupholder waren an Bord, damaliger Van-Weltrekord. Serienmäßig bot der Sintra fünf Sitzplätze mit zwei Schiebetüren, auf Wunsch acht Plätze auf drei Reihen. Ab Herbst 1998 gab es den CD auf Wunsch auch sechssitzig mit mittleren »Captain Chairs«, also komfortablen Einzelsesseln.
Den Sintra GLS trieb der 2.2 i 16V (vom Frontera) mit Mühe an, weit souveräner war der CD mit 3.0-i-24V-V6 (leistungsreduziertes Omega-MV6-Triebwerk) und Automatik. Im Herbst 1998 folgte ein Diesel, der später im Vectra populäre 2,2-Liter-Vierventiler-TDI mit Ladeluftkühler und 115 PS. Mit 4,67 Metern Länge war der Opel-Van knapp 15 cm kürzer als ein Omega Caravan. Er hatte Frontantrieb, vorne Einzelradaufhängung, hinten eine Verbundlenkerachse. Negativschlagzeilen machte er gleich nach den ersten Praxis-Bewährungsproben: Die Passagiersitze waren unbequem, Opel musste 1997 nachbessern. Der ADAC-Crashtest im Jahre 1998 bescheinigte ihm eine zu weiche Fahrgastzelle und damit potenzielle Insassen-Verletzungsgefahr. Die Verkaufszahlen sackten in den Keller und Opel reagierte in Anbetracht des neuen Zafira: Importstopp im April 1999 nach nur 53.751 Wagen. Der identisch konstruierte Chevrolet Trans Sport im King-size-Format hingegen blieb über deutsche GM-Händler lieferbar.

Kleiner Hochsitz: Opel Agila A

Die Designstudie Concept A nahm auf dem Genfer Salon 1999 den Agila vorweg, einen von Suzuki entwickelten Microvan, den Opel mit eigenen Motoren übernahm. Die Produktion begann im August 2000 im schlesischen Gleiwitz. Der nur 3,50 m kurze, viersitzige Bonsai-Van hat 248 Liter Kofferraumvolumen, bei umgeklappter Rücksitzlehne sogar 1250 Liter. Er vermittelte ein damals völlig ungewohntes Fahrerlebnis: Unterwegs im Kleinwa-

Ein US-Car, das Pech hatte – Pech beim Crashtest, Pech wegen Rückrufaktionen. Dabei hatte keiner mehr Cupholder an Bord als der Sintra.

Auch ein Sintra kann in Liebhaberhände gelangen, und das ist gut. Sonst gäbe es irgendwann keine Überlebenden mehr. Und das wäre schlecht.

Klein, wendig und vor allem hoch: Der Opel Agila A war kein normaler Kleinwagen, sondern ein Micro-Van. Das machte ihn ziemlich einmalig. Das Einsteigen war aufgrund der Höhe einfach. So wurde er auch für Senioren interessant.

Gold und Silber: Mit dem Sondermodell N'joy schuf Opel einen wahren Hingucker. Genau so war auch das Agila Concept Car vor Serienbeginn gestaltet.

Eineiiger Zwilling: Der Suzuki Wagon R+

Der erste Suzuki Wagon R+ entwickelte sich ab 1993 in den verstopften japanischen Großstädten als Trendmobil und war 1998 das meist verkaufte Auto im Lande der Aufgehenden Sonne. Seine Europapremiere erlebte er auf der IAA 1997. Die zweite Generation, für Europa im ungarischen Esztergorn gebaut und Parallelmodell zum Opel Agila A, startete im Januar 2000 und war ab Juni bei den deutschen Händlern. Der Microvan basiert auf der Suzuki-Minicar-Plattform. Opel klinkte sich in den Konstruktionsprozess ein, um sich die Kosten für eine Eigenentwicklung zu sparen. Sein praktisch-kubisches Design mit freundlichen Rundungen ließ den Bonsai-Van sympathisch erscheinen. Den Wagon R+ gab es in Deutschland nur in der GL-Version, die, verglichen mit dem Agila, genau zwischen dessen Versionen Comfort und Elegance lag. Der Suzuki-1.3-16V- Vierzylinder mit 76 PS zeigte sich durchzugsstärker, elastischer aber auch lauter als der vergleichbare Opel-1200er. Suzuki bot optional einen Vierradantrieb und Automatik (Opel nicht). Im Herbst 2003 kam ein leichtes Facelift und ein 70-PS-Common-Rail-Turbodiesel mit ebenfalls 1,3 Litern. Suzuki-Deutschland stellte im Frühjahr 2006 den Import ein, die Produktion lief im Laufe des Jahres 2007 aus.

In Wahrheit war der Agila A ein opelisierter Suzuki Wagon R+, und die beiden wurden in Europa parallel angeboten. Im Bild ein Suzuki aus dem Jahr 2000.

gen, hatte man durch die hohe Sitzposition eine hervorragende Rundumsicht und genoss ein fast schon erhabenes Gefühl. Der Agila A war ein völlig statusneutrales Auto und heute, zwölf Jahre nach Produktionsauslauf, ist er nicht mehr häufig zu sehen.

Die Technik stammte von Suzuki (Längslenker-Hinterachse, vorne Scheiben-, hinten Trommelbremsen), die Motoren von Opel: 1.0-12V-Dreizylinder mit 58 PS und 1.2-16V-Ecotec mit 75 PS. Es gab drei Versionen, Standard (nur mit 1-Liter-Motor, ohne ABS), Comfort und Elegance; die höherwertigen Stufen mit beiden Maschinen. Die Optik-Unterschiede zwischen Opel und Suzuki sind marginal: natürlich der Grill, der Opel trägt ein Astra-Lenkrad und den Flankenschutz höher – an einer Stelle, wo er die Seiten schlechter schützt, das hintere Kennzeichen ist unterschiedlich positioniert.

Das Facelift im Herbst 2003 machte die Front mit Opel-typischem Chromstreifen statt nichts sagendem Plastikgrill eigenständiger. Ein neuer 1-Liter-Twinport-Motor mit 60 PS und ebenfalls drei Zylindern ersetzte das bisherige Aggregat, nun serienmäßig mit ABS. Neu im Agila war der 1.3 CDTI 16V Common-Rail-Turbodiesel mit 70 PS, der beinahe die Fahrleistungen des 1,2-Liter-Benziners (nunmehr mit 80 PS) erreichte und den 1-Liter-Ottomotor völlig überflügelte. Auch das Einstiegsmodell hatte nun lackierte Stoßfänger und sah nicht mehr so armselig wie die bisherigen »Essen-auf-Rädern-Dienstfahrzeuge« aus. Die Serienversionen Standard, Comfort und Elegance wurden anlässlich des Restylings neu sortiert, Opel nannte sie Essentia, N'joy und Cosmo, das Basismodell weiterhin ohne Flankenschutz. Vor allem das Sondermodell N'joy machte Furore, denn seine Zweifarbenlackierung und das verblechte dritte Seitenfenster (à la Prototyp Concept A von 1999) waren wirkliche Hingucker: Der N'joy war Aztekengold lackiert, Motorhaube, Dach, Heckklappe sowie Teile der Front- und Heckschürze waren silbern, dazu spendierte Opel orangefarbene Sitzbezüge. Es gab ihn zwar auch im Unilack und später zweifarbig hell- und dunkelblaumetallic. Aber mit dem Goldstück mit Silberschmuck gelang Opel tatsächlich ein Sondermodell, nach dem sich jeder im Verkehr umdrehte. Vom Agila wurden von August 2000 bis Herbst 2007 rund 440.000 Exemplare verkauft.

Ganz normal: Opel Agila B

Die Zusammenarbeit zwischen Suzuki und Opel trug weitere Früchte: Der Opel Agila B war ein Suzuki Splash in Verkleidung. Aber er war eigentlich kein Micro-Van mehr, sondern eher ein ganz normaler Kleinwagen. Und genau das machte ihn für Opel-Kunden uninteressant, sie kauften lieber einen Corsa. Der Neue war breiter und länger, aber deutlich niedriger. Das Van-Gefühl mit der hohen Sitzposition stellte sich im Agila B nie ein. Die Klientel des Agila A – Rentner, die den Ein- und Ausstiegkomfort eines Vans schätzten – sah im Agila B keinen Ersatz. Es tat dem Agila B sicherlich nie gut, dass Opel ihn stets teurer anbot als Suzuki den Zwillingsbruder Splash. Ordentlich verkauft hatte sich der Agila B eigentlich nur im Zusammenhang mit der Abwrack-Prämie im Jahre 2009. Debüt IAA 2007, Verkaufstart April 2008, Produktion nicht mehr im polnischen Gleiwitz, sondern im ungarischen Suzuki-Werk in Esztergom. Zwei Ausstattungslinien, Basis und Edition. Motoren: 1 Liter mit 65, später 68 PS, 1,2 Liter mit 86, später 94 PS (beide von Suzuki) und 1,3-Liter-Diesel mit 75 PS, produziert von Suzuki-Indien und konstruiert in Kooperation von GM und Fiat. Produktionsstopp nach 220.211 Exemplaren im November 2014 zugunsten des Opel Karl.

Die Besonderheit des Vorgängers war passé, der Agila B war ein ganz normaler Kleinwagen, der erneut auf einem Suzuki basierte. Prädestiniert für Essen-auf-Rädern-Fahrten.

Im selben ungarischen Werk liefen der Opel Agila B und sein Original, der Suzuki Splash, vom Band.

Für pragmatische Rentner: Opel Meriva A

Zwischen Agila und Zafira sah Opel Platz für einen weiteren Van. Einige Komponenten wie die Verbundlenker-Hinterachse stammten vom Astra, die Basis lieferte der Corsa C, mit ihm teilte er auch die Produktionsstätte in Saragossa. Im Mai 2003 debütierte der Meriva. Ihm voraus ging die seriennahe Designstudie Concept M auf dem Genfer Salon 2002 mit 1,6-Liter-Erdgas-Turbomotor, kombiniert mit Easytronic-Getriebe. Der Meriva-Innenraum ist hoch variabel für fünf Personen, Opel nannte es das »FlexSpace-Konzept«. Die hinteren Sitze lassen sich um 20 cm längs verstellen, auch die Lehnenneigung kann je nach Gusto justiert werden. Wer den Meriva nur viersitzig nutzen möchte, klappt die mittlere Sektion weg und verschiebt die beiden äußeren Sitze seitlich. Er hat fast denselben Radstand wie der Zafira, misst aber mit 4,04 m 27,5 cm weniger in der Länge. Das definiert auch das One-Box-Design des rundlichen Wagens: Vier Räder, an jeder Ecke eines, nahezu keine Karosserieüberhänge. Ursprünglich nur mit zwei Benzinern versehen (1.6-i-Zweiventiler mit 87 PS und 1.6-i-Vierventiler mit 101 PS), folgten im Herbst 2003 der 125 PS starke 1.8 i 16V und der 1,7-Liter Turbodiesel mit 75 respektive, mit vier Ventilen, 100 PS und, seit Anfang 2007, mit 125 PS.

Im Januar 2006 frischte Opel den Meriva mit einem Facelift auf und lancierte als Top-Meriva den OPC, einen frechen Flitzer mit 180 PS aus einem 1,6-Liter-Turbo, 222 km/h schnell und mit markanter Frontschürze, dicken Seitenschwellern und Heckspoilerlippe sowie großen 17-Zöllern. Im Gegensatz zum Zafira A OPC schaffte der Meriva A OPC nicht den gewünschten Verkaufserfolg. Ebenfalls ab 2006 lieferbar: Der Einstiegsmotor 1.4i 16V mit 90 PS anstelle des 1600ers mit zwei Ventilen und ein kleiner Common-Rail-Diesel (1.3 CDTI mit 75 PS). Produktion als Opel und Vauxhall bis Frühjahr 2010. Gedacht war der Meriva für junge Familien. Aber denen war er nicht trendy genug. Gekauft hatten ihn gerne pragmatisch denkende Rentner wegen des bequemen Einstiegs. In einen Wagen dieses Genres fällt

Ein rundum praktisches, aber nicht sonderlich inspirierendes Fahrzeug ist der Opel Meriva A.

Raumfahrzeug mit zusätzlichem Raum in der Thule-Dachbox: Meriva A im Nordseeurlaub.

Charakteristisch ist der Knick in der Gürtellinie. Meriva B während der Präsentationsphase im Sommer 2010.

man nicht hinab beim Einsteigen, sondern man gleitet nahezu höhengleich vom Stand auf den Sitz. Sehr angenehm für Menschen mit Arthrose oder Bandscheibenvorfall.

Türen wie der Rolls-Royce Phantom: Opel Meriva B

Gleicher Name, aber ein völlig anderes Auto, Design Mark Adams. Weiterhin ein kleiner, variabel nutzbarer Familienvan, nun mit gegenläufig angeschlagenen, unabhängig voneinander öffnenden Türen (»Flex-Doors«) wie der Rolls-Royce Phantom. Im Gegensatz zum Rolls bleibt die B-Säule aus Stabilitätsgründen bestehen. Darin unterscheidet sich der neue Opel grundsätzlich von seiner zahlreichen Konkurrenz. Zum Einsteigen war der neu erfundene Geniestreich perfekt, denn alle vier Türen öffnen im ungewöhnlich großen Winkel von 84 Grad, was rein visuell nur ein Jota vom rechten Winkel entfernt ist. Der etwas merkwürdige Knick der Gürtellinie, zunächst nur eine Design-Eigenart, brachte auch Vorteile. Sitzen hinten Kinder, so freuen sie sich über eine prima Sicht nach draußen. Und wenn die hinteren Sitze in Richtung Mittelkonsole verschoben wurden, konnten die Kinder sogar an Mama und Papa vorbei nach vorne schauen. Opel löste damit im Juni 2010 den seit 2003 gebauten Meriva A ab, er ähnelte stilistisch dem Zafira.

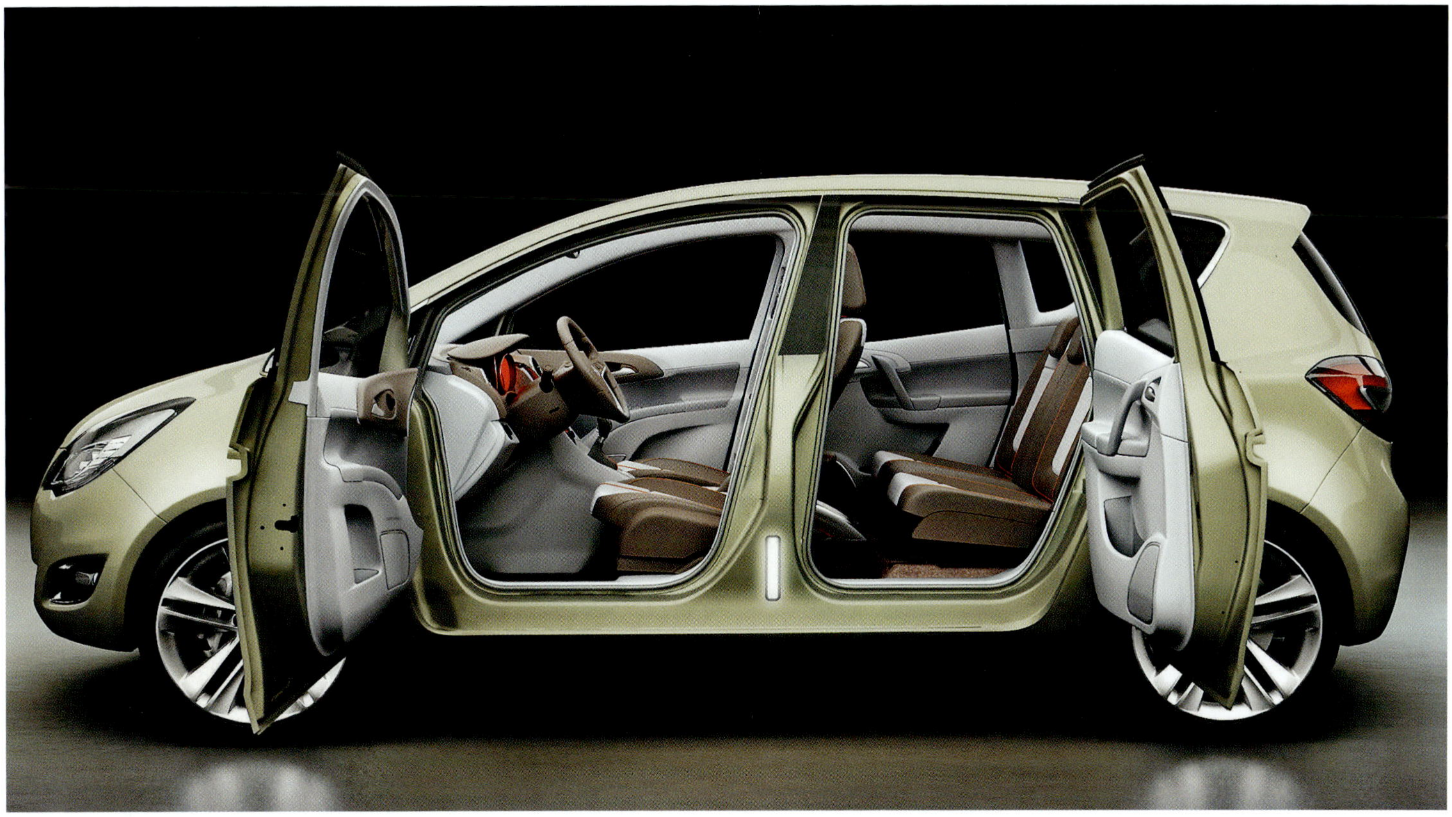

Was der Rolls-Royce Phantom kann, kann der Opel Meriva B auch: gegenläufig angeschlagene Türen, hier dargestellt am Concept Car von 2008.

Der letzte Meriva hatte seine Kleinwagengene abgelegt und basierte auf Komponenten des großen Bruders Zafira, nicht mehr auf der Corsa-Plattform, was vor allem dem Federungskomfort zugute kam. Er ist straff, aber nicht mehr so hart wie der Vorgänger, und er ist 20 cm länger. Motoren: 1,4-Liter-Turbo-Benziner ohne Direkteinspritzung mit 100, 120 oder 140 PS, 1,7-Liter-CDTi mit 100 PS. Ein kleinerer Diesel (1,3 CDTi mit 95 PS) und zwei stärkere Selbstzünder (1,7 CDTI mit 110 und 130 PS) folgten im Spätsommer 2010. Damit war beim Meriva alles Flex: Flex Doors (gegenläufig öffnende Türen), Flex Space (verschiebbare Rücksitze), Flex Rail (variable Armlehne und Getränkehalter auf Schienen) – und dann auch noch Ecoflex: So heißen seine Motoren (mit Ausnahme des 1,7 CDTI). Facelift im Januar 2014 mit neuen Stoßfängern, neuem Grill und Leuchtendesign, zusätzlich 1,6-Liter-Diesel (136 PS) sowie 1,6-Liter-CDTI mit 95 und 110 PS. Nach erster Begeisterung anno 2010/11 ließ das Interesse am Meriva B deutlich nach. Wie sein Vorgänger war der Meriva B zwar als Familienauto beabsichtigt, aber eher typisch für ältere Kunden, deren Kinder aus dem Haus waren und die sich für ein praktisches und vernünftiges Auto entschieden – Pragmatiker ohne Standesdünkel. Produktionsstopp im Sommer 2017, Ablösung nicht durch einen neuen Van, sondern durch den Crossover mit mehr SUV- als Van-Genen namens Crossland X.

Erfolg durch Flexibilität: Opel Zafira A

Mit dem Zafira kreierte Opel einen Compact-Van à la Renault Mégane Scénic und traf voll den Massengeschmack. Ab Herbst 1996, der Sintra war noch nicht auf dem Markt, geisterte der Astra-Van (intern Projekt »3070 Monocab«) durch die Fachpresse, Prototypen schmückten die IAA 1997 und den Genfer Salon 1998, die Bochumer Produktion startete im Januar 1999, Verkauf ab April. Im Gegensatz zum Sintra setzte Opel beim Zafira auf das typische One-Box-Design, also einen fließenden, knickfreien Übergang von der kurzen Motorhaube zur stark geneigten, großen Windschutzscheibe, und auf vier konventionelle Schwenktüren. Sein Clou im Innenraum: Drei Sitzreihen (die hinteren eher Kindermöbel), die sich je nach Ladebedarf in Minutenschnelle in den Boden versenken ließen, die mittlere war längsverstellbar. Wer noch den Fahrersitz nach vorne klappte, hatte eine ebene Fläche von maximal 2,80 m Länge. So viel Flexibilität zeigte bis dato kein Minivan.

Basismotorisierung war der 1.6 i 16V mit 100 PS, darüber rangierte der 1.8 i 16V mit 115 PS (125 PS ab 2000). Im Oktober 1999 folgte ein direkteingespritzter 82-PS-Diesel (2.0 DI 16V), der ab Modelljahr 2001 auf 100 PS (2.0 DTI 16V) erstarkte und Ende 2001 vom 2.2 DTI mit 125 PS ergänzt wurde. Größere Benzinmotoren

Typischer Familien-Zafira mit Anhängerkupplung und Fahrrad-Halterung. Fehlt nur noch die Thule-Box auf dem Dach.

Ein Zafira OPC spielt in einer anderen Liga als ein biederer Familienvan. Doch so mancher stolze Vater mehrerer Kinder träumte trotz Zafiranotwendigkeit von seiner verblichenen Dynamik. Doch auch mit weitreichenden Irmscher-Anbauteilen blieb ein Zafira eben ein Zafira.

Gute Reaktion mit Flex und sieben

Autos für die Großfamilie gab es in Europa wenige. Die Franzosen boten Versionen großer Kombis mit dritter Sitzbank an und nannten sie »Familiale«, und die Alternative für Väter vieler Kinder war ein Achtsitzer-Kleinbus mit Handwerker-Image und -Flair. Die Gattung der Vans kam aus den USA zu uns, Trendsetter waren der Chrysler Voyager und seine rasche französische Antwort, der Renault Espace, bald auch das Trio VW Sharan/Ford Galaxy/Seat Alhambra und der gemeinsame Eurovan von Citroën, Peugeot, Lancia und Fiat. So praktisch die Vans waren, so unhandlich waren sie anfangs auch, brauchten viel Parkraum und passten nicht in jede Garage. Wieder zeigte sich Renault avantgardistisch und bot den Mégane Scénic an – außen eine Klasse kleiner, innen genial groß. Und die ganze Zunft zog nach, Opel mit dem Zafira. Während Opel auf das Genre nur reagierte, setzten die Rüsselsheimer in Sachen Innenraumflexibilität den Maßstab. Die Crux vieler Vans ist nämlich, dass ihre Sitze demontiert werden müssen, wenn das Auto als Transporter dienen soll. Keine einfache Aufgabe bei rund 15 Kilo schwerem Gestühl. Der Zafira war ein Siebensitzer, ließ sich aber durch einfaches Umklappen aller vorhandener Möbel zum Einsitzer minimieren.

waren nötig, um die Sintra-Kundschaft nach dessen Ableben bei Laune zu halten. Sie kamen im Herbst 2000. Das Highlight war der 2,2-Liter-Vierventiler aus Speedster und Astra Coupé mit 147 PS, ein Tempo-200-Van. Damit nicht genug: Auf dem Genfer Salon 2001 feierte der Zafira OPC Premiere, 2 Liter Hubraum, Turbolader und 192, später 200 PS charakterisierten Europas schnellsten Van mit seinen etwas verbreiterten Radhäusern, Markteinführung des 220-km/h-Familienautos war Herbst 2001. Opel legte den Zafira OPC auf 5000 Exemplare an, tatsächlich verkauft wurden rund 12000 Stück. Ein echter Erfolg!

An Ausstattungsvarianten bot Opel neben Standard die Versionen Comfort und Elegance an, später rangierte darüber der Selection Executive. Ein Facelift mit Chrom im Grill und Detailmodifikationen kennzeichneten den Jahrgang 2003, denn der neue VW Touran machte dem Bestseller den Platz am Van-Olymp streitig. Nun hießen die Versionen Basis, Njoy und Edition. Produktion bis Februar 2005 in rund 1,4 Millionen Exemplaren.

Auf Zafira-Basis realisierte Opel drei interessante Studien: Der Wasserstoff-Konzept-Van HydroGen 1 (Debüt Pariser Salon 1998) mit Brennstoffzellenantrieb bewegte sich geräuschlos und abgasfrei mit einem 82 PS starken Drehstrom-Synchron-Elektromotor. Die Energie bezog er nicht aus der Steckdose, sondern aus dem Brennstoffzellenblock. Im November 2000 zeigte Opel den Zafira 1.6 16V CNG (Compressed Natural Gas) mit Erdgasantrieb. Er startete im Mai 2001 mit 100 PS im Großversuch. Die vier Gastanks reichten für 400 Kilometer Fahrt, ein 15-Liter-Benzintank half in der Not, die nächste Erdgastankstelle zu erreichen. Als realitätsnahe Studie auf Zafira-Basis zeigte Opel auf dem Genfer Salon 2000 den Snowtrekker mit Allradantrieb und 2,2-Liter-Vierzylinder aus dem Astra Coupé mit 150 PS. Wegen des via Visko-Kupplung zuschaltbaren Heckantriebs verbaute Opel hinten eine neue, kompakt bauende Vierlenker-Aufhängung, doch auf einen 4x4-Zafira wartete die Kundschaft vergebens.

Papas Liebling: Opel Zafira B

Deutschlands beliebtesten Spielplatz für Familienväter und Ladefreaks legte Opel anlässlich des Genfer Salons 2005 neu auf. Der Zafira B blieb der Königsdiziplin der Familien-Vans treu und präsentierte sich wieder als Siebensitzer mit dem »Flex7-System«. Die Sitze können trickreich geschwenkt werden, aber die mittlere Sitzreihe ist einteilig und somit überhaupt nicht flexibel. Zwar größer als sein Vorgänger, 15 cm länger und gut 5 cm breiter, behielt er seine Handschrift bei, Chrom als stilbildende Maßnahme im Opel-Design spielt auch hier eine wichtige Rolle. Der Schalthebel sitzt unterhalb der Armaturentafel, in Van-Kreisen nennt man das »Joy-Stick«. Eine interessante Option war das große Glasdach, das sich in zwei Lichtbändern von vorne nach hinten zieht und in der Mitte fünf Staufächer integriert. Es lässt sich zwar nicht öffnen, aber elektrisch vor zu viel Sonneneinstrahlung beschatten. Das Fahrwerk ist elektronisch geregelt, die Scheinwerfer schauen dynamisch in die Kurven.

Die Motorenpalette bewegte sich im gleichen Rahmen wie beim Vorgänger: 1.6 i 16V mit 105 PS, 1.8 i 16V mit 136 PS, 2.2 i 16V mit 150 PS sowie zwei Turbodiesel: 2,2 Liter mit 125 PS (nur bis Ende 2005) und 1.9 CDTI mit 100, 120 oder 150 PS und Sechsgang-Getriebe. Ab Frühjahr 2006 offerierte Opel die Erdgasvariante CNG mit 97 PS und den 1800er mit Easytronic. Ausstattungen: Standard, Edition, Sport und Cosmo. Facelift Februar 2008. Das Topmodell der Zafira-Reihe war wieder der OPC (Produktion bis Sommer 2010). Opel versuchte, die wohl bravste und vernünftigste Art automobiler Fortbewegung mit Faszination zu kombinieren. Ein schwieriger Spagat. Denn einen Van kauft man nicht aus Liebe zum Auto, sondern aus Liebe zu seiner Familie – und wenn keine Liebe im Spiel ist, so ist es reiner Pragmatismus. Nichtsdestotrotz: Der Zafira OPC bekam einen 2-Liter-Ecotec-Turbo mit Intercooler implantiert, der via Sechsgang-Getriebe 240 PS auf die Vorderräder bringt und den Sport-Van auf über Tempo 230 beschleunigt. Damit

Der Zafira B wurde parallel zu seinem Nachfolger weiter gebaut und in den gemeinsamen Jahren überflügelte er ihn sogar. Letztlich bedeutete die Schließung des Werkes Bochum sein Ende.

war er weiterhin der schnellste Serien-Van weltweit. Nach dem Erfolg des Vorgängers war Opel jedoch von der Kundenakzeptanz des Zafira B OPC enttäuscht. Mit 40 PS weniger gab es den Turbomotor auch im »zivilen« Zafira.

Technisch interessant: Das erste Serienauto mit Erdgas-Turbomotor war der Zafira 1.6 CNG Turbo, präsentiert im Februar 2009: Fahrspaß in Kombination mit Erdgasantrieb, Opel kompensierte den im Vergleich zu Benzin rund sechs Prozent niedrigeren Energiegehalt von Erdgas mittels Aufladung. Der auf den Energieträger abgestimmte Turbolader brachte 20 Prozent mehr Luft in die Brennkammer und schöpfte so das Potenzial des Gases besser aus. Der 150-PS-Vierzylinder dreht willig hoch, die Alltagstauglichkeit und Leistungsentfaltung stehen einem Benziner nicht nach.

Sein Nachfolger Zafira C ab 2012 bedeutete für den Zafira B nicht den Tod. Er wurde als Zafira Family mit reduziertem Motorenangebot weitergebaut. Produktion Juli 2005 bis Ende 2014. Mit Schließung des Bochumer Opel-Werkes am 5. Dezember 2014 lief der letzte Zafira B vom Band. Interessant: Trotzdem der Nachfolger Zafira Tourer am Markt war, verkaufte sich der »alte« Zafira Family besser als dieser.

Schwanengesang: Opel Zafira C

Design von Vercarmodel Saro im oberitalienischen Orbassano. Mit einer Länge von 4,66 Metern überragte der dritte Zafira nicht nur seinen Vorgänger (4,46 Meter) deutlich, sondern auch seine Rivalen Ford Grand C-Max und VW Touran. Deshalb durften die sieben Insassen auch mehr Raum und Flexibilität erwarten. Statt der verschiebbaren Bank gab es in der mittleren Reihe drei klapp- und versenkbare Einzelsitze, das bewährte Flex-7-Sitzsystem nur noch in den höherwertigen Modellen. Das Fahrwerk samt optionalen Additiv-Dämpfern stammte wie die Motoren im Prinzip vom Astra. Markteinführung Januar 2012 unter dem Namen Zafira Tourer. Prinzipiell unterschied den neuen Zafira vom bisherigen der zeitgemäße Pfiff. Ihn erlangte er durch das neue Opel-Gesicht, erstmals mit dem Ampera präsentiert: Bumerang-Scheinwerfer und trapezförmiger Kühlergrill. Das war dynamisch und progessiv – zumindest zeitweise, bis die nächste Mode anstand. Der Neue hatte den Anspruch, hochwertiger zu sein als der Alte, der als Budgetversion mit dem Suffix Family bis Ende 2014 weiter angeboten wurde, aber den Tourer im Verkauf überflügelte. Eigentlich absurd, dass sich das alte Auto, das parallel zum neuen angeboten wird, besser verkauft als dieses.

Vorderachse (aber ohne die elektrische Lenkung) vom Insignia, Verbundlenkerhinterachse inklusive Wattgestänge vom Astra. Das Ganze war, verglichen mit Multilenker-Konstruktionen, steifer und platzsparender und ermöglichte damit auch den integrierten Fahrradträger in der Heckschürze. Instrumente und Bedienung entsprachen im Wesentlichen dem Astra. Ottomotoren von 1,4 bis 1,8 Litern (120 bis 200 PS), Diesel von 1,6 bis 2 Litern (110 bis 195 PS). Opel offerierte eine ins Dach hineingezogene »Panoramawindschutzscheibe«. Weil der Zafira B OPC wenig Erfolg hatte, verzichtete Opel auf eine OPC-Version des Zafira C. Der September 2016 brachte dem Zafira C ein Update und den Wegfall des Namenszusatzes »Tourer« (weil er ja längst der einzige Zafira im Opel-Programm war): Facelift im Stile des aktuellen Astra mit aggressivem Aussehen, die umstrittenen »Bumerangs« gehörten bereits wieder der Vergangenheit an, innen keine Knöpfe-Invasion mehr.

Der größte der Mittelklasse-Vans ist der Zafira C mit dem Suffix Tourer. Seit seinem Restyling im Herbst 2016 verzichtet er auf die zwar charakteristischen aber stilistisch umstrittenen Bumerang-Scheinwerfer. Im Bild Modelljahr 2019.

Der »Van« ist schwer zu greifen: Definition und Nomenklatur

Was in Europa ein großes Auto ist, etwa der Sintra, läuft im Heimatland der Vans als Minivan. Für Mikroben wie den Agila haben die Amerikaner nicht einmal ein Wort. So hat sich in Deutschland eingebürgert, ausgewachsene Fahrzeuge à la Sintra als Van zu bezeichnen, die Klasse darunter (Zafira) als Minivan, und der Agila A mit seinen wenigen Artgenossen wird als Microvan bezeichnet. Aber schon das in Deutschland etablierte englische Wort »Van« hat Tücken. Es bezeichnet im angelsächsischen Sprachraum nämlich einen Lieferwagen. Dort sagt man zu unserem Van kurz »MPV«, eine Abkürzung für Multi Purpose Vehicle, übersetzt Vielzweckfahrzeug. Wer ein deutsches Wort sucht, stößt auf Großraumlimousine, aber das ist auch nicht sonderlich deutsch, und es trifft die Sache nur unzureichend (ein Mercedes 600 Pullman ist eher eine Großraumlimousine). Das Wort »Großraum-Personenkraftwagen« ist zwar zutreffender, klingt aber sehr nach Amtsdeutsch. Bleiben wir also zähneknirschend beim Van.

Das ist eine Großraumlimousine, aber deshalb noch lange kein Van, sondern eher ein Pullman: Der von Armbruster & Stageway in Port Smith/USA gebaute und von Earnhart & Johansen in Arkansas/USA vertriebene Sechstürer-Omega mit 90 cm mehr Radstand war ab 1991 im offiziellen Opel-Programm. Angeblich wurden davon in Deutschland nur sechs Exemplare zugelassen.

Gegenüber den SUV haben Vans in den vergangenen zehn Jahren viel Terrain verloren. Der Zafira im klassischen Sinne der Großraumlimousine hat keine Zukunft mehr. Es wurde spekuliert, dass der SUV Opel Grandland X den Zafira ablösen sollte. Das stimmte aber nicht. Produktionsstopp im Sommer 2019 zugunsten des Opel Zafira Life.

Vom Van zum Kleinbus: Opel Zafira Life

Namen sind Schall und Rauch. Ist die familienfreundliche Ableitung eines Transporters nun ein Kleinbus oder ein Van? Opel bezeichnet den Zafira Life als Van, aber er ist ein Derivat einer Transportergeneration, gemeinsam von Peugeot (Expert), Citroën (Jumpy) und Toyota (ProAce II) gebaut. Im März 2016 vorgestellt, gibt es seither auch Kleinbusversionen (Peugeot Traveller, Citroën Spacetourer,

Opel Zafira Life 2019: Dem Namen nach ein Van, dem Aussehen und der Anmutung nach ein Kleinbus auf Transporter-Basis.

Toyota ProAce Verso). Und weil in der Opel-Palette nach Wegfall des Zafira C ein Van fehlte, durfte dieser Wagen mit drei Jahren Verspätung auch als Opel erscheinen, gebaut im Vauxhall-Werk in Luton. Und weil er sich nicht entscheiden kann, ob er Van oder Kleinbus ist, löst er nicht nur den Zafira C ab, sondern gleichzeitig auch noch den Vivaro B. Drei Radstandvarianten, zwei Dieselmotoren /1,5 Liter mit 102 oder 120, 2 Liter mit 150 oder 177 PS).

Den Anschluss verschlafen: Opel Antara

Antara hieß die deutsche Fassung des Welt-SUV von GM, entwickelt und gebaut in Korea und dort als Daewoo Windstorm angeboten. Die für Deutschland bestimmten Antara kamen aus dem russischen St. Petersburg. In Australien gab es einen Ableger als Holden, in den USA als Chevrolet Captiva und Saturn Vue. Weil Daewoo-Autos für Europa im Februar 2005 in Chevrolet umbenannt wurden, hieß der Captiva bei uns Chevrolet. Er war ab August 2006 auf dem Markt, der Opel folgte im Dezember, Produktion bis März 2015. Identische Technik, die Motoren wurden von Opel etwas anders abgestimmt, sportlicher orientiertes Fahrwerk. Zwei Benziner und zwei Diesel standen zur Wahl. Der 136 PS starke 2,4-Liter-Vierzylinder basiert auf dem australischen Zweiliter-Holden-Motor. Darüber rangierte ein 3,2-Liter-V6 mit 227 PS aus dem weltweiten GM-Baukasten. Die meisten Kunden entschieden sich für den Zweiliter-Common-Rail-Diesel mit 150 PS, zusätzliche Version mit 127 PS ab Mai 2007. Er wurde vom italienischen Motorenbauer VM entworfen und in Korea gebaut. Modellpflege im Herbst 2010: Facelift an Front (markenspezifischer Kühlergrill) und Heck, Wegfall des 3,2-Liter-V6, der Vierzylinder-Benziner mit 170 statt bisher 136 PS, zwei 2,2-Liter-Turbodiesel mit 163 und 184 PS. Besseres Lenk- und Fahrverhalten, präziser und agiler, mehr Fahrbahnkontakt durch die Lenkung. Ein Jahr nach dem Europa-Verkaufsstopp im Frühjahr 2015 ging der Antara in Österreich und in der Schweiz erneut an

Neuwagen im Sommer 2009: Der Opel Antara war sicherlich ein gutes Auto, aber in allen Belangen zu durchschnittlich. War der Frontera noch eher Geländewagen als SUV, so war der Antara nichts als SUV. Und das konnten andere mindestens genauso gut.

Antara mit 2-Liter-Common-Rail-Diesel und 150 PS: Für ihn entschieden sich die meisten der wenigen, die sich für den Antara entschieden.

Das gleiche Auto, etwas anders gestylt und länger – und mit anderem Namen: Chevrolet Captiva.

den Start, nun mit dem Insignia-Dieselmotor (2 Liter, 170 PS), mit Front- oder Allradantrieb.

Mit automatischer Bergabfahrhilfe und Bremssystem für die einzelnen Räder war das Korea-SUV gewappnet, den sportlich-dynamischen Fahrer überall dorthin zu bringen, wo dieser seinem Outdoor-Hobby nachgeht. Der normalerweise frontgetriebene Antara hatte eine elektrisch gesteuerte Lamellenkupplung, die bei Bedarf bis zu 50 Prozent der Motorleistung auf die Hinterräder verteilt – also einen automatisch zuschaltenden Allradantrieb. Die viertürige Karosserie ist selbst tragend. Antara ausschließlich fünfsitzig, Chevrolet wird auch als Siebensitzer angeboten.

Für den Antara wurden bis auf die Windschutzscheibe alle Karosserieteile verändert, die Plattform teilte er mit dem Chevrolet. Design, Innenausstattung und die Abstimmung der in Kooperation entwickelten Technik stammten von Opel. Nach Jahren der Abstinenz auf dem SUV-Markt versuchte Opel, wieder Fuß in einem aufstrebenden Absatzsektor zu fassen. Erfolglos. Der Antara gehörte zu den am schlechtesten verkauften Modellen eines deutschen Herstellers überhaupt. Selbst der Chevrolet Captiva verkaufte sich besser.

SUVs in Kooperation mit Peugeot: Crossland X und Grandland X

Die ersten Opel mit Peugeot-Genen gibt es seit 2017. Der Crossland X wurde auf dem Genfer Salon im März 2017 präsentiert, auf der IAA im Herbst 2017 drehte sich der Grandland X im Rampenlicht. Wer meint, die Übernahme Opels durch PSA trüge so rasch Früchte, irrt. Diese beiden sind das Ergebnis einer Zusammenarbeit zwischen General Motors und PSA in den Jahren 2012/2013, eine reine Lebensabschnittspartnerschaft. Im Frühjahr 2012 stieg GM mit sieben Prozent bei PSA Peugeot-Citroën ein, eine strategische Allianz zur Verbesserung der Rentabilität und Wettbewerbsfähigkeit beider Autobauer. Geplant waren die gemeinsame Nutzung von Fahrzeugarchitekturen, Komponenten und Modulen sowie ein gemeinsamer weltweiter Einkauf. Davon profitierte auf GM-Seite in erster Linie Opel. Die Beteiligung von GM an PSA endete zwar 2013 wieder, aber die Resultate wurden 2017 Realität: Der Meriva-Nachfolger Crossland X, der Grandland X und der Combo-Nachfolger seit 2018 sind PSA-Klone, ohne letztlich irgendetwas mit der Opel-Übernahme durch PSA zu tun zu haben.

Ein Crossover im SUV-Design ist der Opel Crossland X, ein ziemliches Raumwunder, ein Stadtauto mit rustikalem Look und verschiebbarer Rücksitzbank, hier bei der Premiere in Berlin.

Der Grandland X ist ein Compact-SUV und der Plattform-Bruder des Peugeot 3008. Mit ihm macht Opel Oberklasse-Innovationen erschwinglich: Voll-LED-Scheinwerfer, Kurvenlicht, Fernlichtassistent, automatische Leuchtweitenregulierung. Auch ihn bietet Opel zweifarbig an, jedoch nur auf Wunsch. In dieser Klasse gibt es Kunden, aus deren Sicht Bicolor ein zu jugendliches Attribut ist.

Weder im Peugeot 3008 noch im Opel Grandland X ist Allradantrieb zu haben. Dafür bietet der frontgetriebene Opel eine Traktionskontrolle mit fünf Fahrmodi (»Grip Control«), was die Fahrt auf Schnee, Matsch, Sand oder bei Regen sicherer macht. Das System verändert selbsttätig die Einstellungen an der Antriebsachse, die Schaltpunkte der Automatik oder das Ansprechverhalten des Motors.

Den Platz des seitherigen Meriva besetzt seit dem Genfer Salon im März 2017 der Opel Crossland X, eine Gemeinschaftsarbeit mit Peugeot mit Opel-eigener Karosserie. Architektur und Fahrwerk (also die Plattform) teilt er sich mit dem Peugeot 2008 und 208 sowie dem Citroën C3 und C3 Aircross, Antriebsstrang und Elektronik sind made in Rüsselsheim, die Motoren stammen von PSA. Französischer kann ein deutsches Auto kaum sein. Gefertigt wird der Crossland X zusammen mit dem Citroën C3 Aircross im spanischen Opel-Werk in Saragossa. Er ist ein urbanes Lifestyle-Fahrzeug mit ziemlich coolem Design, ein fünfsitziges SUV mit flexiblen Rücksitzen, die um bis zu 15 cm verschoben werden können. Der Verkauf läuft gut, Opel scheint einen Volltreffer gelandet zu haben, zumal SUVs in genau dieser Größenklasse boomen. Benzinmotoren: 1,2 Liter mit 83 PS, als Turbo 110 und 130 PS, Diesel: 1,6 Liter mit 99 und 120 PS bis Mai 2018, seither 1,5 Liter mit 102 und 120 PS. Ausstattungen Selection, Edition, Design Line, Innovation, Ultimate.

Auf der IAA im September 2017 debütierte das zweite Kind der damaligen GM-Peugeot-Liaison und gleichzeitig das dritte Mitglied der Opel-X-Familie, der Opel Grandland X. Er teilt seine Plattform mit dem Peugeot 3008/DS7 Crossback/Citroën C5 Aircross und lief zunächst ausschließlich im Peugeot-Werk in Sochaux vom Band, bald auch in Namibia und seit August 2019 in Eisenach. Benzinmotoren: 1,2 Liter Turbo mit 130 PS, 1,6 Liter Turbo mit 120 und 180 PS, 1,6 Liter Turbo Plug-in-Hybrid mit 300 PS Systemleistung seit Juni 2019, Diesel: 1,6 Liter Diesel mit 120 PS bis April 2018, seither 1,5 Liter mit 130 PS, 2 Liter mit 177 PS. Ausstattungen: Selection, Edition, Design Line, Innovation, Ultimate. Neben dem Elektro-Corsa E präsentierte Opel im Juni 2019 auch den Grandland X Hybrid4. Im Gegensatz zum Hauptkonkurrenten auf dem deutschen Markt, dem Volkswagen Tiguan, ist der Opel Crossland X nicht mit Allradantrieb lieferbar (so wenig wie sein Bruder von Peugeot).

Ganz was Pfiffiges: Opel Mokka

Das Segment der Ultrakompakten verlangt zunehmend mehr als nur Kleinwagen. Der urbane Mainstreamer will auch in dieser Klasse ein SUV fahren. Mit dem 4,28 Meter langen Mokka komplettierte Opel ab Oktober 2012 die Palette um einen höher gelegten SUV mit zarten Offroad-Ansätzen. 4x4 nur gegen Aufpreis (aber immerhin!). Das amerikanische Schwestermodell ist der technisch gleiche, aber optisch andere Chevrolet Trax/Buick Encore, und beide werden in Südkorea auf Basis der Gamma-II-Plattform produziert, der Mokka zusätzlich seit Herbst 2014 auch in Saragossa.

Drei Benzinmotoren: 1,6-Liter-Saugbenziner mit 115 PS bis März 2018, 1,4-Liter-Turbo mit 120/140 PS und Einspritzer-Turbo mit 152 PS (bis Juni 2018). Drei Common-Rail-Direkteinspritzer-Diesel: 1,6 Liter mit 110 oder 136 PS, 1,7-Liter-Diesel mit 130 PS. Allradantrieb nur bei den starken Versionen, ebenso Automatik. Laderaum bis zu 1372 Liter. Facelift Genf 2016, nunmehr unter der Bezeichnung Mokka X, Verkauf seit September 2016, zusätzlich 1,4-Liter-Benziner mit 152 PS. Der Mokka ist ein pfiffiges SUV, bricht Absatzrekorde, gleich nach der Präsentation betrug die Lieferfrist bereits sechs Monate, und das Interesse hielt an, das war kein Strohfeuer. Das hatte Opel schon lange nicht mehr erlebt!

Ein Mokka ist klein und schwarz. Ein Opel Mokka ist auch klein, aber farbig. Im Bild der aktuelle Mokka X von 2017.

Es ist möglich. Aber kaum jemand tut es. Man kann mit dem Mokka X den Asphalt verlassen. Aber letztlich kann man mit jedem anderen Pkw auch über einen Feldweg und durch eine Pfütze fahren.

Kapitel 16:

Geländewagen: Mit Importen auf den Verkaufsolymp

Offroad-Blitz aus Fernost: Opel Frontera A und B

Opel hatte nie einen Geländewagen selbst konstruiert, profitierte aber von der Offroad-Kompetenz der weltweiten GM-Organisation. Drei »richtige« Allradler hatte es gegeben. Frontera, Monterey und Campo waren umgebadgte Isuzu aus Japan. Der Trend kam aus Amerika: Autos, die unter der Woche arbeiten können und an freien Tagen Spaß machen – sie bringen die Weekend-Spaßgeneration in die Natur, wo Yuppies und Dinks ihren Outdoor-Hobbys nachgehen können. Das Fahrzeuggenre bekam einen amerikanischen Namen: SUV steht für »Sport Utility Vehicle« und war, grob gesagt, ein verweichlichter Geländewagen, aber mit richtigen Geländewagen-Genen. Heute ist das nicht mehr so. Heute sind SUVs Modeerscheinungen, die den Auftritt des Ego unterstützen und gleichzeitig Platz bieten. Wer früher einen Pkw-Kombi (im Opel-Jargon: einen Caravan) fuhr, greift nunmehr zum SUV. Das härteste Gelände, das heutige SUVs gemeinhin unter die Räder bekommen, ist die Anfahrt zum Kleingarten oder zum Grillplatz. Die unbedingte Härte uriger Geländewagen war auch bei den früheren SUVs à la Opel Frontera weg. Aber sie hatten zumeist wenigstens noch ein separates Fahrgestell und einen vernünftigen (nicht: elektronischen) Allradantrieb. Vordere Starrachsen hatten SUVs nie, aber die frühen hatten wenigstens hinten noch eine stabile Achse. Die 90er Jahre waren das boomende SUV-Jahrzehnt, und der Trend ist nicht nur ungebrochen, er boomt wie kein anderer, und das schon seit einem Vierteljahrhundert. Immer mehr klassische Limousinen finden keinen Nachfolger mehr in den Paletten der Automobilproduzenten, sondern werden durch SUVs ersetzt. Und Vans sowieso. Opel traf mit dem Frontera den Nerv der Zeit.

Opel stieg in das Geschäft ein, ohne eine Tradition auf diesem Gebiet gehabt zu haben und landete einen absoluten Volltreffer. Der Frontera war zeitweise das meist verkaufte Allradfahrzeug Deutschlands, und in ganz Europa war er ein Verkaufsschlager. Er vereinigte nämlich in sich alle Vorteile eines Geländewagens, ohne dessen Nachteile inne zu haben. Mit seinem Allradantrieb war er allwetter- und geländetauglich. Mit seiner großen Karosserie war er familien- und freizeittauglich. Mit

In seinem Element: Opel Frontera A1 als Presse-Begleitfahrzeug bei einer Offroad-Rallye. Endlich mal ein Frontera mit einer angemessenen Bereifung.

Der Kurze sollte sportlich sein, deshalb hieß er Frontera Sport. Aber er war einfach nur unausgewogen: Kurzer Radstand, schlechtere Straßenlage als der Lange und natürlich auch weniger Platzangebot. Von der Optik mal ganz zu schweigen. Im Bild ein Frontera A1 Sport, gebaut Dezember 1991 bis Januar 1995.

Frontera-Produktion im Bedford-Werk im britischen Luton. Unter der nonchalanten, britischen Arbeitsqualität litt der Frontera am meisten. Mit allem anderen waren seine Kunden recht glücklich.

Geländewagen wurden ebenso getunt wie Personenwagen, nur fiel die Art des Tuning anders aus. Es gab sogar tiefer gelegte Offroader, was schon in Richtung Perversion geht. Frontera A mit Bullbar

seinem markanten Styling war er vorzeigbar und stadttauglich. Eigentlich konnte der Frontera alles, was man von einem Auto erwarten kann.

Der Opel Frontera entstand nicht aus dem Nichts. Er war das Kind einer allumfassenden Konzernmutter. Isuzu, die japanische Tochter von GM, hatte zwei schöne SUV und einen Pickup im Portfolio – den Isuzu Rodeo und Amigo, aus denen in Europa der lange und kurze Frontera wurde, den Isuzu Trooper, den wir als Opel Monterey kennen sowie den Isuzu KB Pickup, der als Opel Campo verkauft wurde. Das Duo Rodeo/Amigo adaptierten die Opel-Ingenieure auf europäische Verhältnisse, hauptsächlich durch Verwendung von Opel-Motoren, und schufen den Frontera als Viertürer mit langem Radstand sowie den Frontera Sport als Zweitürer mit kurzem Radstand. In keiner Opel-Fabrik war Platz für das Frontera-Fließband, und so entschied GM, ihn in England bauen zu lassen, im Bedford-Werk in Luton.

Opel Frontera B, aktuell von Herbst 1998 bis Oktober 2003, als Neuwagen im Juli 1999 aufgenommen.

An der Grenze

Im Dezember 1989 trafen sich Opel-Mitarbeiter zu einem Workshop zur Namensfindung des neuen SUV an der spanischen Costa del Sol. Dort fiel der Name Frontera. Die Inspiration kam von zahlreichen andalusischen Orten, die den Beinamen »de la Frontera« (deutsch: an der Grenze) tragen. Gemeint ist die historische Grenze zwischen dem christlichen Spanien und dem maurischen Nasriden-Reich im 13. und 14. Jahrhundert.

Konstruiert war der Frontera wie ein waschechter Geländewagen. Er hatte einen soliden Leiterrahmen als Rückgrat, vorne doppelte Querlenker mit Drehstabfedern, hinten eine blattgefederte Starrachse, Heckantrieb im Normalbetrieb und einen zuschaltbaren Frontantrieb am starren Strang mit 50-50-Kraftverteilung. Dazu eine knackige Getriebereduktion, zwar kein Mitteldifferenzial, aber immerhin ein selbst sperrendes für die Hinterachse. Das Fünfgang-Getriebe kam von Isuzu. Der Frontera basierte technisch auf dem Pickup.
Das einzig Deutsche am Frontera waren die Motoren. Der 2-Liter-OHC-Benziner mit 115 PS im Frontera Sport entstammte dem Baukasten. Der 2,4-Liter-cih-Benziner war ein überarbeitetes Rekord-Aggregat und debütierte bereits 1965. Das war der größte cih-Vierzylinder überhaupt. Auch der 2,3-Liter-Turbodiesel mit Intercooler und 100 PS stammte in seinen Grundzügen aus dem Rekord. Die Karosserie war, wie es sich in den 90ern noch für einen Geländewagen gehörte, nicht selbst tragend konstruiert, sondern auf den Leiterrahmen geschraubt. Opel offerierte ab 1991 zwei Versionen, den langen Viertürer und den kurzen Zweitürer, hinten offen und mit serienmäßig verschraubtem Hardtop, ihn ergänzte Ende 1993 eine Softtop-Version. Sie wurde rasch wieder aus dem Programm genommen.
Mit dem Frontera bedienten die Rüsselsheimer eine Klientel, die es zuvor nicht in die Opel-Schauräume gezogen hatte. Das waren einmal die ewig jungen Dynamiker mit Outdoor-Hobbies. Dann Segelschiffkapitäne und Pferdebesitzer, die einen passenden Zugwagen für ihr Gespann benötigten. Ebenfalls Frontera-Kunden waren Bewohner in verschneiten Bergregionen, die vorher auf harte Geländewagen angewiesen waren. Mit dem Frontera hatten sie einen Wagen, der sich wie ein normaler Pkw fuhr, gleichsam aber über Stock und Stein kletterte und durch Tiefschnee vorankam. Jäger und Förster kauften einen Frontera. Und dann natürlich diejenigen, die einen Wagen dieser Kategorie einfach nur schick fanden, damit in der Stadt umhercruisten und die hohe Sitzposition genossen (das sind jene, die heute die Hauptklientel für SUVs darstellen).
Während seiner ersten vier Lebensjahre war der Opel Frontera ein Selbstläufer. 1995 begann sein Stern ein wenig zu sinken und Opel reagierte mit einer merklichen Auffrischung. Aus dem Frontera A1 wurde der Frontera A2. Am meisten hatten die Kunden die etwas nonchalante Verarbeitungsweise der frühen Fronteras bekrittelt. Opel beseitigte einige ärgerliche Kleinigkeiten der ersten Serie, die teilweise darauf zurückzuführen waren, dass die Rüsselsheimer einfach keine Erfahrung mit Offroadern hatten. So erkannte Opel, dass es sinnvoll ist, wenn alle lieferbaren Rädervarianten den gleichen Abrollumfang haben und nicht zu viele Achsübersetzungen im Angebot sind. Der Frontera A2 bekam eine völlig neue Hinterachse: Das Blattfederkonstrukt wich einer modernen Achse mit Schraubenfedern, drei Längslenkern und einem Panhardstab. Gleichwohl: Es blieb bei einer Starrachse, was gut für einen Geländewagen ist. Ebenfalls neu am Frontera A2: Innen belüftete Scheibenbremsen ersetzten die unzeitgemäßen Trommeln, ABS. Unter der Haube: Der Basismotor blieb. Das 2,4-Liter-Otto- und 2,3-Liter-Dieselaggregat wurden durch einen 136-PS-Ecotec-Vierzylinder mit Vierventiltechnik und 2,2 Litern Hubraum sowie einen Isuzu-2,8-Liter-Diesel-Direkteinspritzer mit 113 PS ersetzt. Letzterer scheiterte nach nur einem Dienstjahr an den Abgasnormen; ein 2,5-Liter-Wirbelkammer-Diesel mit 115 PS des italienischen Motorenbauers VM trat an seine Stelle. Sein Debüt erlebte der Opel Frontera auf dem Genfer Salon im März 1991, Auslieferung ab Dezember, Produktion bis Herbst 1998. Unter der Marke Opel lief der Frontera A 68.012 Mal vom Band.
Der Frontera B ab Herbst 1998 war ein völlig neuer Wagen, gut und ausgereift von Anbeginn – aber das war ihm nicht anzusehen. Und so konnte er nicht an den Anfangserfolg seines Vorgängers anknüpfen. Das Frontera-Image war wegen der anfänglich lässigen britischen Fertigungsqualität angekratzt, und außerdem war er zu Frontera-B-Zeiten kein Solitär mehr, sondern hatte mannigfache Konkurrenz. Der Frontera Sport ging um acht Zentimeter in die Länge, der Radstand vergrößerte sich gar um 13 Zentimeter, beim Station Wagon verkürzte er sich um deren sechs, die Gesamtlänge um drei Zentimeter. Das Fahrwerk war neu konstruiert, die Spur wurde breiter, eine Zahnstangen- ersetzte die Kugelumlauflenkung. Ebenfalls überarbeitet wurde der Antriebsstrang mit nunmehr vollautomatischen vorderen Freilaufnaben, was ein Zuschalten des Allradantriebs während der Fahrt gestattete. Das 2,2-Liter-Basisaggregat blieb erhalten. Ein großer V6 mit 3,2 Litern und 205 PS stammte von Isuzu und

motorisierte den langen Frontera standesgemäß. Der Direkteinspritzer-Turbodiesel mit 16 Ventilen stammte aus dem Vectra und wurde für den Frontera auf 2,2 Liter und 115 PS getrimmt. Im Frontera B offerierte Opel zwei Ausstattungslinien. Neben der Basis gab es für den Sport die RS- und für den Station Wagon die Limited-Version – letztere für den V6 obligat. Bis auf Marginalien blieb der Frontera B frei von Modellpflege. In Deutschland wurde er von Herbst 1998 bis Oktober 2003 rund 24.500 Mal verkauft. Opel hatte nach dem Produktionsauslauf noch genügend Frontera am Lager, um fast das ganze Jahr 2004 über Neuwagen anbieten zu können. Der Frontera hinterließ eine große Lücke, die Opel nicht sofort ausfüllte. Dadurch wurden den Rüsselsheimern einige Stammkunden untreu. Erst im Frühjahr 2007 kam der Opel Antara, der den Frontera nie ersetzen konnte.

Opel für Steakesser: Opel Campo Pickup

In den 90er Jahren war der Pickup ein absoluter Trend. Wenige Hersteller teilten sich die Marktnische auf und Opel mischte mit dem Campo mit, aber ohne jeglichen Enthusiasmus. Im Wilden Westen ritten Cowboys auf Pferden. Das Auto wird dort weithin als Nachfolger des Pferdes in Sachen Fortbewegung gesehen. Kein Auto ist näher am Pferd als der Pickup. Er ist hart. Er ist wild. Er ist rau. Er ist geländegängig. Und er ist nützlich. Im Wilden Westen, wie er heute ist, »reitet« der Farmer nun im Pickup. In den USA ist dieses Genre ohnehin das Auto schlechthin abseits der Städte. Und in allen weiten Ländern dieser Erde sind Pickups auch sehr verbreitet, in Afrika, in Australien. Im dicht besiedelten Europa hingegen hatte es bis vor rund 30 Jahren keinen Grund gegeben, einen Pickup zu fahren. Wer hier Lasten zu befördern hat und keinen Lkw dafür braucht, hatte zum Pritschenwagen auf Transporterbasis gegriffen. Doch da schwappte der Trend über den Großen Teich zu uns herüber und die Pickups kamen in Mode. Zaghaft ging es Ende der 80er Jahre los, und die Hochphase der Pickups waren die 90er. Sie schwammen sozusagen auf der Offroad-Welle mit, und bei Opel kam der Pickup Campo im Dunstkreis des Frontera.

Zunächst waren Pickups in Mitteleuropa Handwerkerautos. Der Gärtner nutze einen Pickup, der Bauer transportierte Heuballen. Dann fand er Aufnahme in die feineren Kreise, als ihn beispielsweise der Antiquitätenhändler zum Transport von Standuhren und Couchgarnituren entdeckte. Und noch feiner wurde der Pickup, als er zum Freizeitmobil avancierte. Auf seine Ladefläche passten all die angesagten Trendaccessoires, die der Freizeitguru zur Ausübung seiner Outdoor-Aktivitäten benötigt, vom Trike über das Surfbrett bis hin zur Drachenflieger- oder Freeclimbingausstattung. Auch eine demontierbare Wohnkabine passt auf die Ladefläche. Seit gut zehn Jahren ist diese Mainstream-Welle wieder verebbt.

Campo Limited mit Crewcab, ein Campo mit Stil, nur die letzten beiden Jahre 1999 und 2000 im Programm. Wer zuvor einen Lifestyle-Pickup wollte, durfte nicht bei Opel nachfragen.

Wer einen Pickup als Privatwagen nutzte, der wollte keinen weißen oder dunkelgrünen Zweisitzer. Der wollte eine trendige Lackierung, verchromte Anbauteile, fette Schlappen auf fetzigen Alus, eine martialische Bullbar und aggressive Zusatzscheinwerfer auf dem Dach, die er aus den Hollywood-Streifen kannte. Und vor allem: Er wollte nicht nur zu zweit unterwegs sein. Darauf reagierten die Hersteller und boten in Europa mehrere Versionen an: den Einfachkabiner mit zwei Sitzen und langer Pritsche, den so genannten Extended Cab mit zwei Türen und zwei zusätzlichen Notsitzen, gepaart mit einer kürzeren Pritsche sowie den viertürigen Doppelkabiner mit vier vollwertigen Sitzplätzen – er dann logischerweise mit kurzer Pritsche, denn das Fahrgestell war stets gleich lang. Den Doppelkabiner boten die meisten Importeure in besonders feiner Ausstattung an, quasi als Spitzenmodell, denn er sprach am wenigsten die Gewerbebetriebe an. Der Doppelkabiner war die Lifestyle-Version des Pickups. Die für US-Verhältnisse kleinen Pickups waren bei uns die gängigen. In diesem Segment mit Motorisierungen zwischen 2 und 3 Litern Hubraum tummelten sich in Westeuropa nur wenige Typen: Mitsubishi L200, Nissan Pickup, Toyota Hilux, Ford Ranger und sein Parallelmodell Mazda B-Serie sowie der Opel Campo, ein umgebadgter Isuzu.

Die Pickup-Verkäufe in den 90er Jahren waren exorbitant – vor allem, wenn man bedenkt, dass diese Fahrzeugkategorie zuvor keine Rolle spielte. Die Hersteller schafften es, ein Bedürfnis erst zu wecken und dann zu befriedigen. Schon Mitte der 80er Jahre war der GM-Pickup, damals noch unter seiner ursprünglichen Bezeichnung Isuzu KB, in Deutschland erhältlich. Importiert wurde er von Convesco in Rüsselsheim, einer GM-Importgesellschaft, und über ausgewählte Opel-Händler vermarktet. Ab 1988 erhielt der Isuzu bei uns den Namen Campo, den er auch als Opel behielt, nachdem er adoptiert worden war.

Konstruktiv war der Opel Campo ein sehr einfaches Auto: Separater Leiterrahmen, vorne doppelte Querlenker mit Torsionsfedern, hinten Starrachse mit Blattfedern, Fünfgang-Getriebe mit Reduktion, Heckantrieb mit manuell zuschaltbarem, starrem 4x4 – also kein Differenzial zwischen Vorder- und Hinterachse. Aber genau so muss ein Pickup sein: ein Auto für Männer, hart wie Stahl und auch mit starren Achsen. Opel offerierte den Campo in den drei Karosserievarianten Einzelkabiner (Single Cab), verlängerte Kabine (Sportscab) und Doppelkabine (Crewcab). Bei Opel lief der Campo während seiner zehn Jahre in der offiziellen Modellpalette auf der Nutzfahrzeugschiene; versäumt wurde eine Variante für die besondere »Chemie« der Pickup-Fahrer. Erst 1999, viel zu spät, versuchte Opel, den Lifestyle-Pickups von Nissan (Navara) und Mitsubishi (Magnum) Paroli zu bieten und brachte den Doka als Campo Limited mit Alufelgen und Zweifarblackierung.

Alle Motoren stammten von Isuzu. Es gab einen 2,5-Liter-Diesel-Direkteinspritzer mit 76 PS als Sauger, später mit Turbolader, sowie einen vierzylindrigen 3,1-Liter-Turbodiesel mit 109 PS, aus dem Monterey bekannt. Im Juni 2001 wurde der 2,5-Liter mit Ladeluft-

1993 ließ der ADAC 25 Service-Campo erstellen, wendige Abschleppwagen, die bei Autofahrers Albtraum helfen, nämlich wenn ein Personenwagen in einer engen Tiefgarage seinen Geist aufgibt.

Platz für bis zu fünf Mann, eine vernünftige Ladefläche und geländetauglich: Ein Pickup mit Crewcab ist ideal für Baustellen oder Straßenmeistereien.

Namen sind Schall und Rauch

Der Isuzu Trooper II, gebaut von 1991 bis 2003, wurde als Opel und Vauxhall Monterey in Europa angeboten, in Japan hörte er auf die Namen Isuzu Trooper und Bighorn sowie Honda Horizon, in Australien auf Holden Jackaroo. Eine ähnlich babylonische Verwirrung herrschte beim kleineren Isuzu, dem Rodeo mit langem und Amigo mit kurzem Radstand, der auch unter der Bezeichnung Mu (= Mystery Utility) verkauft wurde. Der war in Europa als Opel und Vauxhall Frontera (lang) beziehungsweise Frontera Sport (kurz) unterwegs, und in Australien lief der Frontera unter Holden-Label. Eine noch weitläufigere Verbreitung genoss der Isuzu KB Pick-up. Obgleich es bei Isuzu seit 2002 den D-Max gibt (seit 2012 in zweiter Generation), lief der alte KB alias Opel Campo noch bis 2005 in Schwellenländern vom Band: Lion Motor in Malaysia baute den Isuzu Invader, bei Chevrolet in Kolumbien, Chile, Equador und Südafrika hieß er LUV Pick-up, bei GM Egypt in Kairo hörte er auf den exotischen Namen El Dababah.

kühler und geänderter Einspritzpumpe aufgemöbelt; er leistete 100 PS und ersetzte die beiden bisherigen Motoren. Diese Version ist ultraselten, denn sie kam kurz vor dem Importstopp. Im ersten Jahr unter dem Zeichen des Opel-Blitzes gab es den Campo auch mit einem 2,3-Liter-Benziner mit 93 PS. Das Facelift vom Februar 1997 ließ die gerundete Front eleganter erscheinen, das Cockpit wurde aufgefrischt. 2001 gab es eine anders geformte Motorhaube, Tribut an den neuen 2,5-Liter-Motor mit oberem Lufteinlass.
Innerhalb von zehn Jahren konnte Opel nur rund 13.000 Campo absetzen, im letzten Verkaufsjahr 2001 waren es lediglich 488. Anfang 2002 verschwand der Campo aus dem Opel-Programm. Opel hatte seinen Pick-up voll am Trend vorbei vermarktet und überließ diese Nische fortan den anderen.

Ein fast erwachsener Geländewagen: Opel Monterey

Ein Geländewagen von echtem Schrot und Korn war der ab 1982 gebaute Isuzu Trooper. In seiner zweiten Generation ab 1991 adoptierte ihn Opel als Monterey. Alle Opel Monterey wurden aus Japan importiert. Der Isuzu Trooper II war eine Klasse über dem Frontera angesiedelt und konkurrierte hauptsächlich mit dem Mitsubishi Pajero. Sein Antriebslayout teilte er prinzipiell mit dem 1995 modernisierten Frontera A, hatte also einen Leiterrahmen, vordere Einzelradaufhängung an Doppelquerlenkern mit Drehstabfederung, hintere Starrachse an drei Längslenkern mit Panhardstab und Schraubenfedern sowie Kugelumlauflenkung und Reduktion. Im Normalbetrieb lief er heckgetrieben, via zweitem Schalthebel konnte der starre Vorderradantrieb zugeschaltet werden. Die Luxusversion LTD verzichtete auf den zweiten Hebel und hatte statt seiner einen Drückschalter am Armaturenbrett, denn der LTD wies automatische Freilaufnaben auf. Die Reduktion konnte während des Fahrbetriebes aktiviert werden. Wie beim Frontera gab es hinten ein selbst hemmendes Differenzial, leider aber keines in der Mitte zwischen Vorder- und Hinterachse. Dann hätte der Wagen nämlich permanent mit Vierradantrieb fahren können und nicht nur auf rutschigem Untergrund.
Den Station Wagon offerierte Opel in zwei Radstandvarianten, den kurzen Zweitürer in der gehobenen RS-Ausstattung, den langen Viertürer als Basismodell und in LTD-Version. Der 177 PS starke

Als kurzen Zweitürer gab es den Monterey RS, von Haslbeck mit solidem Rammschutz, Unterfahrschutz und ordentlichen Rädern gepimpt. Haslbeck war eher auf Toyota LandCruiser spezialisiert, ein Toyota-Händler aus Mühldorf am Inn.

Monterey LTD mit 3,2-Liter-V6 vor dem 1997er Facelift, der eineiige Bruder des Isuzu Trooper II.

3,2-Liter-Alu-V6-Einspritzer setzte auf Vierventiltechnik. Der großvolumige 3,1-Liter-Diesel mit 114 PS war ein unverwüstlicher Graugussblock mit Wirbelkammereinspritzung. Beide Aggregate blieben bis 1998 im Monterey zu Hause. Der Monterey als Offroad-Flaggschiff bei Opel erreichte nie die Verkaufszahlen des Frontera, hielt sich aber wacker. Er war solide verarbeitet, ansprechend ausgestattet und genoss die Aura der Exklusivität unter seinen häufigeren Artgenossen von Toyota/Mitsubishi/Nissan.

1997 wurde das Interieur des Isuzu Trooper II und analog des Opel Monterey geliftet, die große Überarbeitung erfolgte im März 1998, optisch erkennbar am neuen Grill und moderneren Karosserieapplikationen; der LTD hieß fortan Limited. Die Spurverbreiterung bedingte breitere Kotflügelwulste, das Fahrwerk wurde straffer, verstärkte Getriebe hielten Einzug, alle Modelle bekamen automatische Freilaufnaben. Richtig spannend war von nun an das Viertürer-Spitzenmodell: Der Limited hatte nämlich in der Automatikversion eine via elektronisch gesteuerter Lamellenkupplung stufenlos variable Drehmomentverteilung zur Vorderachse. Das heißt: Beim Limited Automatik wurde der 4x4 automatisch bei Bedarf, zum Beispiel auch beim starken Beschleunigen, in Anspruch genommen. Die 1998er Überarbeitung brachte auch Neues unter der Haube: Statt des 3,2-Liter-V6 kam ein 3,5-Liter-V6 mit 215 PS und vier oben liegenden Nockenwellen, dazu ein neuer Vierzylinder-Diesel, ein 3-Liter-Grauguss-Motor mit Alu-Kopf und zwei oben liegenden Nockenwellen, 159 PS stark.

Mehrere Gründe waren für den Importstopp verantwortlich: Der hohe Yen-Kurs einerseits, zum anderen die Tatsache, dass der Trooper/Monterey in die Jahre gekommen war, vor allem aber der Trend weg vom Full-Size-Geländewagen (bezogen auf europäische Verhältnisse!) hin zum Pkw-ähnlichen SUV à la Frontera. Von April 1992 bis April 1999 importierte Opel 18.198 Monterey. Danach, von Herbst 1999 bis 2003, holte Isuzu-Deutschland den Original-Trooper nach Deutschland.

Kapitel 17:

Opel und die Krise: Licht am Ende des Tunnels

Opel und die Krise. General Motors und die Krise. Die Opel-Krise im Lichte der GM-Krise. Das Ende der Krise im Schoße von Peugeot. Krise, Krise, Krise ... Seit dem Jahr 2009 ist davon die Rede. Aktuell, zur Jahresmitte 2019, als das Manuskript dieses Buches abgeschlossen wird, scheint die Opel-Krise ihren Höhepunkt überwunden zu haben, doch der Preis, den die Marke dafür zu zahlen hatte und hat, ist hoch. Ist Opel noch Opel? Viele Faktoren, so die Analysten, sind für die Krise verantwortlich, von konzernimmanent bis zu systemimmanent. Aber die Ursachen der Opel-Krise liegen viel weiter zurück als das Jahr 2009. Sie beginnen mit José Ignacio Lopez. Und ob sie mit der Übernahme von Opel durch PSA endet, kann noch nicht abschließend bewertet werden. Aber es sieht gut aus.

Die Ursache des Opel-Imageverlustes heißt José Ignacio Lopez

Unter den beiden amerikanischen Managern Louis Hughes und Bob Hendry, welche die europäischen GM-Konzernmarken Opel und Saab mehr verwalteten als führten und ohne Gespür für die Kunden regierten, beschleunigte sich der Niedergang der europäischen GM-Töchter. Es gab Zeiten, da hatte Opel in Deutschland einen Marktanteil von 17 Prozent und eine ganze Reihe durchaus gelungener Autos. Mit Slogans wie »Opel der Zuverlässige« und »Nur Fliegen ist schöner« setzten die Rüsselsheimer auf eine Mischung aus Vernunft und Emotion. Sie machten damit gute Gewinne. Dann schickte Detroit den Finanzmann Hughes als Statthalter zu Opel. Damit verschwand die Emotion aus der Modellpalette, die Vernunft begann und das Desaster folgte. Für neue Modelle wurden die Mittel dramatisch zusammengestrichen, gleichzeitig quetschte der als Kostenkiller bald zu Berühmtheit gelangte Spanier José Ignacio Lopez als Verantwortlicher für den Einkauf die Zulieferer aus wie nie zuvor. Nach ihm ist der so genannte Lopez-Effekt benannt: Der Druck auf den Gewinn der Zulieferer führt zu Qualitätsverlust bei den gelieferten Komponenten. Bald standen die Opel-Fahrzeuge im bösen Ruf, häufig ihren Dienst aufzukündigen. Rostschäden häuften sich bei den Astra-und Omega-Modellen aus den späten 80er Jahren und folgerichtig stürzten die Modelle in den Pannen- und Mängelranglisten ab.

Damals war die Welt noch in Ordnung: Opel-Stand auf der IAA 1985. Nah beeinander zu sehen sind der Opel Senator A2 und der viertürige Corsa TR, der so genannte Schrumpf-Senator.

Zwar wurden die zwischenzeitlichen Opel-Modelle in der Fachpresse hoch gelobt. Doch jahrelang litt Opel unter dem Imageverlust, entstanden durch Lopez' Geschäftsgebahren. Auch wenn die Qualität der Autos durch aufwändige Maßnahmen spürbar verbessert wurde, wie die meinungsbildenden TÜV- und ADAC-Statistiken bestätigten, fiel der Absatz. In den 90er Jahren kämpfte Opel mit einem deutschen Marktanteil von unter zehn Prozent. Nicht einmal neue Modelle ließen sich zum Listenpreis verkaufen, die Luft für Opel und Saab wurde immer dünner. Von unten drängten die Koreaner (sogar konzernintern durch Chevrolet, ex-Daewoo), und von oben drückten die Premium-Marken. Das Opel-Kerngeschäft konzentrierte sich zunehmend auf die Segmente Corsa, Astra und Vectra, Saab verkam unter GM-Regie zum Hersteller ohne Heimat, in Deutschland war die einstige Individualistenmarke aus Schweden nur noch ein Schatten ihrer selbst.

Lopez und kein Ende – der Streit der Autokonzerne

Opel gegen Volkswagen, Volkswagen gegen Opel, ein jahrelanger Dauerstreit um Manager José Ignacio Lopez. Mit einer Schadensersatzklage wehrte sich VW gegen den Opel-Vorwurf einer »kriminellen Verschwörung«. Hintergrund war der Wechsel des ehemaligen Opel-GM-Managers Lopez im Frühjahr 1993 nach Wolfsburg. Dabei soll er streng geheime Unterlagen mitgenommen haben.

Im November 1992 lernten sich der damalige VW-Vorstandschef Ferdinand Piëch und Lopez kennen. Im März 1993 kündigte Lopez überstürzt seinem bisherigen Arbeitgeber und wechselte als Vorstandsmitglied zu Volkswagen, damals tief in den roten Zahlen. Nicht zuletzt durch sein Wirken rappelte sich Volkswagen wieder auf, doch der Spiegel bezeichnete Lopez als den »Würger von Wolfsburg«. Opel behauptete nach dem spektakulären Wechsel Lopez' zu VW, dieser habe zuvor zielgerichtet Material gesammelt, darunter Computerinformationen über Zehntausende GM- und Opel-Autoteile, detaillierte Pläne für eine Autofabrik der Zukunft sowie zukünftige Autoproduktpläne bis zum Jahr 2003. Zudem warf Opel Lopez vor, er habe danach etwa 30 ehemalige ihm treu ergebene Mitarbeiter von Opel abgeworben. Sie alle hätten dann in den folgenden Tagen die mitgebrachten geheimen GM- und Opel-Unterlagen gesichtet und danach dem Reißwolf übergeben. Lopez wehrte sich von Anfang an gegen den Verdacht. Wegen dieses Verdachts seitens Opel forderten die Wolfsburger Unterlassung und Schadensersatz in Millionenhöhe, prozessiert wurde in Deutschland und in den USA. In der Folge trennte sich Volkswagen von Lopez. Bundeskanzler Helmut Kohl und der US-Präsident Bill Clinton vermittelten zwischen GM und VW, es kam zum Vergleich: VW zahlte 100 Mio Dollar an GM und bezog für eine Milliarde Dollar Bauteile von GM. Die Lopez-Affäre ist die Ursache für den Imageverlust von Opel.

Nach seinem Weggang von VW gründete Lopez in Spanien eine Unternehmensberatung, die vielfach und europaweit konsultiert wurde. Aus gesundheitlichen Gründen zog er sich nach einem schweren Autounfall 1998 aus dem aktiven Geschäft zurück. Sein Lebenstraum war, im Baskenland eine Automobilfabrik mit der Marke Carmen zu gründen. Das hat er nie verwirklicht.

Dramatische Zeiten 2009: Ein existenzieller Wirtschaftskrimi

Das Stammwerk Rüsselsheim war nur zu 60 Prozent ausgelastet. Dennoch sicherte Opel die Fabrik bis 2018 mit Stellenzusagen und konkreten Fertigungsaufträgen. Dann kam die Banken- und in deren Folge die Wirtschaftskrise in der zweiten Jahreshälfte 2008. Der Mutterkonzern GM steckte selbst in tiefer Bedrängnis, Opel litt unter drastischen Absatzeinbrüchen. Zwar hatte Opel nach Angaben seines Chefs Hans Demant keine Zahlungsschwierigkeiten, benötigte aber eine Bürgschaft in Höhe von 1,5 Mrd. Euro vom Staat und den Bundesländern. Ohne Staatsbürgschaft stünde Opel vor dem Konkurs. Es ging um immerhin 25700 Mitarbeiter an vier Standorten in Deutschland, für 2009 erwarteten Analysten einen Betriebsverlust von 1 Milliarde Euro. Bund und Länder bürgten für 4,5 Mrd. Euro und bezahlten als direkte Staatshilfe 1,5 Mrd., was Opel bis Januar 2010 über Wasser hielt.

Ein halbes Jahr ging das Ringen um Opel, die Suche nach solventen Investoren in einer schlechten Zeit. Die deutsche Politik schaltete sich ein, um Arbeitsplätze zu erhalten, weil 2009 ein Wahlkampfjahr war und weil jeder Interessent nur einzusteigen gewillt war, wenn die Bundesregierung Milliarden-Bürgschaften bewilligte. Es fanden sich vier potenzielle Käufer: der Autobauer Fiat, ein Bündnis um den österreichisch-kanadischen Autozulieferer Magna-Steyr, der belgische Finanzinvestor RHJ und der chinesische Autokonzern BAIC. Sie mussten der Bundes-

Konnte gut mit der GM-Chefetage: Karl-Thomas Neumann, Vorstandsvorsitzender von Opel zwischen März 2013 bis Juni 2017.

regierung einen Rettungsplan für Opel vorlegen. Doch letztlich entschied der sieche Mutterkonzern GM sowie die US-Regierung als mehrheitlicher Eigner desselben über den künftigen Käufer. Ein erster Verhandlungserfolg war, dass GM alle Werke, Rechte und Patente, die Opel betreffen und die Opel zum Weiterbestehen brauchte, auf Opel übertrug. Doch dann kam der herbe Rückschlag: Washington lehnte das deutsche Treuhandprinzip ab. Das bedeutet, dass die deutsche Überbrückungshilfe, finanziert aus Steuergeldern, im schlimmsten Falle GM und nicht Opel zugute gekommen wäre. Die amerikanische Position: GM, damals mehrheitlich in staatlicher Hand, wollte Opel loswerden. Am 1. Juni 2009 wurde das GM-Insolvenzverfahren eröffnet. Im Interesse der Gläubiger durfte GM kaum Zugeständnisse beim Opel-Verkauf machen, um so viel wie möglich aus Opel herauszuholen. Doch die Verkaufsverhandlungen überdauerten die rasche Konkursabwicklung des Mutterkonzerns.

Als Favorit um die Übernahme kristallisierte sich der österreichisch-kanadische Zulieferer Magna-Steyr des Frank Stronach

Mit solchen Concept Cars machte Opel von sich reden: Opel Monza Concept auf der IAA 2013, eine Schöpfung der beiden Opel-Designer Friedhelm Engler und Boris Jacob …

… oder der GT Concept. 2016 machte uns der Teaser den Mund wässrig, 2017 sollte dieser Wagen tatsächlich erscheinen. Nach der Übernahme sprach niemand mehr davon.

Das Opel-Performance-Center OPC verjüngt die Marke. Opel bietet sogar ein OPC-Nordschleifentraining auf dem Nürburgring an (Foto), geführt von erfahrenen Rennfahrern wie Joachim Winkelhock. Preiswertere Alternative dazu: Fahrertraining im Opel-Testzentrum Rodgau bei Rüsselsheim. Jeweils Adrenalin pur!

heraus. Doch er war lediglich Verhandlungsführer. Das Konsortium bestand aus Magna-Steyr, dem russischen Autobauer GAZ (wollte seine defizitäre Volga-Siber-Produktion auf Opel umstellen) und der russischen Sberbank Rosii. Bei ihr hatte GAZ Milliardenschulden, und um diese nicht Verlust zu gehen, bemühte sich die Bank, den russischen Autobauer zu sanieren. Daneben gehörte zum Magna-Finanzplan, die Opel-Mitarbeiter, also die IG Metall, mit 10 und weiterhin GM mit 35 Prozent zu beteiligen.

Nach dem beendeten GM-Insolvenzverfahren im Sommer 2009 wurde der GM-Verwaltungsrat, also das oberste Führungsgremium, neu zusammengesetzt. Etliche Führungsmitglieder sträubten sich gegen den Verkauf von Opel an das von deutscher Seite favorisierte Magna-Konsortium. Grund: In den USA herrschte die Furcht, dass durch eine Opel-Übernahme wichtige Technologie nach Russland abfließen und dort zum Aufbau einer schlagkräftigen einheimischen Autoindustrie hätte führen können. Dies hätte die GM-Pläne konterkariert, die eigene Marke Chevrolet in Russland zu etablieren. In der GM-Führungsetage kristallisierte sich deshalb heraus, Opel lieber behalten als an die Russen verkaufen zu wollen. Opel-Ingenieure waren in den vergangenen Jahren für die Entwicklung aller neuen Kompakt- und Mittelklassewagen zuständig gewesen. GM hätte zwar nach einem Verkauf der Anteilsmehrheit weiterhin Zugriff auf die Leistungen der deutschen Ingenieure, aber nicht mehr die alleinige Kontrolle gehabt.

Opel hätte bei einem Nicht-Verkauf die Staatshilfe von 1,5 Mrd. Euro zurückzahlen müssen. Die Bundesregierung (Große Koalition) suggerierte den Beschäftigten und der Öffentlichkeit monatelang mit nächtlichen Krisengipfeln und flammenden Reden vor den Werkstoren, das Schicksal von Opel liege in der Hand zupackender Krisenpolitiker von CDU, CSU und SPD. Kurz vor der IAA und den Bundestagswahlen am 27. September 2009 fiel dann die Entscheidung, das Konsortium um Magna werde Opel übernehmen. Doch der Weg zu »New Opel« war steinig, auch für die Bundesregierung. Mit ihren Staatshilfen sollten die deutschen Produktionsstandorte gesichert werden, und prompt wehrten sich ausländische Staaten mit Opel-Fabriken und beschwerten sich bei der EU-Kommission über den deutschen Protektionismus. Auch Magna selbst ging mit seinen Restrukturierungsplänen für Opel zumindest im Detail vorsichtig um. Auf deren Streichliste standen etliche Stellen und das Werk Antwerpen; Luton und Saragossa waren massiv bedroht. Auch Magna selbst kämpfte mit der Krise, und obendrein ließ der damalige VW-Chef Martin Winterkorn verlautbaren, für ihn sei es schwierig, weiterhin Magna-Kunde zu bleiben, wenn der Konzern Eigentümer eines Wettbewerbers würde – was für Frank Stronachs Firma immense Umsatzwegfälle bedeutet hätte. Fiat-Chef Sergio Marchionne dachte gleich: Nachdem Chrysler Bestandteil des Fiat-Konzerns ist, sollten Chrysler/Jeep-Modelle, die bislang in Österreich montiert wurden, künftig in einer italienischen Fiat-Fabrik gefertigt werden, falls Magna Opel übernehmen sollte.

Als die Entscheidung, Opel an Magna zu verkaufen, fast wie eine reine Formsache aussah, ließ GM die Bombe platzen: Ausgerechnet an jenem Tage, als Bundeskanzlerin Angela Merkel in den USA vor dem Kongress sprach, dem 4. November 2009, verkündete GM-Vorstandschef Fritz Henderson, Opel behalten zu wollen. Die Bundesregierung sowie die Opel-Mitarbeiter reagierten unisono mit Empörung, während die übrigen europäischen Opel-Standorte eher aufatmeten. Angela Merkel war sauer. Die Bundesregierung fühlte sich nach all ihren Bemühungen und Versprechungen brüskiert, der Opel-Betriebsrat rief zu Massenprotesten auf.

Im Schoße des Mutterkonzerns GM lebte Opel 80 Jahre lang gut, und ohne die damalige Übernahme gäbe es Opel längst nicht mehr. GM begründete seinen Schritt mit seiner nunmehr besseren finanziellen Situation: GM hatte es nun nicht mehr nötig, Opel zu verkaufen und traute sich selber zu, Opel zu sanieren. Der GM-Europachef Carl-Peter Forster, ein Verfechter des Deals mit Magna, verließ daraufhin den Konzern und wurde Chef von Tata Motors in Indien.

Die Astra-TCR-Mannschaft von Opel-Entwicklungspartner Kissling bei Testfahrten auf dem Nürburgring 2016.

Fortsetzung der Krise 2010: Die Abwrackprämie als Segen

Der als knallharter Sanierer bekannte GM-Manager Nick Reilly übernahm als Demant-Nachfolger zusammen mit GM-Vorstandsmitglied Bob Lutz als Opel-Aufsichtsratschef das Steuer in Rüsselsheim. Nachdem der Brite Reilly Vorsitzender der Opel-Geschäftsführung wurde, nominierte er erstmals eine Frau als Topmanagerin in einem Autokonzern: Entwicklungschefin war ab Januar 2010 Rita Forst, Maschinenbau-Ingenieurin aus Wiesbaden (bis 2012). Hans Demant, sechs Jahre an der Unternehmensspitze und stets im Schatten des von Zürich aus agierenden GM-Europachefs Carl-Peter Forster gewesen, wurde als Vize-Präsident für die Produktionsrechte von GM weltweit verantwortlich, 2010 wechselte er zu Volkswagen.

Opel profitierte von der Abwrackprämie 2009, sie brachte Umsatz (die Verkäufe schnellten um 31 Prozent auf 339.000 Pkw nach oben), aber keinen Gewinn (Verlust rund 1,5 Mrd. Euro). Nach Ende der staatlichen Prämie sackte die Nachfrage wieder ab, Kurzarbeit sollte helfen. Reilly räumte ein, dass Opel 2010 keinen Cent verdienen würde und kündigte Stellenstreichungen und die Schließung des Werkes Antwerpen an. Von der Bundesregierung und den vier Bundesländern mit Opel-Standorten wollte er Kredite in Höhe von 1,5 Mrd. Euro, um das Überleben Opels zu sichern, von den Regierungen anderer europäischer Staaten erhoffte er sich weitere 1,2 Mrd. Euro. Die Investitionsversprechungen von GM hingegen waren so gering, dass sich die Staatsregierungen brüskiert fühlten. Durch den öffentlichen Druck stockte GM auf.

Bis zum Sommer 2010 hatte sich GM so weit erholt, dass der Konzern zum Jahresende an die Börse gehen konnte, also kein verstaatlichter Betrieb mehr war und die amerikanischen und kanadischen Staatshilfen zurückzahlen konnte. Vor diesem Hintergrund verweigerte die deutsche Bundesregierung die von Nick Reilly geforderte Bürgschaft. Zwar wollten sich die Bundesländer mit Opel-Standorten anstelle des Bundes verbürgen, doch GM selbst machte einen Rückzieher. Im Herbst 2010 legte GM ein unerwartet gutes Börsen-Comeback hin und die GM-Welt war plötzlich wieder heil. Das Bild von Opel passte nicht in diese Welt. GM verdiente in aller Welt wieder Milliarden, in Europa verlor der Konzern aber anhaltend Geld. Dennoch war die Gefahr für Opel nicht mehr lebensbedrohlich, denn GM war damals noch auf das deutsche Entwicklungszentrum angewiesen.

Fortsetzung der Krise 2011: Erholung in Sicht

Anfang 2011 wurde Opel wieder in eine AG umgewandelt (wie bereits von 1929 bis 2005), ein Symbol für eine größere Eigenständigkeit. Neuer Vorstands-Vorsitzender war ab April 2011 Karl-Friedrich Stracke, der bisherige GM-Chefentwickler. Er folgte auf Nick Reilly. Die Modelle Insignia und Astra konnten den Rückgang der Marktanteile zumindest verlangsamen. Von Januar bis Mai 2011 stieg der Marktanteil von 7,1 auf 7,6 Prozent gegenüber dem vergleichbaren Vorjahreszeitraum. Opel versprach sich viel von zwei prognostizierten, neuen Baurei-

Gehörte auch zu Opels Image-Offensive in den letzten GM-Jahren: Astra TCR, ein kompakter Racer für Kunden. TCR ist die Touring Racing Car Series, also die internationale Tourenwagen-Meisterschaft.

Eine der letzten Tätigkeiten und GM-Regie: Opel-Chef Carl-Thomas Neumann präsentierte den Ampera-e auf dem Pariser Salon im Oktober 2016.

hen, dem Karl und dem Mokka. Der Mokka hätte ursprünglich in Antwerpen gebaut werden sollen, doch wegen der Schließung dieses Standortes kommt er aus Korea (Entwicklung in Rüsselsheim). Trotz guter Vorzeichen kam Opel aber nicht aus der Verlustzone. Opel hatte 2011 gute neue Modelle, eine Sanierung hinter sich, und 2011 war ein gutes Autojahr. Dennoch fuhr Rüsselsheim einen Riesenverlust ein. Das lag aber nicht an der Marke Opel, sondern in erster Linie daran, dass GM Opel verbot, weltweit tätig zu sein. GM beschränkte Opel und Vauxhall auf Europa plus Russland. In den Wachstumsregionen China, Brasilien und Indien war Opel nicht oder nur begrenzt vertreten. GM selber war 2011 zwar profitabel, machte aber in Europa mit Opel und Vauxhall 570 Millionen Euro Verlust.

Fortsetzung der Krise 2012: Extreme Bedrohung für Marke und Unternehmen

Im Frühjahr 2012 stieg GM mit sieben Prozent bei PSA Peugeot-Citroën ein, eine strategische Allianz zur Verbesserung der Rentabilität und Wettbewerbsfähigkeit beider Autobauer. Geplant waren gemeinsame Nutzung von Fahrzeugarchitekturen, Komponenten und Modulen sowie gemeinsamer weltweiter Einkauf. Davon profitierte auf GM-Seite in erster Linie Opel. Diese Lebensabschnittspartnerschaft währte nur ein Jahr, brachte aber Kinder hervor: Grandland X, Crossland X und Combo ab 2017/18. Diese drei haben rein gar nichts mit der späteren Übernahme Opels durch PSA zu tun, auch wenn sie kurz nach dieser Übernahme erschienen.

Opel kam auch 2012/2013 nicht in Fahrt. Die Autos wurden von Fachleuten gelobt, aber von Kunden nicht gekauft. Seit 1999 häufte Opel mehr als 12 Milliarden Euro Schulden an. Sparprogramme, massiver Arbeitsplätzeabbau und Werkschließungen in Europa nutzten nichts, denn der europäische Markt war und ist vor allem bei Klein- und Mittelklassefahrzeugen mehr als überbesetzt, und die großen Staatskrisen gerade in südeuropäischen Ländern wie Spanien, Portugal und vor allem Griechenland drückten auf den Opel-Absatz. Die Hiobsbotschaft im Mai 2012 lautete, dass GM die Produktion der nächsten Astra-Generation ab 2015 in Rüsselsheim zugunsten von England und Polen beenden würde, den Zafira von Bochum ins Stammwerk zu verlegen gedenke und das Bochumer Werk Ende 2014 schließen wollte. Opel wollte als Ausgleich dort weiterhin das Zentrallager betreiben, das Händler in ganz Europa mit Ersatzteilen beliefert. Doch der Opel-Betriebsrat stimmte diesem Sanierungsplan nicht zu. Er hatte vorgesehen, dort bis 2016 den Zafira zu produzieren und das Logistikzentrum auszubauen. Wegen der Ablehnung wurde das Bochumer Werk im Dezember 2014 komplett geschlossen.

Nach nur 15monatiger Amtszeit wurde Karl-Friedrich Stracke im Juli 2012 von heute auf morgen abberufen und durch den Opel-Aufsichtsratschef Steve Girsky ersetzt. Weitere Rausschmisse bei GM und Opel, teilweise unter unschönen Umständen, betrafen den designierten Opel-Designchef David Lyon, der zum 1. August bei Opel hätte antreten sollen, den Opel-Cheflobbyist Volker Hoff und Entwicklungschefin Rita Forst. Nach einer Übergangsleitung durch den kommissarischen Opel-Chef Thomas Sedran rückte Karl-Thomas Neumann im März 2013 an seine Stelle, der frühere Vorstandsvorsitzende des Autozulieferers Continental.

Fortsetzung der Krise bis 2016: Bochum stirbt, doch es geht aufwärts

Freitag, 5. Dezember, morgens um 00.30 Uhr: Der letzte Opel Zafira, ein anthrazitfarbener Van, lief in Bochum vom Band. 52 Jahre Industriegeschichte gingen zu Ende. Die Produktionsanlagen wurden in der Folge demontiert, teilweise nach Rüsselsheim geschafft, verkauft oder verschrottet. 2700 Mitarbeiter landeten in einer Transfergesellschaft mit mäßigen Aussichten, 700 Arbeitsplätze bleiben bis mindestens 2020 im Bochumer zentralen Ersatzteillager erhalten.

Nach 17 verlustreichen Jahren schaffte Opel im ersten Quartal 2016 erstmals wieder den Sprung in die Gewinnzone. Das war Neumann zu verdanken. Er hatte bei den GM-Managern in Detroit mit Mary Barra an der Spitze Vertrauen erzeugt. Unverdrossen trugen die Amerikaner die jahrelangen Verluste und stellten immer wieder Milliarden an Investitionen zur Verfügung. 2015/16 verfügte Opel

»Umparken im Kopf«: Marketing-Chefin Tina Müller hatte kreative Ideen, um das Opel-Image aufzufrischen. Doch auch sie ging nach der Übernahme durch PSA.

Bald wurde Michael Lohscheller sein Nachfolger, der vorige Opel-Finanzchef. Neumann konnte gut mit der GM-Chefin Mary Barra, aber offenbar weniger gut mit PSA-Chef Carlos Tavares.

über eine extrem junge Angebotspalette, und Opel kam anfangs auch gut durch die von Volkswagen ausgelöste Diesel-Krise. Opel steigerte seine europaweite Produktion 2015 auf 1,14 Millionen Autos, trotz des Rückzugs vom Russland-Geschäft, und auch 2016 zogen die Opel-Verkäufe weit stärker an als der Gesamtmarkt. Erstmals seit 2011 meldete Opel für das erste Halbjahr 2016 wieder Gewinn, nämlich 117 Mio Euro dank eines Zulassungsplus' von 9,5 Prozent in Deutschland und 7 Prozent in ganz Europa. Der Marktanteil in Deutschland stieg wieder auf 7,3 Prozent. Aber das waren geschönte Zahlen. Opel selbst und seine Händler »kauften« die meisten Opel: Sie hatten 2016 so viele Autos auf eigene Rechnung zugelassen wie seit zehn Jahren nicht mehr, nämlich 90463 Fahrzeuge, so eine Auswertung des Car-Forschungszentrums der Universität Duisburg-Essen.

Dennoch konnte Opel auf eine positive Entwicklung blicken. Zwei Personen war dies in erster Linie zu verdanken, Karl-Thomas Neumann und Tina Müller. Neumann hatte das Verhältnis zu GM entkrampft. Auch die Belegschaft stand hinter ihm, der für das Rüsselsheimer Stammwerk bis 2020 mehr als 3000 neue Jobs versprach. Doch Neumann überlebte den Eigentumswechsel nicht, er ging im Juni 2017. Tina Müller, die Marketing-Chefin, ebenfalls nicht. Sie hatte neuen Schwung in Auftritt und Image der Marke gebracht, vor allem mit der Werbekampagne »Umparken im Kopf« mit flotten Sprüchen und Prominenten wie Jürgen Klopp. Im Stammwerk Rüsselsheim wurde wieder der Dreischichtbetrieb eingeführt. Opel schien zu Beginn des Jahres 2016 die Krise überwunden zu haben. Der neue Astra verkaufte sich gut und vor allem mit Gewinn, auch Adam und Mokka galten als Erfolgsmodelle.

Doch im Herbst 2016 wurden wieder rote Zahlen gemeldet, 130 Mio Euro Verlust, aber dieser ist eher der britischen Konzerntochter Vauxhall anzulasten, die wiederum auch nichts dafür konnte. Schuld war das schwache Britische Pfund nach der Volksabstimmung in England über den Ausstieg aus der EU. Damit war der Gewinn aus dem Vorquartal wieder aufgebraucht.

Kapitel 18:

Neue Eigentumsverhältnisse 2017: Die französische Revolution

Eine Nachricht wie eine Bombe: Peugeot kauft Opel

Die Meldung schlug ein wie eine Bombe: Am 13. Februar 2017 wurde bekannt, dass der PSA-Konzern (Peugeot-Citroën S.A.) Opel kaufen möchte. Zunächst wurde von beiden Vertragspartner, dem GM-Konzern und PSA, lediglich bestätigt, dass es Gespräche über strategische Optionen gebe, um Profitabilität und Effizienz zu steigern. Dazu zähle auch eine mögliche Acquisition von Opel und der britischen Schwestermarke Vauxhall durch PSA. Aber schnell war klar: PSA wird Opel mit Haut und Haaren kaufen.

Für GM war Opel seit 1928/29 die deutsche und Vauxhall seit 1925 die englische Filiale, seit den 80er Jahren ist deren Programm weitgehend identisch. Opel entwickelte und produzierte also Autos europäischen Zuschnitts und konkurrierte dadurch nicht im Geringsten mit anderen GM-Produkten, sondern ergänzte das GM-Portfolio nach unten. Weltweit angebotene kleinere GM-Fahrzeuge waren entweder Opel- oder Daewoo-Konstruktionen. Peugeot hingegen als europäischer Hersteller konkurrierte direkt mit Opel. Es gab nahezu keinen Peugeot und keinen Opel, der kein Konkurrenzmodell im jeweils anderen Fabrikationsprogramm hatte. Beide Marken waren im selben Segment stark, bei den Klein- und Kompaktwagen sowie in der Mittelklasse. Auf den ersten Blick erschien eine Fusion also eher wie der Versuch von PSA, einen Konkurrenten auszuschalten – auch wenn die gesprochenen Worte anders klangen.

Nach all den krisengeschüttelten Jahren stellte sich Analysten die Frage, warum GM ausgerechnet zu diesem Zeitpunkt Opel verkaufen wollte. Doch nicht aus so lapidaren Gründen, dass GM »die Lust auf Opel verloren« haben sollte, wie im Frühjahr 2017 in Zeitungsberichten kolportiert wurde. Außerdem stand GM finanziell gut da, brauchte also das Geld nicht dringend. Gut zehn Jahre ohne schwarze Zahlen überlebte Opel im Schoße von GM. Im letzten Quartal 2016 hätte Opel erstmals seit dieser Zeit wieder einen Gewinn eingefahren, wäre nicht die Abwertung des britischen Pfundes in der Folge der Brexit-Entscheidung erfolgt, wodurch Vauxhall wieder Verluste einfuhr (Opel nicht). Das lag daran, dass die in Großbritannien als Vauxhall verkauften Wagen teilweise kontinentaleuropäische Importe sind, die wegen des schwachen Pfundes im Verkauf nicht den erwünschten Gewinn brachten. Das heißt, GM fütterte Opel/Vauxhall während zehn magerer Jahre durch, schoss immer wieder Millionen Dollar in seine Europafiliale. Und dann, als endlich Licht am Ende des Tunnels sichtbar war, verkaufte GM seine europäischen Marken einfach so. Natürlich war Opel während der vergangenen Jahre durch GM-Statthalter saft- und kraftlos verwaltet worden, ohne Enthusiasmus, ohne sonderliches Engagement. Aber GM brauchte Opel und investierte viel – vor allem in das Rüsselsheimer Entwicklungszentrum für Antriebssysteme. Geplant war, dort künftig die Elektroantriebssysteme zu konstruieren – nicht nur für Opel-Fahrzeuge, sondern für den GM-Konzern. Durch die Verflechtungen Opels mit dem GM-Konzern kaufte PSA ein gerupftes Huhn. Wesentliche Fahrzeuge im Opel-Portfolio sind keine reinen Opel, zum Beispiel der Mokka. Die bisherigen Transporter haben ihre konstruktive Heimat bei der Peugeot-Kon-

Deckblatt eines Prachtkataloges von Darracq aus dem Jahre 1910.

Citroëns Antwort auf das Zeitbedürfnis: »Le petit Citron« Typ C von 1926. Ihn kopierte Opel. Und zwar recht dreist.

kurrenz Renault und sind reine Importprodukte. Peugeot muss GM Lizenzen bezahlen, um bestimmte Typen produzieren zu dürfen, und manche Fahrzeuge wie den Ampera-e muss PSA bei GM ganz einfach kaufen.

Und Vauxhall? Und der britische Markt? Er ist strategisch und wirtschaftlich wichtig. Peugeot kaufte 1979 von Chrysler die Rootes-Gruppe (Pkw-Marken Hillman, Sunbeam, Humber, Singer sowie die Nutzfahrzeug-Marken Commer und Karrier). Die Fahrzeuge wurden ein paar Jahre lang unter dem neuen Namen Talbot verkauft. Rasch starb die Marke. Seither werden in den britischen Rootes-Fabriken Peugeot-Automobile produziert. Zusammen mit Vauxhall und Ford ist Peugeot der einzige britische Massenhersteller. Sind nun Peugeot und Vauxhall unter demselben Dach, so gibt es nur noch Ford als Mitbewerber.

Ein nicht bestens aber immerhin erhaltenes, zeitgenössisches Emailleschild von Citroën-Köln.

Peugeot kaufte 1979 von Chrysler auch die französische Marke Simca und ließ sie nach einer Übergangszeit unter dem Namen Talbot sterben. Gleichsam ist Peugeot auch Eigner von Citroën. Diesen Traditionshersteller ließ Peugeot am Leben. Aber die Inhalte, die einen Citroën von jeher ausmachten, waren jahrelang passé. Citroën verkam zur puren Marke. So könnte es Opel, entgegen aller gesprochener Absichtserklärungen, auch gehen. Für PSA ist der Erwerb Opels sicherlich ein Gewinn. Für GM war der Verkauf strategisch unklug – zumal GM auf 4,7 Milliarden Euro Pensionsverpflichtungen sitzen geblieben ist. Und für Opel? Wir werden es sehen. Die ersten Anzeichen nunmehr, zwei Jahre nach der Übernahme, sind entgegen der ersten Annahmen viel versprechend.

Spurensuche: Opel und PSA im jeweiligen Nachbarland

Die ersten unehelichen Kinder wurden schnell geboren. Es hatte nämlich schon Beziehungen zwischen GM und Peugeot-Citroën gegeben, bevor PSA Opel übernahm, nämlich in den Jahren

Eine ausgewachsene Limousine war der Citroën 1,8 Liter als Siebensitzer, hergestellt in Köln und aufgenommen im Gremberger Wäldchen bei Köln 1933.

Ein deutscher Traction Avant. Dieser 1,6 Liter hieß in Deutschland Citroën 7. Die viertürige Cabriolimousine wurde auf dem Poller Werksgelände aufgenommen, direkt vor der Verwaltung, links im Hintergrund ist die hauseigene Tankstelle zu sehen.

Hochelegantes Citroën 7 1,6 Liter Roadster-Cabriolet, ein Zweisitzer mit zwei aufklappbaren Notsitzen im Heckbereich, aufgenommen in Berlin am Ufer des Wannsees.

Während der Besetzung für Deutschland gebaut, im Krieg verschlissen: Diesen Traction Avant hatte es an die Ostfront verschlagen. Aufnahme 1941 in Schytomyr in der Ukraine.

An der Westfront: Peugeot 402 vor einem im Elsass gebauten Matford V8-F, dahinter zwei Citroën Traction Avant.

Wankelmut bei Citroën: GS Birotor, 847 Exemplare anno 1973/74.

Der Zweischeiben-Wankelmotor des Citroën GS Birotor.

2012/2013. Damals stieg GM mit sieben Prozent Beteiligung bei PSA ein, und aus dieser Liaison stammen die beiden aktuellen SUV Grandland X und Crossland X sowie der neue Combo, die in PSA-Opel-Kooperation entstanden sind. Die ersten ehelichen Kinder lassen noch ein wenig auf sich warten. Zunächst musste verhandelt, abgewogen, wieder verhandelt werden. Ziel ist es, Opel und Vauxhall vollständig in den PSA-Konzern zu integrieren. Das ist eine sehr komplexe Angelegenheit gewesen und obliegt nicht nur den Beteiligten. Auch viele behördliche Genehmigungen und letztlich eine Freigabe durch die EU-Kommission waren nötig.

Diese französisch-deutsche Verbindung ist im Automobilsektor auf diesem hohen Niveau bisher einmalig und möge ein Ausdruck der allgemeinen französisch-deutschen Freundschaft und Zusammenarbeit auf europäischer Ebene sein. Längst vergangen sind die Eifersüchteleien um die wirtschaftliche Hegemonie in Europa zwischen diesen beiden führenden Industrienationen. Der Grundstein für die Aussöhnung wurde nach dem Zweiten Weltkrieg von den beiden Staatsmännern Konrad Adenauer und Charles de Gaulle gelegt. Der deutsche Bundeskanzler strebte eine Westintegration an und wollte eine Annäherung an Frankreich, der französische Staatspräsident war derselben Meinung, die Freundschaft wurde durch den Elysée-Vertrag von 1963 festgeschrieben – auch wenn es unter den beiden Staatsmännern Willy Brandt und Georges Pompidou zeitweise eher frostig zuging. Danach wuchs die politische Herzlichkeit umso mehr, und das Verhältnis ist seither gut bis sehr gut – je nach dem, wie die beiden jeweiligen Staatsoberhäupter miteinander können.

Die Spuren von Opel ins Nachbarland sind vielfältiger als man denken mag. Womöglich würde Opel als Autobauer ohne die Lizenzen von Darracq in Suresnes gar nicht existieren, Legende sind die Streitigkeiten zwischen Citroën und Opel wegen des Opel Laubfrosch, der ein Plagiat des kleinen Citroën war, zwei Mal ließ Opel die Karosserien von Großserienfahrzeugen bei französischen Karosseriebauern herstellen (Opel GT und Tigra Twin Top), und der erste Corsa war in Frankreich früher auf dem Markt als in Deutschland, wo er konstruiert worden war. Während in Deutschland viele Citroën-Spuren zu finden sind, war das Peugeot-Engagement anfangs eher gering. Das lag an der nationalen Eigenheit der Franzosen. Die französische Industrie, auch Automobilindustrie, war früher nicht um jeden Preis exportorientiert. Sie produzierte für ihr eigenes Land und für ihre Kolonien, und vielfach wurde Export als »Verrat am französischen Volksvermögen« angesehen. Keine große europäische Marke gründete so spät wie Peugeot eine westdeutsche Niederlassung, Peugeot

Die Marke Simca taufte Peugeot nach der Übernahme um und ließ sie als Talbot wenige Jahre später eingehen. Talbot Tagora als Rundstreckenrenner der Französischen Produktionswagenmeisterschaft 1982, beflügelt vom selben 2,7-Liter-V6 wie der Peugeot 604.

setzte ausschließlich auf private Importeure. Peugeot-Deutschland wurde erst 1967 als hundertprozentiges Tochterunternehmen des französischen Mutterkonzerns ins Leben gerufen. Das dürfte auch mit dem Schicksal der Peugeot-Werke während des Zweiten Weltkriegs zusammenhängen. Zwischen Juni 1940 und August 1944 waren rund 60 Prozent Frankreichs (der Norden und der Westen) von deutschen Truppen besetzt. Der Süden war nicht besetzt, doch die dortige Regierung in Vichy und Ministerpräsident Henri Pétain kollaborierte mit den Deutschen. Ab 1942 besetzten die Deutschen auch den Süden Frankreichs. Bis zur Kapitulation der deutschen Truppen im August 1944 war also ganz Frankreich besetzt. Um die deutsche Kriegswirtschaft zu unterstützen, mussten französische Firmen für Deutschland arbeiten, die Wirtschaftskraft Frankreichs war nahezu komplett in deutschen Diensten. Die Produktion französischer Fahrzeughersteller, natürlich auch Peugeot und Citroën, wurde in das deutsche Rüstungsprogramm integriert. Paris wurde zwar im Sommer 1944 befreit, aber der Krieg ging in anderen Regionen weiter – dort, wo Peugeot zuhause ist. Schwer umkämpft waren das Elsass, Lothringen und die Regionen um Belfort und Montbéliard – dort liegt auch die Peugeot-Heimat Sochaux. Im Spätsommer/Herbst 1944 lag Sochaux drei Monate lang im Zentrum der Kampfgebiete, die Fabrik wurde sehr stark zerstört. Unter den großen Automobilherstellern Frankreichs war Peugeot derjenige, der durch den Krieg am stärksten betroffen war. Die private Inhaberfamilie Peugeot zeigte sich persönlich betroffener und nachtragender den Deutschen gegenüber als der Konzern Michelin, der Eigentümer von Citroën war (bis Citroën 1975 von Peugeot übernommen wurde). Immerhin: Peugeot begann sein automobiles Abenteuer mit Daimler-Motoren in Lizenz (Peugeot Typ 2 von 1890), was durchaus vergleichbar ist mit den ersten Opel, die Darracq-Lizenzen waren.

Citroën hingegen hinterließ vielfältige Spuren in Deutschland. In den 20er Jahren expandierte Citroën gewaltig und baute, zur Umgehung nationaler Schutzzölle, Montagewerke in Belgien, England, Italien und Deutschland, in Köln-Poll. Die Citroën Automobil-AG begann am 15. Februar mit der Montage französischer Fahrzeuge aus angelieferten Einzelteilen (zunächst der Citroën B14). Anfangs waren nur Kleinigkeiten deutsch, Lacke, Polsterstoffe, Reifen, Batterien et cetera. Schnell stieg der Anteil deutscher Komponenten, besonders nach der Machtübernahme durch die Nationalsozialisten Anfang 1933. Um dem deutschen Geschmack nachzukommen, wurden zunehmend die Citroën-Karosserien von deutschen Karosseriewerken hergestellt. Durch Handelsbeschränkungen mit Frankreich wurde es ab 1935 für Citroën-Deutschland immer schwieriger, die nötigen Fahrzeugeinzelteile zu importieren. 1936 endete die Montage, das Werk diente nur noch der Reparatur vorhandener Citroën. 1939 wurde es als »Feindvermögen« eingezogen und verstaatlicht, 1944 durch Bombardement ruiniert und nach dem Krieg an seinen Eigentümer zurückgegeben. 1959 gelang Citroën ein Grundstückstausch. Das Poller Gelände wurde gegen ein Areal in Porz-Westhoven getauscht, wo Citroën-Deutschland bis 2013 beheimatet war. Die damalige Adresse: André-Citroën-Straße. Seitdem ist die Konzernzentrale an der Edmund-Rumpler-Straße (auch eine Adresse mit automobilem Bezug!) in Köln-Gremberghoven.

In den 60er und 70er Jahren spielte Citroën mit dem Gedanken, einen Wagen mit Wankelmotor in großer Serie zu produzieren; die Lizenz für den Kreiskolbenmotor ist deutsch (NSU) und der Motor sollte aus einer Fabrik im Saarland kommen. Ein Joint-Venture von Citroën und NSU war die Firma Comotor, situiert neutral mittig zwischen Deutschland und Frankreich, in Luxembourg. Beide Firmen waren paritätisch beteiligt, Absicht von Comotor war der Bau von Wankel-Automobilen auf Citroën-Basis in großem Stil. Geplant war, dass NSU eine deutsche und Citroën eine französische Version des Comotor-Projektes anbieten sollte. Doch dazu kam es nicht. NSU verlor seine Selbständigkeit, ging an Audi und somit an den Volkswagen-Konzern, und die Grundlagen für das Joint-Venture waren nicht mehr gegeben. Also machte Citroën alleine weiter und baute eine Motorenfabrik im saarländischen Altforweiler, nahe Saarlouis. Dort entstanden die Motoren für den Ende 1973 präsentierten Citroën GS Birotor, die Wankel-Version des GS: ein Zweischeiben-Rotationsmotor mit einem Kammervolumen von 497,5 cm³, 107 PS, ein Spritfresser. Die Ölkrise 1973/74 raubt ihm jede Chance. Nur 847 Citroën GS Birotor entstanden. Citroën verlor seine Selbständigkeit, wurde 1975 von Peugeot übernommen, und die Marke mit dem Löwen stellte die Wankel-Aktivitäten ein. Citroën bemühte sich anschließend, alle GS Birotor zurückzukaufen, um keine Ersatzteilversorgung aufrechterhalten zu müssen. Alle in Citroën-Hand befindlichen Birotor wurden verschrottet. Umso seltener sind Exemplare, die bis heute überlebt haben. Auch hier zeigt sich eine historische Parallele, nämlich zum Opel Regent, von dem Opel nach der Übernahme durch GM 1929 ebenfalls alle gebauten Exemplare zurückkaufte und verschrottete.

»New Opel«: Rüsselsheim liegt näher an Paris als an Detroit.

Michael Lohscheller, Opel-Geschäftsführer (CEO) seit Juni 2017. Er ist ein Freund pointierter Aussagen: »Wir haben Opel neu erfunden« oder »Der Blitz strahlt wieder«.

Eine rosigere Zukunft unter den Fittichen von PSA als unter denjenigen von GM sahen PSA-Chef Carlos Tavares und (noch-) Opel-Chef Karl-Thomas Neumann, als sie am 6. März 2017 vor die Presse traten und die offizielle Übernahme bekannt gaben, perfekt war sie zum 1. August 2017. PSA zahlte an GM 2,2 Milliarden Euro. Damit war PSA die Nummer Zwei in Europa nach dem Volkswagen-Konzern, Marktanteil 17 Prozent. Tavares versprach, den Turnaround von Opel zu beschleunigen und die Markenidentität nicht anzutasten. Die Allianz zwischen GM und Opel, so Tavares, sollte im Rahmen der gültigen Abmachungen fortgesetzt werden. Und er sagte, er respektiere die Verpflichtungen, die GM gegenüber den Mitarbeitern eingegangen sei: Alle Arbeitsplätze sollten bis Ende 2018 erhalten bleiben – 14200 in Rüsselsheim, 1850 in Eisenach, 2130 im Komponentenwerk Kaiserslautern sowie 700 im Logistikzentrum Bochum. Tavares sprach von Synergien und davon, dass er von Opel bis 2020 »einen positiven operativen freien Cashflow« erwarte - mit anderen Worten: Er erwartet, dass Opel Gewinn abwerfe.

PSA kaufte Opel für 1,3 Milliarden Euro sowie die Hälfte des europäischen Geschäftsfeldes von GM Financial für 0,9 Milliarden, zusammen 2,2 Milliarden Euro. Gleichzeitig stieg GM bei PSA mit 4,2 Prozent ein, ohne Kontroll- oder Stimmrechte zu haben (die Hauptaktionäre von PSA sind der französische Staat, die Familie Peugeot und Dong Feng in China). GM behält das Entwicklungszentrum in Turin. Derzeitige Opel/Vauxhall-Fahrzeuge unterliegen den Urheberrechten von GM und werden von PSA in Lizenz weitergebaut, bis sie in den kommenden Jahren nach und nach auf PSA-Plattformen gebaut werden.

Im Juni gab Karl-Thomas Neumann seinen Rücktritt für Herbst

Lohscheller präsentiert am 4. Juni 2019 in Rüsselsheim vor Journalisten den neuen Corsa, zunächst die Elektrovariante – der erste Opel, der ein Kind der neuen Verbindung ist, der erste Opel, der maßgebliche französische Gene in sich trägt.

Mark Adams, der Chefdesigner, bei der Corsa-F-Präsentation. Für das Opel-Karosseriedesign ist er seit 2002 unter dem Chefdesigner Martin Smith verantwortlich, dessen Nachfolger er 2004 wurde. Ab 2007 oblagen ihm auch Saab und Saturn. Zuvor kreierte er bei Ford die Kleinen, Ka, Fiesta und Fusion. Sein Credo: eine Kombination aus skulpturaler Kunst und deutscher Präzision.

bekannt, sein Nachfolger als Opel-CEO (und Vauxhall-Chef) wurde der seitherige Opel-Finanzchef Michael Lohscheller. Nicht nur Neumann ging. Mit ihm gingen etliche gute Spitzenmanager, rund ein Viertel der Führungsmannschaft. Opel hatte Neumann viel zu verdanken. In seiner vierjährigen Amtszeit holte er die Marke aus dem Tal der Tränen mit positiver Ausstrahlung, neuen Modellen, erfrischenden Kampagnen und seinem guten Verhältnis zur GM-Chefin Mary Barra. Allerdings schaffte es Neumann nicht, Opel wieder in die schwarzen Zahlen zu manövrieren. Aber daran waren weniger er oder Opel selbst schuld, sondern die Umstände: Durch die Russland-Krise wegen der Krim-Besetzung und den Ukraine-Krieg gab es Wirtschaftssanktionen und Opel brach der wichtige, russische Markt weg, und der Brexit belastete das Geschäft von Vauxhall. In der Folge verbuchte Opel im ersten Quartal 2017 wieder einen Verlust (180 Mio Euro).

»Pace!« (= Tempo!) heißt der Sanierungsplan, im November 2017 bekannt gegeben, der Opel wieder auf Tempo bringen soll. Vorstandschef Michael Lohscheller versprach keine betriebsbedingten Kündigungen und den Erhalt aller sechs europäischen Werke während der Sanierungsversuche. 2020 soll Opel laut Lohscheller erstmals seit 1999 wieder Gewinn einfahren. Es gibt künftig für Opel keine Export-Tabus mehr, die GM zuvor auferlegte. Opel sei nun frei für die wichtigen Märkte Brasilien, China, Russland, Saudi-Arabien, Afrika und Taiwan, insgesamt 20 neue Märkte sollen bis 2020 erschlossen werden. Selbstverständlich werden neue Opel im PSA-Technologieverbund erscheinen, die unter GM-Ägide existenten Modelle werden bis spätestens 2024 auslaufen. Obendrein soll die Modellpalette bereinigt werden, nicht Profitables muss gehen. Lohscheller betonte, dass Opel auch künftig im Entwicklungszentrum in Rüsselsheim entwickelt oder zumindest designt würden: »Opel bleibt auch deshalb eine echte deutsche Marke.« Dazu Modelloffensive mit dem Ziel, bis 2025 zu jedem Modell eine Elektroversion anzubieten (entweder Plug-in-Hybrid oder reiner Batteriebetrieb) – auch, um die Kohlendioxidemissionsvorgaben der EU zu erfüllen. Und Lohscheller zeigte sich überzeugt, dass Opel-Fahrzeuge nicht von anderen PSA-Produkten kannibalisiert würden. Als Beispiel nannte er den Grandland X, der sich deutlich von seinem französischen Bruder unterscheide und deutsche Wesenszüge trage. Zudem plant PSA-Chef Tavares, die USA als künftigen Markt zu erobern, bisher Terra incognita für Peugeot-Citroën, und hofft, hierbei von den Erfahrungen zu profitieren, die Opel hat. In der Werbung und in öffentlichen Statements wird das Attribut »deutsch« sehr hervorgehoben. Dabei geht es nicht um Nationalismen, sondern darum, die Kunden davon zu überzeugen, dass der Opel künftig kein französisches Auto in Verkleidung sein, sondern ein deutsches bleiben wird.

Der Status Quo sah 2017 bedrückend aus: Opel verbuchte bei jedem verkauften Auto einen Verlust von 700 Euro. Bitter notwenig ist deswegen der Abbau von Komplexität, eine schlanke Produktion, die Reduzierung der Fahrzeugplattformen von bisher neun auf nur noch zwei auf Basis der PSA-Technologie bis Mitte des nächsten Jahrzehnts, Reduzierung der Zahl der Antriebe von zehn auf vier. Eine besondere Stellung nimmt das Rüsselsheimer Entwicklungszentrum ein, das künftig die Führungsrolle innerhalb des PSA-Konzerns einnehmen solle. Im Herbst 2018 wurde allerdings bekannt, es solle teilweise verkauft werden, 2000 Mitarbeiter sollten zum französischen Entwicklungsdienstleister Segula wechseln. Doch sie zogen nicht mit: 1430 der 2000 Mitarbeiter entschieden sich bis Frühsommer 2019, das Unternehmen freiwillig zu verlassen. Grund für den Teilverkauf des Entwicklungszentrums: Es ist nicht ausgelastet, weil es keine Entwicklungsaufträge des GM-Konzerns mehr gibt. Einst machten GM-Aufträge die Hälfte des Arbeitsvolumens aus. Gleichzeitig wurde Opel von der seit Herbst 2015 kochenden Diesel-Affäre eingeholt. Zunächst war Opel nicht betroffen gewesen. Es hatte weder Ermittlungen seitens der Justiz noch einen Pflicht-Rückruf gegeben. Doch im Spätsommer 2018 sah sich Opel auch mit dem »Dieselgate« konfrontiert und musste Rede und Antwort wegen der Funktionsweise der Abgasreinigung bei drei Euro-6-Modellreihen vor dem Bundesverkehrsministerium (Kraftfahrtbundesamt) stehen. Im Oktober Razzia in Rüsselsheim, konkreter Verdacht, Opel habe die Abgase bei Dieselwagen (Insignia, Zafira, Cascada 2012 bis 2017) mittels einer Softwarefunktion manipuliert. Opel nahm es gelassen und verwies auf den Alteigentümer GM. Im April 2019 bestätigte Opel dann eine »Fehlfunktion« und im Juni verpflichtete das Kraftfahrtbundesamt Opel zum Zwangsrückruf für Corsa- und Adam-Benzinermodelle wegen zu hoher Abgaswerte. Dabei kann Opel wirklich keine Negativmeldungen gebrauchen.

Ein Paukenschlag war die Meldung Anfang 2019, Opel schreibe erstmals seit 20 Jahren wieder schwarze Zahlen, der operative Gewinn 2018 habe 889 Mio Euro betragen. Zuvor hatte Opel seit 1999 keinen Pfennig Gewinn mehr gemacht. Das kann eigentlich kein Unternehmen durchhalten. Opel schon. Opel hat offenbar die »dunklen Jahre« überlebt, und der neue Eigentümer PSA tut Opel gut: Sanierungskurs mit dem sozialverträglichen Abbau von 3700 Stellen, niedrigere Produktionskosten, Modernisierung der Modellpalette, Überbordwerfen von GM-Altlasten.

Aber Opel ist noch nicht überm Berg. Der Marktanteil in Deutschland und in Europa ist noch viel zu niedrig (6,5 Prozent in Deutschland im Mai 2019, hinter Ford, aber noch vor Škoda), der Wettbewerbsdruck ist immens, der Automarkt läuft gebremst, Opel hat

So sieht die Zukunft aus: Die Plattform des Corsa F als Elektroauto. Kein Motor. Dafür Batterien.

Die 2019er Kampagne: 120 Jahre Opel-Automobile.

riesigen Nachholbedarf in Sachen Elektroautos. Und der Gewinn beruht nicht darauf, dass Opel mehr Autos verkaufte. Er beruht nur auf einer effizienteren Produktion und somit mehr Verdienst am einzelnen Fahrzeug.

Dennoch ist Opel auch derzeit, also noch ohne erstes Gewächs aus der Übernahme durch PSA, ganz gut aufgestellt. Astra und Insignia werden gut bewertet, mit den drei SUVs deckt Opel den Mainstream ab. Und sehr positiv ist, dass Opel innerhalb des PSA-Konzerns künftig die Sparte der leichten Nutzfahrzeuge beackern soll. Mit dem Sektor der LCV (Light Commercial Vehicles) verdient man sich zwar keine großartigen Titelstorys in Fachzeitschriften, aber man verdient Geld.

Weiterhin offen ist die geplante Aufspaltung des Entwicklungszentrums in Rüsselsheim, das unter Überkapazitäten leidet.

120 Jahre Automobilbau feiert Opel im Jahr 2019 und das Geburtstagskind ist nach wie vor leidend, wenngleich nicht mehr in der Intensivstation. Es scheint aufwärts zu gehen im Schoße von PSA. Opel muss sich PSA-intern, aber auch am Markt, Respekt verschaffen. Die PSA-Marken Peugeot, Citroën und DS, zu denen als vierte nun Opel gehört, konkurrieren ja nicht nur auf dem Markt miteinander, sondern auch intern und versuchen, hier ihre Identitäten zu positionieren. Zumindest muss man nicht Geographie studiert haben, um Thomas Lohschellers Aussage für richtig zu bewerten: »Rüsselsheim ist näher an Paris als an Detroit.«

#OpelRally
01
ADAC
OPEL e-RALLY CUP CONCEPT
#OpelRally
Opel e Motorsport
#OpelRally
GG • RC 20E

WEITERE INTERESSANTE BÜCHER ZUM THEMA

Frank Storz erzählt in diesem Band die Geschichte der Großen Opel, angefangen beim Opel 6 von 1934 über die Großen Drei – Kapitän, Admiral und Diplomat – bis hin zur Senator- und Monza-Reihe.
224 Seiten, 350 Abbildungen, Format 230 x 265 mm
ISBN 978-3-613-04140-0
€ 29,90 / € (A) 30,80

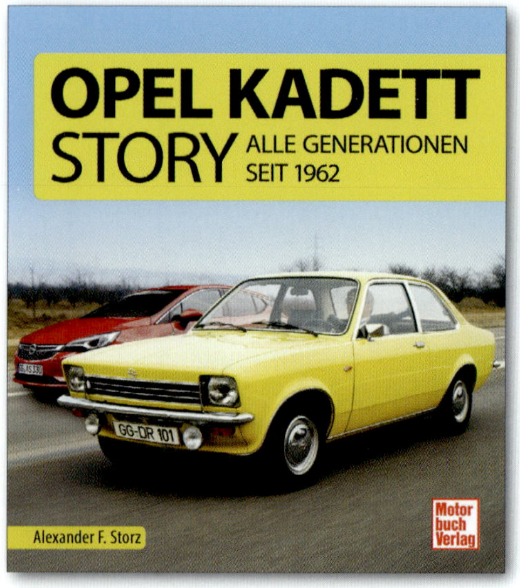

Der Opel Kadett war ein großer Verkaufserfolg und ist neben dem Opel Astra bis heute das meistgebaute Opel-Modell. Dieser Band erzählt die ganze Geschichte, angefangen beim Kadett A bis zu seinen Nachfolgern, den Astra-Modellen.
192 Seiten, 379 Abbildungen, Format 230 x 265 mm
ISBN 978-3-613-04052-6
€ 29,90 / € (A) 30,80

Bevor die letzten Kult-Karren vom Rost dahingerafft oder von Fahranfängern verschlissen sind, gibt es hier ein Wiedersehen mit den schönsten, besten und den unvergessenen Old- und Youngtimern aus den 60er, 70er und 80er Jahren.
224 Seiten, 478 Abbildungen, Format 230 x 305 mm
ISBN 978-3-613-03958-2
€ 14,95 / € (A) 15,40

Dieser reich bebilderte Band ist viel mehr als ein Typenbuch, sondern eine Liebeserklärung an Alfa-Romeo, die Kultmarke mit dem »Cuore Sportivo«.
256 Seiten, 578 Abbildungen, Format 230 x 305 mm
ISBN 978-3-613-03795-3
€ 34,90 / € (A) 35,90

Stand September 2019
Änderungen in Preis
und Lieferfähigkeit vorbehalten.

Überall, wo es Bücher gibt, oder unter
WWW.MOTORBUCH-VERSAND.DE
Service-Hotline: 0711/78 99 21 51